Cepheid

세페이드

2F 생명과학 (하)

★★★★★

세페이드 시리즈의 구성

이제 편안하게 과학공부를 즐길 수 있습니다.

1F
중등과학 기초
물리학 · 화학 (초5~중1)

2F
중등과학 완성
물 · 화 · 생 · 지 (중1~3)

3F
고등과학 I
물 · 화 · 생 · 지 (중2~고3)

4F
고등과학 II
물 · 화 · 생 · 지 (중3~고3)

5F
실전 문제 풀이
물 · 화 · 생 · 지 (중3~고3)

세페이드
모의고사

세페이드
고등 통합과학

세페이드
고등학교 물리학 I

세페이드

2F 생명과학 (하)

창의력과학의 대표 브랜드

과학 학습의 지평을 넓히다!
단계별 과학 학습
창의력과학 세페이드 시리즈!

Structure

단원별 내용 구성

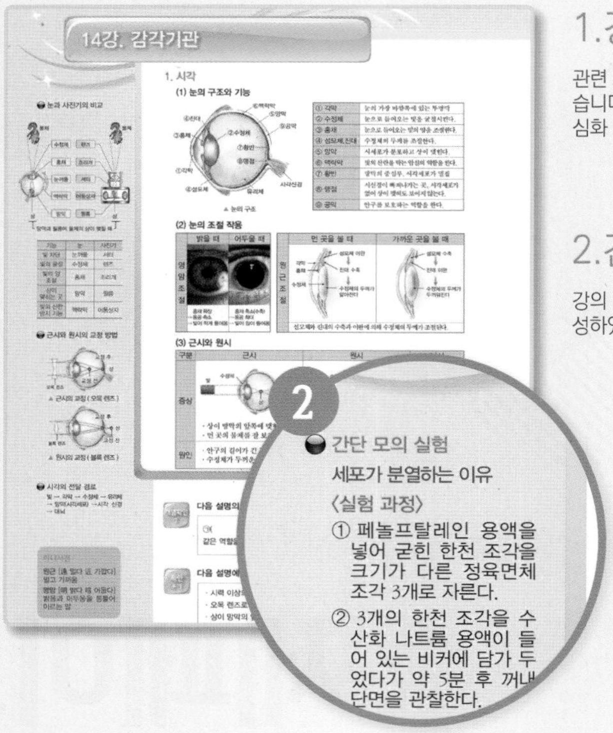

1.강의

관련 소단원 내용을 4~6편으로 나누어 강의용/학습용으로 구성했습니다. 개념에 대한 이해를 돕기 위해 보조단에는 풍부한 자료와 심화 내용을 수록했습니다.

2.간단 실험 / 생각해보기

강의 내용을 이용하여 쉽게 풀고 내용을 정리할 수 있는 문제로 구성하였습니다.

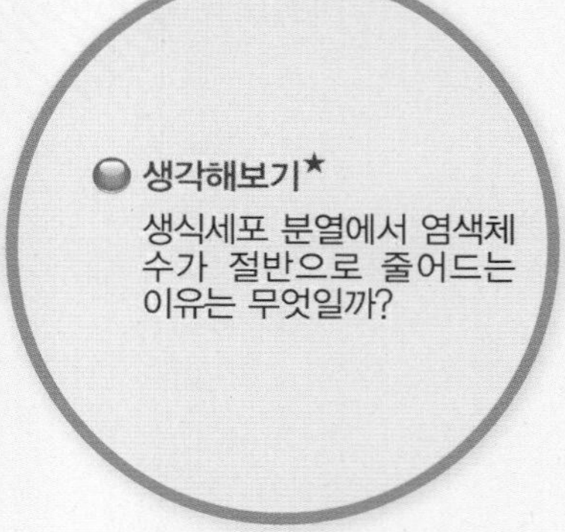

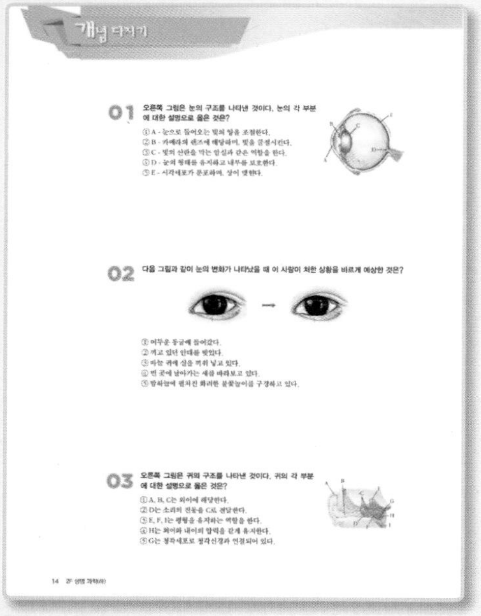

3.개념확인, 확인+, 개념다지기

강의 내용을 이용하여 쉽게 풀고 내용을 정리할 수 있는 문제로 구성하였습니다.

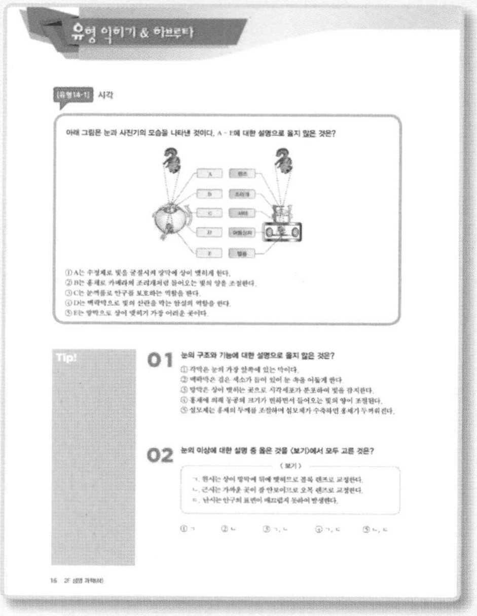

4. 유형 익히기 & 하브루타

관련 소단원 내용을 유형별로 나누어서 각 유형별로 대표 문제와 연습 문제를 제시하였습니다.

이론 - 유형 - 창의력 - 과제

단계별 학습으로 가장 효과적인 자기주도학습이 가능합니다. 새로운 문제에 도전해 보세요!

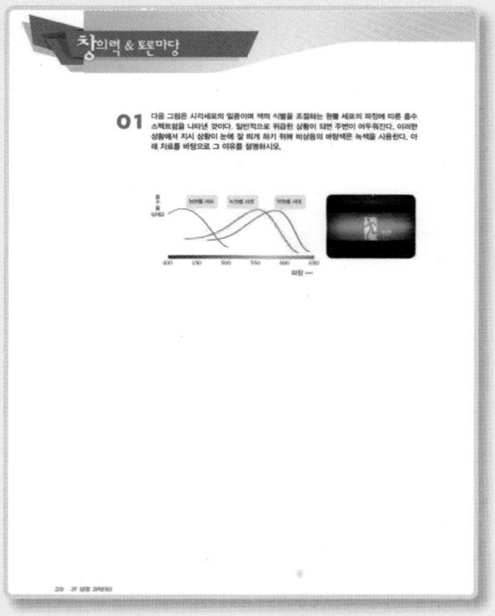

5.창의력 & 토론 마당

관련 소단원 내용에 관련된 창의력 문제를 풍부하게 제시하여 창의력을 향상시킴과 동시에 질문을 자연스럽게 이끌어 낼 수 있도록 하였고, 관련 주제에 대한 토론이 가능하도록 하였습니다.

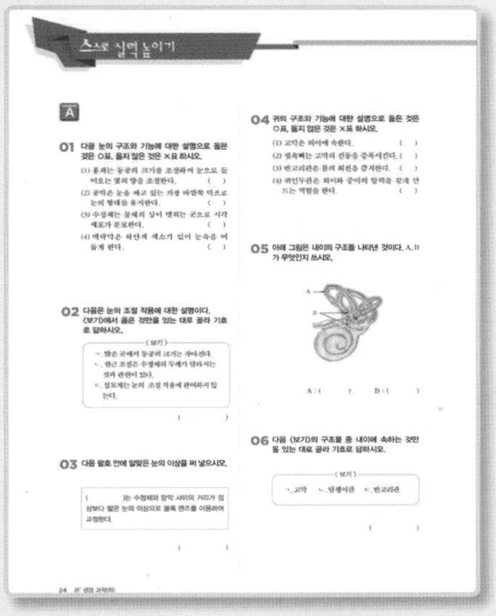

6.스스로 실력 높이기

학습한 내용에 대한 복습 문제를 오답문제와 같이 충분한 양을 제공하였습니다. 연장 학습이 가능할 것입니다.

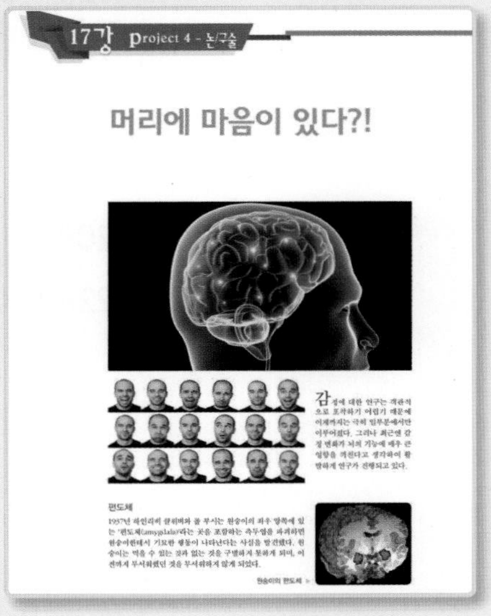

7.Project

대단원이 마무리될 때마다 충분한 읽기자료를 제공하여 서술형/논술형 문제에 답하도록 하였고, 단원의 주요 실험을 할 수 있도록 하였습니다. 융합형 문제가 같이 제시되므로 STEAM 활동이 가능할 것입니다.

CONTENTS | 목차

2F 생명과학(상)

2F 생명과학(하)

IV 자극과 반응

우리는 어떻게 자극에 반응할까?

14강. 감각기관

1. 시각

(1) 눈의 구조와 기능

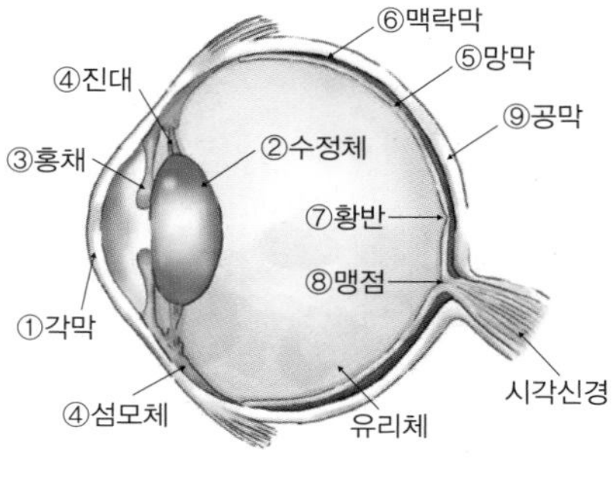

▲ 눈의 구조

① 각막	눈의 가장 바깥쪽에 있는 투명막
② 수정체	눈으로 들어오는 빛을 굴절시킨다.
③ 홍채	눈으로 들어오는 빛의 양을 조절한다.
④ 섬모체,진대	수정체의 두께를 조절한다.
⑤ 망막	시세포가 분포하고 상이 맺힌다.
⑥ 맥락막	빛의 산란을 막는 암실의 역할을 한다.
⑦ 황반	망막의 중심부, 시각세포가 밀집
⑧ 맹점	시신경이 빠져나가는 곳, 시각세포가 없어 상이 맺혀도 보이지 않는다.
⑨ 공막	안구를 보호하는 역할을 한다.

(2) 눈의 조절 작용

	밝을 때	어두울 때
명암조절	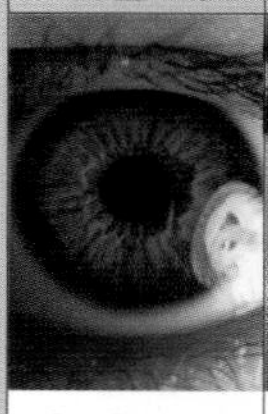 홍채 확장 → 동공 축소 → 빛이 적게 들어옴	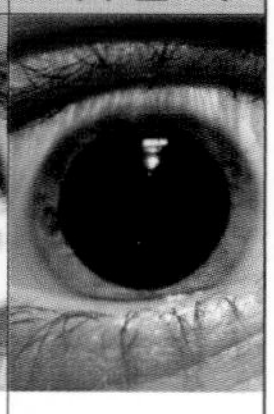 홍채 축소(수축) → 동공 확대 → 빛이 많이 들어옴

	먼 곳을 볼 때	가까운 곳을 볼 때
원근조절	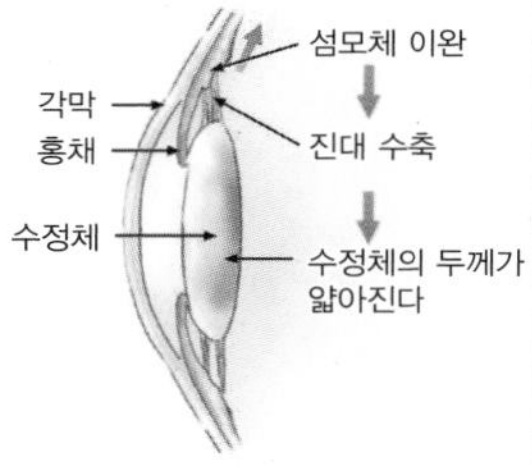	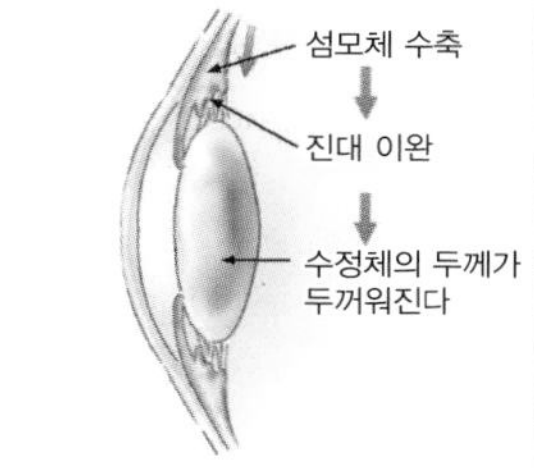
	섬모체와 진대의 수축과 이완에 의해 수정체의 두께가 조절된다.	

(3) 근시와 원시

구분	근시	원시	난시
증상	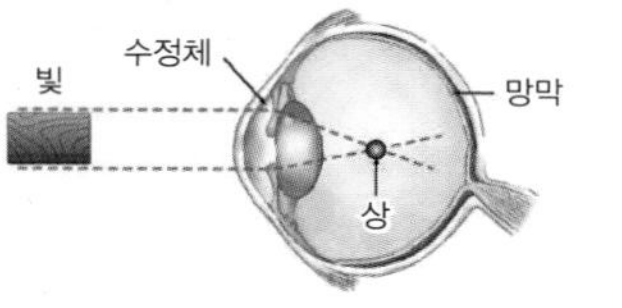 · 상이 망막의 앞쪽에 맺힌다. · 먼 곳의 물체를 잘 보지 못한다.	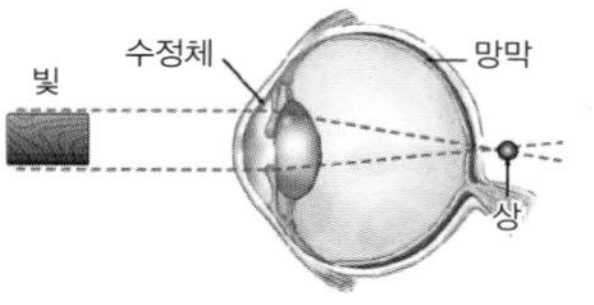 · 상이 망막의 뒤쪽에 맺힌다. · 가까운곳의물체를잘보지못한다.	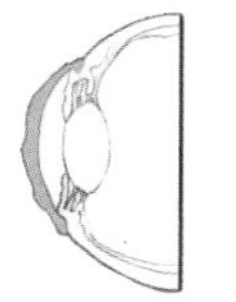 사물이 뚜렷하지 않고 흐리게 보인다.
원인	· 안구의 길이가 긴 경우 · 수정체가 두꺼운 경우	· 안구의 길이가 짧은 경우 · 수정체가 얇은 경우	각막이나 수정체의 굴절면이 고르지 않은 경우

눈과 사진기의 비교

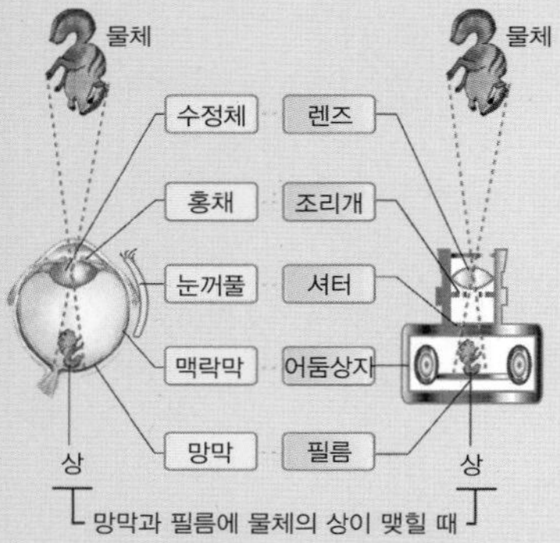

망막과 필름에 물체의 상이 맺힐 때

기능	눈	사진기
빛 차단	눈꺼풀	셔터
빛의 굴절	수정체	렌즈
빛의 양 조절	홍채	조리개
상이 맺히는 곳	망막	필름
빛의 산란 방지 기능	맥락막	어둠상자

근시와 원시의 교정 방법

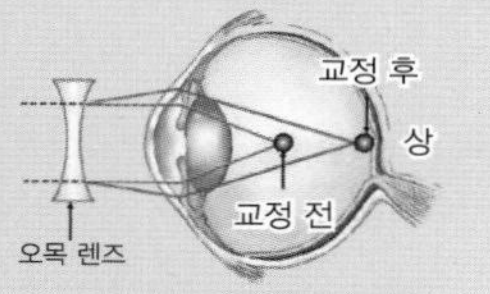

▲ 근시의 교정(오목 렌즈)

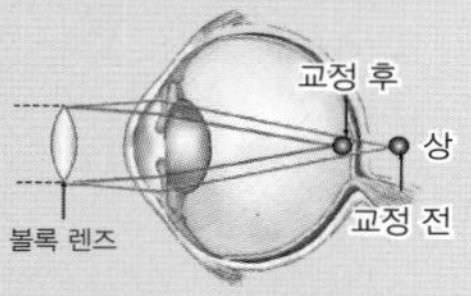

▲ 원시의 교정(볼록 렌즈)

시각의 전달 경로

빛 → 각막 → 수정체 → 유리체 → 망막(시각세포) →시각 신경 → 대뇌

미니사전

원근 [遠 멀다 近 가깝다] 멀고 가까움

명암 [明 밝다 暗 어둡다] 밝음과 어두움을 통틀어 이르는 말

개념확인 1 다음 설명의 빈칸에 들어갈 알맞은 말을 쓰시오.

㉠(　　　　)는 눈으로 들어오는 빛의 양을 조절하며 사진기의 ㉡(　　　　)와 같은 역할을 한다.

확인+1 다음 설명에 해당하는 눈의 이상을 쓰시오.

· 시력 이상의 경우로 안구의 길이가 길거나 수정체가 두꺼운 경우 발생한다.
· 오목 렌즈로 교정한다.
· 상이 망막의 앞쪽에 맺혀 먼 곳의 물체를 잘 보지 못한다.

2. 청각

(1) 귀의 구조와 기능

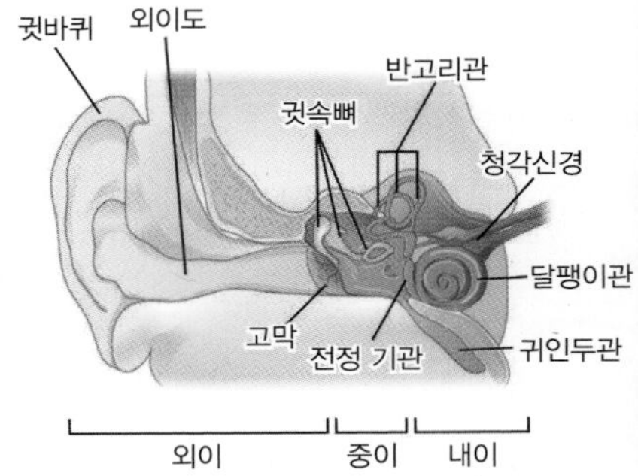

▲ 귀의 구조

외이	귓바퀴, 귓구멍, 외이도로 구성
	소리를 모아 고막으로 전달
중이	**고막** : 음파에 의해 진동되는 얇은 막
	귓속뼈 : 고막의 진동을 증폭시키는 세 개의 작은 뼈
	귀인두관 : 중이와 외이의 압력을 같게 하여 고막을 보호하는 관
내이	**달팽이관** : 청각세포가 분포하여 소리를 받아들여 청각 신경으로 전달하는 기관
	평형 감각 기관 : 반고리관(회전 감각), 전정기관(기울기와 위치 감각)

(2) 평형 감각 기관 : 반고리관과 전정기관이 있다.

① 반고리관 : 몸의 이동과 회전을 느끼게 한다.

자극원	원리
몸의 이동 방향에 따라 나타나는 림프의 **관성**	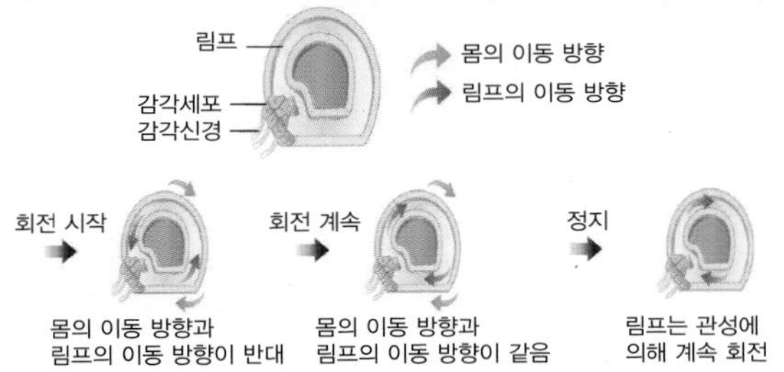

② 전정 기관 : 몸의 움직임과 기울기를 느끼게 한다.

자극원	원리
몸의 기울임에 따라 이석에 작용하는 **중력**	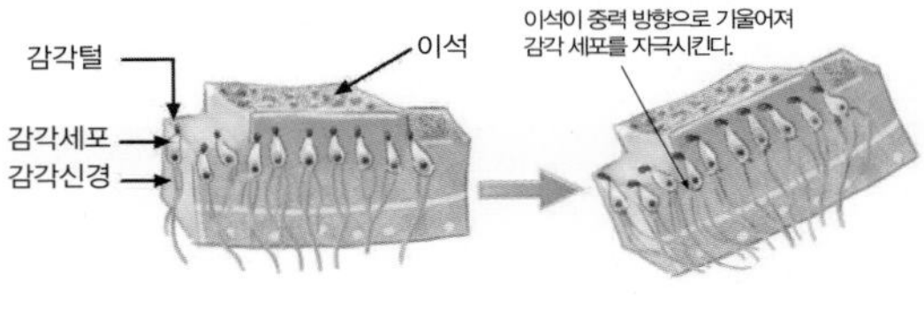 ▲ 몸이 수평일 때 ▲ 몸을 기울일 때

귓속뼈

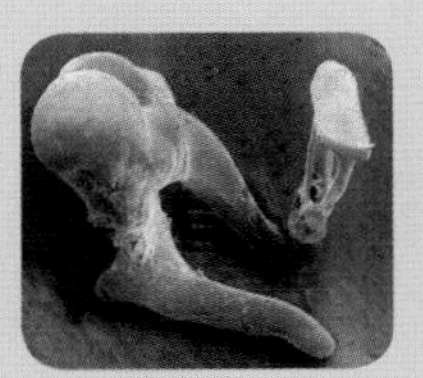

· 3개의 뼈로 구성되어 있으며, 고막의 진동을 30배 정도 증폭시켜 주는 기능을 한다.

· 고막에 문제가 생긴 사람은 귓속뼈를 진동시켜주는 방법을 사용하여 청력을 유지한다.

청각의 전달 경로

음파(소리) → 귓바퀴 → 귓구멍 → 외이도 → 고막 → 귓속뼈 → 달팽이관(청각세포) → 청각 신경 → 대뇌

반고리관과 전정기관의 모습

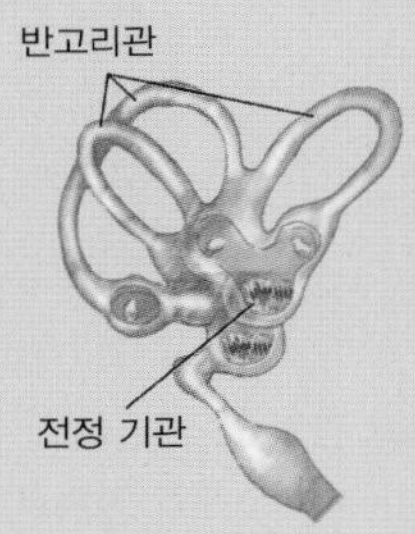

정답 및 해설 02쪽

개념확인 2 내이에 해당하는 기관만을 〈보기〉에서 모두 골라 기호로 쓰시오.

〈 보기 〉

ㄱ. 고막 ㄴ. 반고리관 ㄷ. 전정기관 ㄹ. 달팽이관

확인 + 2 다음 설명에 해당하는 것의 이름을 쓰시오.

· 내이에 속해 있다.
· 달팽이 모양이다.
· 청각세포가 밀집해 있다.

미니사전

증폭 [增 더하다 幅 폭] 진폭을 늘여 감도를 좋게 함

관성 [慣 익숙하다 性 성질] 물체가 밖의 힘을 받지 않는 한 운동 상태를 유지하려는 성질

3. 후각과 미각

(1) 후각

구분	후각
자극원	기체 상태의 화학 물질
특징	여러 감각 중 가장 예민한 감각이지만 쉽게 피로해진다. 따라서 같은 냄새를 오래 맡으면 그 냄새를 느끼지 못하게 된다.
감각 성립 경로	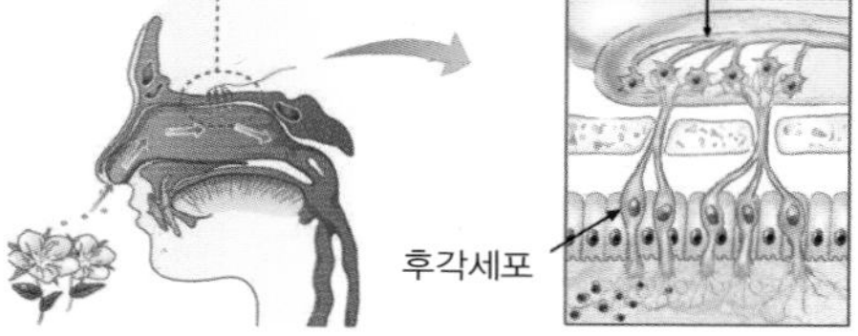 기체 상태의 화학 물질 → 콧속 → 후각상피 → 후각세포 → 후각 신경 → 대뇌

(2) 미각

구분	미각
자극원	액체 상태의 화학 물질
특징	혀에서 느끼는 맛의 종류는 짠맛, 신맛, 단맛, 쓴맛, 감칠맛이다. 혀에 있는 작은 돌기인 유두 근처에 많은 맛세포로 이루어진 맛봉오리가 분포한다.
감각 성립 경로	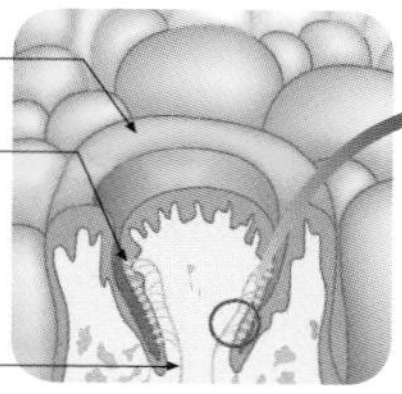 ▲ 혀의 표면 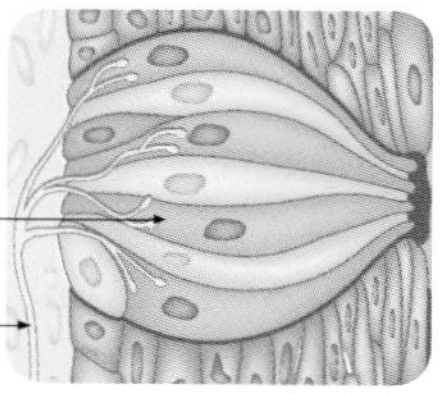 ▲ 맛봉오리의 구조 액체 상태의 화학 물질 → 유두 → 맛세포 → 미각 신경 → 대뇌

후각세포
후각세포는 점액으로 덮여 있으며, 기체 상태 물질은 그 점액에 녹아 후각세포를 자극하게 된다. 따라서 콧속이 마르면 기체 상태의 냄새 물질은 후각세포를 자극하지 못하므로 냄새를 맡지 못하게 된다.

혀에서 맛을 느끼는 부위
혀에서 느껴지는 맛의 위치는 구분되지 않고 모든 맛을 전체적으로 느낄 수 있다. 또한 혀뿐만 아니라 입천장 등에서도 맛을 느낄 수 있으며 어린아이들은 목 안쪽까지 맛봉오리가 있어 어른들보다 맛에 대해 더 민감하게 반응한다.

미각이 아닌 맛
매운맛과 떫은 맛은 기본 맛이 아닌 통각이나 압각의 일종이다.

감칠맛
아미노산의 일종인 글루탐산의 맛이다. 글루탐산은 치즈, 고기를 삶은 물 등에 들어 있다.

개념확인 3 다음 빈칸에 들어갈 알맞은 말을 쓰시오.

> 후각의 자극원은 ㉠(　　　) 상태의 화학 물질이다. 그리고 미각의 자극원은 ㉡(　　　) 상태의 화학 물질이다.

확인+3 다음은 미각이 성립되는 경로를 나타낸 것이다. 빈칸에 알맞은 말을 써 넣으시오.

> 액체 상태의 화학 물질 → ㉠(　　　) → 맛세포 → ㉡(　　　) → 대뇌

미니사전
유두 [乳 젖 頭 머리] 혀에 있는 작은 돌기
상피 [上 윗 皮 가죽] 몸의 겉부분을 이루고 있는 껍질

4. 피부 감각

(1) 감각점의 종류와 기능

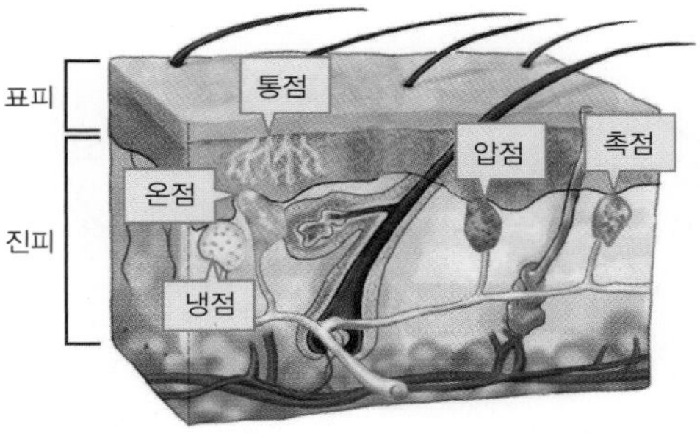

▲ 피부에서의 감각점의 분포

감각점	기능
통점	아픔을 느낀다. (통각)
압점	누르는 압박을 느낀다. (압각)
촉점	물체가 닿는 것을 느낀다. (촉각)
냉점	차가움을 느낀다. (냉각)
온점	따뜻함을 느낀다. (온각)

(2) 감각점의 분포 : 감각점의 종류에 따라 밀도가 다르다.

통점 〉 압점 〉 촉점 〉 냉점 〉 온점

(3) 특징

① 감각점은 피부의 진피에 분포한다.
② 몸의 부위에 따라 감각점의 분포 수가 다르다.
→ 감각점이 많이 분포할수록 예민하다.
③ 압각, 냉각, 온각, 촉각도 자극이 심해지면 통각으로 느낀다.
④ 내장 기관에도 감각점이 분포한다.

정답 및 해설 **02쪽**

개념확인 4 **다음 〈보기〉는 피부 감각에 대한 설명이다. 옳은 것을 〈보기〉에서 모두 골라 기호로 나타내시오.**

〈 보기 〉
ㄱ. 감각점은 피부의 표피에 분포한다.
ㄴ. 감각점이 많이 분포할수록 예민하다.
ㄷ. 내장 기관에도 감각점이 분포한다.

확인+4 **감각점의 종류로 올바른 것을 〈보기〉에서 모두 골라 기호로 나타내시오.**

〈 보기 〉
ㄱ. 통점 ㄴ. 냉점 ㄷ. 촉점 ㄹ. 열점

점자책

시각 장애인들은 손끝의 압점(촉각)을 이용하여 글자를 느끼면서 읽는다.

감각점의 분포

감각점	밀도(개/cm^2)
통점	100 ~ 200
압점	50
촉점	25
냉점	6 ~ 23
온점	3

복합 감각

'가렵다' '간지럽다'와 같은 감각은 한 종류의 감각점에 의해 나타나는 현상이 아닌 통각과 압각이 동시에 자극되어 나타나는 현상이다.

호먼큘러스

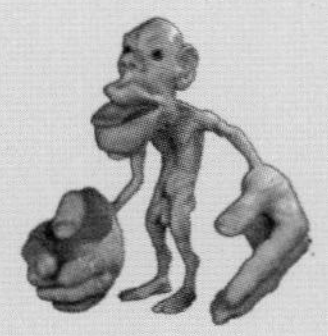

감각점의 분포를 상대적으로 나타낸 것으로, 입술, 손 등은 다른 부위보다 감각점이 많아 크게 표현된다. 우리 몸에서는 손이 가장 예민하다.

미니사전

표피 [表 겉 皮 가죽] 동물체의 표면을 덮고 있는 피부의 상피 조직
진피 [眞 참 皮 가죽] 표피 아래에 있는 결합 조직

개념 다지기

01

오른쪽 그림은 눈의 구조를 나타낸 것이다. 눈의 각 부분에 대한 설명으로 옳은 것은?

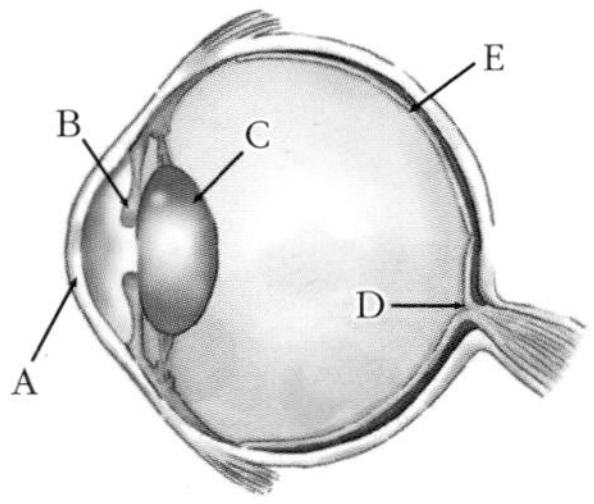

① A - 눈으로 들어오는 빛의 양을 조절한다.
② B - 카메라의 렌즈에 해당하며, 빛을 굴절시킨다.
③ C - 빛의 산란을 막는 암실과 같은 역할을 한다.
④ D - 눈의 형태를 유지하고 내부를 보호한다.
⑤ E - 시각세포가 분포하며, 상이 맺힌다.

02

다음 그림과 같이 눈의 변화가 나타났을 때 이 사람이 처한 상황을 바르게 예상한 것은?

① 어두운 동굴에 들어갔다.
② 끼고 있던 안대를 벗었다.
③ 바늘 귀에 실을 끼워 넣고 있다.
④ 먼 곳에 날아가는 새를 바라보고 있다.
⑤ 밤하늘에 펼쳐진 화려한 불꽃놀이를 구경하고 있다.

03

오른쪽 그림은 귀의 구조를 나타낸 것이다. 귀의 각 부분에 대한 설명으로 옳은 것은?

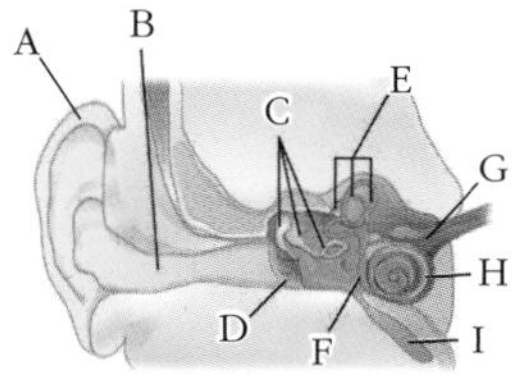

① A, B, C는 외이에 해당한다.
② D는 소리의 진동을 C로 전달한다.
③ E, F, I는 평형을 유지하는 역할을 한다.
④ H는 외이와 내이의 압력을 같게 유지한다.
⑤ G는 청각세포로 청각신경과 연결되어 있다.

정답 및 해설 02쪽

04 오른쪽 그림은 사람의 코의 구조를 나타낸 것이다. 후각세포가 존재하여 냄새를 맡을 수 있는 곳은 어디인가?

① A　② B　③ C
④ D　⑤ E

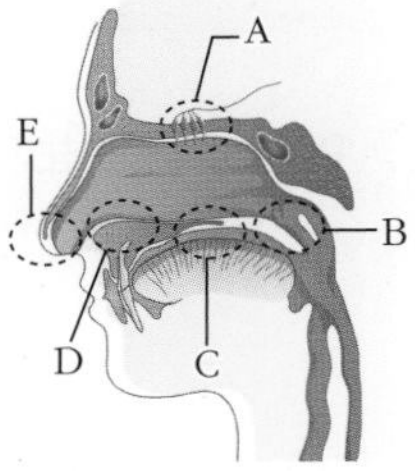

05 다음 중 미각에 대한 설명 중 옳지 않은 것은?

① 소금물의 맛은 혀 전체적으로 느낄 수 있다.
② 각각의 맛을 느끼는 맛세포가 고르게 분포하고 있다.
③ 미각은 액체 상태의 물질이 자극이 되어 느끼는 감각이다.
④ 식초의 농도가 너무 진하면 맛봉오리에 있는 맛세포에 의해 통각으로 받아들여진다.
⑤ 혀에 존재하는 맛세포의 종류별 밀집 부위가 다르기 때문에 혀에서 맛을 느끼는 부위가 다르다.

06 다음 중 피부에서 일어나는 감각에 대한 설명으로 옳지 않은 것은?

① 내장 기관에도 피부 감각점이 분포한다.
② 피부의 진피에 있는 감각점에서 일어난다.
③ 따뜻함과 차가운 정도를 느끼는 것은 온점이다.
④ 통점의 수가 가장 많으며, 온점의 수가 가장 적다.
⑤ 감각점의 수는 신체 부위에 따라 다르게 분포한다.

유형 익히기 & 하브루타

[유형14-1] 시각

아래 그림은 눈과 사진기의 모습을 나타낸 것이다. A ~ E에 대한 설명으로 옳지 <u>않은</u> 것은?

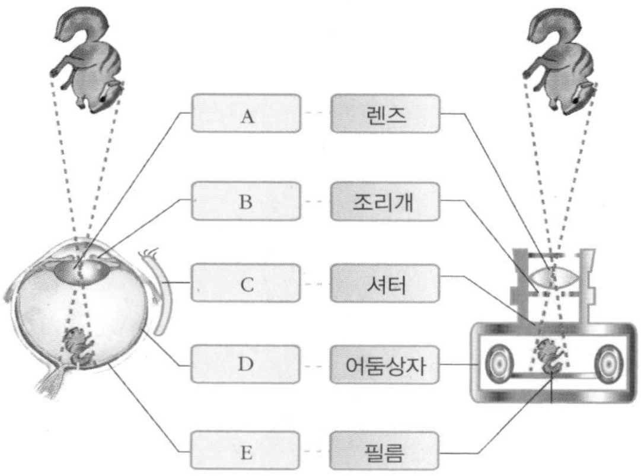

① A는 수정체로 빛을 굴절시켜 망막에 상이 맺히게 한다.
② B는 홍채로 카메라의 조리개처럼 들어오는 빛의 양을 조절한다.
③ C는 눈꺼풀로 안구를 보호하는 역할을 한다.
④ D는 맥락막으로 빛의 산란을 막는 암실의 역할을 한다.
⑤ E는 망막으로 상이 맺히기 가장 어려운 곳이다.

Tip!

01 눈의 구조와 기능에 대한 설명으로 옳지 <u>않은</u> 것은?

① 각막은 눈의 가장 앞쪽에 있는 막이다.
② 맥락막은 검은 색소가 들어 있어 눈 속을 어둡게 한다.
③ 망막은 상이 맺히는 곳으로 시각세포가 분포하여 빛을 감지한다.
④ 홍채에 의해 동공의 크기가 변하면서 들어오는 빛의 양이 조절된다.
⑤ 섬모체는 홍채의 두께를 조절하며 섬모체가 수축하면 홍채가 두꺼워진다.

02 눈의 이상에 대한 설명 중 옳은 것을 〈보기〉에서 모두 고른 것은?

〈 보기 〉

ㄱ. 원시는 상이 망막에 뒤에 맺히므로 볼록 렌즈로 교정한다.
ㄴ. 근시는 가까운 곳이 잘 안보이므로 오목 렌즈로 교정한다.
ㄷ. 난시는 안구의 표면이 매끄럽지 못하여 발생한다.

① ㄱ　② ㄴ　③ ㄱ, ㄴ　④ ㄱ, ㄷ　⑤ ㄴ, ㄷ

정답 및 해설 02쪽

[유형14-2] 청각

아래 그림은 귀의 모습을 나타낸 것이다. 이에 대한 설명으로 옳지 않은 것은?

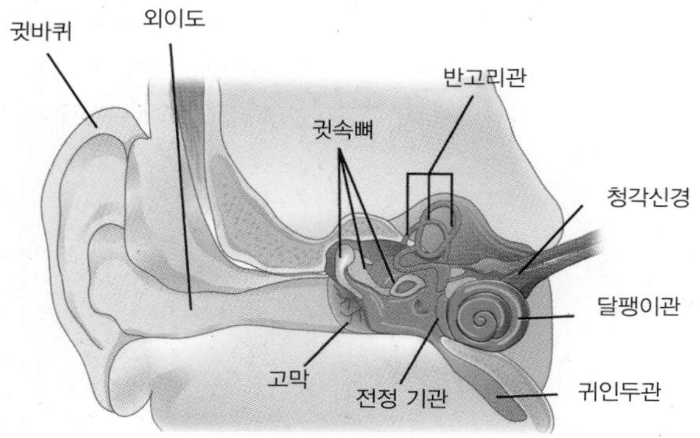

① 귓바퀴는 외이에 속하며 주변 소리를 모으는 역할을 한다.
② 고막은 소리의 진동을 전달하는 역할을 하며 얇은 막의 형태이다.
③ 반고리관과 전정 기관은 평형 감각을 담당하며 모두 내이에 속한다.
④ 귀인두관은 중이와 외이의 압력을 같게하여 고막을 보호하는 역할을 한다.
⑤ 달팽이관은 내이에 속하며 청각세포가 없이 바로 청각 신경과 연결되어 신호를 전달한다.

03 귀의 구조와 기능에 대한 설명으로 옳지 않은 것은?

① 고막은 외이에 속한다.
② 귓속뼈는 3개의 작은 뼈로 구성되어 있다.
③ 귀인두관은 중이와 외이의 압력을 같게 한다.
④ 반고리관은 평형 감각 중 회전 감각을 담당한다.
⑤ 달팽이관은 청각세포가 분포하고 있어 신호를 전달한다.

Tip!

04 오른쪽 사진은 사람의 귓속뼈의 모습이다. 이에 대한 설명으로 옳지 않은 것은?

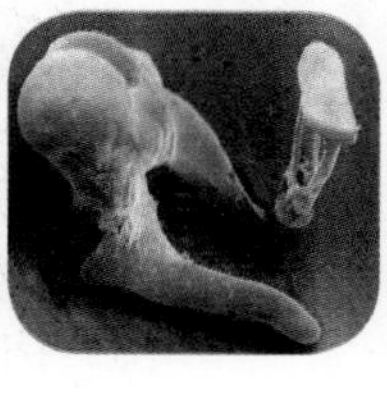

① 3개의 뼈로 구성되어 있다.
② 고막에서 온 진동을 증폭시킨다.
③ 귓속뼈는 중이에 속하며 고막과 맞닿아있다.
④ 귓속뼈 3개는 평형 감각 중 기울기와 위치 감각을 담당한다.
⑤ 고막에 문제가 생긴 사람의 경우 귓속뼈를 진동시켜 주는 방법을 사용하여 청력을 유지한다.

[유형14-3] 후각과 미각

아래 그림은 후각 기관인 코의 모습과 후각상피를 확대에서 나타낸 그림이다. 이에 대한 설명으로 옳지 <u>않은</u> 것은?

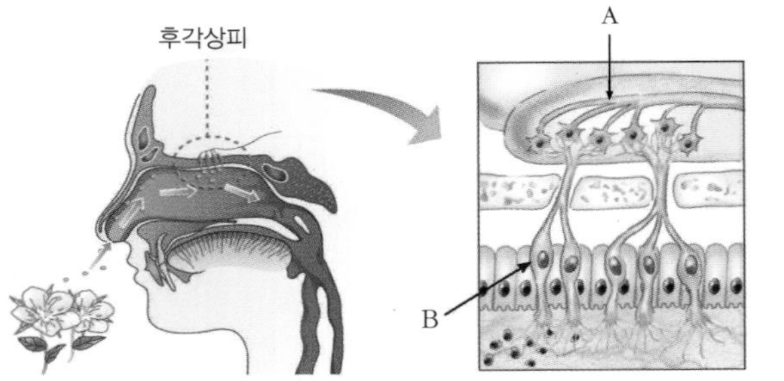

① 후각은 기체 상태의 화학 물질이 자극원이다.
② A는 후각 신경이며 뇌로 신호를 전달한다.
③ B는 후각세포이며 기체 상태의 화학 물질을 인지하는 역할을 한다.
④ 기체 분자가 후각상피에 닿아 B를 자극시키고, A를 통하여 뇌로 신호를 전달한다.
⑤ B는 콧털이며 외부에서 이물질이 들어오는 것을 방지하여 호흡계를 보호하는 역할을 한다.

Tip!

05 다음 중 후각에 대한 설명으로 옳은 것은?

① 액체 물질이 자극원이다.
② 사람의 감각 중 가장 둔하다.
③ 감각점을 통해 자극을 받아들인다.
④ 같은 자극을 계속 받으면 더 예민하게 감지한다.
⑤ 후각이 전달되는 경로는 자극 → 후각상피 → 후각 신경 → 대뇌이다.

06 다음 중 미각에 해당하지 않는 것은?

① 미역국을 먹었더니 짰다.
② 사탕을 먹었더니 달았다.
③ 덜 익은 감을 먹었더니 떫었다.
④ 레몬을 먹었더니 새콤함을 느꼈다.
⑤ 가루로 된 감기약을 먹었더니 썼다.

정답 및 해설 02쪽

[유형14-4] 피부 감각

아래 그림은 피부에서 감각점의 분포를 모식도로 나타낸 것이다. 이에 대한 설명으로 옳지 <u>않은</u> 것은?

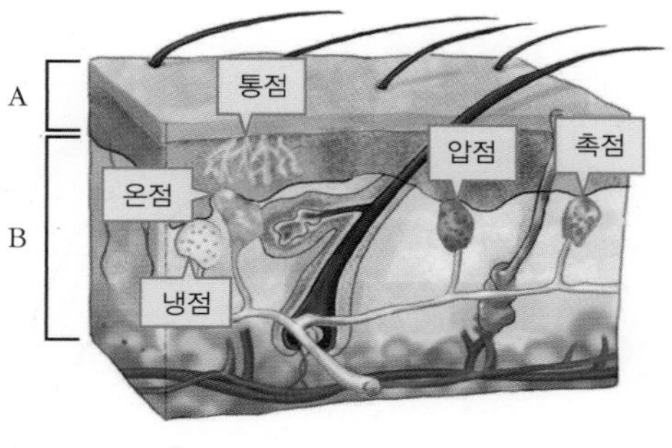

① A는 표피라고 하며 피부의 가장 겉부분이다.
② B는 진피라고 하며 감각점들의 주된 분포 장소이다.
③ 감각점의 분포는 통점이 가장 많고 온점이 가장 적다.
④ 압각, 냉각, 온각, 촉각의 자극이 심해지면 얼얼해지면서 감각이 없어진다.
⑤ 몸의 부위에 따라 감각점의 분포 수가 다르며, 내장 기관에도 감각점이 분포한다.

07

피부 감각에 대한 설명으로 옳은 것을 〈보기〉에서 <u>모두</u> 고른 것은?

〈 보기 〉

ㄱ. 내장 기관에도 감각점이 분포한다.
ㄴ. 몸의 부위에 따라 감각점의 분포 수가 다르다.
ㄷ. 압각, 냉각, 온각, 촉각도 자극이 심해지면 통각으로 느낀다.

① ㄱ　② ㄴ　③ ㄱ, ㄴ　④ ㄴ, ㄷ　⑤ ㄱ, ㄴ, ㄷ

08

다음 중 감각점이 주로 분포하는 곳은?

① 표피　② 진피　③ 뼈 주변
④ 정맥 근처　⑤ 피하 지방층

Tip!

01 다음 그림은 시각세포의 일종이며 색의 식별을 조절하는 원뿔 세포의 파장에 따른 흡수 스펙트럼을 나타낸 것이다. 일반적으로 위급한 상황이 되면 주변이 어두워진다. 이러한 상황에서 지시 상황이 눈에 잘 띄게 하기 위해 비상등의 바탕색은 녹색을 사용한다. 아래 자료를 바탕으로 그 이유를 설명하시오.

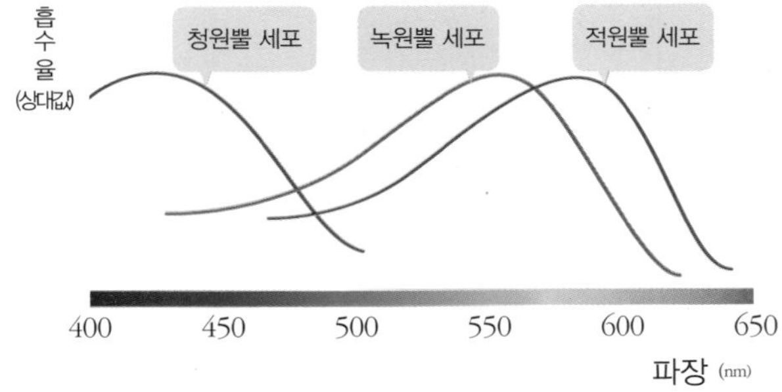

정답 및 해설 04쪽

02 다음 만화를 읽고 물음에 답하시오.

목격자가 범행 현장을 목격한 뒤 취조실에서 범인이 들어간 건물에 대해 설명하고 있다. 목격자의 진술 중 정확한 증언으로 보기 어려운 것을 〈보기〉에서 고르고 그 이유에 대하여 설명하시오.

〈 보기 〉

ㄱ. 목격자로부터 건물까지의 거리

ㄴ. 건물의 높이

ㄷ. 건물의 폭

ㄹ. 건물의 형태

03 다음은 마이크로폰에 대한 설명이다. 읽고 물음에 답하시오.

마이크로폰은 소리 에너지를 전기 에너지로 변환시키는 전자 기기이다. 음파에 의해 생긴 진동을 받는 진동판, 그것을 전기 신호로 바꾸는 변환부, 출력부의 세 부분으로 구성된다. 음파에 의해 진동판이 진동을 하면, 진동판에 붙어 있는 코일이 자석의 자기장 속에서 움직여 코일에 전류가 발생하게 된다. 즉, 기계적 진동은 결과적으로 전기적 신호로 변화하게 된다.

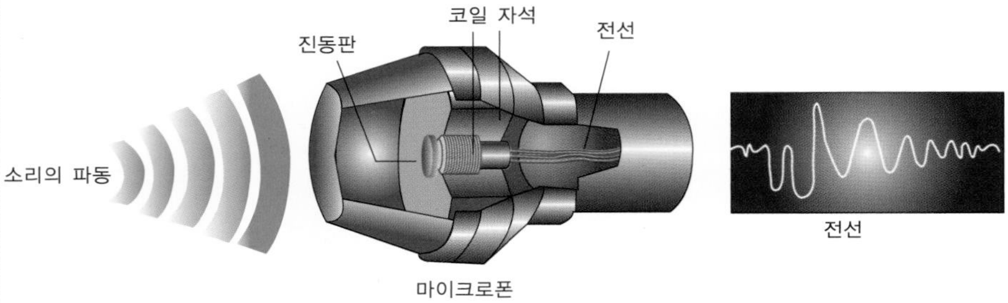

귀의 구조에서 마이크로폰과 비슷한 역할을 하는 것을 아래 그림에서 찾아 명칭과 기능을 쓰시오.

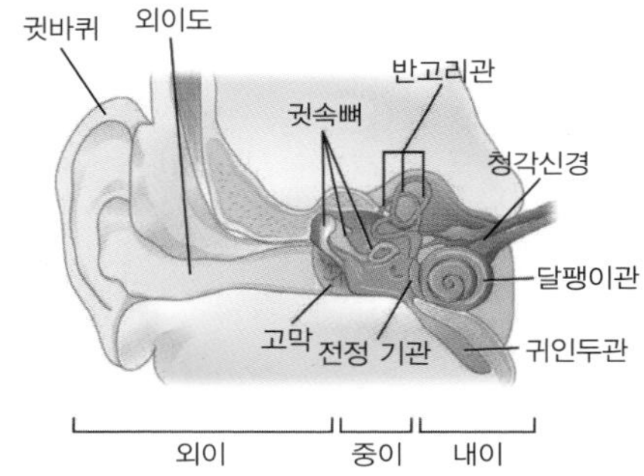

마이크로폰의 구조	진동판	코일 자석	전선
귀의 구조			
기능			

정답 및 해설 04쪽

04 10 cm 떨어진 거리에서 왼쪽 눈을 가리고 오른쪽 눈으로 그림의 ○를 보면서 서서히 거리를 멀어지게 한다. 거리를 멀리하다 보면 어느 정도의 거리에서 +가 안 보일 때가 있다. +가 보이지 않을 때 상이 맺힌 위치를 그림에서 찾아 기호를 쓰고 그 이유에 대하여 서술하시오.

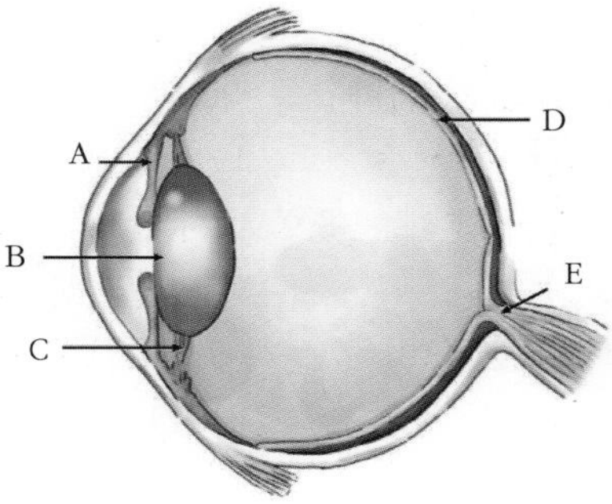

A

01 다음 눈의 구조와 기능에 대한 설명으로 옳은 것은 ○표, 옳지 않은 것은 ×표 하시오.

(1) 홍채는 동공의 크기를 조절하여 눈으로 들어오는 빛의 양을 조절한다. ( )

(2) 공막은 눈을 싸고 있는 가장 바깥쪽 막으로 눈의 형태를 유지한다. ( )

(3) 수정체는 물체의 상이 맺히는 곳으로 시각 세포가 분포한다. ( )

(4) 맥락막은 하얀색 색소가 있어 눈속을 어둡게 한다. ( )

02 다음은 눈의 조절 작용에 대한 설명이다. 〈보기〉에서 옳은 것만을 있는 대로 골라 기호로 답하시오.

〈 보기 〉

ㄱ. 밝은 곳에서 동공의 크기는 작아진다.

ㄴ. 원근 조절은 수정체의 두께가 달라지는 것과 관련이 있다.

ㄷ. 섬모체는 눈의 조절 작용에 관여하지 않는다.

( )

03 다음 괄호 안에 알맞은 눈의 이상을 써 넣으시오.

( )는 수정체와 망막 사이의 거리가 정상보다 짧은 눈의 이상으로 볼록 렌즈를 이용하여 교정한다.

( )

04 귀의 구조와 기능에 대한 설명으로 옳은 것은 ○표, 옳지 않은 것은 ×표 하시오.

(1) 고막은 외이에 속한다. ( )

(2) 귓속뼈는 고막의 진동을 증폭시킨다. ( )

(3) 반고리관은 몸의 회전을 감지한다. ( )

(4) 귀인두관은 외이와 중이의 압력을 같게 만드는 역할을 한다. ( )

05 아래 그림은 내이의 구조를 나타낸 것이다. A, B가 무엇인지 쓰시오.

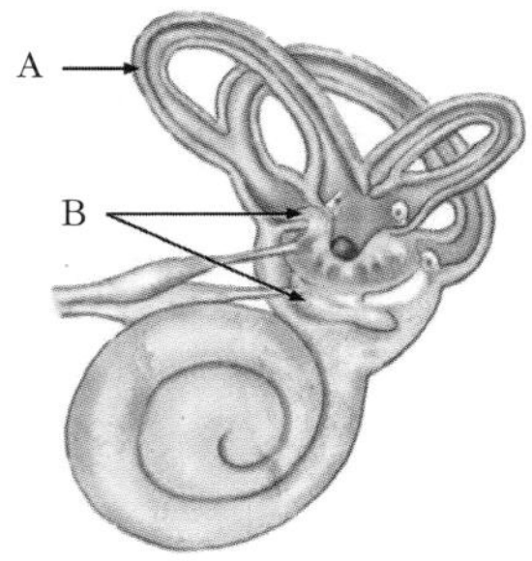

A : ( ) B : ( )

06 다음 〈보기〉의 구조물 중 내이에 속하는 것만을 있는 대로 골라 기호로 답하시오.

〈 보기 〉

ㄱ. 고막 ㄴ. 달팽이관 ㄷ. 반고리관

( )

정답 및 해설 04쪽

07 아래 그림은 혀의 구조를 나타낸 것이다. A가 무엇인지 쓰시오.

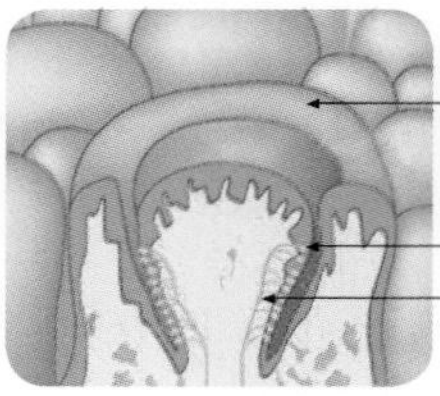

A : (　　　　)

08 다음 괄호 안에 알맞은 말을 써 넣으시오.

감각점은 주로 피부의 ㉠(　　　　)에 분포하고 몸의 부위에 따라 감각점의 분포 수가 다르다. 그리고 감각점 중에서 통증을 느끼는 ㉡(　　　　)의 숫자가 가장 많다.

㉠ : (　　　　)　　㉡ : (　　　　)

09 다음 피부 감각에 대한 설명으로 옳은 것은 ○표, 옳지 않은 것은 ×표 하시오.

(1) 감각점은 피부의 표피에 분포한다. (　　)

(2) 감각점은 통점, 압점, 열점, 냉점, 촉점의 5가지 종류가 있다. (　　)

(3) 내장 기관에도 감각점이 분포한다. (　　)

(4) 가려운 느낌은 통각과 압각이 동시에 자극되어 나타나는 현상이다. (　　)

B

10 다음은 피부 감각에 대한 설명이다. 〈보기〉를 보고 옳은 것만을 있는 대로 골라 기호로 나타내시오.

〈 보기 〉

ㄱ. 감각점이 많이 분포할수록 예민하다.
ㄴ. 우리 몸에서는 손이 가장 예민하다.
ㄷ. 일반인들보다 시각장애인들은 촉각이 더 발달해 있다.

(　　　　)

11 다음에서 설명에 해당하는 것의 이름을 쓰시오.

· 감각 난쟁이라고도 한다. · 감각점의 분포를 상대적으로 나타낸 것이다. · 손이 가장 크게 표현되어 있다.

(　　　　)

12 아래 그림은 상이 망막에 앞에 맺히는 시각 이상을 나타낸 것이다. 어떠한 렌즈를 이용하여 교정하는지 쓰시오.

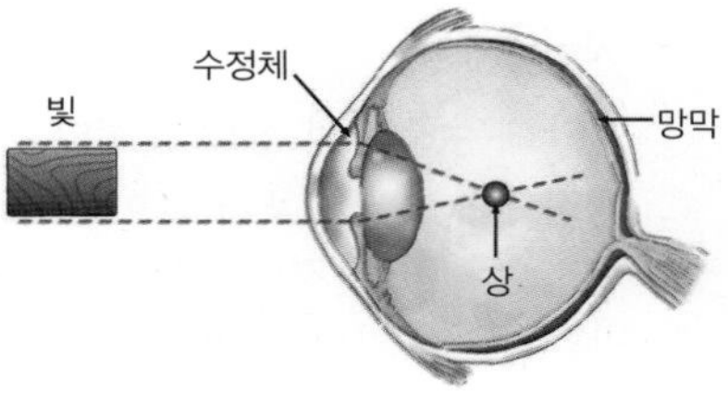

(　　　　)

13 다음 괄호 안에 들어갈 알맞은 말을 써 넣으시오.

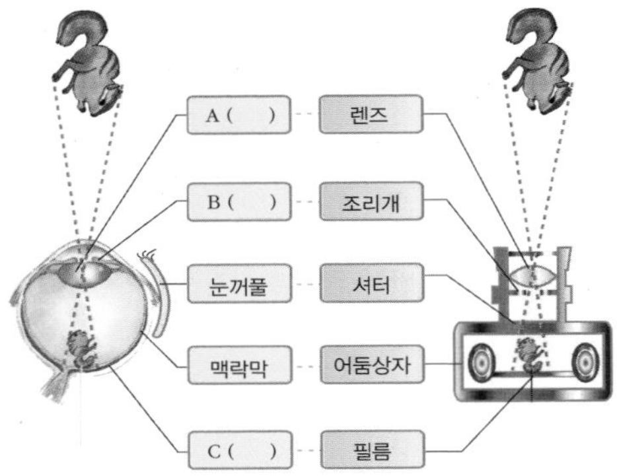

A : (   ) B : (   ) C : (   )

14 다음 〈보기〉 물질 중 혀에서 감지할 수 있는 것만을 있는 대로 골라 기호로 답하시오.

〈 보기 〉

ㄱ. 수증기 ㄴ. 식혜 ㄷ. 담배 연기
ㄹ. 소금물 ㅁ. 식초 ㅂ. 고기즙

(   )

15 다음 중 망막과 맹점에 대한 설명으로 옳지 않은 것은?

① 망막에는 물체의 상이 맺힌다.
② 맹점에는 시각세포가 많이 분포한다.
③ 맹점은 시각 신경이 모여서 나가는 곳이다.
④ 망막은 사진기의 필름과 비슷한 기능을 한다.
⑤ 망막에서 가장 선명하게 상이 맺히는 부분이 황반이다.

16 아래 그림은 눈에서 일어나는 변화를 나타낸 것이다. 눈이 A에서 B로 변할 때 일어나는 현상으로 옳은 것은?

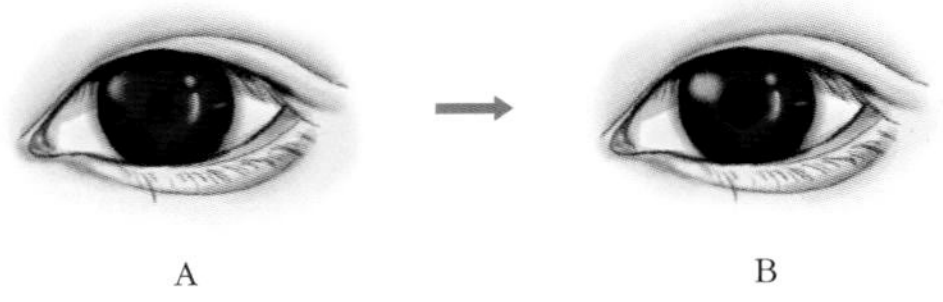

① 홍채는 확장되고, 동공은 축소된다.
② 홍채는 수축되고, 동공은 확대된다.
③ 홍채가 수축되고, 수정체는 두꺼워진다.
④ 섬모체가 수축되고, 동공이 확대된다.
⑤ 섬모체가 이완되고, 수정체가 얇아진다.

17 평형 감각기관에 대한 설명으로 옳은 것만을 〈보기〉에서 있는 대로 고른 것은?

〈 보기 〉

ㄱ. 반고리관은 몸의 이동과 회전을 감지한다.
ㄴ. 전정 기관은 몸의 움직임과 기울기를 느끼게 한다.
ㄷ. 반고리관에는 이석이 있다.

① ㄱ ② ㄴ ③ ㄱ, ㄴ
④ ㄴ, ㄷ ⑤ ㄱ, ㄴ, ㄷ

18 다음 중 달팽이관에 대한 설명으로 옳지 않은 것은?

① 청각세포가 분포한다.
② 청각 신경과 연결되어 있다.
③ 몸의 평형 감각을 담당한다.
④ 달팽이와 비슷한 모양을 하고 있다.
⑤ 소리 자극을 감지하여 청각 신경으로 전달한다.

정답 및 해설 04쪽

[19~20] 아래 그림은 내이의 구조를 나타낸 것이다. 다음 물음에 답하시오.

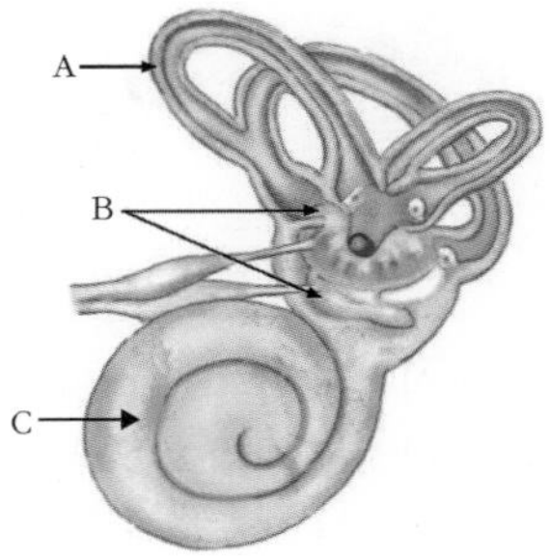

19 〈보기〉의 (가), (나)와 관계 깊은 구조를 위의 그림에서 찾아 기호와 이름을 바르게 짝지은 것은?

〈 보기 〉

(가) 제자리에서 돌다가 멈추면 어지러움을 느낀다.
(나) 넘어질 때 몸의 기울어짐을 느낀다.

	(가)	(나)
①	A, 반고리관	B, 전정 기관
②	A, 반고리관	C, 달팽이관
③	B, 전정 기관	A, 반고리관
④	B, 반고리관	C, 전정 기관
⑤	C, 달팽이관	B, 전정 기관

20 위의 그림에 대한 설명으로 옳은 것은?

① A는 귓속뼈이다.
② A는 고막의 진동을 증폭한다.
③ B는 몸의 기울어짐을 감지한다.
④ C는 청각과 관련이 없다.
⑤ C는 몸의 회전을 감지한다.

C

21 아래 그림은 사람의 온몸에 분포하는 감각점의 수를 바탕으로 몸의 각 부분의 상대적인 크기를 나타낸 것이다. 이에 대한 설명으로 옳은 것은?

① 감각점은 몸의 특정 부위에만 분포한다.
② 감각점은 온몸에 같은 비율로 분포되어 있다.
③ 감각점은 손끝이나 입술에 가장 적게 분포한다.
④ 신체 부위에 따라 감각점이 분포하는 정도가 다르다.
⑤ 감각점은 종류에 따라 분포하는 위치가 정해져 있다.

22 아래 표는 두 이쑤시개를 자에 붙여 이쑤시개 사이의 거리를 달리하면서 몸의 각 부위에 대었을 때 이쑤시개가 두 개로 느껴지는 최단거리를 조사한 것이다. 이에 대한 설명으로 옳지 않은 것은?

신체 부위	손바닥	팔뚝	이마
최단 거리 (mm)	10.1	37.0	15.2

① 촉각은 손바닥이 이마보다 더 예민하다.
② 팔뚝은 이마보다 촉점의 밀도가 더 높다.
③ 신체 부위에 따라 촉점의 분포수가 다르다.
④ 촉점이 많을수록 이쑤시개가 두 개로 느껴지는 최단 거리가 짧아진다.
⑤ 두 이쑤시개 사이의 거리가 20mm이면 팔뚝에서는 이쑤시개가 한 개로 느껴진다.

23 다음은 피부 감각점에 대한 설명이다.

> 피부에는 물리적 자극을 감지하는 여러 가지 감각점이 있는데, 감각점 중 그 수가 많은 것은 A이다.

A에서 느끼는 감각의 예로 옳은 것은?

① 살에 옷깃이 닿는 것을 느낀다.
② 국그릇을 손으로 만졌더니 따뜻하다.
③ 매운 음식을 먹었더니 혀가 얼얼함을 느꼈다.
④ 바다 속으로 깊게 들어가니 귀가 먹먹해졌다.
⑤ 시각 장애인이 손가락 끝으로 점자책을 읽는다.

24 아래 그림은 시력이 좋지 않은 무한이가 안경을 착용하여 교정한 상태를 나타낸 것이다. 무한이의 눈에 대한 설명으로 옳은 것만을 있는 대로 고른 것은?

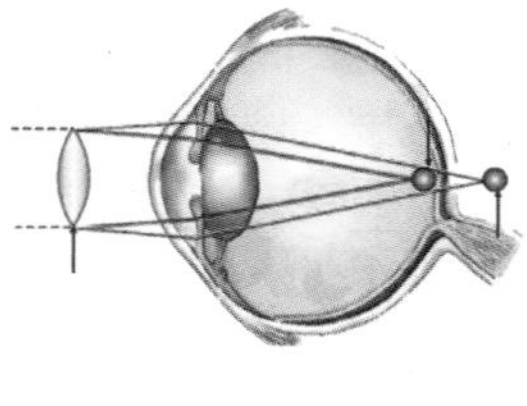

〈 보기 〉

ㄱ. 수정체의 두께가 정상인보다 얇다.
ㄴ. 수정체와 망막 사이의 거리가 정상인보다 길다.
ㄷ. 안경을 착용하지 않으면 물체의 상이 망막 뒤에 맺힌다.
ㄹ. 안경을 착용하지 않으면 먼 곳의 물체를 잘 보지 못한다.

① ㄱ, ㄷ　② ㄱ, ㄹ　③ ㄴ, ㄷ
④ ㄴ, ㄹ　⑤ ㄷ, ㄹ

25 아래 그림은 반고리관이 몸의 회전을 느끼는 과정을 나타낸 것이다. 〈보기〉에서 옳은 것을 모두 고른 것은?

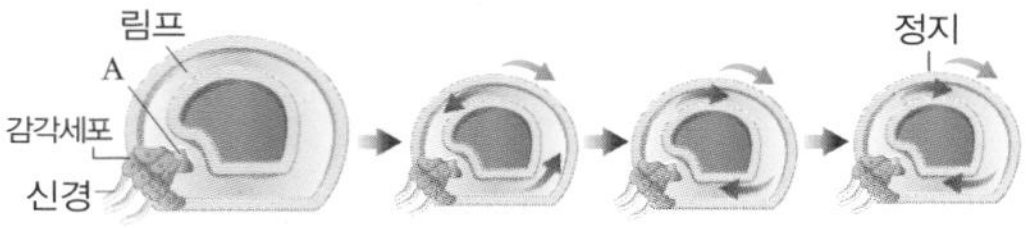

〈 보기 〉

ㄱ. 몸의 이동 방향에 따라 나타나는 림프의 관성에 의해 회전을 인지한다.
ㄴ. A는 이석으로 몸의 이동을 더 잘 느끼게 해준다.
ㄷ. 정지하는 순간 림프액의 회전도 정지가 된다.

① ㄱ　② ㄴ　③ ㄱ, ㄴ
④ ㄴ, ㄷ　⑤ ㄱ, ㄴ, ㄷ

26 사람의 귀에서 다음 현상과 관계있는 부분의 이름을 쓰고, 그 부분의 기능을 설명하시오.

> · 코를 세게 풀었더니 귀가 먹먹해졌다가, 하품을 하니 원래대로 돌아왔다.
> · 비행기가 이륙할 때 귀가 갑자기 먹먹해지면서 잘 안들리더니 침을 삼키니까 괜찮아졌다.

27 아래 그림은 눈의 구조를 나타낸 것이다. 맹점을 찾아 기호로 쓰고 왜 맹점에 상이 맺히면 상이 안보이는지 이유를 쓰시오.

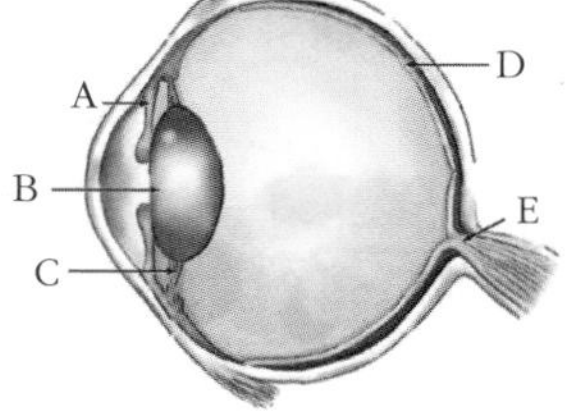

정답 및 해설 04쪽

28 뜨거운 물을 부어 우려낸 녹차는 손으로는 뜨거워서 만지기 힘들지만, 입으로 마실 때는 상대적으로 덜 뜨겁게 느껴진다. 그 이유를 감각점의 분포와 관련지어 설명해 보시오.

29 아래 그림은 '호먼큘러스'라는 이름의 사람 모형이다. 이 모형에서 손과 입술이 다른 부분에 비하여 크게 표현된 이유에 대하여 설명하시오.

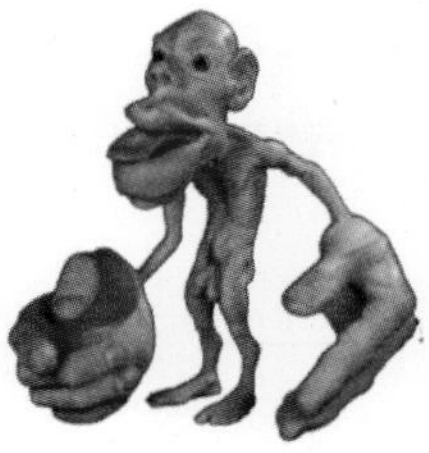

30 방안에 향수를 뿌리면 처음에는 향수 냄새가 강하게 느껴지지만 시간이 조금 지나면 향수 냄새를 잘 느끼지 못한다. 그 이유에 대하여 설명하시오.

창의력 서술

31 다음 그림은 시각세포의 일종이며 색의 식별을 조절하는 원뿔 세포의 파장에 따른 흡수 스펙트럼을 나타낸 것이다. 일정한 색을 인식하지 못하는 색맹은 이 원뿔 세포의 이상으로 인해 발생한다. 녹원뿔 세포가 이상이 생긴다면 550nm의 파장을 가진 빛은 어떤 색으로 보일지 답하고 아래 자료를 바탕으로 이유를 서술해 보자.

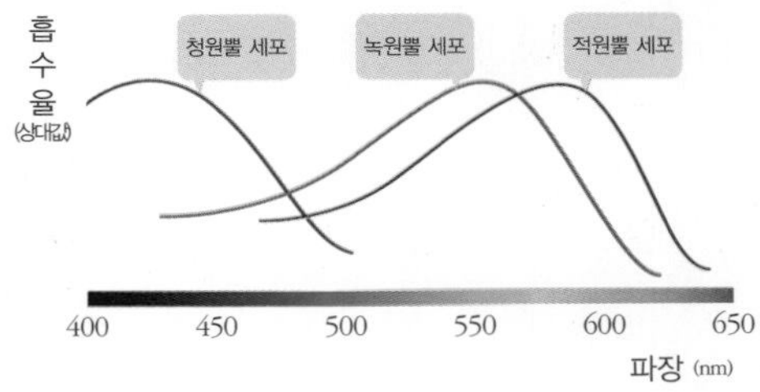

32 우주에 나가는 우주 비행사들은 메스꺼움, 구토를 동반하여 우주 멀미라고도 불리는 우주 적응 증후군(SAS)를 겪는다고 한다. 왜 이것이 일어나는지에 대해 감각 기관을 들어 서술하시오.

33 눈을 가리고 코를 막으면 사과와 양파의 맛을 구분하지 못한다. 이를 통해 알 수 있는 사실은 무엇인가?

15강. 신경계

● 뉴런과 정보 처리

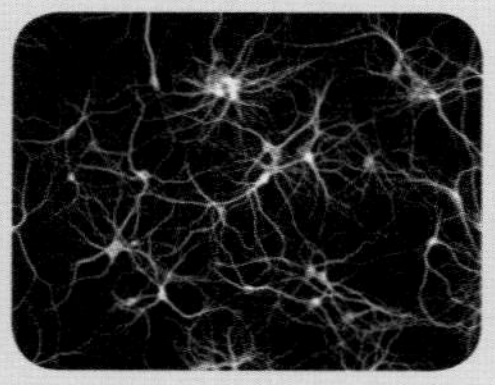

뉴런은 여러 개가 서로 연결되어 한꺼번에 많은 정보를 처리할 수 있다.

● 뉴런의 자극 전달

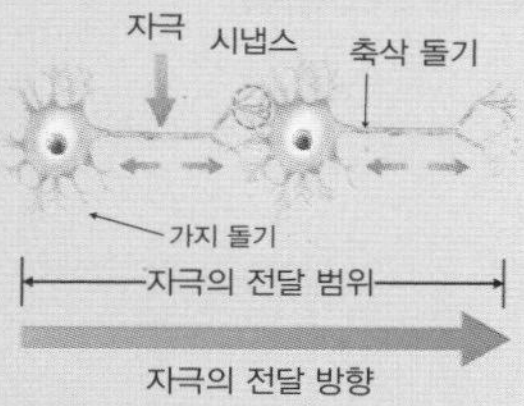

- 한 뉴런 내에서는 자극이 양방향으로 전달된다.
- 하지만 여러 개의 뉴런이 연결되어 있는 경우는 축삭 돌기에서 다른 뉴런의 가지 돌기 쪽으로만 전달된다.

● 자극의 전달 방향

자극의 전달은 감각 뉴런 → 연합 뉴런 → 운동 뉴런의 순서로 일어나며, 반대 방향으로는 자극이 전달되지 않는다.

미니사전

시냅스 한 뉴런의 축삭돌기 말단과 다음 뉴런의 가지돌기 사이의 연접 부위

1. 뉴런의 구조와 종류

(1) **뉴런** : 신경을 이루는 신경세포로, 신경계의 구조적 · 기능적 단위이다.

(2) **뉴런의 구조** : 신경세포체, 가지 돌기, 축삭 돌기로 구성된다.

① 신경세포체 : 핵과 대부분의 세포질이 모여 있는 부분으로, 생명 활동이 일어난다.
② 가지 돌기 : 다른 뉴런이나 기관으로부터 자극을 받아들인다.
③ 축삭 돌기 : 가지 돌기에서 받아들인 자극을 다른 뉴런이나 기관으로 전달한다.

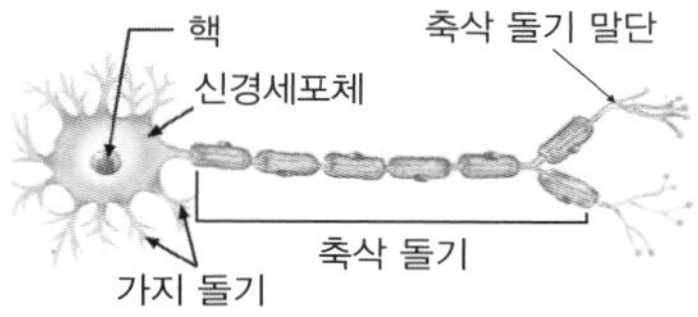

▲ 뉴런의 구조

(3) **뉴런의 종류** : 감각 뉴런, 연합 뉴런, 운동 뉴런이 있다.
① 감각 뉴런(감각 신경 구성) : 감각 기관에서 받아들인 자극을 연합 뉴런으로 전달한다.
② 연합 뉴런(중추 신경 구성) : 감각 뉴런과 운동 뉴런을 연결하며, 자극을 종합 · 판단하여 운동 뉴런에 적절한 명령을 내린다.
③ 운동 뉴런(운동 신경 구성) : 연합 뉴런의 명령을 운동 기관으로 전달한다.

(4) **자극의 전달 경로**

자극 → 감각 기관 → 감각 뉴런(감각 신경) → 연합 뉴런(중추 신경) → 운동 뉴런(운동 신경) → 운동 기관 → 반응

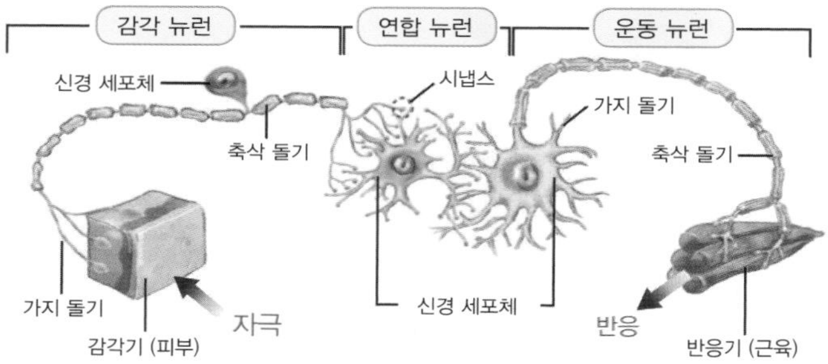

개념확인 1

다음 설명에 해당하는 것의 이름을 쓰시오.

- 신경을 이루는 신경세포이다.
- 신경세포체, 가지 돌기, 축삭 돌기로 이루어져 있다.
- 종류가 세가지이다.

확인 +1

다음 설명의 빈칸에 들어갈 알맞은 말을 쓰시오.

자극 → 감각 기관 → ㉠( ) → 연합 뉴런(중추 신경) → ㉡( ) → 운동 기관 → 반응

2. 중추 신경계

(1) 중추 신경계 : 자극을 판단하여 명령을 내리는 곳으로, 뇌와 척수로 구성된다.

① 뇌 : 대뇌, 소뇌, 간뇌, 중간뇌, 연수로 구성된다.

② 척수 : 연수 아래쪽으로 뻗어 있으며, 척추에 의해 보호된다.

대뇌	· 연합령, 감각령, 운동령으로 구성된다. · 감각 기관에서 받아들인 자극을 종합 · 판단하여 명령을 내린다. · 기억, 추리, 판단 등의 정신 활동과 기쁨, 슬픔, 분노와 같은 감정을 담당한다.	중간뇌	· 눈의 움직임과 동공의 크기를 조절한다.
		연수	· 심장 박동, 호흡 운동, 소화 운동 등을 조절한다. · 기침, 재채기, 침 분비 등의 중추
소뇌	· 몸의 균형을 유지한다. · 대뇌와 함께 정확한 운동이 일어나도록 근육 운동을 조절한다.	척수	· 감각 신경과 운동 신경이 연결되어 있어 뇌와 몸의 각 부분 사이에 정보를 전달하는 통로 역할을 한다. · 무의식적 반응의 중추
간뇌	· 체온과 체액의 농도 등이 일정하게 유지 되도록 한다.		

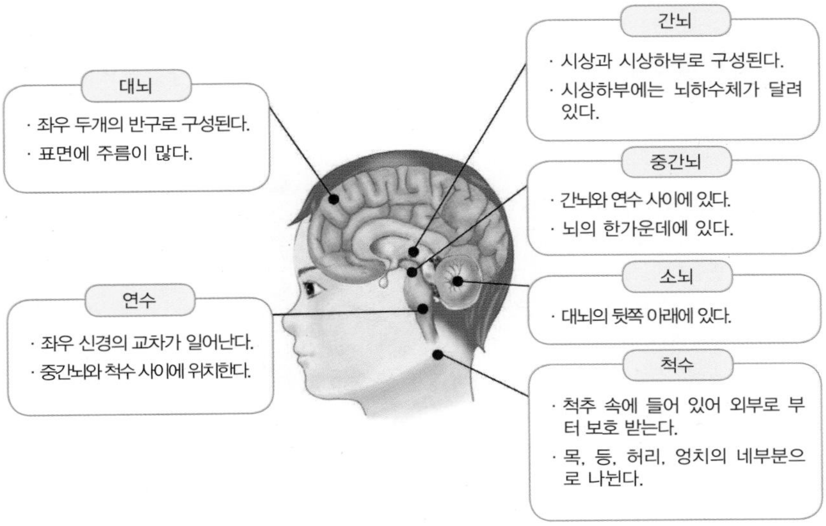

▲ 중추 신경계의 구조와 기능

사람의 신경계

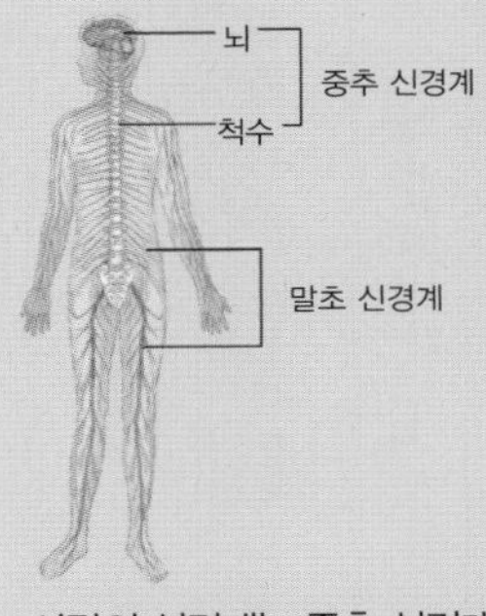

사람의 신경계는 중추 신경계와 말초 신경계로 구성된다.

대뇌의 구성

· 연합령 : 추리, 판단, 기억 등의 고등 정신 활동의 중추
· 감각령 : 감각기로부터 자극을 받아들여 감각을 감지하는 중추
· 운동령 : 운동 기관에 명령을 지시하는 운동을 담당하는 중추

생각해보기★

마음은 어디에 있을까?

정답 및 해설 06쪽

개념확인 2 중추 신경계에 해당하는 기관만을 〈보기〉에서 모두 골라 기호로 쓰시오.

〈 보기 〉

ㄱ. 뇌　　ㄴ. 신장　　ㄷ. 척수　　ㄹ. 심장

확인 +2 다음 설명에 해당하는 것의 이름을 쓰시오.

· 감각 기관에서 받아들인 자극을 종합 · 판단하여 명령을 내린다.
· 정신 활동과 감정을 담당한다.
· 연합령, 감각령, 운동령으로 구분된다.

미니사전

중추[中 가운데 樞 지도리] 신경 기관 가운데, 신경 세포가 모여 있는 부분

말초[末 끝 梢 나뭇가지 끝] 사물의 맨 끝 부분

● 척수의 구조

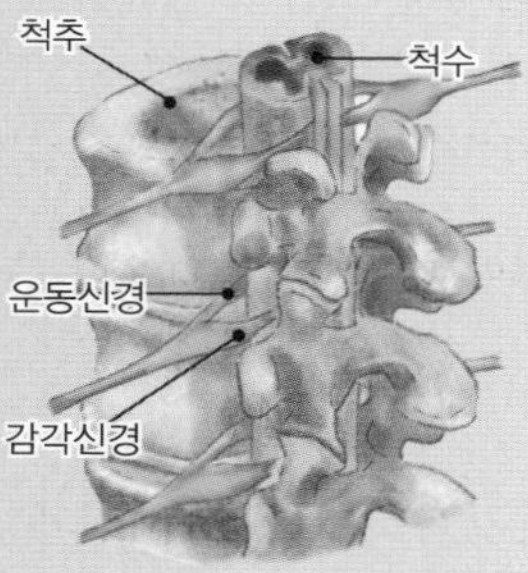

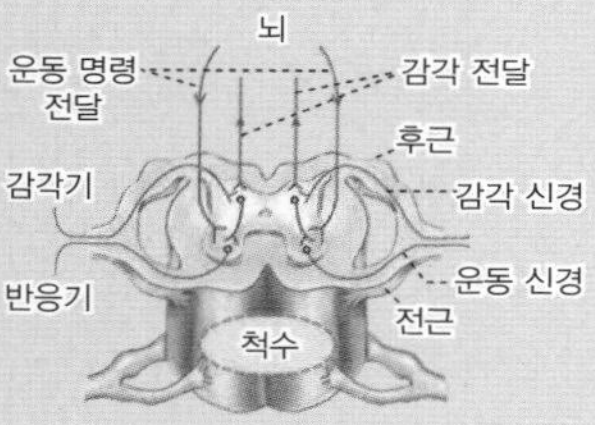

척수는 감각기에서 받아들인 자극을 뇌로 전달하는 감각 신경과 뇌의 명령을 반응기로 전달하는 운동 신경의 통로이다. 결국 척수는 뇌와 말초 신경을 연결해 준다.

● 자율 신경계의 대항 작용

구분	교감 신경	부교감 신경
심장 박동	촉진	억제
호흡 운동	촉진	억제
동공	확대	축소
소화액 분비	억제	촉진
침 분비	억제	촉진
혈압	상승	하강
방광	이완	수축

교감 신경과 부교감 신경이 같은 내장 기관에 분포하여 서로 반대되는 대항 작용을 한다.

미니사전

대항 작용 상반되는 요인이 동시에 작용하여 본래의 효과를 서로 없애는 일

3. 말초 신경계

(1) **말초 신경계** : 중추 신경계에서 뻗어 나와 몸의 각 부분과 중추 신경계를 연결하는 신경으로, 감각 신경과 운동 신경으로 구성된다.

① 체성 신경계 : 감각 기관에서 받아들인 자극을 중추 신경계로 전달하고, 중추 신경계의 명령을 운동 기관으로 전달한다.
→ 주로 대뇌에 의해 조절되는 몸의 운동에 관여한다.

- 대뇌의 직접적인 지배를 받는다.
- 감각 신경과 운동 신경이 쌍으로 존재한다.
- 의식적인 자극과 반응에 관여한다.
- 12쌍의 뇌신경과 31쌍의 척수 신경으로 구성된다.

자극의 전달 경로

자극 → 감각기관 → 체성 신경계 (감각 신경) → 대뇌 → 체성 신경계 (운동 신경) → 근육 → 반응

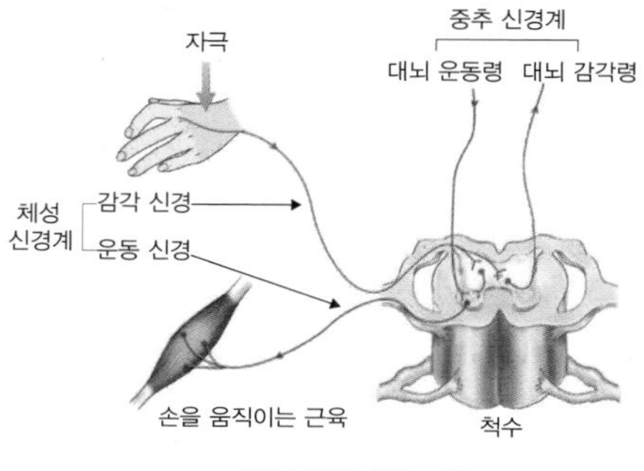

▲ 체성 신경계의 모식도

② 자율 신경계 : 내장 기관에 분포하여 그 기관의 기능을 자율적으로 조절한다.

- 대뇌의 지배를 받지 않는다.
- 간뇌, 중간뇌, 연수, 척수의 조절을 받는다.
- 중추 신경에서 나와 주로 내장 기관에 분포한다.
- 소화, 순환, 호흡, 호르몬 분비 등을 조절한다. → 생명 유지 기능
- 교감 신경과 부교감 신경으로 구성된다. → 대항 작용을 한다.

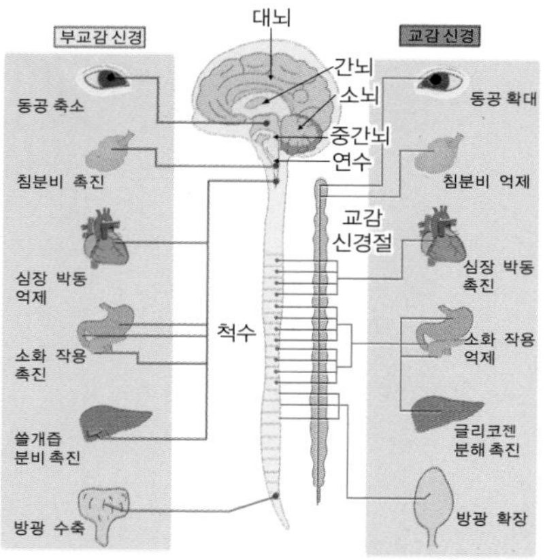

▲ 자율 신경계의 모식도

개념확인 3 다음 빈칸에 들어갈 알맞은 말을 쓰시오.

말초 신경계는 대뇌의 지배를 받는 ㉠(　　　　) 와 내장 기관에 분포하여 간뇌와 연수 등의 조절을 받는 ㉡(　　　　) 로 이루어져 있다.

확인 + 3 다음 설명에 해당하는 것의 이름을 쓰시오.

- 교감 신경과 부교감 신경의 반대 작용이다.
- 주로 내장 기관을 조절하는 작용이다.
- 서로 반대되는 요인이 동시에 작용한다.

4. 반사

(1) 의식적 반응 : 자극을 대뇌에서 판단하여 나타나는 반응으로, 대뇌가 중추이다.

▲ 의식적 반응의 예

자극	① 식탁에 맛있는 밥
감각기	② 눈 : 밥을 본다.
감각신경	③ 시각 신경
중추	④ 대뇌
운동신경	⑤ 운동 신경
반응기	⑥ 팔의 근육
반응	⑦ 숟가락을 들어 밥을 먹는다.

(2) 무의식적 반응 : 무의식적으로 나타나는 반사 반응이다.

	무조건 반사	조건 반사
뜻	자극에 대해 무의식적으로 빠르게 나타나는 반응	과거의 경험이 조건이 되어 나타나는 무의식적인 반응
반사 중추	· 연수 반사 : 재채기, 침분비, 딸꾹질 · 척수 반사 : 무릎 반사, 뜨거운 물체나 뾰족한 물체가 몸에 닿았을때 움츠리기 · 중간뇌 - 동공반사 : 홍채 조절	· 대뇌 신 과일을 보거나 상상만 해도 입안에 침이 고인다. (파블로프의 실험)
반사 경로	자극 → 감각기 → 감각 신경 → 척수, 연수, 중간뇌 → 운동 신경 → 반응기 → 반응	자극 → 감각기 → 감각 신경 → 대뇌 → 운동 신경 → 반응기 → 반응
특징	· 대뇌까지 자극이 전달되지 않기 때문에 반응 속도가 매우 빠르다 → 갑자기 닥친 위험으로부터 우리 몸을 보호할 수 있다.	· 과거의 경험이 조건이 되어 일어나는 반응이므로 과거 경험에 따라 반응이 달라질 수 있다.
반사 경로 모식도	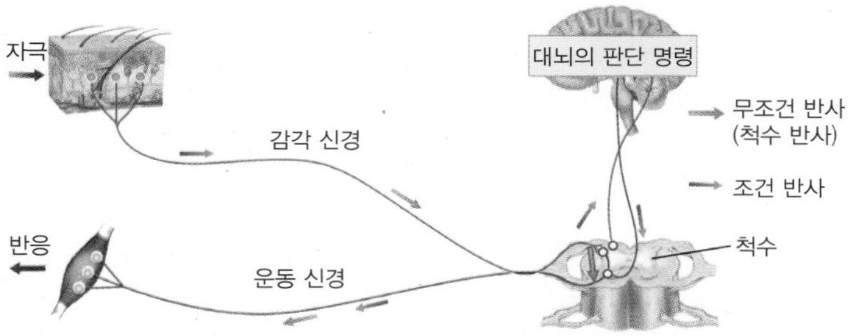	

파블로프의 실험

(가) 먹이를 주면 침이 나온다. (무조건 반사)

(나) 종소리만 들려주면 침은 나오지 않는다.

(다) 먹이를 줄 때 종소리를 반복하여 들려 준다.

(라) 종소리만 들려주어도 침을 흘린다. (조건 반사)

무릎 반사

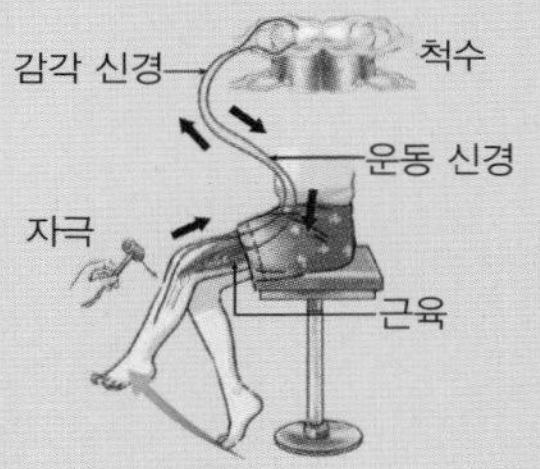

정답 및 해설 06쪽

개념확인 4 반사에 대한 설명이다. 옳은 것만을 〈보기〉에서 있는 대로 고르시오.

〈 보기 〉

ㄱ. 무릎 반사는 조건 반사이다.

ㄴ. 무조건 반사에 대뇌 반사도 속한다.

ㄷ. 귤을 생각하면 입안에 침이 고이는 것은 조건 반사이다.

확인 + 4 무조건 반사의 중추로 올바른 것만을 〈보기〉에서 있는 대로 고르시오.

〈 보기 〉

ㄱ. 대뇌　　ㄴ. 소뇌　　ㄷ. 연수　　ㄹ. 척수

개념 다지기

01 그림은 뉴런의 구조를 나타낸 것이다. 이에 대한 설명으로 옳지 않은 것은?

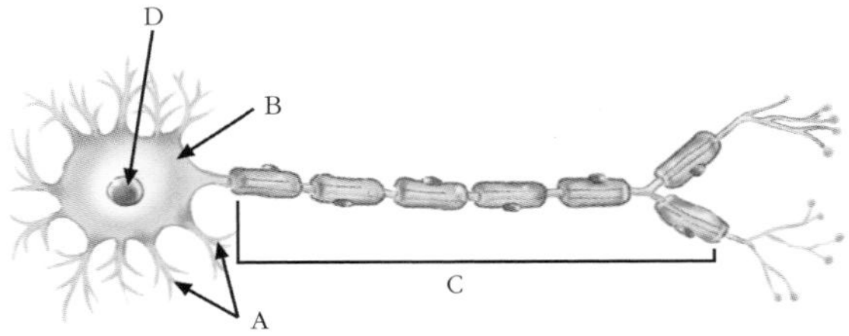

① A는 축삭돌기, B는 신경 세포체, C는 가지 돌기이다.
② A는 다른 뉴런이나 기관으로부터 자극을 받아들인다.
③ B에 핵과 대부분의 세포질이 모여 있다.
④ C는 다른 뉴런이나 기관으로 자극을 전달한다.
⑤ D는 뉴런의 핵이다.

02 오른쪽 그림은 사람의 뇌의 구조를 나타낸 것이다. A~E의 기능과 관련 있는 내용을 바르게 연결한 것은?

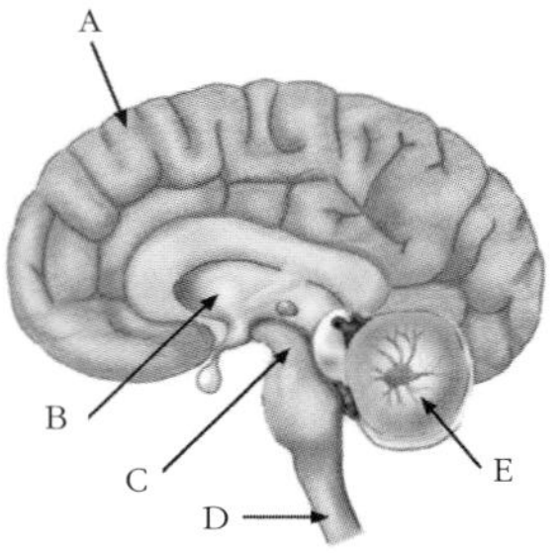

① A - 어두운 곳에서는 동공의 크기가 커진다.
② B - 평균대 위에서 균형을 잡으면서 걸어간다.
③ C - 선인장 가시에 찔려 따가움을 느낀다.
④ D - 100m 달리기를 하면 심장 박동과 호흡수가 증가한다.
⑤ E - 인기 드라마를 보며 웃기도 하고 엄마와 이야기 하면서 재미를 느낀다.

03 오른쪽 그림은 사람의 신경계를 나타낸 것이다. 이에 대한 설명으로 옳지 않은 것은?

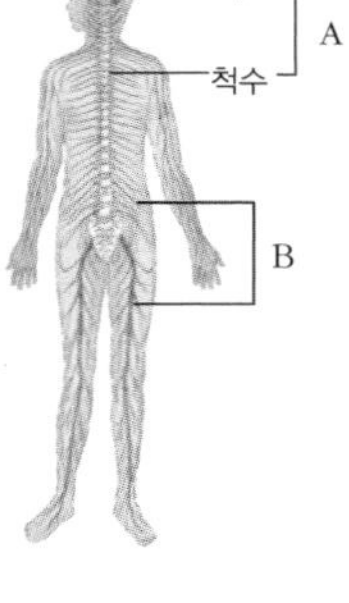

① A는 중추 신경계, B는 말초 신경계이다.
② A는 연합 뉴런으로 구성되어 있다.
③ B에는 체성 신경계와 자율 신경계가 있다.
④ B는 감각 신경과 운동 신경으로 구성된다.
⑤ B는 모두 대뇌의 직접적인 조절을 받는다.

정답 및 해설 06쪽

04 다음 중 반사의 중추가 <u>다른</u> 하나는?

① 청소를 하다가 재채기를 하였다.
② 레몬을 입에 넣었더니 침이 고였다.
③ 상한 음식을 먹었더니 구토가 났다.
④ 재미없는 책을 보다보니 하품이 났다.
⑤ 어두운 곳에 있다가 밝은 곳으로 나갔더니 동공의 크기가 작아졌다.

05 다음 중 자율 신경계에 대한 설명으로 옳지 <u>않은</u> 것은?

① 중추는 대뇌이다.
② 감각 신경은 없고 운동 신경만 존재한다.
③ 자신의 의지와 상관없이 신경의 흥분이 일어난다.
④ 내장 기관에 분포하여 그 기관의 작용을 자율적으로 조절한다.
⑤ 교감 신경과 부교감 신경으로 구성되며 서로 대항 작용을 한다.

06 다음은 개를 대상으로 파블로프가 실험한 과정이다.

(가) 먹이를 주면 침이 나온다. (나) 종소리만 들려주면 침이 나오지 않는다. (다) 먹이를 줄 때마다 종소리를 들려준다. (라) 종소리만 들려주어도 침을 흘린다.

위 실험에 대한 설명으로 옳은 것은?

① 의식적 반응에 대한 실험이다.
② (가) 과정은 조건 반사에 해당한다.
③ (라) 과정은 무조건 반사에 해당한다.
④ 대항 작용을 알아보기 위한 실험이다.
⑤ 과거의 경험이 조건이 되어 일어나는 반응을 관찰할 수 있다.

유형 익히기 & 하브루타

[유형15-1] 뉴런의 구조와 종류

아래 그림은 뉴런의 구조를 나타낸 것이다. 이에 대한 설명으로 옳지 <u>않은</u> 것은?

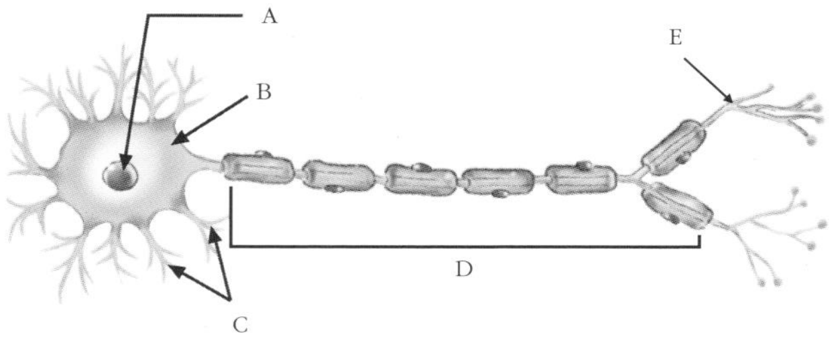

① A는 뉴런의 핵이다.
② B는 뉴런의 신경세포체로 생명 활동이 일어난다.
③ C는 가지 돌기로 외부에서 온 자극을 받아들인다.
④ 한 뉴런 내에서 자극은 A → E 방향으로만 전달된다.
⑤ D는 축삭 돌기로 자극을 다른 뉴런으로 전달하는 역할을 한다.

Tip!

01 뉴런에 대한 설명으로 옳지 <u>않은</u> 것은?

① 뉴런의 종류는 세 가지이다.
② 뉴런은 신경계의 구조적 · 기능적 단위이다.
③ 뉴런은 일반적인 세포와는 다른 모양을 갖고 있다.
④ 감각 뉴런은 운동 뉴런과 직접 연결되어 기능을 하게 된다.
⑤ 운동 뉴런은 근육과 같이 반응을 하는 여러 기관들과 연결되어 있다.

02 신경계에 대한 설명 중 옳은 것만을 〈보기〉에서 있는 대로 고른 것은?

〈 보기 〉

ㄱ. 감각 뉴런과 운동 뉴런은 모양이 서로 다르다.
ㄴ. 연합 뉴런은 감각 뉴런과 운동 뉴런을 이어주는 역할을 한다.
ㄷ. 뉴런들이 붙어있어야만 자극이 제대로 전달될 수 있다.

① ㄱ ② ㄴ ③ ㄱ, ㄴ ④ ㄱ, ㄷ ⑤ ㄴ, ㄷ

정답 및 해설 07쪽

[유형15-2] 중추 신경계

아래 그림은 뇌의 모습을 나타낸 것이다. 이에 대한 설명으로 옳지 않은 것은?

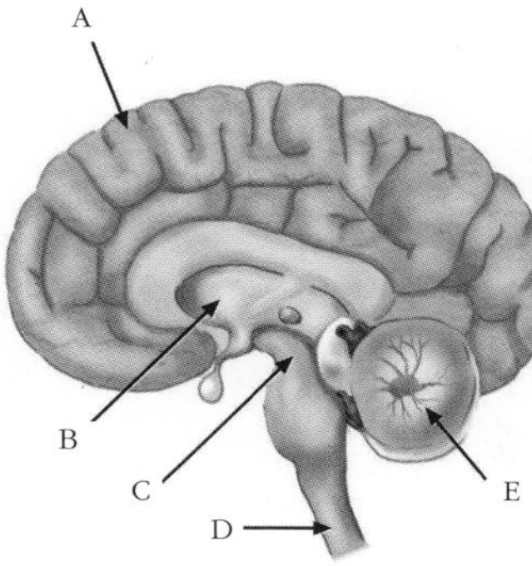

① A는 대뇌이며 세 부분으로 나뉜다.
② B는 간뇌이며 항상성을 조절하는 역할을 한다.
③ C는 중간뇌이며 눈의 움직임과 동공의 크기를 조절한다.
④ D는 척수이며 척추의 보호를 받으며 크게 세 부분으로 구성된다.
⑤ E는 소뇌이며 근육 운동을 조절하는 역할을 한다.

03 중추 신경계에 대한 설명으로 옳지 않은 것은?

① 중추 신경계는 뇌와 척수로 구성되어 있다.
② 중추 신경계와 말초 신경계의 기능은 독립적이다.
③ 척수는 뇌와 연결되어 있으며 척추의 보호를 받는다.
④ 뇌는 대뇌, 소뇌, 중간뇌, 간뇌 등으로 구성되어 있다.
⑤ 대뇌는 크게 세 부분으로 나누어지며 표면에 주름이 많다.

04 오른쪽 사진은 사람의 신경계의 모습이다. 이에 대한 설명으로 옳지 않은 것은?

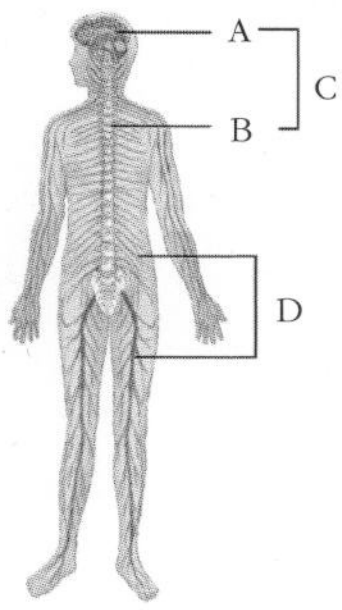

① A는 뇌, B는 척수이다.
② C는 중추 신경계이며 뇌와 척추를 포함한다.
③ D는 말초 신경계이며 온몸으로 뻗어있다.
④ 중추 신경계는 주로 연합 뉴런으로 구성된다.
⑤ 중추 신경계와 말초 신경계를 합쳐서 신경계라고 한다.

Tip!

유형 익히기 & 하브루타

[유형15-3] 말초 신경계

그림은 신경계의 모습을 나타낸 것이다. 이에 대한 설명으로 옳지 않은 것은?

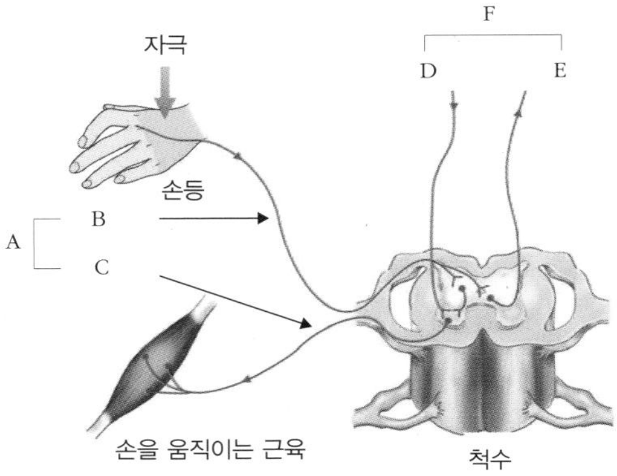

① A는 자율 신경계이다.
② B는 자극을 전달하는 감각 신경이다.
③ C는 대뇌의 명령을 전달하는 운동 신경이다.
④ D와 E는 대뇌와 연결되어 있으며 척수를 지난다.
⑤ F는 중추 신경계이며 뇌와 척수로 구성되어 있다.

Tip!

05 다음 중 신경계에 대한 설명으로 옳지 않은 것은?

① 체성 신경계는 대뇌의 지배를 받는다.
② 자율 신경계는 내장 기관에 분포한다.
③ 자율 신경계는 의식적인 자극과 반응을 담당한다.
④ 간뇌와 연수는 자율 신경계를 조절하는 중추의 역할을 한다.
⑤ 교감 신경과 부교감 신경은 서로 대항 작용을 하여 우리 몸을 조절한다.

06 교감 신경과 부교감 신경의 작용을 비교한 것으로 옳지 않은 것은?

구분	교감 신경	부교감 신경
① 심장 박동	촉진	억제
② 호흡 운동	촉진	억제
③ 동공의 크기	확대	축소
④ 침의 분비	억제	촉진
⑤ 방광	수축	이완

정답 및 해설 07쪽

[유형15-4] 반사

그림은 자극과 반응의 경로를 나타낸 모식도이다. 이에 대한 설명으로 옳지 않은 것은?

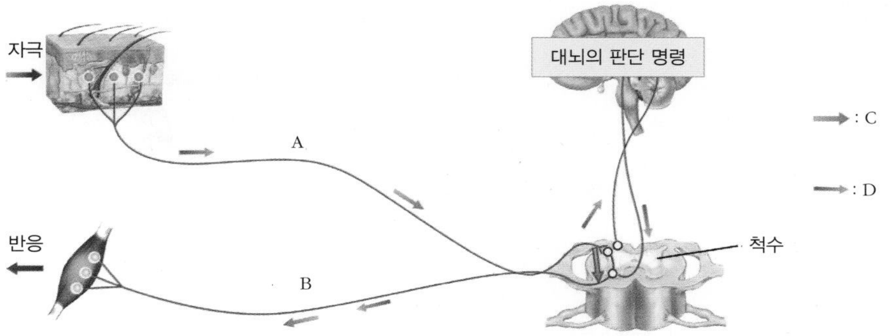

① A는 감각 신경이다.
② B는 운동 신경이다.
③ A → 척수 → B의 경로인 C는 무조건 반사를 의미한다.
④ A → 대뇌 → B의 경로인 D는 조건 반사를 의미한다.
⑤ 의식적 반응은 C 경로와 D 경로의 원리로는 설명할 수 없다.

07 반사에 대한 설명으로 옳은 것만을 〈보기〉에서 있는 대로 고른 것은?

〈 보기 〉
ㄱ. 무조건 반사와 조건 반사가 있다.
ㄴ. 조건 반사는 과거의 경험이 자극원이 된다.
ㄷ. 조건 반사의 중추는 척수이다.

① ㄱ ② ㄴ ③ ㄱ, ㄴ ④ ㄴ, ㄷ ⑤ ㄱ, ㄴ, ㄷ

08 다음 무조건 반사 중 중추가 다른 경우는 무엇인가?

① 무한이가 빵을 먹을 때 침이 분비되었다.
② 상상이는 콜라를 먹다가 딸꾹질을 하였다.
③ 알탐이는 감기에 걸려 재채기를 심하게 하였다.
④ 재희는 쓰레기장을 지나가다 순간 구토가 쏠렸다.
⑤ 수빈이는 뜨거운 물컵을 만지는 순간 자기도 모르게 컵에서 손을 뗐다.

Tip!

창의력 & 토론마당

01 다음 그림 (가)는 축삭 돌기에 슈반세포가 있는 뉴런을 나타낸 것이고, 그림 (나)는 축삭 돌기를 이루고 있는 슈반세포를 확대한 모습이다. 그림 (다)는 슈반세포가 없는 축삭돌기를 가진 뉴런을 나타낸 것이고, 그림 (라)는 (다)의 축삭돌기를 확대한 모습이다.

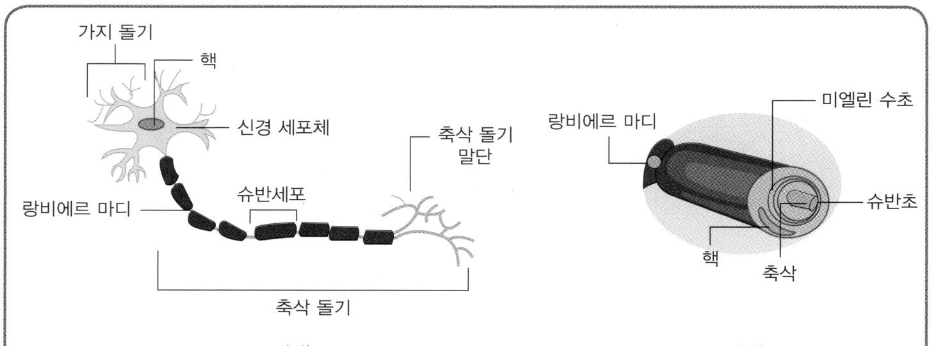

(가) (나)

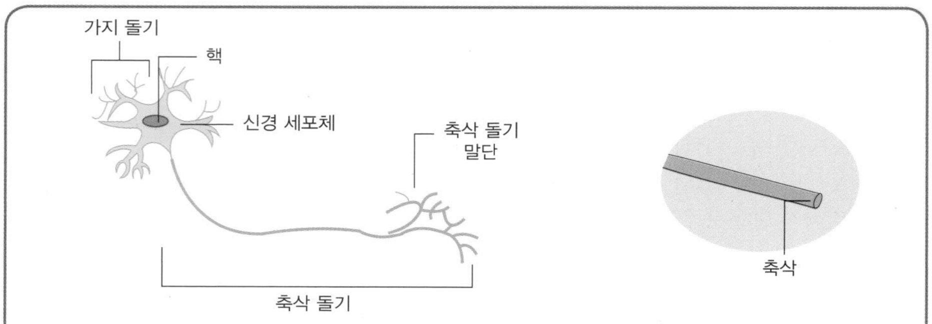

(다) (라)

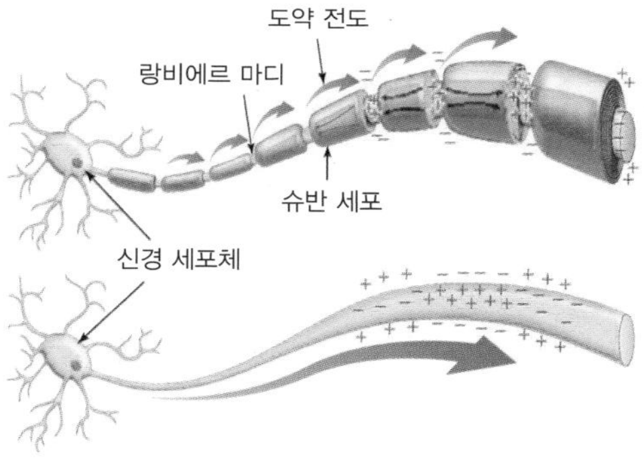

뉴런의 축삭 돌기는 가지 돌기에서 온 자극을 전달하여 축삭 돌기 말단으로 보내는 역할을 한다. 일반적으로 이 자극은 전기적인 신호의 형태이다. 슈반세포는 축삭돌기를 감싸고 있는데, 슈반세포 사이에 노출된 축삭 돌기의 부분을 랑비에르 마디라고 한다. 자극은 이 랑비에르 마디를 통해서만 이동하며 슈반 세포가 감싸고 있는 부분은 건너뛰는 형태의 '도약 전도'라는 방식으로 전달이 된다. 이러한 형태의 자극 전달 방식이 어떠한 이점이 있는지 서술해 보자.

정답 및 해설 08쪽

02 아래 그림은 정상인의 뇌의 모습과 식물인간, 뇌사 상태인 사람의 뇌를 나타낸 것이다. 그림을 참고하여 식물인간과 뇌사 상태인 사람이 정상인과 어떤 차이점이 있는지 설명해보자. (단, 어두운 부분은 뇌의 기능이 상실된 부위이다.)

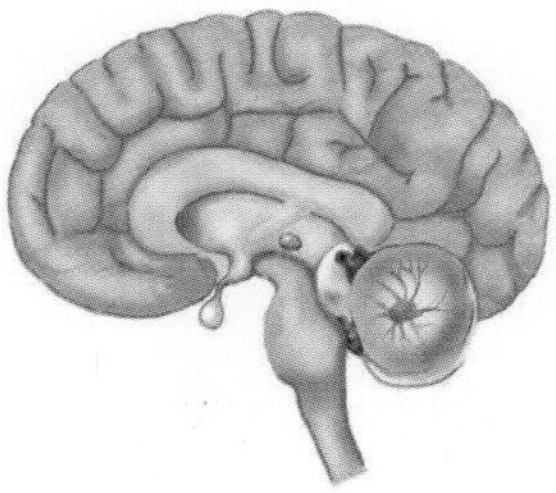

▲ 정상인 뇌의 모습

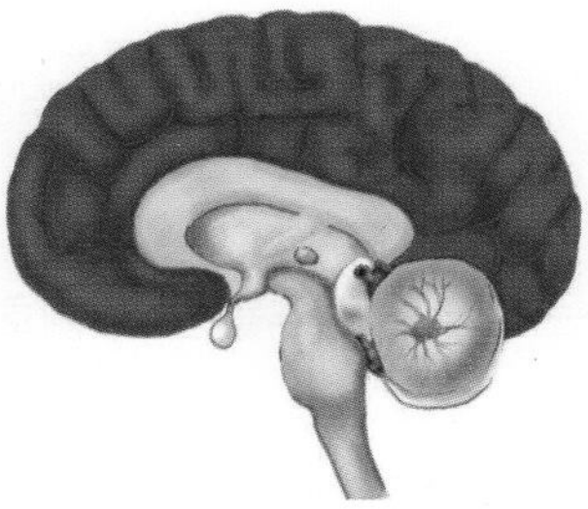

▲ 식물인간 뇌의 모습

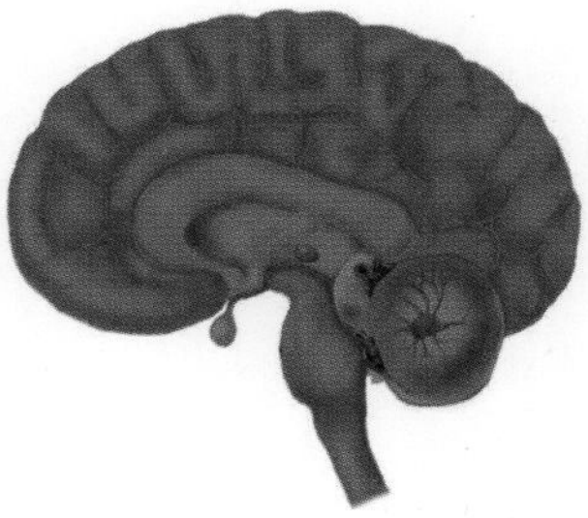

▲ 뇌사자 뇌의 모습

창의력 & 토론마당

03 다음 하루 일상 생활에서 작용하는 뇌의 활동 부위를 알아보기 위해 각 상황마다 뇌를 단층 촬영한 것이다.

열심히 친구와 수다를 떨고 있는 상황	해드셋을 끼고 음악에 심취해 있는 상황	책상에 앉아서 수학 공식을 떠올리며 생각하고 있는 상황	밖을 바라보며 창 밖의 푸른 하늘을 감상하고 있는 상황
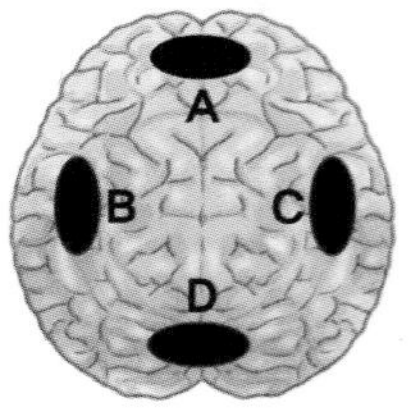	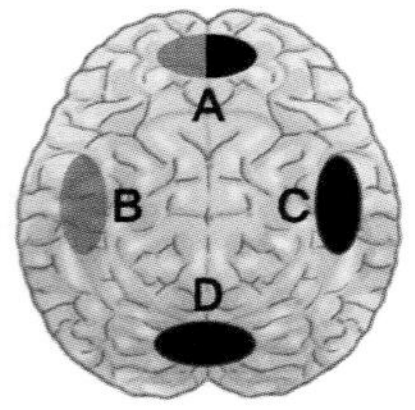	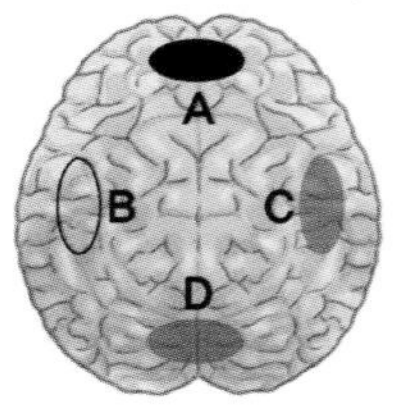	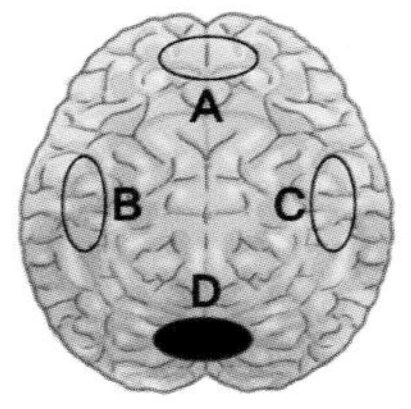

(뇌의 검게 칠해진 부분은 활동이 활발한 정도를 나타낸다.)

A~D 중 각 기능을 담당하는 알맞은 중추를 찾아 기호를 쓰고, 그렇게 생각한 이유도 서술해 보자.

중추	기호	이유
사고 중추		
시각 중추		
청각 중추		
언어 중추		

정답 및 해설 08쪽

04 아래 그림은 자율 신경의 작용을 나타낸 그림이다. 아래의 물음에 답하시오.

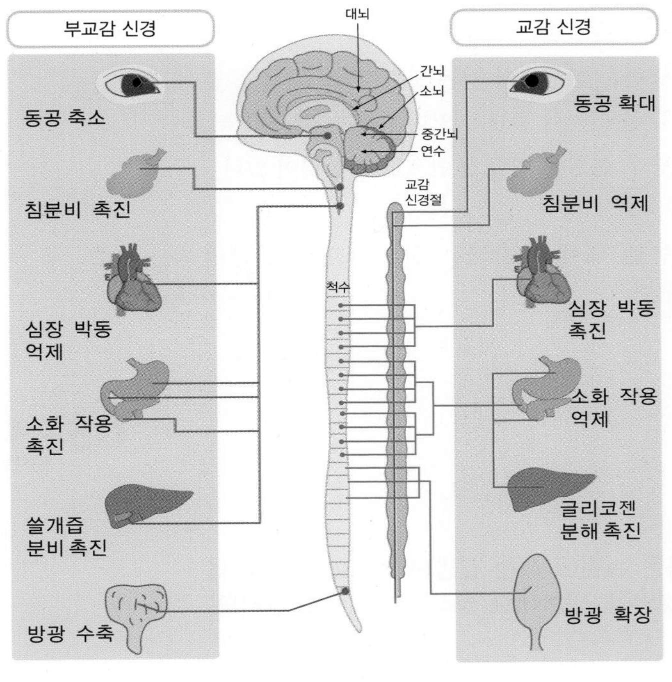

▲ 자율 신경계의 모식도

(1) 아래 그림과 같이 고양이에게 쫓기고 있는 쥐의 신체에서 작용하는 자율 신경이 무엇인지 쓰고, 신체 각 부분(심장, 폐, 위, 간)은 자율 신경의 자극에 대해 어떻게 반응하는지를 설명해 보자.

(2) 혈압이나 호흡 등 생체 반응을 이용하여 피의자의 진술의 진위성을 판별하는 장치인 거짓말 탐지기가 상반된 진술과 이해 관계가 얽혀 있는 교통사고 피의자 진술의 진위성을 판별하는데 활용되고 있다. 위의 자료를 참고하여 거짓말 탐지기는 자율 신경계의 어떤 특징을 이용한 것인지 서술해 보자.

A

01 다음 뉴런의 구조와 종류에 대한 설명으로 옳은 것은 ○표, 옳지 않은 것은 ×표 하시오.

(1) 뉴런은 신경계의 기본 단위이다. ( )

(2) 뉴런에는 세 종류가 있다. ( )

(3) 중추 신경은 연합 뉴런으로 구성되어 있다. ( )

(4) 뉴런 내에서 자극은 한방향으로 전달이 된다. ( )

02 다음은 뉴런에 대한 설명이다. 〈보기〉에서 옳은 것만을 있는 대로 골라 기호로 나타내시오.

〈 보기 〉

ㄱ. 뉴런은 한꺼번에 많은 정보를 처리할 수 있다.

ㄴ. 자극의 전달은 감각 뉴런에서 시작된다.

ㄷ. 운동 뉴런은 반응기와 연결된다.

( )

03 다음 괄호 안에 알맞은 말을 써 넣으시오.

( )는 한 뉴런의 축삭돌기 말단과 다음 뉴런의 가지돌기 사이의 연접 부위이다.

( )

04 다음 중추 신경계에 대한 설명으로 옳은 것은 ○표, 옳지 않은 것은 ×표 하시오.

(1) 중추 신경계는 뇌와 척수로 구성된다. ( )

(2) 척수는 의식 반응에 관여한다. ( )

(3) 대뇌는 연합령, 운동령, 감각령으로 구성된다. ( )

(4) 소뇌는 체온과 체액의 농도를 일정하게 유지한다. ( )

05 아래 그림은 뇌의 구조를 나타낸 것이다. A, B가 무엇인지 쓰시오.

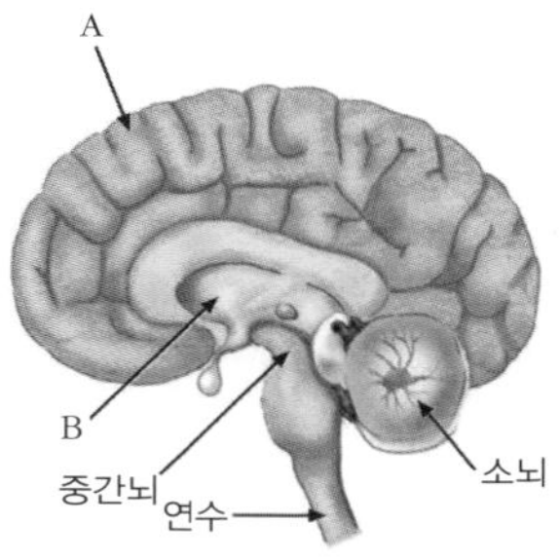

A : ( ) B : ( )

06 다음 〈보기〉 중 대뇌와 관련있는 것만을 있는 대로 골라 기호로 나타내시오.

〈 보기 〉

ㄱ. 기억 ㄴ. 추리 ㄷ. 판단 ㄹ. 눈의 운동

( )

정답 및 해설 09쪽

07 아래 그림은 신경계의 구조를 나타낸 것이다. A, B가 무엇인지 각각 쓰시오.

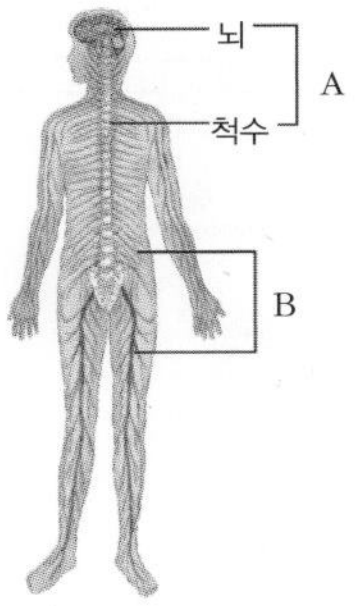

A : (　　　　)　　　B : (　　　　)

08 다음 괄호 안에 알맞은 말을 써 넣으시오.

> 말초 신경계는 대뇌의 지배를 받으며 의식적인 반응에 관여하는 ㉠(　　　　)와 내장 기관에 분포하여 그 기관의 기능을 조절하는 ㉡(　　　　)로 구성된다.

㉠ : (　　　　)　　　㉡ : (　　　　)

09 다음 신경계에 대한 설명으로 옳은 것은 ○표, 옳지 않은 것은 ×표 하시오.

(1) 말초 신경계는 온 몸에 분포한다. (　)

(2) 체성 신경계는 운동 신경으로만 구성되어 있다. (　)

(3) 교감 신경과 부교감 신경은 대뇌의 직접적인 지배를 받는다. (　)

(4) 자율 신경계는 소화, 순환, 호흡, 호르몬 분비 등을 조절한다. (　)

10 다음은 반사에 대한 설명이다. 〈보기〉를 보고 옳은 것만을 있는 대로 골라 기호로 나타내시오.

〈 보기 〉

ㄱ. 조건 반사의 중추는 대뇌이다.

ㄴ. 무조건 반사는 간뇌를 통해서만 일어난다.

ㄷ. 조건 반사는 과거의 경험이 자극원이 되어 일어난다.

(　　　　)

B

11 아래 그림은 신경계의 모식도이다. A, B, C가 무엇인지 각각 쓰시오.

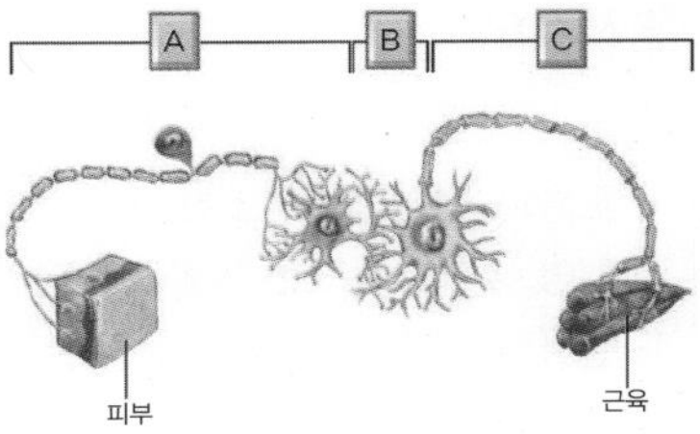

A : (　　　　)　B : (　　　　)　C : (　　　　)

12 다음 〈보기〉 중 연수 반사와 관련된 것을 모두 고르시오.

〈 보기 〉

ㄱ. 재채기　ㄴ. 딸꾹질　ㄷ. 동공 반사

[13~14] 아래 그림은 사람 뇌의 구조를 나타낸 것이다.

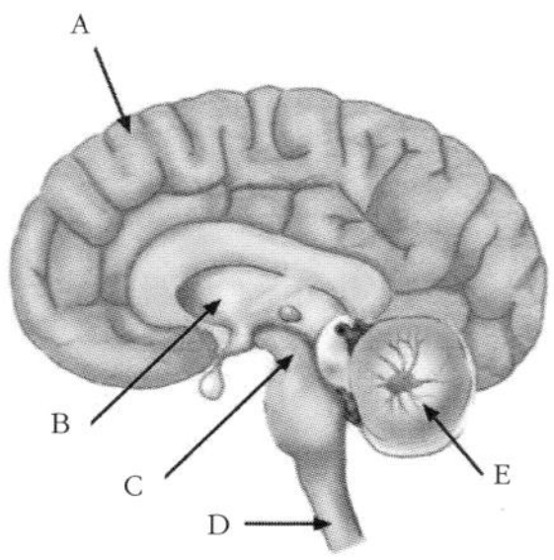

13 각 부위의 기능이 옳게 연결된 것은?

① A - 심장 박동과 호흡 등을 조절한다.
② B - 체온을 일정하게 한다.
③ C - 몸의 자세와 균형 유지에 관여한다.
④ D - 안구의 운동을 담당한다.
⑤ E - 사고를 종합하고 판단한다.

14 다음 설명에 해당하는 뇌 부위의 기호와 이름을 쓰시오.

> · 호흡과 심장 박동, 소화 등을 조절하는 중추로 생명 유지에 중요한 역할을 한다.
> · 딸꾹질, 재채기, 하품 등의 중추이다.

15 다음 중 신경계에 대한 설명으로 옳지 <u>않은</u> 것은?

① 신경계는 중추 신경계와 말초 신경계가 있다.
② 중추 신경계는 뇌와 척수로 구성된다.
③ 자율 신경계는 대뇌의 지배를 받는다.
④ 교감 신경과 부교감 신경은 자율 신경계이다.
⑤ 체성 신경계는 감각 신경과 운동 신경으로 이루어져 있다.

16 아래 그림은 서로 다른 종류의 뉴런이 연결된 모습을 나타낸 것이다. 이에 대한 설명으로 옳지 <u>않은</u> 것은?

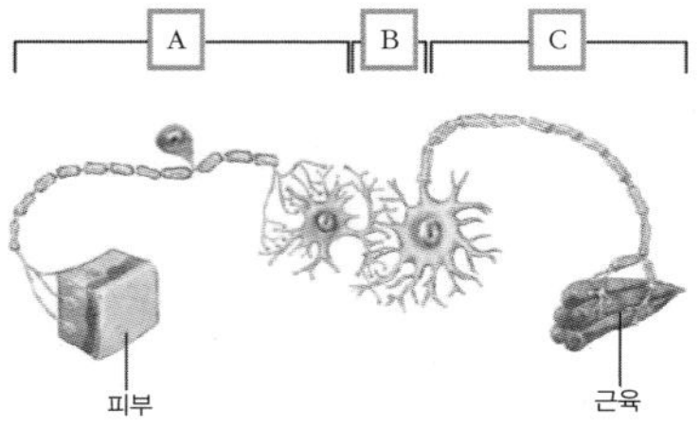

① A는 감각 뉴런으로 자극을 중추 신경계로 전달한다.
② B는 연합 뉴런으로 중추 신경계를 구성한다.
③ C는 운동 뉴런으로 대뇌의 명령을 전달한다.
④ C는 자극을 판단하고 종합하는 역할을 한다.
⑤ 자극은 A에서 시작된다.

17 반사에 대한 설명으로 옳은 것만을 〈보기〉에서 모두 고른 것은?

> 〈 보기 〉
> ㄱ. 의식적 반응의 중추는 대뇌이다.
> ㄴ. 조건 반사의 중추는 척수이며 과거의 경험은 자극원이 된다.
> ㄷ. 무조건 반사는 체성 신경계를 통하여 정보가 전달된다.

① ㄱ ② ㄴ ③ ㄱ, ㄴ
④ ㄴ, ㄷ ⑤ ㄱ, ㄴ, ㄷ

18 다음 중 무조건 반사에 의한 행동이 <u>아닌</u> 것은?

① 레몬을 보면 입에 침이 고인다.
② 음식을 입에 넣으면 침이 나온다.
③ 먼지가 많은 곳을 가면 재채기가 나온다.
④ 뾰족한 것에 손이 닿으면 재빨리 손을 움츠린다.
⑤ 밝은 곳에서 어두운 곳으로 이동하면 동공이 커진다.

정답 및 해설 09쪽

[19~20] 아래 그림은 작은 고무 망치로 무릎을 두드리는 것을 나타낸 것이다.

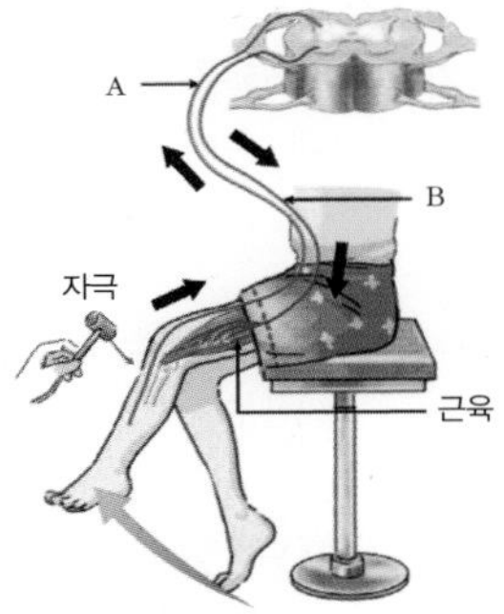

19 다음 〈보기〉 중 위의 현상과 동일한 중추를 가지는 것만을 있는 대로 고른 것은?

〈 보기 〉
ㄱ. 뜨거운 물체가 손에 닿았을 때 손을 움츠린다.
ㄴ. 감기가 걸려서 재채기를 심하게 한다.
ㄷ. 레몬을 보면 자신도 모르게 입안에 침이 고인다.

① ㄱ ② ㄴ ③ ㄱ, ㄴ
④ ㄴ, ㄷ ⑤ ㄱ, ㄴ, ㄷ

20 위의 그림에 대한 설명으로 옳은 것은?

① A는 운동 신경이다.
② B는 감각 신경이다.
③ A는 자극을 대뇌로 전달하고 있다.
④ B는 자극을 종합하여 판단하고 있다.
⑤ 위의 반응의 중추는 척수이므로 빠르게 일어난다.

C

21 대뇌의 특징에 대한 설명으로 옳은 것만을 〈보기〉에서 있는 대로 고른 것은?

〈 보기 〉
ㄱ. 좌우 두 개의 반구로 나누어져 있다.
ㄴ. 감각령과 운동령, 연합령으로 구분된다.
ㄷ. 감각령은 추리, 판단, 기억등의 고등 정신 활동의 중추이다.

① ㄱ ② ㄴ ③ ㄱ, ㄴ
④ ㄴ, ㄷ ⑤ ㄱ, ㄴ, ㄷ

22 다음은 자극에 대한 반응을 알아보기 위해 개에게 한 실험이다.

개에게 먹이를 먹였을 때는 입에서 침이 분비되었지만, 종소리만 들려주었을 때는 침이 분비되지 않았다. 이 개에게 먹이를 줄 때마다 종소리를 들려주었더니 나중에는 종소리만 들려주어도 침이 분비되었다.

밑줄 친 반응에 대한 설명으로 옳지 않은 것은?

① 무조건 반사이다.
② 대뇌가 관여하는 반응이다.
③ 과거의 경험이 조건이 되어 일어난다.
④ 자신의 의지와 관계없이 일어나는 반응이다.
⑤ 귤을 보기만 해도 입안에 침이 고이는 반응과 같은 중추이다.

23 다음은 사고를 당한 철수에 대한 설명이다.

> 철수는 얼마 전 친구들과 오토바이를 타다가 뒤에 오는 차에 치여 심각한 사고를 당하였다. 병원에 입원하여 의사 선생님이 말하는 것을 들어보니 허리 아래 부분의 척수가 손상되었다고 한다.

철수가 할 수 없는 것을 고르시오.

① 책을 읽고 생각한다.
② 친구들과 대화를 한다.
③ 영화를 보면서 기쁨과 슬픔을 느낀다.
④ 뜨거운 물체에 닿자마자 손을 움츠린다.
⑤ 피자를 보면서 자기도 모르게 군침을 흘린다.

[24~25] 아래 그림은 손에 자극이 왔을 때 반응하게 되는 경로를 모식도로 나타낸 것이다.

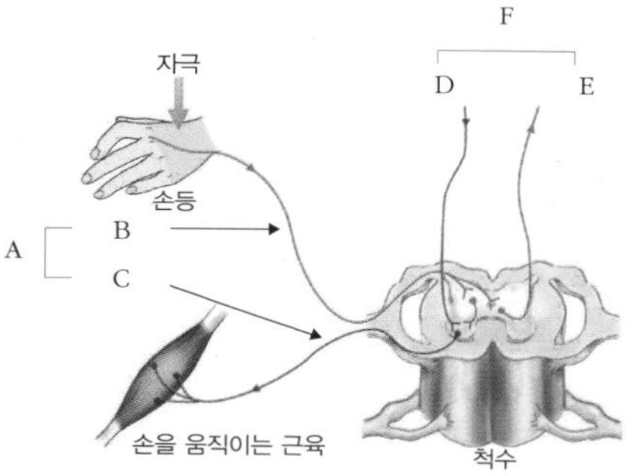

24 이에 대한 설명으로 옳은 것만을 〈보기〉에서 있는 대로 고른 것은?

〈 보기 〉
ㄱ. A는 체성 신경계를 의미한다.
ㄴ. D와 E는 중추 신경계와 연결된다.
ㄷ. B와 C는 척수의 지배를 받는다.
ㄹ. F는 말초 신경계를 의미한다.

① ㄱ, ㄴ ② ㄱ, ㄹ ③ ㄴ, ㄷ
④ ㄴ, ㄹ ⑤ ㄷ, ㄹ

25 E가 손상되었다고 가정하면, 나타나는 현상으로 옳지 않은 것은?

① 손을 쥐었다 폈다 할 수 없다.
② 손등으로 오는 자극을 느낄 수 없다.
③ 합리적인 사고와 판단을 할 수 있다.
④ 재채기나 딸꾹질을 하는 것에 문제 없다.
⑤ 뜨거운 물체에 손이 닿았을 때 손이 움츠러든다.

26 사람의 뇌에서 다음 현상과 관계있는 부분의 이름을 쓰고, 그 부분의 기능을 설명하시오.

> · 좌우 두 개의 반구로 나뉜다.
> · 주름이 많이 있으며 감각령, 연합령, 운동령으로 구분이 된다.

27 아래 그림은 사람 신경계의 분포를 나타낸 것이다. A, B가 무엇인지 각각 쓰고, 차이점에 대하여 서술하시오.

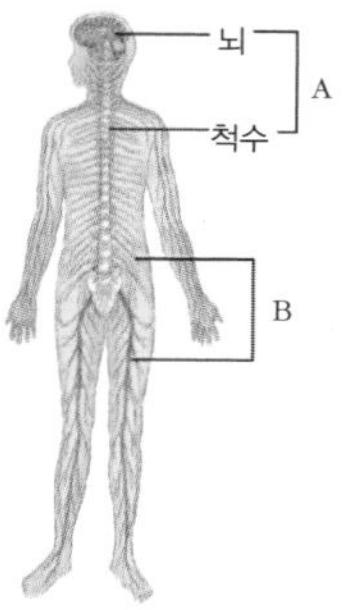

정답 및 해설 09쪽

28 하늘을 나는 새는 평지에 사는 다른 동물에 비해 소뇌가 특히 발달하였다. 그 이유를 소뇌의 기능과 관련지어 설명하시오.

29 다음과 같은 무조건 반사의 이로운 점은 무엇인지 서술하시오.

> · 뜨거운 것에 손이 닿자마자 자신도 모르게 손을 뗐다.
> · 장미 가시에 손을 찔리자마자 손을 뗐다.

30 체성 신경계와 자율 신경계의 차이점에 대하여 각각 서술하시오.

창의력 서술

31 의자에 앉아 무릎뼈 아래의 움푹 들어간 부분을 고무망치로 가볍게 치면 다리가 저절로 번쩍 들린다. 이 반응의 중추 기관이 어디인지, 이 반응이 일어났을 때의 장점이 무엇인지 서술해 보자.

32 사람이 뇌에 손상을 입어 정신을 차리지 못하면 눈동자에 빛을 비추어 동공이 작아지는가를 확인하고, 눈의 각막을 건드려 눈을 감는 반사가 일어나는지를 확인하여 뇌사자와 식물인간을 구분한다. 어떻게 구분될 수 있을까?

33 우리가 식사하고 난 후에 작용하는 자율 신경이 무엇인지, 이때 신체 각 기관은 어떻게 반응하는지 서술해 보자.

16강. 호르몬

1. 호르몬과 신경

(1) **호르몬** : 내분비샘에서 분비되어 미량으로 특정 세포나 기관에 작용하여 생리 작용을 조절하는 화학 물질

(2) **내분비샘과 외분비샘**

	모식도	특징
내분비샘	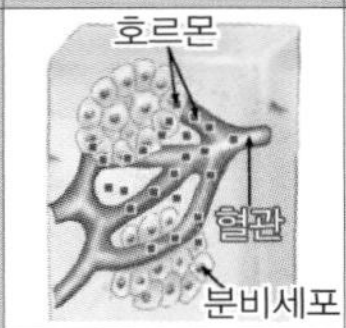	분비관이 따로 없어 호르몬을 혈관으로 직접 분비한다. → 뇌하수체, 이자, 갑상샘 등
외분비샘	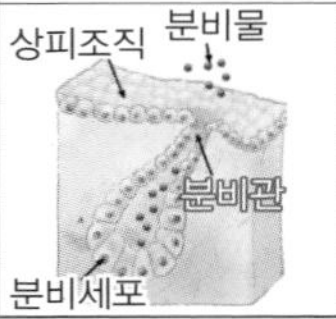	분비관을 통해 분비물(침, 소화액, 땀 등)을 몸밖이나 소화관으로 분비한다. → 침샘, 소화샘, 땀샘 등

(3) **호르몬과 항상성**

① 항상성 : 체내외의 환경이 변하더라도 체온, 혈당량 등의 체내 상태를 일정하게 유지하는 성질이다.

② 호르몬과 신경이 환경 변화에 대해 적절한 반응을 하도록 조절 작용을 한다.

(4) **호르몬의 분비와 작용** : 혈액에는 여러 가지 호르몬이 들어 있지만, 호르몬은 표적 세포나 표적 기관에만 효과를 나타낸다.

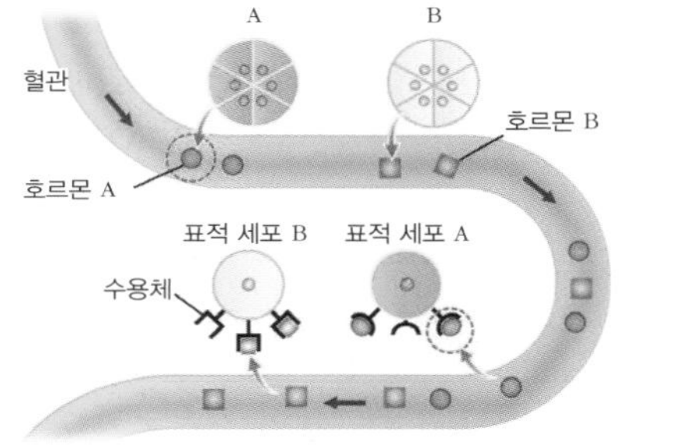

▲ 호르몬과 표적세포

호르몬의 특징

① 내분비샘에서 생성된 후 혈관으로 분비되어 혈액을 통해 운반된다.
② 미량으로 생리 작용을 조절한다.
③ 생성되는 장소와 작용하는 장소가 다르다. (표적 세포, 표적 기관에만 작용한다.)
④ 결핍증과 과다증이 나타날 수 있다.

● 호르몬과 신경의 작용 비교

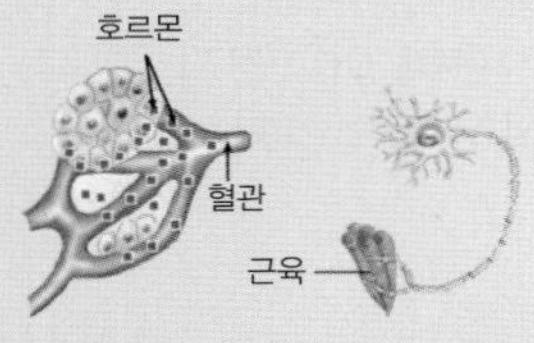

▲ 호르몬의 작용 ▲ 신경의 작용

구분	호르몬	신경
전달 경로	혈액을 통해 전달	뉴런을 통해 전달
반응 속도	느림	빠름
지속 시간	지속적	일시적
작용 범위	넓음	좁음

● 간뇌와 뇌하수체

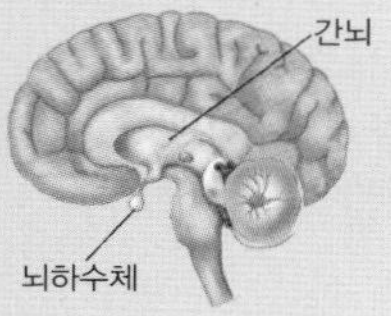

· 항상성의 조절 중추는 간뇌이다.
· 뇌하수체는 사람의 코 바로 뒤쪽의 시각 신경 아래쪽에 자리잡고 있는 타원형의 내분비 기관이다. 뇌하수체는 전엽, 중엽, 후엽으로 나뉘며 호르몬의 분비와 조절에 중요한 역할을 한다.

● 생각해보기★
우리 몸에 신경과 호르몬이 둘 다 필요한 이유는 무엇일까?

개념확인 1 다음 설명의 빈칸에 들어갈 알맞은 말을 쓰시오.

호르몬은 ㉠(　　　　)에서 분비되어 미량으로 특정 세포나 기관에 작용하여 ㉡(　　　)을 조절하는 화학 물질이다.

확인+1 다음 설명에 해당하는 것의 이름을 쓰시오.

· 분비관이 따로 있다.
· 침샘, 소화샘 등이 대표적인 예이다.

미니사전
혈당 [血 피 糖 포도당] 혈액 속의 당량
결핍 [缺 모자라다 乏 모자라다] 있어야 할 것이 없어지거나 모자람

2. 사람의 내분비샘과 호르몬

(1) 사람의 내분비샘과 호르몬

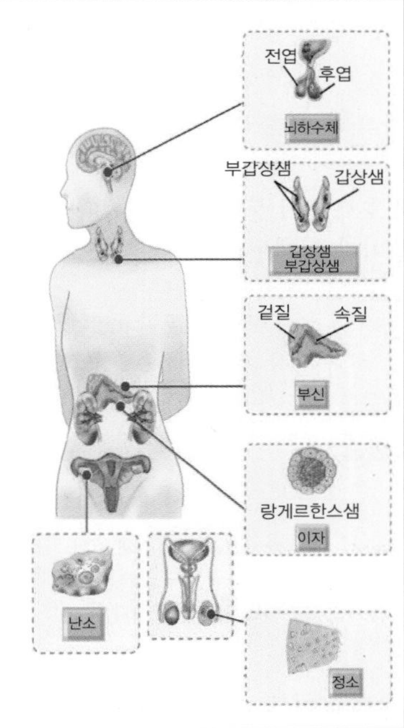

내분비샘		호르몬	기능
뇌하수체	전엽	생장 호르몬	생장 촉진
		내분비샘 자극 호르몬	내분비샘 자극 → 호르몬 분비 촉진
	후엽	옥시토신	분만 시 자궁 근육 수축 촉진
		항이뇨 호르몬	콩팥에서 수분 재흡수 촉진
갑상샘		티록신	세포 호흡 및 물질 대사 촉진
부신	겉질	무기질 코르티코이드	콩팥에서 Na^+ 흡수, K^+ 배출
		당질 코르티코이드	혈당량 증가 (지방, 단백질 → 포도당)
	속질	아드레날린	혈당량 증가, 혈압 상승, 심장 박동 촉진
이자	α 세포	글루카곤	혈당량 증가
	β 세포	인슐린	혈당량 감소
생식샘	정소	테스토스테론	남성의 2차 성징 발현
	난소	에스트로젠	여성의 2차 성징 발현
		프로게스테론	배란 억제, 임신 유지

(2) 호르몬 분비량 이상에 따른 질병 : 호르몬은 매우 적은 양으로 큰 효과를 내기 때문에 분비량이 지나치게 많거나 적으면 이상 증상이 나타난다.

질병	원인	증상
거인증	성장기에 생장 호르몬 과다	키가 비정상적으로 커진다.
소인증	성장기에 생장 호르몬 부족	몸이 자라지 않는다.
말단 비대증	성장기 이후 생장 호르몬 과다	입술과 코가 두꺼워져 얼굴이 변하고, 손발이 커진다.
갑상샘 기능 항진증	티록신 과다	체중이 감소하고, 눈이 튀어나온다.
갑상샘 기능 저하증	티록신 부족	체중이 증가하고, 피로해지며 추위를 잘 탄다.
당뇨병	인슐린 부족	심한 갈증, 배뇨량 증가, 허기지며 합병증 발생.

● 부신

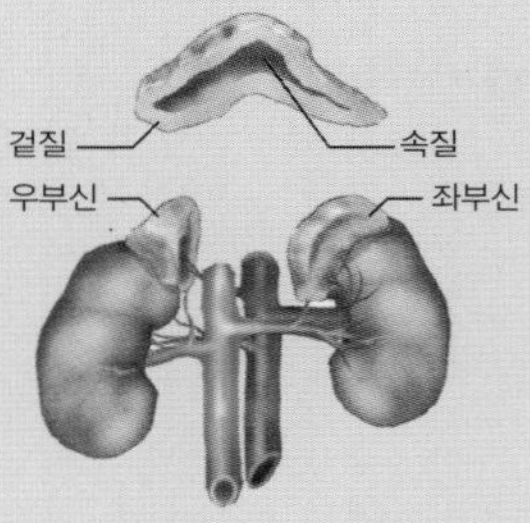

사람의 좌우 콩팥 위에 있는 한쌍의 내분비 기관으로 생명 유지에 중요한 내분비샘이다.

● 갑상샘

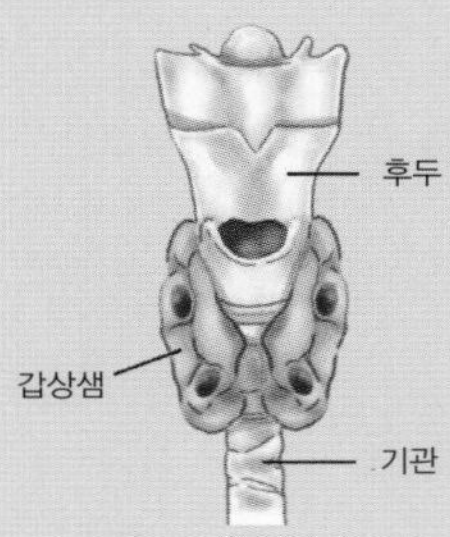

목의 한 가운데서 앞으로 튀어나온 물렁뼈의 아래쪽 기도를 감싸고 있는 내분비샘이다.

● 2차 성징

· 남성의 2차 성징 : 수염이 나고 목소리가 굵어지며, 근육이 발달한다. 정자를 생산한다.

· 여성의 2차 성징 : 목소리가 가늘어지고, 가슴과 골반이 발달한다. 월경과 배란을 시작한다.

정답 및 해설 11쪽

개념확인 2 뇌하수체 후엽에서 나오는 호르몬을 〈보기〉에서 모두 골라 기호로 쓰시오.

〈 보기 〉

ㄱ. 옥시토신　　ㄴ. 인슐린　　ㄷ. 항이뇨 호르몬　　ㄹ. 티록신

확인 + 2 다음 설명에 해당하는 질병의 이름을 쓰시오.

· 인슐린 부족으로 생긴다.
· 심한 갈증이 발생한다.
· 배뇨량이 증가한다.

미니사전

배란 [排 밀치다 卵 알] 성숙한 난자가 난소에 서 배출되는 것

합병증 [合 합하다 併 병 症 증세] 어떤 질병에 곁들여 일어나는 다른 질병

3. 항상성 유지 1

(1) 항상성 : 외부 환경의 변화와 관계없이 몸 안의 상태를 일정하게 유지하려는 성질.

→ 체온 유지(36.5℃), 혈당량 유지(0.1%), 수분 조절

① 항상성 조절

· 중추는 간뇌의 시상 하부이다.

· 신경과 호르몬의 피드백 조절과 대항 작용에 의해 이루어진다.

② 피드백 원리에 의한 호르몬 조절

· 혈액 속에 호르몬의 양이 부족하게 되면 호르몬의 분비가 촉진된다.

→ 그러나 과다하게 많으면 호르몬의 분비가 억제된다.

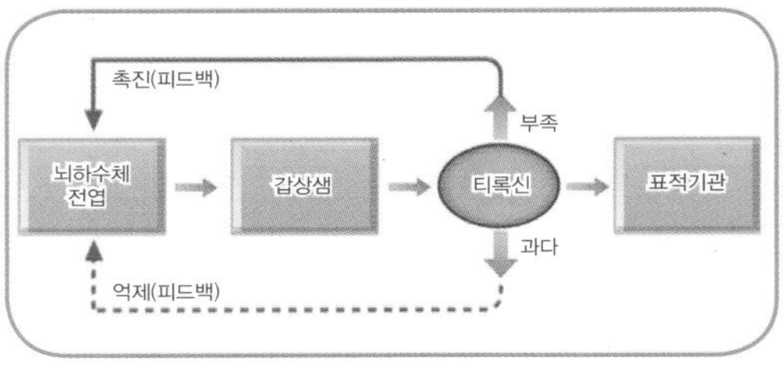

▲ 피드백 원리에 의한 호르몬 조절의 예 : 티록신 조절

티록신이 과다 분비되었을 때

시상 하부와 뇌하수체 전엽의 작용 억제
→ 갑상샘 자극 호르몬 분비 감소
→ 티록신 분비 감소

티록신이 부족할 때

시상 하부와 뇌하수체 전엽의 작용 활발
→ 갑상샘 자극 호르몬 분비 증가
→ 티록신 분비 증가

(2) 혈당량 조절 : 인슐린과 글루카곤, 당질 코르티코이드, 아드레날린이 관여한다.

상황	조절 과정	모식도
혈당량 높을 때	이자에서 인슐린 분비 → 간에서 포도당을 글리코젠으로 전환, 세포에서의 포도당 흡수 촉진 → 혈당량 감소	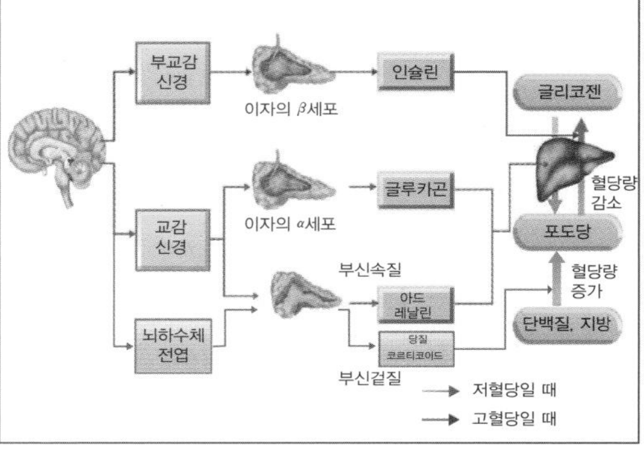
혈당량 낮을 때	이자에서 글루카곤 분비 → 간에서 글리코젠을 포도당으로 전환 → 혈당량 증가	

시상하부
시상하부는 간뇌의 일부이며 뇌하수체와 연결된 부위이다. 인체의 항상성을 조절하는 중추이다. 신경계를 통하여 몸 안이나 외부환경에 대한 정보를 받아 들이고, 뇌하수체 후엽에서 분비될 호르몬을 만들거나 뇌하수체 전엽에 호르몬을 방출하여 내분비계를 조절한다.

혈당량 조절 호르몬
· 혈당량 증가 호르몬 : 글루카곤, 당질코르티코이드, 아드레날린
· 혈당량 감소 호르몬 : 인슐린

생각해보기★★
우리 몸에 항상성 유지가 되지 않는다면 어떤 일이 벌어질까?

개념확인 3 다음 〈보기〉는 항상성에 대한 설명이다. 옳은 것만을 〈보기〉에서 있는 대로 골라 기호로 쓰시오.

〈 보기 〉

ㄱ. 대뇌가 조절의 중추이다.

ㄴ. 신경과 호르몬에 의하여 조절된다.

ㄷ. 호르몬은 주로 피드백의 원리를 이용하여 조절된다.

확인+3 다음 설명에 해당하는 것의 이름을 쓰시오.

· 호르몬이 조절되는 원리이다.

· 결과가 원인에 영향을 미치는 방식이다.

미니사전
피드백 어떤 원인에 의해 나타나는 결과가 다시 그 원인에 영향을 미치는 조절 방식

4. 항상성 유지 2

(1) 체온 조절 : 티록신, 인슐린/글루카곤, 당질/무기질 코르티코이드가 관여한다.

추울 때 (체온 하강 시)	더울 때 (체온 상승 시)
· 열 방출 억제 : 피부의 모세혈관 수축, 입모근 수축(소름이 돋는다), 땀분비 억제 · 열 생성 촉진 : 티록신, 당질 코르티코이드, 아드레날린 분비 증가 → 간과 근육에서 세포 호흡 촉진 → 열 발생	· 열 방출 촉진 : 피부의 모세혈관 확장, 입모근 이완, 땀분비 증가 · 열 생성 억제 : 티록신 분비 억제, 인슐린, 무기질 코르티코이드 분비 증가 → 간과 근육에서 세포 호흡 억제 → 열 발생 억제

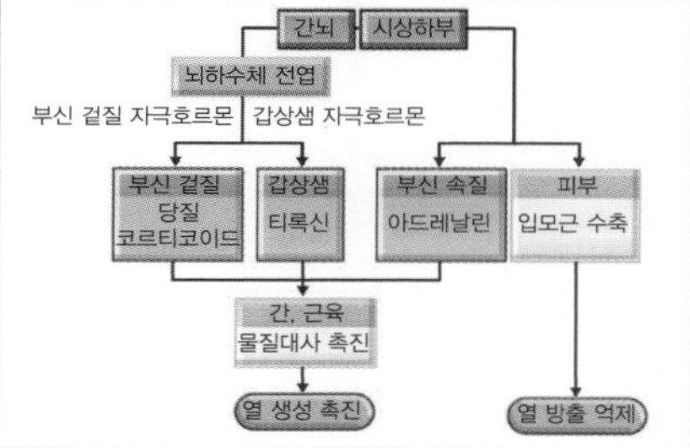

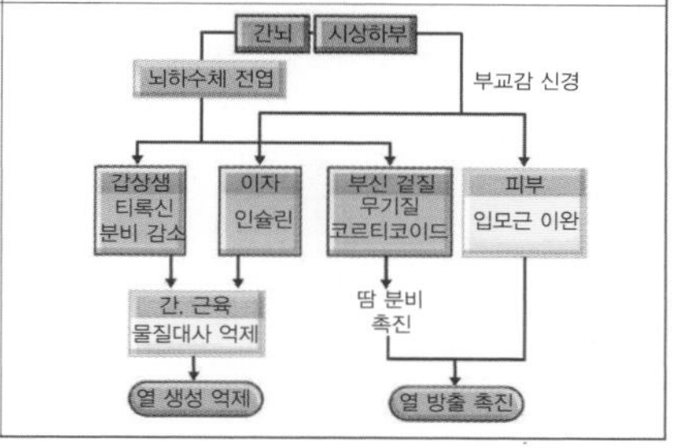

● 기온에 따른 피부의 변화

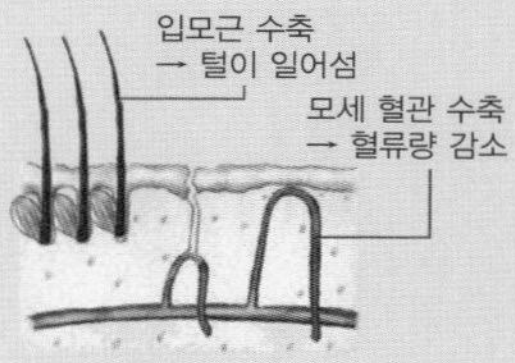

▲ 추울 때 : 열방출량 감소

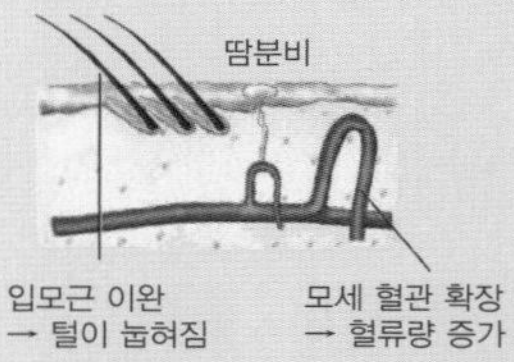

▲ 더울 때 : 열방출량 증가

(2) 삼투압 조절 : 항이뇨 호르몬과 무기질 코르티코이드가 관여한다.

항이뇨 호르몬의 삼투압 조절	무기질 코르티코이드의 삼투압 조절
· 항이뇨호르몬 분비 증가 → 콩팥에서 수분 재흡수 촉진 → 오줌량 감소 → 체내 수분량 증가(삼투압 감소) · 항이뇨호르몬 분비 감소 → 콩팥에서 수분 재흡수 억제 → 오줌량 증가 → 체내 수분량 감소(삼투압 증가)	· 무기질 코르티코이드 분비 증가 → 콩팥에서 Na^+ 재흡수 촉진(삼투압 증가) · 무기질 코르티코이드 분비 감소 → 콩팥에서 Na^+ 재흡수 억제(삼투압 감소)

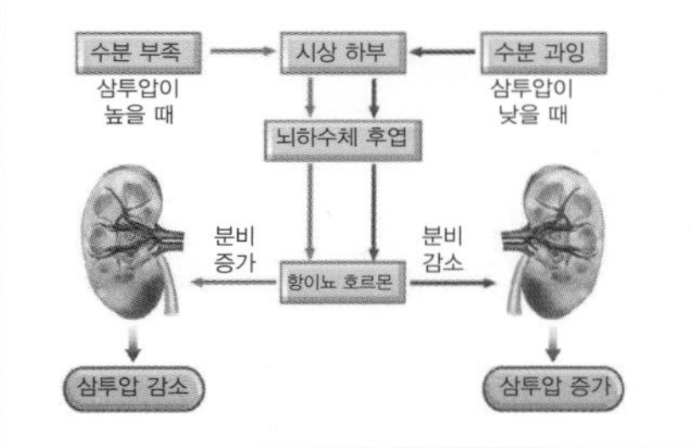

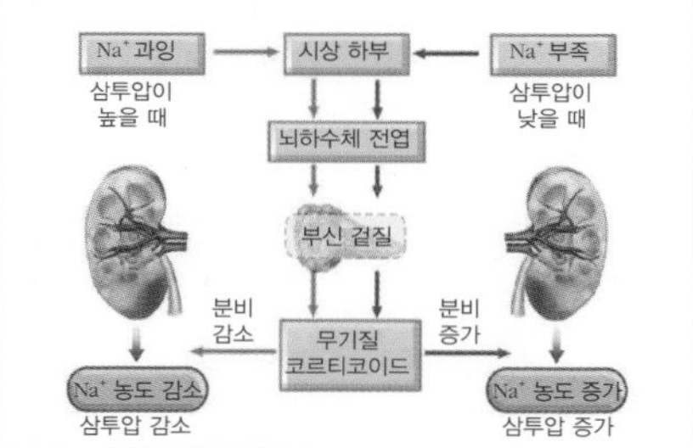

정답 및 해설 11쪽

개념확인 4 체온 조절에 관여하는 호르몬을 〈보기〉에서 모두 골라 기호로 쓰시오.

〈 보기 〉

ㄱ. 옥시토신　　ㄴ. 인슐린　　ㄷ. 글루카곤　　ㄹ. 티록신

확인 + 4 다음 〈보기〉는 삼투압 조절에 대한 설명이다. 옳은 것을 〈보기〉에서 모두 골라 기호로 쓰시오.

〈 보기 〉

ㄱ. 항이뇨 호르몬이 관여한다.
ㄴ. 아드레날린이 관여한다.
ㄷ. 중심 기관은 심장이다.

미니사전

코르티코이드 스테로이드를 의미한다. 지방으로 이루어진 물질이다.

무기질 [無 없다 機 틀 質 바탕] 주로 생명체의 골격을 이루는 영양소

개념 다지기

01

다음 중 호르몬에 대한 설명으로 옳지 않은 것은?

① 혈액을 통하여 이동한다.
② 특정한 관을 통하여 분비된다.
③ 효과는 천천히 일어나며 지속적이다.
④ 각 호르몬 마다 표적 기관이 따로 있다.
⑤ 돼지의 인슐린을 사람에게 주사해도 사람의 인슐린과 동일한 작용을 한다.

02

오른쪽 그림은 여성의 내분비샘을 나타낸 것이다. 각 내분비샘에서 분비되는 호르몬과 그 기능이 바르게 연결된 것은?

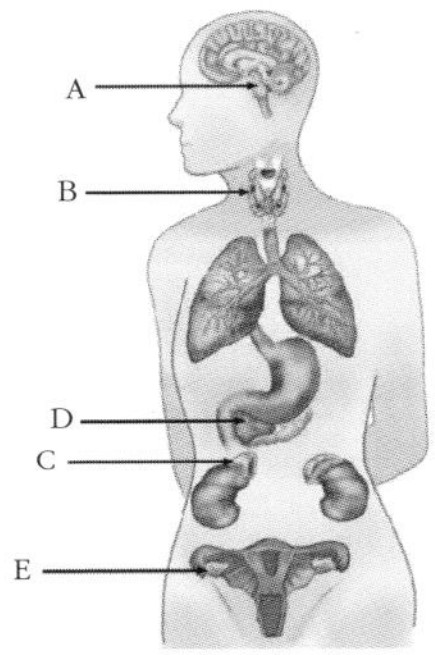

	내분비샘	호르몬	기능
①	A	갑상샘 자극 호르몬	혈당량 증가
②	B	티록신	수분 재흡수 촉진
③	C	부신겉질 자극 호르몬	Na^+ 재흡수 촉진
④	D	인슐린	혈당량 감소
⑤	E	테스토스테론	여성의 2차 성징 발현

03

호르몬과 신경의 조절 작용에 대한 설명으로 옳은 것은?

① 호르몬은 신경에 비해 작용 범위가 넓다.
② 호르몬은 신경에 비해 효과가 일시적이다.
③ 호르몬은 신경에 비해 반응 속도가 빠르다.
④ 호르몬은 분비관을 통해, 신경은 뉴런을 통해 신호가 전달된다.
⑤ 호르몬은 한쪽 방향으로만 자극이 전달되고, 신경은 표적 기관에만 작용한다.

정답 및 해설 11쪽

04 항상성 유지에 대한 설명으로 옳은 것만을 〈보기〉에서 있는 대로 고른 것은?

〈 보기 〉

ㄱ. 조절의 중추는 대뇌이다.
ㄴ. 호르몬은 피드백을 통해서만 조절이 된다.
ㄷ. 혈당량을 감소시키는 호르몬은 인슐린 밖에 없다.

① ㄱ　② ㄴ　③ ㄷ　④ ㄱ, ㄴ　⑤ ㄴ, ㄷ

05 다음은 체내의 항상성을 유지하기 위한 과정을 나타낸 것이다.

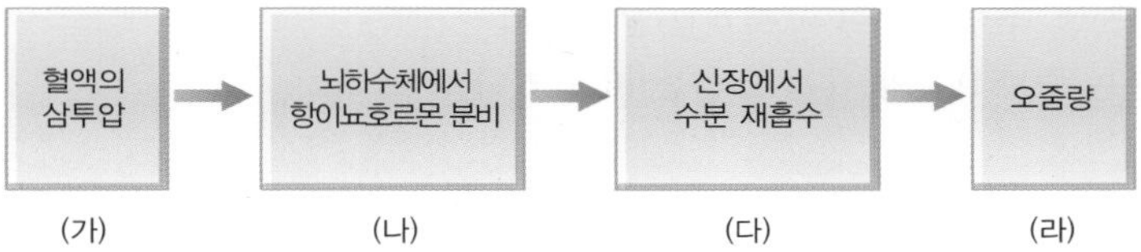

음식을 너무 짜게 먹고 나니 갈증이 느껴질 때 (가)~(라)의 변화를 바르게 나타낸 것은?

	(가)	(나)	(다)	(라)
①	증가	촉진	촉진	감소
②	증가	억제	억제	감소
③	증가	촉진	억제	감소
④	감소	촉진	촉진	증가
⑤	감소	억제	억제	증가

06 추울 때 몸에서 일어나는 변화로 옳은 것은?

① 무의식적으로 근육이 떨린다.
② 갑상샘 자극 호르몬의 분비가 감소한다.
③ 열 발생량을 증가시키기 위해 땀이 분비된다.
④ 티록신의 영향으로 피부 모세 혈관이 수축된다.
⑤ 열 방출을 억제하기 위해 털 주변 근육이 이완된다.

유형 익히기 & 하브루타

[유형16-1] 호르몬과 신경

아래 그림(가)와 (나)는 호르몬과 신경의 모습을 나타낸 것이다. 이에 대한 설명으로 옳지 않은 것은?

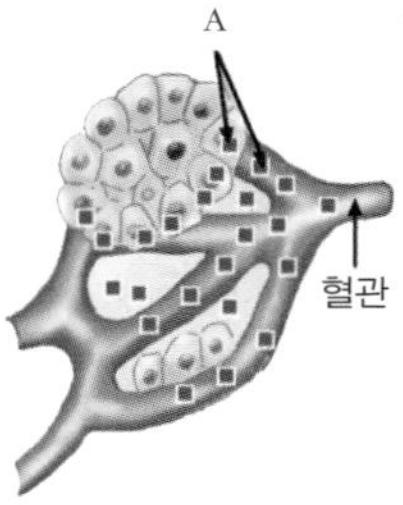

(가)

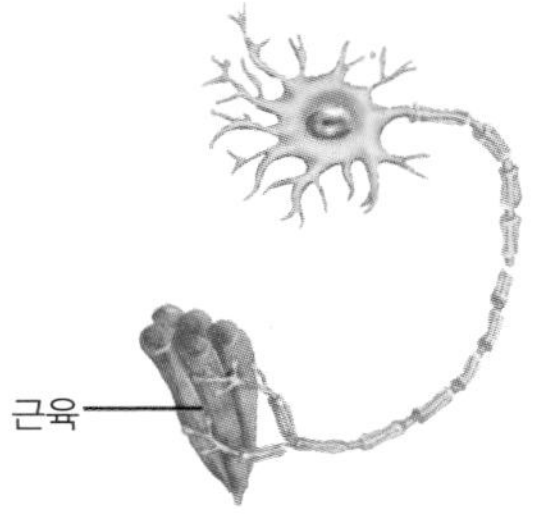

(나)

① A는 호르몬이며 혈관을 통하여 흐른다.
② (가)는 외분비샘의 모습을 나타낸 것이다.
③ (나)는 운동 신경의 모습을 나타낸 것이다.
④ 호르몬은 주로 (가)의 방식으로 분비된다.
⑤ 신경은 주로 (나)와 같은 모습을 띠고 있다.

Tip!

01 호르몬의 기능에 대한 설명으로 옳지 않은 것은?

① 호르몬은 내분비샘을 통하여 분비된다.
② 호르몬은 체내의 항상성을 유지하는 역할을 한다.
③ 호르몬은 미량으로 우리 몸의 생리 작용을 조절한다.
④ 호르몬은 특정한 관을 통하여 표적 기관으로 분비된다.
⑤ 호르몬이 정상보다 부족하면 결핍증, 많으면 과다증에 걸릴 수 있다.

02 호르몬과 신경에 대한 설명 중 옳은 것을 〈보기〉에서 모두 고른 것은?

〈 보기 〉
ㄱ. 호르몬은 반응 속도가 느리고, 신경은 상대적으로 빠르다.
ㄴ. 호르몬과 신경 모두 작용 범위는 특이적이므로 좁다.
ㄷ. 호르몬과 신경 모두 특정한 관을 이용하여 자극을 전달한다.

① ㄱ ② ㄴ ③ ㄱ, ㄴ ④ ㄱ, ㄷ ⑤ ㄴ, ㄷ

정답 및 해설 12쪽

[유형16-2] 사람의 내분비샘과 호르몬

아래 그림은 사람의 내분비샘을 나타낸 것이다. 이에 대한 설명으로 옳지 않은 것은?

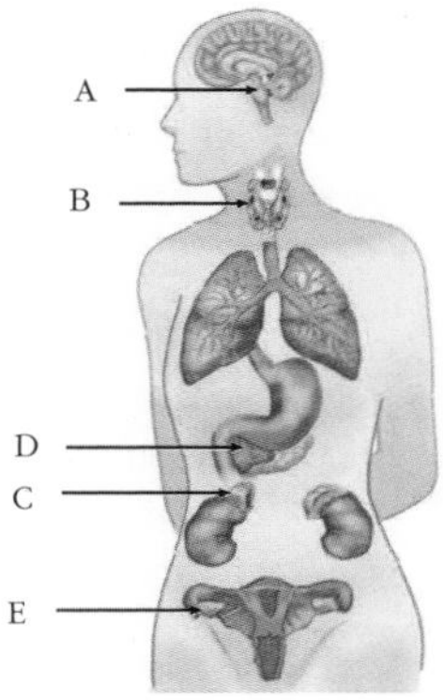

① A에서는 다른 내분비샘의 기능을 조절하는 호르몬이 분비된다.
② B에서는 갑상샘 자극 호르몬이 분비된다.
③ C에서는 혈압과 혈당량을 조절하는 호르몬이 분비된다.
④ D에서는 서로 반대 작용을 하는 호르몬이 분비된다.
⑤ E에서는 청소년기에 신체 변화를 일으키는 호르몬이 분비된다.

03

사람의 내분비샘과 호르몬에 대한 설명으로 옳지 않은 것은?

① 갑상샘에서는 티록신이 분비된다.
② 이자에서는 글루카곤과 인슐린이 분비된다.
③ 부신에서는 아드레날린과 코르티코이드가 분비된다
④ 뇌하수체 전엽에서는 옥시토신과 항이뇨 호르몬이 분비된다.
⑤ 난소에서는 에스트로젠과 프로게스테론이 분비되어 여성의 생리 작용을 담당한다.

04

호르몬의 결핍 혹은 과다로 인해 나타나는 증세를 바르게 짝지은 것은?

① 인슐린 과다 - 당뇨병
② 인슐린 결핍 - 소인증
③ 티록신 과다 - 갑상샘 기능 저하증
④ 생장 호르몬 결핍 - 거인증
⑤ 생장 호르몬 과다 - 말단 비대증

Tip!

[유형16-3] 항상성 유지 1

아래 그림은 티록신 농도가 높을 때 티록신 분비량이 조절되는 과정을 나타낸 것이다.

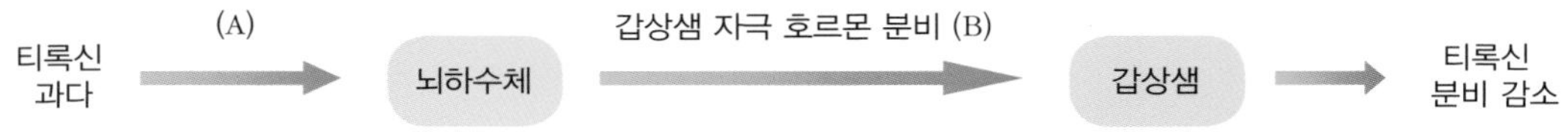

(A)와 (B)에 들어갈 말로 알맞은 것은?

	A	B
①	촉진	증가
②	촉진	감소
③	억제	증가
④	억제	감소
⑤	촉진	변화 없음

Tip!

05 다음 중 항상성 유지에 대한 설명으로 옳지 않은 것은?

① 체온, 혈당량 등을 일정하게 유지하는 것이다.
② 피드백 원리에 의하여 호르몬의 양이 조절된다.
③ 항상성 유지의 중추는 간뇌의 시상 하부이다.
④ 인슐린과 글루카곤은 서로 대항 작용을 한다.
⑤ 혈당량을 감소시키는 호르몬은 인슐린 외에 아드레날린이 있다.

06 혈당량 조절 과정에 대한 설명으로 옳은 것은?

① 글루카곤은 혈당량을 감소시킨다.
② 인슐린과 글루카곤의 표적 기관은 이자이다.
③ 인슐린은 포도당을 글리코젠으로 전환시킨다.
④ 정상인은 식사 후 글루카곤의 분비량이 증가한다.
⑤ 부신에서 분비되는 아드레날린은 혈당량을 감소시킨다.

정답 및 해설 12쪽

[유형16-4] 항상성 유지 2

아래 그림 (가)와 (나)는 기온에 따른 피부의 변화를 모식도로 나타낸 것이다. 이에 대한 설명으로 옳지 <u>않은</u> 것은?

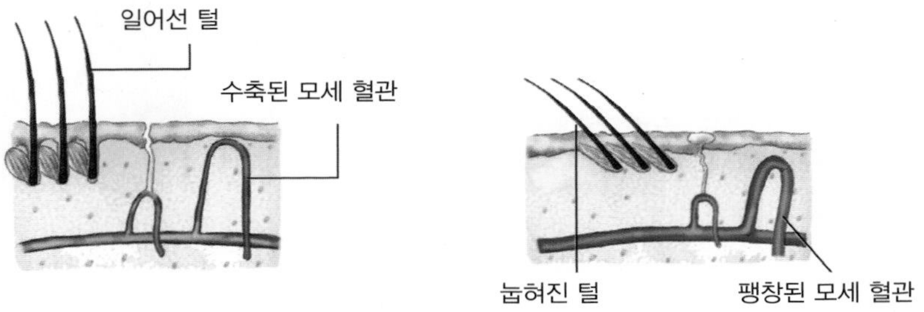

① (가)는 추울 때 피부의 모습을 나타낸 것이다.
② (나)는 더울 때 피부의 모습을 나타낸 것이다.
③ (가)의 모세 혈관이 수축한 것은 열 방출량을 감소하기 위한 것이다.
④ (나)의 모세 혈관이 팽창된 것은 열 방출량을 증가하기 위한 것이다.
⑤ (가)에서 털이 일어서고, 모세 혈관이 수축됨으로써 땀의 분비량이 증가하게 된다.

07

체온 조절에 대한 설명으로 옳은 것을 〈보기〉에서 모두 고른 것은?

〈 보기 〉
ㄱ. 항이뇨 호르몬이 관여한다.
ㄴ. 추울 때는 간과 근육에서 세포 호흡이 촉진된다.
ㄷ. 더울 때는 피부의 모세 혈관이 확장되며 입모근이 이완된다.

① ㄱ ② ㄴ ③ ㄱ, ㄴ ④ ㄴ, ㄷ ⑤ ㄱ, ㄴ, ㄷ

08

다음 중 삼투압이 낮을 때 일어나는 현상으로 옳은 것은?

① 항이뇨 호르몬의 분비가 증가한다.
② 콩팥에서 수분의 재흡수가 촉진된다.
③ 오줌량이 증가하고 수분의 배출이 증가한다.
④ 우리 몸의 삼투압 조절에는 항이뇨 호르몬만 관여한다.
⑤ 무기질 코르티코이드에 의해 나트륨의 재흡수가 억제된다.

Tip!

01 1889년 독일 의사였던 메링과 민코스키는 개의 이자를 제거하면 어떤 소화 장애가 일어나는지를 실험하는 과정에서 뜻밖의 사실을 관찰하였다. 이자를 제거(A)한 개의 오줌에는 많은 개미가 모여들었는데, 그 원인을 분석한 결과 오줌 속에 많은 양의 포도당이 들어 있음을 밝혀냈다. 또한 이들은 이자에서 십이지장으로 연결되는 관을 제거(B)하는 실험도 하였는데, 이때는 오줌 속에 포도당이 많이 들어 있지 않았다.

(1) 이자를 제거한 개의 오줌에 개미가 많이 모여든 이유를 쓰시오.

(2) B 실험의 결과를 보고 이자액 분비 세포에서 십이지장으로 분비되는 물질과 이자의 랑게르한스섬에서 분비되는 물질이 운반되는 방법을 비교하여 설명하시오.

정답 및 해설 13쪽

02

다음 그림은 이자 분비선의 단면도와 식사 후 시간 경과에 따른 혈당량 및 호르몬 분비의 변화를 나타낸 것이다. 호르몬 A와 호르몬 B의 명칭을 쓰고, 각각의 기능을 설명하시오.

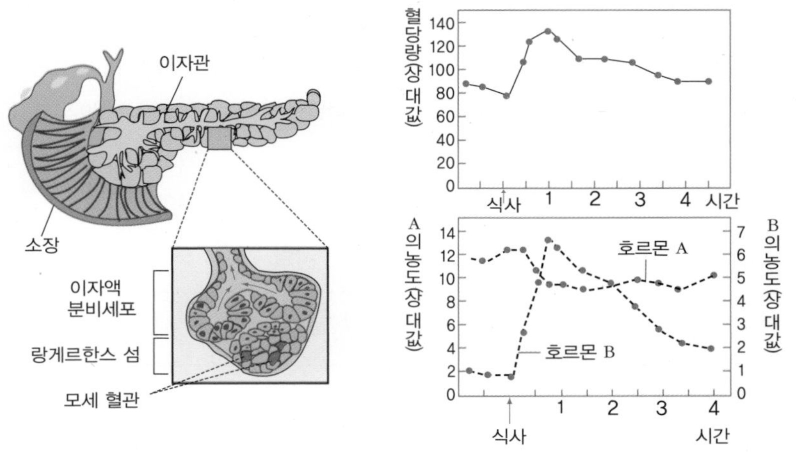

03 다음은 여러 동물의 정상적인 체온 범위와 체온이 너무 높아 죽게 되는 온도인 치사 체온을 나타낸 것이다. 이 표로부터 알 수 있는 사실을 2가지 이상 쓰고, 그 이유를 서술하시오.

동물	정상 체온(℃)	치사 체온(℃)
바늘두더지	30 ~ 31	37
고슴도치	34 ~ 36	41
사람	37	43
뻐꾸기	40 ~ 41	47
참새	40 ~ 41	47

정답 및 해설 13쪽

04

아래 그림은 우리 몸의 삼투압이 조절되는 과정을 나타낸 모식도로, 그림 (가)는 항이뇨 호르몬의 삼투압 조절을, 그림 (나)는 무기질 코르티코이드의 삼투압 조절을 나타내고 있다.

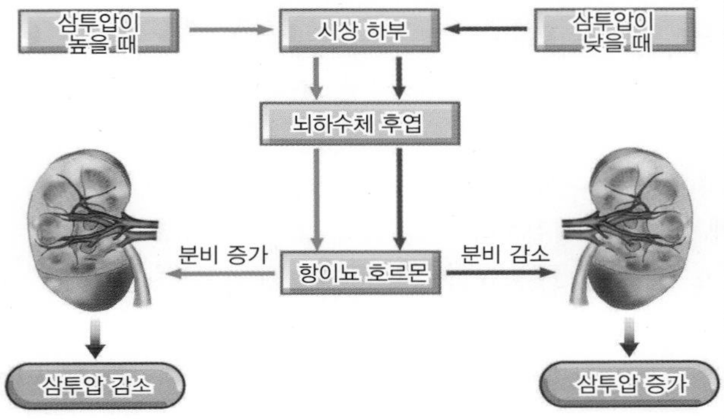

(가) 항이뇨 호르몬의 삼투압 조절

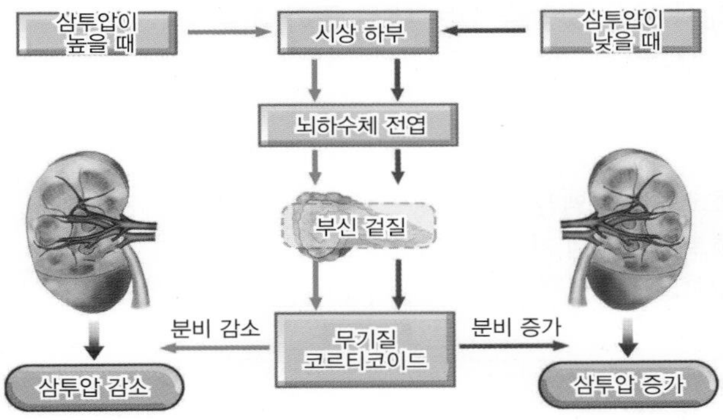

(나) 무기질 코르티코이드의 삼투압 조절

위의 자료를 참고하여 고혈압 환자가 짜게 먹으면 안 되는 이유와 고혈압 환자의 약을 처방할 때 항이뇨 호르몬 분비를 억제하는 성분을 포함시키는 이유를 서술해 보자. (단, 혈압은 혈액의 양에 의해서만 결정된다고 가정한다.)

스스로 실력 높이기

A

01 다음 중 호르몬과 신경에 대한 설명으로 옳은 것은 ○표, 옳지 않은 것은 ×표 하시오.

(1) 호르몬은 미량으로 우리 몸의 생리 작용을 조절하는 화학 물질이다. ( )

(2) 외분비샘의 대표적인 예로는 침샘, 소화샘, 땀샘 등이 있다. ( )

(3) 항상성이란 체온, 혈당량 등의 체내 상태를 일정하게 유지하는 성질이다. ( )

(4) 신경은 특정한 관을 따라 표적기관까지 운반된다. ( )

02 다음은 호르몬의 작용에 대한 설명이다. 〈보기〉에서 옳은 것만을 있는 대로 골라 기호로 나타내시오.

〈 보기 〉

ㄱ. 호르몬은 혈액을 통하여 운반된다.
ㄴ. 호르몬은 표적 기관에만 작용한다.
ㄷ. 호르몬은 항상성 유지와 관련이 없다.

( )

03 다음 괄호 안에 알맞은 말을 써 넣으시오.

( )은 체내외의 환경이 변하더라도 체온, 혈당량 등의 체내 상태를 일정하게 유지하는 성질이다.

( )

04 다음 중 내분비샘과 호르몬에 대한 설명으로 옳은 것은 ○표, 옳지 않은 것은 ×표 하시오.

(1) 뇌하수체는 전엽과 후엽으로 나뉜다. ( )

(2) 갑상샘에서는 티록신이 분비된다. ( )

(3) 인슐린과 글루카곤은 같은 세포에서 분비가 된다. ( )

(4) 테스토스테론은 여성의 2차 성징 발현에 관여한다. ( )

05 다음 그림은 내분비샘 A, B의 모습을 나타낸 것이다. A, B가 무엇인지 각각 쓰시오.

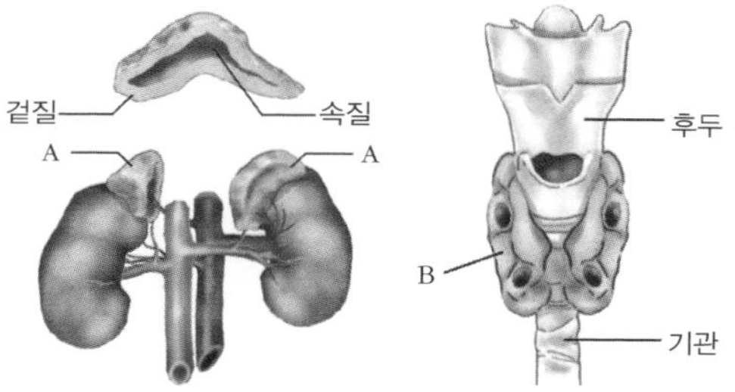

A : ( ) B : ( )

06 다음 〈보기〉의 호르몬 중 뇌하수체 후엽 호르몬에 속하는 것을 모두 골라 기호로 나타내시오.

〈 보기 〉

ㄱ. 생장 호르몬 ㄴ. 옥시토신
ㄷ. 항이뇨 호르몬 ㄹ. 글루카곤

( )

정답 및 해설 13쪽

07 다음 중 항상성 유지에 대한 설명으로 옳은 것은 ○표, 옳지 않은 것은 ×표 하시오.

(1) 항상성 조절의 중추는 간뇌의 시상하부이다. (　)

(2) 인슐린과 글루카곤은 서로 대항 작용을 하면서 혈당량을 조절한다. (　)

(3) 혈당량이 높을 때는 이자에서 글루카곤이 분비된다. (　)

(4) 혈당량 증가에 관여하는 호르몬에는 글루카곤과 아드레날린 등이 있다. (　)

08 다음 괄호 안에 알맞은 말을 써 넣으시오.

> 항상성 조절의 중추는 간뇌의 ㉠(　　　　)이다. 그리고 호르몬은 ㉡(　　　　) 원리에 의하여 분비되는 양이 조절된다.

㉠ : (　　　　)　　㉡ : (　　　　)

09 다음 중 날씨가 더울 때 일어나는 작용에는 '무'를, 날씨가 추울 때 일어나는 작용에는 '한'을 쓰시오.

(1) 땀 분비가 증가한다. (　)

(2) 털 주변의 근육이 이완한다. (　)

(3) 근육이 떨려 열 발생량이 증가한다. (　)

(4) 피부 근처 혈관이 수축하여 열 방출이 억제된다. (　)

10 삼투압에 대한 〈보기〉의 설명 중 옳은 것만을 있는 대로 골라 기호로 나타내시오.

> 〈 보기 〉
> ㄱ. 삼투압 조절에는 아드레날린이 관여한다.
> ㄴ. 무기질 코르티코이드의 분비가 증가하면 콩팥에서 나트륨이 재흡수된다.
> ㄷ. 항이뇨 호르몬은 체액의 양을 늘린다.

(　　　　)

B

11 다음에서 설명에 해당하는 것의 이름을 쓰시오.

> · 서로 반대되는 작용을 하는 것을 의미한다.
> · 인슐린과 글루카곤의 작용을 의미한다.
> · 항상성을 유지하게 하는 원리이다.

(　　　　)

12 아래 그림은 간뇌에 있는 내분비샘 A의 모습을 나타낸 것이다. A가 무엇인지 쓰시오.

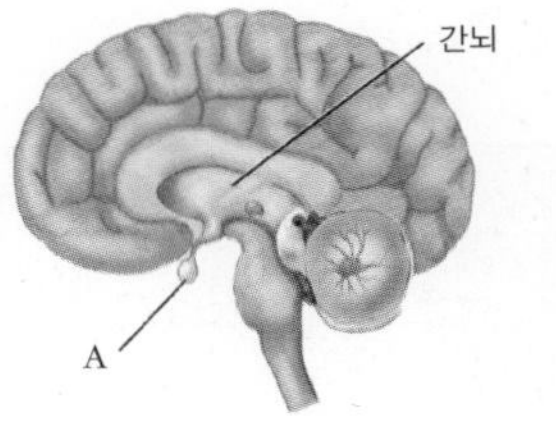

A : (　　　　)

13 다음 그림 (가)와 (나)는 기온에 따른 피부 변화를 나타낸 그림이다. 이를 보고 괄호 안에 '추울 때'와 '더울 때' 중에 알맞은 말을 골라 써 넣으시오.

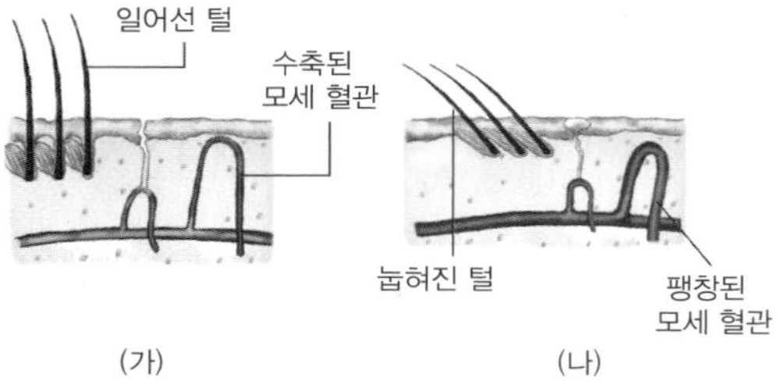

(가) : (　　　　)　(나) : (　　　　)

14 다음 〈보기〉 중 외분비 샘을 모두 골라 기호로 쓰시오.

〈 보기 〉
ㄱ. 갑상샘　ㄴ. 뇌하수체　ㄷ. 침샘
ㄹ. 눈물샘　ㅁ. 시상하부　ㅂ. 땀샘

15 다음 중 호르몬과 신경을 비교한 것으로 옳은 것은?

구분	호르몬	신경
① 전달 경로	뉴런	혈액
② 전달 속도	느리다	빠르다
③ 작용 범위	좁다	넓다
④ 지속성	짧다	길다
⑤ 관의 유무	관이 있다	관이 있다

[16~17] 아래 그림은 사람의 내분비샘을 나타낸 것이다.

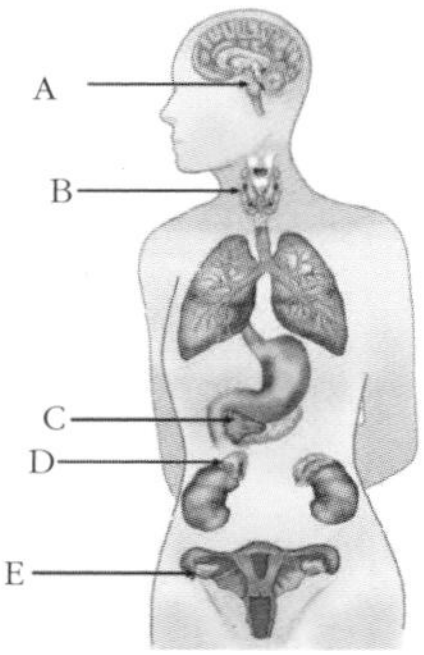

16 A에 대한 설명으로 옳지 않은 것은?

① 생장 호르몬을 분비한다.
② 항이뇨 호르몬을 분비한다.
③ 혈당량을 조절하는 호르몬을 분비한다.
④ 갑상샘의 기능을 조절하는 호르몬을 분비한다.
⑤ 생식샘의 기능을 조절하는 호르몬을 분비한다.

17 A~E에서 분비되는 호르몬의 종류와 주요 작용을 바르게 짝지은 것은?

	내분비샘	호르몬	주요 작용
①	A	에스트로젠	세포 호흡 촉진
②	B	티록신	생식샘 자극
③	C	글루카곤	혈당량 감소
④	D	아드레날린	혈압 상승
⑤	E	항이뇨 호르몬	물의 재흡수 촉진

18 생물의 항상성 유지와 가장 거리가 먼 것은?

① 더울 때 땀을 흘린다.
② 2차 성징이 나타난다.
③ 찬물이 들어갔을 때 몸이 떨린다.
④ 식사 후의 인슐린 분비가 증가한다.
⑤ 땀을 많이 흘리면 오줌량이 줄어든다.

정답 및 해설 13쪽

[19~20] 아래 그림은 뇌하수체에서 분비되는 호르몬 A에 의한 체액의 농도 조절을 나타낸 것이다.

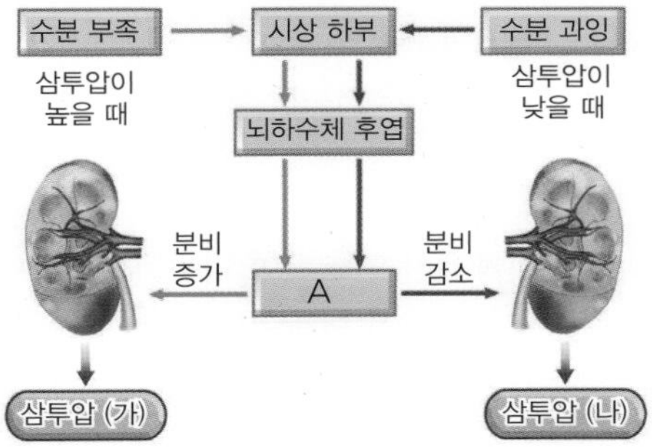

19 호르몬 A에 대한 설명으로 옳지 <u>않은</u> 것은?

① 항이뇨 호르몬이다.
② 뇌하수체 후엽에서 분비된다.
③ 삼투압을 조절하는 역할을 한다.
④ 나트륨 이온의 재흡수와는 관련이 없다.
⑤ A가 증가하면 체액의 양이 감소하게 된다.

20 (가)와 (나)는 체액의 농도에 따른 삼투압의 변화이다. (가)와 (나)에 해당하는 것을 바르게 짝지은 것은?

	삼투압 (가)	삼투압 (나)
①	감소	증가
②	감소	변화 없음
③	증가	감소
④	증가	증가
⑤	변화 없음	감소

C

21 아래 그림은 사람의 내분비샘을 나타낸 것이다. 이에 대한 설명으로 옳지 <u>않은</u> 것은?

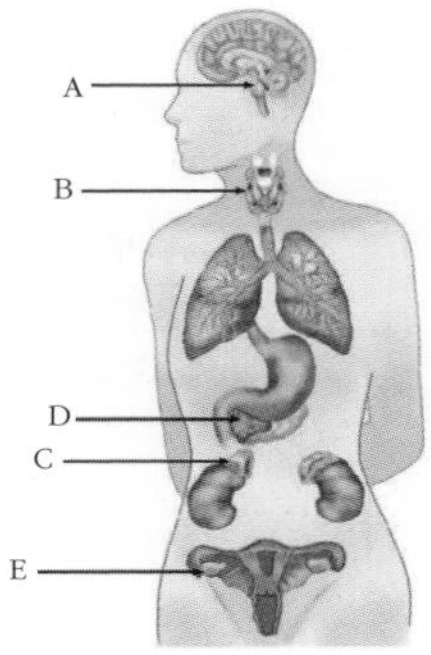

① 거인증에 걸린 사람은 A의 기능에 이상이 있다.
② B에서 분비되는 호르몬이 부족하면 더위를 잘 타고 체중이 감소한다.
③ C에서는 혈당량을 조절하는 호르몬과 삼투압을 조절하는 호르몬이 모두 분비된다.
④ D는 내분비샘과 외분비샘의 기능을 모두 가진다.
⑤ E에서 호르몬이 너무 어린 나이부터 분비되면 성조숙증에 걸릴 수 있다.

22 아래 그림은 건강한 사람의 운동 중과 후에 체온 변화를 나타낸 것이다. 이에 대한 설명으로 옳지 <u>않은</u> 것은?

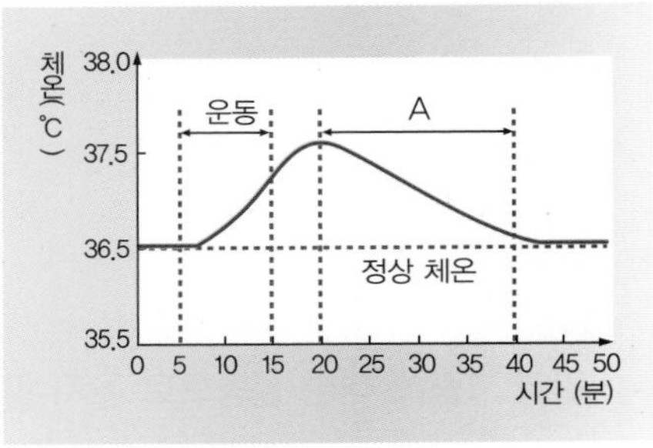

① 운동으로 인하여 체온이 올라간다.
② 운동이 끝나고 휴식할 때는 체온이 서서히 내려간다.
③ 위의 그래프는 체온이 36.5℃를 유지하려는 항상성을 보여주고 있다.
④ A 구간에서는 입모근과 모세 혈관이 수축된다.
⑤ 운동을 할 때에는 심장 박동이 빨라지므로 아드레날린이 분비되었을 것이다.

[23~24] 아래 그림은 우리 몸에서 혈당량이 일정하게 조절되는 과정을 나타낸 것이다.

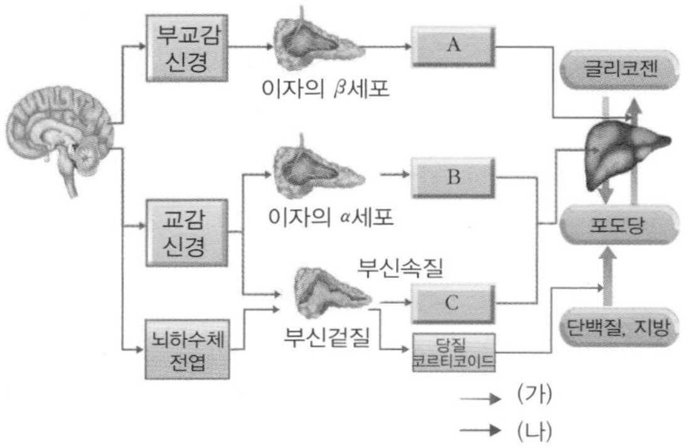

23 A~C 가 어떤 호르몬인지 바르게 짝지은 것은?

	A	B	C
①	인슐린	글루카곤	아드레날린
②	글루카곤	인슐린	아드레날린
③	인슐린	글루카곤	티록신
④	글루카곤	인슐린	옥시토신
⑤	글루카곤	인슐린	에스트로젠

24 위의 그림에 대한 설명으로 옳지 않은 것은?

① (가)는 저혈당일 때를 나타낸다.
② (나)는 고혈당일 때를 나타낸다.
③ 글리코젠이 포도당으로 전환되면 혈당량은 증가한다.
④ 단백질과 지방이 포도당으로 전환되면 혈당량은 증가한다.
⑤ 인슐린에 의하여 포도당이 단백질로 전환되면 혈당량이 낮아진다.

25 다음은 어떤 환자에게서 나타나는 증상을 나타낸 것이다. 이와 같은 증상이 나타나는 원인으로 옳은 것은?

- 체중이 감소한다.
- 눈이 비정상적으로 튀어나온다.
- 심장 박동이 빨라지고, 더위를 잘 탄다.

① 이자에서 인슐린이 너무 적게 분비되었다.
② 갑상샘에서 티록신이 너무 많이 분비되었다.
③ 갑상샘에서 티록신이 너무 적게 분비되었다.
④ 성장기에 생장 호르몬이 너무 적게 분비되었다.
⑤ 성장이 끝난 후 생장 호르몬이 계속 많이 분비되었다.

26 다음은 청소년기에 남자에 나타나는 변화이다. 이와 관련된 호르몬이 분비되는 과정을 내분비샘의 작용을 포함하여 설명하시오.

- 코밑과 턱주변에 수염이 났다.
- 목소리가 평소보다 굵어졌다.
- 어깨가 벌어지고 근육이 발달했다.

27 혈중 티록신 농도가 높을 때 우리 몸에서 일어나는 티록신의 분비량 조절 과정을 뇌하수체의 활동 및 뇌하수체에서 분비되는 호르몬의 분비량과 관련지어 설명하시오.

정답 및 해설 13쪽

[28~29] 다음 그림은 사람의 내분비샘을 나타낸 것이다.

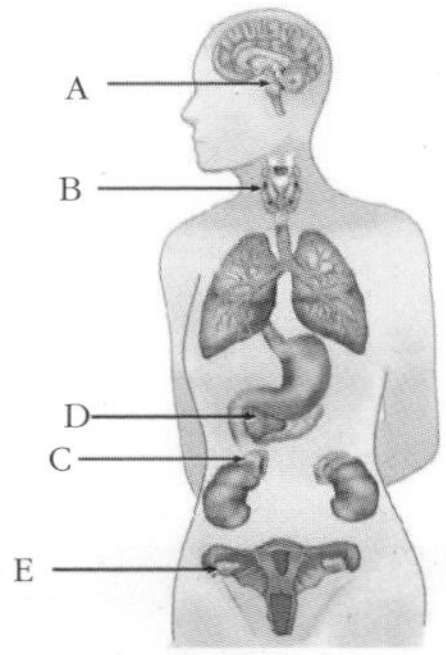

28 A가 B에 미치는 영향을 호르몬의 종류를 포함하여 서술하시오.

29 서로 반대되는 작용을 하여 혈당량을 조절하는 두가지 호르몬이 모두 분비되는 내분비샘의 기호를 쓰고, 간에서의 두 호르몬의 작용을 각각 서술하시오.

30 물을 많이 마셨을 때 체액의 농도를 유지하기 위해 나타나는 호르몬 분비량 및 물의 재흡수량, 오줌량의 변화에 대해 서술하시오.

창의력 서술

31 옛날 이탈리아에서는 카스트라토(castrato)라고 불리는 여성 음역을 노래하는 남성 가수가 있었는데, 이들은 사내아이들이 사춘기를 맞이하기 전에 고환을 제거하는 방식으로 만들어졌는데, 굵지 않은 소년의 목소리를 성인이 되어서도 그대로 유지할 수 있었다고 한다. 그 이유를 서술하시오.

32 소인증은 성장기에 생장 호르몬이 부족하여 신장이 제대로 자라지 못한 질병을 말한다. 성장기가 완전히 끝난 후에는 치료가 어렵지만 성장기에는 증상을 완화할 수 있는 방법이 있는데, 어떤 방법이 있을지 서술해 보자.

33 짠 음식을 먹으면 물이 마시고 싶어지며 오줌의 양이 줄어든다. 어느 기관에서 어떤 호르몬이 분비되어 작용하는지 서술해 보자.

머리에 마음이 있다?!

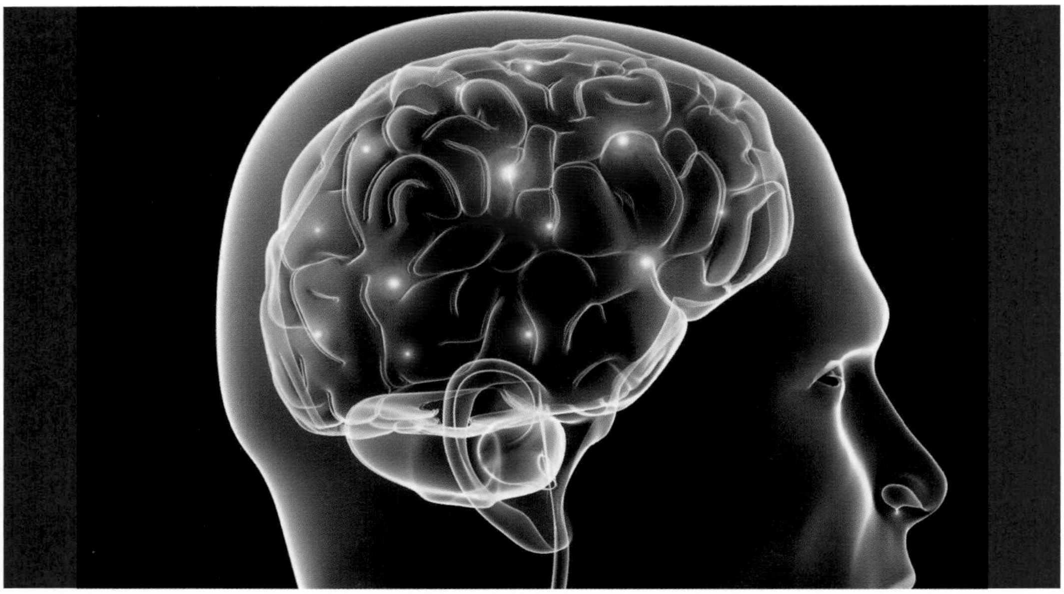

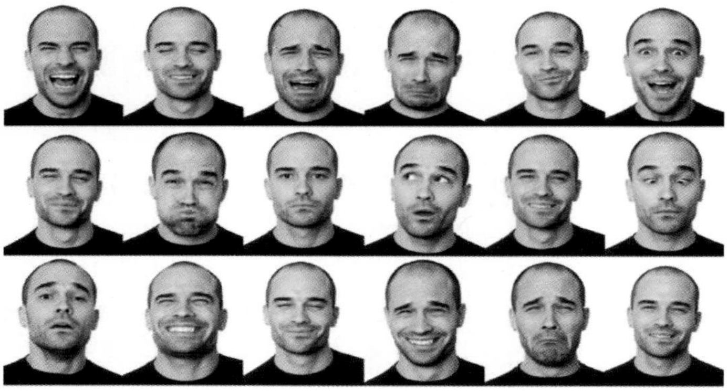

감정에 대한 연구는 객관적으로 포착하기 어렵기 때문에 이제까지는 극히 일부분에서만 이루어졌다. 그러나 최근엔 감정 변화가 뇌의 기능에 매우 큰 영향을 끼친다고 생각하여 활발하게 연구가 진행되고 있다.

편도체

1937년 하인리히 클뤼버와 폴 부시는 원숭이의 좌우 양쪽에 있는 '편도체(amygdala)'라는 곳을 포함하는 측두엽을 파괴하면 원숭이한테서 기묘한 행동이 나타난다는 사실을 발견했다. 원숭이는 먹을 수 있는 것과 없는 것을 구별하지 못하게 되며, 이전까지 무서워했던 것을 무서워하지 않게 되었다.

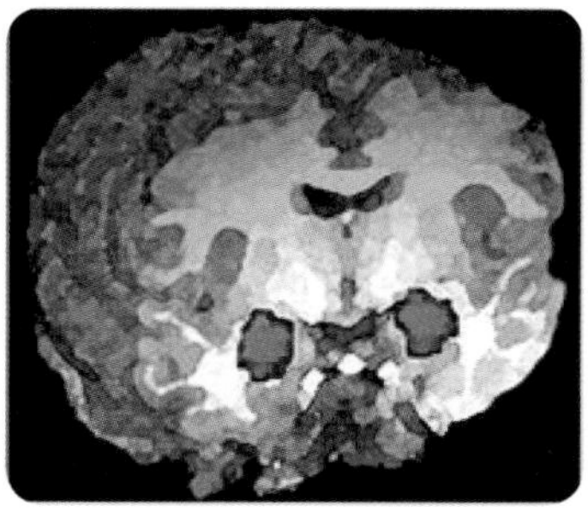

원숭이의 편도체 ▶

정답 및 해설 15쪽

그리고 사람 역시 편도체가 파괴되면 원숭이와 같은 결과를 보인다는 연구가 발표되었다. 편도체는 뇌 안에 있는 대뇌변연계라는 부위의 일부이다. 이 편도체를 포함하는 대뇌변연계에서 감정이 처리되는데 인간의 경우 편도체가 파괴되면 감정에 장애가 나타난다. 편도체만 파괴되는 '우르바흐비테 증후군' 환자는 표정을 통해 상대방의 감정을 읽지 못한다. 그 결과 사회적인 관계를 형성하는데 많은 어려움이 따른다. 따라서 편도체는 감정과 감정에 관련된 판단 등도 주관한다고 여겨지고 있다.

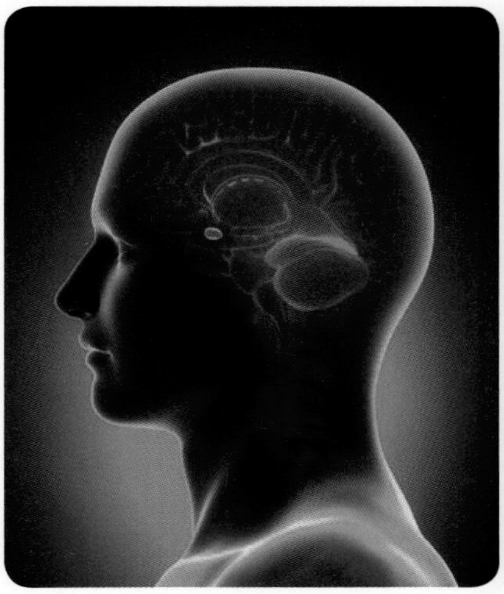

▲ 편도체(amygdala)

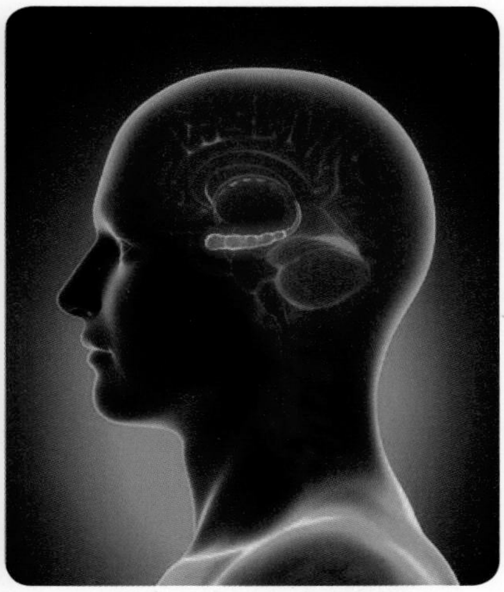

▲ 해마(hippocampus)

기억과 해마

대뇌변연계에는 '해마(hippocampus)'라는 언어적 기억, 의식적 기억, 특히 쾌감을 담당하는 소기관과 '편도체(amygdala)'라는 감정적 기억, 무의식적 기억으로 공포나 분노를 담당하는 소기관으로 분류된다. 만일 우리의 뇌에서 해마가 없다면 우리는 새로 경험하거나 학습한 것을 기억할 수 없을 것이다. 해마는 가까운 과거의 기억을 유지해 줄 뿐만 아니라, 최종적으로는 기억 내용을 피질에 전달하는 기관이며, 그런 정보들은 대뇌 피질에 장기 기억으로 저장된다.
해마에 정보가 전달되는 경로는 두 가지가 있다. 하나는 감정 처리의 중추인 편도체를 거쳐서 해마로 가는 경우와 다른 하나는 피질을 거쳐서 해마로 가는 경로이다. 실제 일본의 이이지마 도시오 박사는 뇌의 각 부위별로 슬라이스 표본을 만들어 정보가 어떻게 해마로 보내지는지 조사하였다. 그 결과 피질과 편도체를 동시에 자극하면 정보가 해마로 전달된다는 사실이 밝혀졌다. 예를 들면 식사를 할 때 요리의 냄새, 색깔, 모양의 정보는 편도체를 거치면서 감정을 동반하는 정보로 만들어진 다음 해마로 정보를 보낸다. 동시에 음식물의 미각, 후각 정보는 피질을 거쳐 해마로 들어간다. 이 두 정보가 해마에 전달되어 맛있는 식사를 한 일이 기억에 오래 남게 되는 것이다.

Q1 **'외상(트라우마) 후 스트레스 장애'란 생명을 위협할 정도의 극심한 스트레스(정신적 외상)를 경험하고 나서 발생하는 심리적 반응이다. 강렬한 트라우마는 편도체를 활성화하고 해마를 얼어붙게 한다. 이를 치료할 수 있는 방법에 대해 나름대로의 방법을 생각해 보자.**

[탐구-1] 자극이 전달되는 속도

준비물 30 ~ 50 cm 플라스틱(쇠) 자

실험 과정

① 두 명이 한 조가 되어 한 사람은 자의 윗 부분을 잡고, 다른 한 사람은 기준선에서 두 손가락을 벌려 자를 잡을 준비를 한다.

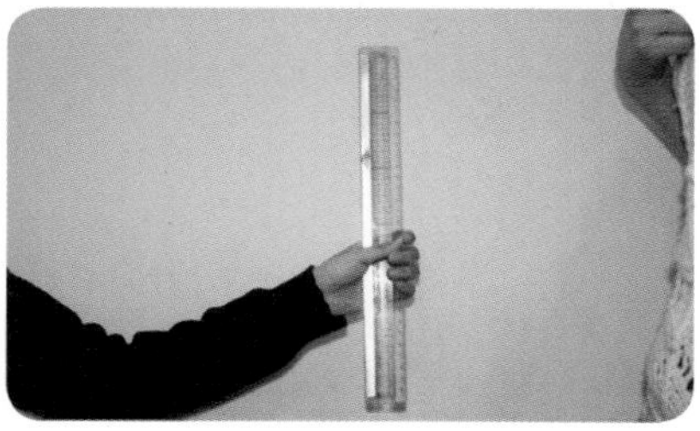

② 자의 윗 부분을 잡고 있는 사람이 자를 놓으면 다른 한 사람은 떨어지는 자를 재빨리 잡은 후, 기준선에서부터 잡은 위치까지의 거리를 측정한다.

③ 위 과정을 5회 반복하여 평균값을 구한 후 아래 그래프를 이용하여 자를 잡을 때까지 걸린 시간을 구한다.

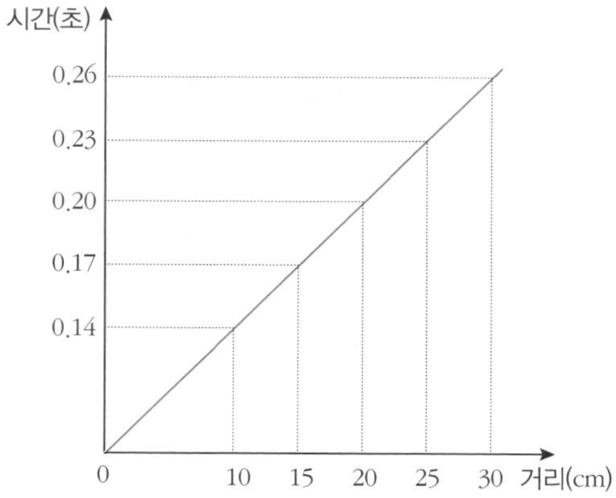

정답 및 해설 15쪽

탐구 결과

1. 아래 표에 기준선으로부터 자를 잡은 지점까지의 거리를 적어 보자.

실험 횟수	1 회	2 회	3 회	4 회	5 회
기준선으로부터 자를 잡은 지점까지의 거리(cm)					

2. 기준선으로부터 자를 잡은 지점까지의 거리의 평균값을 구하여 떨어지는 자를 잡기까지 걸린 시간을 구하시오.

3. 신경의 자극 전달 속도를 구하시오. (단, 눈에서 손 끝까지의 자극 전달 거리는 2 m로 가정한다.)

탐구 문제

1. 시간을 직접 측정하지 않고, 기준선으로부터 자를 잡은 지점까지의 거리를 측정함으로써 시간을 구하는 이유는 무엇인가?

2. 다음은 떨어지는 자를 잡기까지 자극의 전달 경로이다. 빈칸 안에 알맞는 말을 쓰시오.

자극(떨어지는 자) → 눈 → (　　　　) → (　　　　) → (　　　　) → 팔과 손의 근육 → 반응

[탐구-2] 감각 지도 그리기

준비물 자 , 이쑤시개 2 개 , 셀로판 테이프

실험 과정

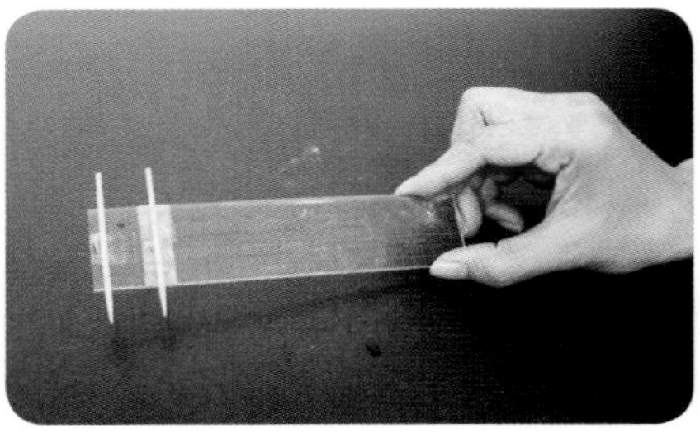

① 두 명이 한 조가 되어 한 명의 눈을 가리고, 다른 한 명은 2개의 이쑤시개 사이를 벌려 자에 붙인 후, 상대방의 이마를 가볍게 누른다.

② 눈을 가린 사람이 이쑤시개를 2개라고 느낄 때까지 이쑤시개 사이의 폭을 0.5 cm씩 벌리면서 계속 상대방의 이마를 가볍게 누른다.

③ 눈을 가린 사람이 이쑤시개를 2개라고 느꼈을 때의 이쑤시개 사이의 폭을 표에 기록하고, 위의 과정을 반복하여 평균을 낸 후, 역수를 취한다.

④ 코, 뺨, 입술, 턱, 목, 손 등의 다른 부분에도 실험을 한 후, 역수를 구한다.

⑤ 각 부위별 역수로 구한 값을 이용하여 모눈종이에 그림을 그려 사람 신체를 나타낸다. (모눈종이에 인체 각 부위의 그림을 그릴 때는 그 부위의 역수가 3이면 모눈종이 3칸 안에 그 부위를 그린다.)

탐구 결과

1. 아래의 표에 측정한 이쑤시개 사이의 폭을 기록하고, 평균값과 역수를 적어보자.

구분	거리(cm)		평균값(cm)	역수
이마				
뺨				
입술				
턱				
코				
목				
어깨				
팔꿈치				
손목				
손바닥				
손가락 끝				
손등				

정답 및 해설 16쪽

2. 아래의 모눈종이에 인체의 감각 지도를 그려보자.

탐구 문제

1.피부에 닿는 점이 2개라고 느껴지는 부분과 감각점의 분포와는 어떤 관계가 있는가?

2. 신체에서 가장 예민한 부분은 어디인가?

V

생식과 발생

세포는 어떻게 분열을 할까?

18강. 세포 분열

1. 세포 분열

(1) **세포 분열** : 하나의 세포가 두 개의 세포로 나누어지는 현상이다.
→ 다세포 생물은 세포 분열로 세포의 개수를 늘려 생장한다.

(2) **세포 분열의 의의** : 세포가 외부와 물질 교환을 효율적으로 하기 위해서 세포 분열을 한다. → 세포가 커질수록 표면적이 증가하는 비율보다 부피가 증가하는 비율이 커져 세포막을 통한 물질 교환이 효율적이지 못하기 때문이다.

(3) **세포 분열의 종류**
① 체세포 분열 : 몸을 이루는 체세포가 둘로 나누어지는 과정
② 생식세포 분열 : 생식기관에서 생식세포가 만들어질 때 일어나는 세포 분열

(4) **세포 주기** : 분열을 끝낸 세포가 자라서 다시 분열을 마치기까지의 과정이다.

① 간기 : 세포 분열을 준비하는 시기
→ 세포가 생장하고, 핵 속의 유전 물질이 복제되며 다음 세포 분열을 준비하는 시기로 세포 주기의 대부분을 차지한다.

② 분열기 : 세포가 분열하는 시기로 크게 핵분열과 세포질 분열로 구분된다.
· 핵분열 : 핵이 2개로 갈라지는 분열
· 세포질 분열 : 세포질이 2개로 갈라져 2개의 딸세포가 형성되는 분열

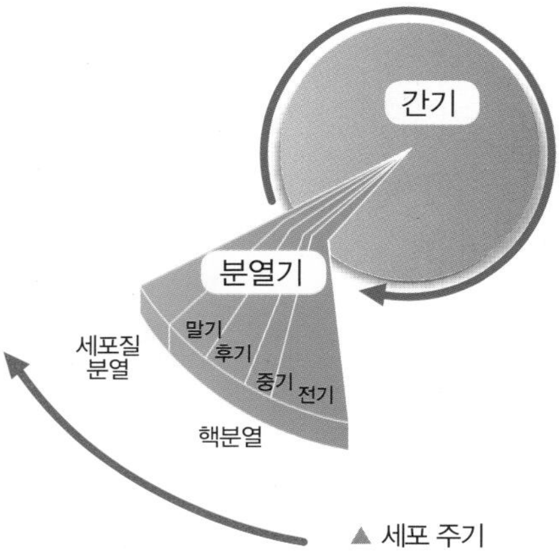

▲ 세포 주기

개념확인 1 하나의 세포가 둘로 나누어지는 것을 무엇이라고 하는가?

확인 +1 세포 주기 중, 세포 분열을 준비하는 시기로, 세포가 생장하고 핵 속의 유전 물질이 복제되는 시기는 언제인가?

● 간단 모의 실험
세포가 분열하는 이유
〈실험 과정〉
① 페놀프탈레인 용액을 넣어 굳힌 한천 조각을 크기가 다른 정육면체 조각 3개로 자른다.
② 3개의 한천 조각을 수산화 나트륨 용액이 들어 있는 비커에 담가 두었다가 약 5분 후 꺼내 단면을 관찰한다.
〈실험 결과〉

한천 조각의 부피가 클수록 부피에 대한 표면적의 비가 작아져 표면을 통한 물질 교환에 불리하다.

● 생식기관
· 동물의 생식기관 : 정소, 난소
· 식물의 생식기관 : 꽃밥, 밑씨

● 세포 분열 주기
· 가장 긴 시기 : 간기
· 핵분열기 중 가장 긴 시기 : 전기
· 핵분열기 중 가장 짧은 시기 : 중기

● 모세포와 딸세포
· 모세포 : 세포 분열이 일어나기 전의 세포
· 딸세포 : 세포 분열이 일어나서 만들어진 세포로 모세포보다 크기가 작지만 일정한 크기까지 자라게 된다.

미니사전
체세포 [體 몸 –세포] 생식세포를 제외한 동식물을 구성하는 모든 세포
생식세포 [生 나다 殖 번식하다 –세포] 생식 과정에서 유전 물질을 자손에게 전달하는 역할을 하는 세포

2. 염색체 1

(1) 염색체 : 유전 물질(DNA)을 포함하고 있는 막대 모양의 물질

① 어버이의 유전 물질을 자손에게 전달하는 역할을 한다.
② 같은 종의 생물은 같은 모양과 같은 수의 염색체를 가진다.

(2) 염색체의 구조

① 유전 물질(DNA)과 단백질로 이루어져 있다.
② 간기에서의 염색체 : 염색체가 풀어진 상태인 염색사로 존재하므로 염색체는 관찰되지 않는다.
③ 세포 분열을 시작할 때 염색체 : 두 가닥의 염색 분체로 이루어져 있다.

(3) 상동 염색체

① 체세포에 들어있는 모양과 크기가 같은 염색체 쌍
② 상동 염색체의 2개의 염색체는 부모로부터 하나씩 물려받은 것이다.
③ 상동 염색체의 같은 위치에는 같은 형질을 결정하는 유전자(대립 유전자)가 존재한다.

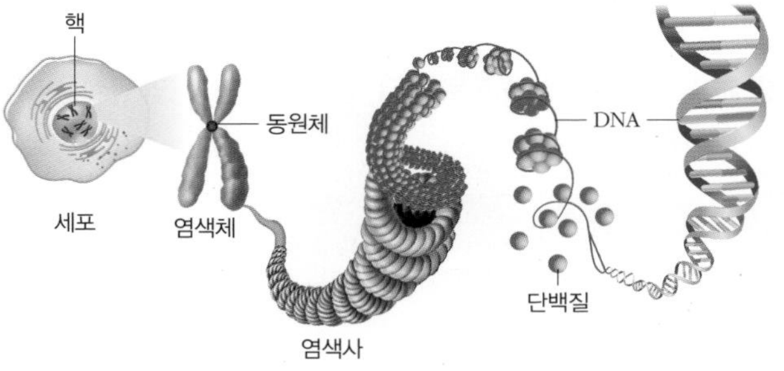

▲ 염색체의 구조

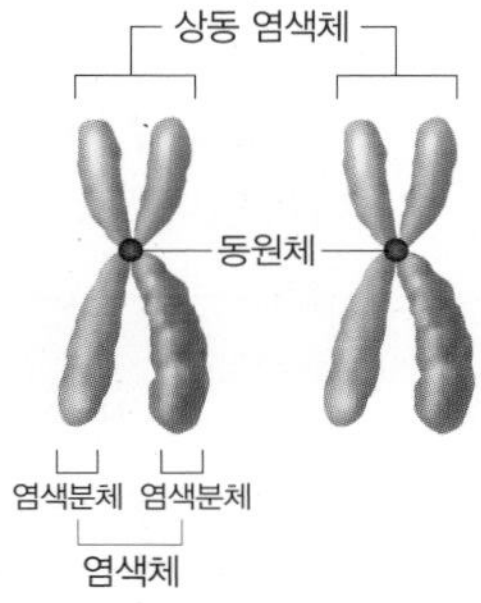

▲ 상동 염색체와 염색분체

정답 및 해설 **16쪽**

개념확인 2 **다음 빈칸에 알맞은 말을 써 넣으시오.**

㉠(　　　　)는 세포 분열을 할 때 유전 물질을 포함하는 막대 모양의 물질이며, 간기에는 관찰되지 않고 ㉡(　　　　)을 할 때 관찰할 수 있다.

확인 +2 **체세포에 들어 있는 모양과 크기가 같은 염색체 쌍을 무엇이라고 하는가?**

(　　　　　　)

생물의 종류와 염색체

생물의 종류에 따라 염색체의 수와 모양이 다르다.

식물		동물	
완두	14	초파리	8
양파	16	생쥐	40
무	18	고릴라	48
벼	24	사람	46
감자	48	누에	56

▲ 여러 생물의 염색체 수

유전자와 DNA

· 유전자 : 생물의 형태나 성질에 대한 유전 정보로, DNA의 특정 부분에 있다.
· DNA : 유전 정보가 들어 있는 물질로, 2중 나선 구조로 되어 있다.

염색사, 염색체, 염색분체

· 염색사 : 얇은 가닥의 DNA와 단백질로 이루어진 실 모양의 구조물
· 염색체 : 염색사가 세포 분열을 할 때 짧고 굵게 응축한 것
· 염색분체 : 한 가닥의 염색분체는 다른 한 가닥의 염색분체에서 복제되어 만들어진 것이므로 유전 정보는 서로 같다.

대립 유전자

상동 염색체의 동일한 위치에 있다. 하나의 형질을 결정하는 유전자이다.

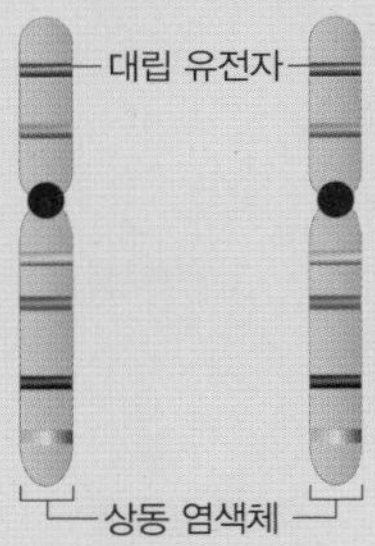

미니사전

염색체 [染 물들다 色 색깔 體 몸] 세포 분열을 할 때 유전 물질을 포함하는 구조물로, 염색액에 의해 염색이 잘 되어 붙여진 이름이다.

염색분체 [染 물들다 色 색깔 分 나누다 體 몸] 염색체를 구성하는 두 가닥 중 각각의 한 가닥을 이르는 말로 사람은 1개의 염색체 안에 2개의 염색분체가 있다.

● 남성의 성염색체

남성의 성염색체 1쌍은 모양과 크기가 서로 다르지만 상동 염색체로 취급한다.

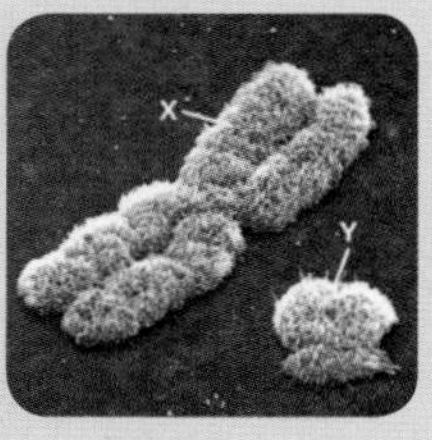

● 핵형

염색체를 동원체의 위치에 따라 분류하여 크기가 큰 것을 1번으로 하여 순서대로 번호를 매긴 것이다.

● 염색체 표현의 예

· 체세포

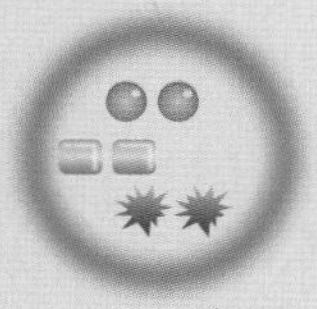

2n = 6

모양과 크기가 같은 상동 염색체가 있으며, 세포 안에 6개의 염색체가 들어 있다.

· 생식세포

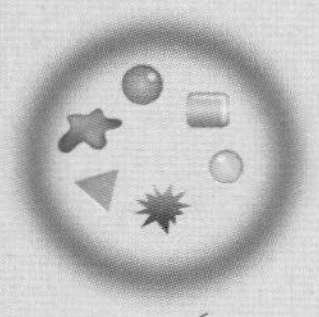

n = 6

상동 염색체가 없고, 세포 안에 6개의 염색체가 들어 있다.

3. 염색체 2

(1) 염색체의 종류

① 상염색체 : 남녀가 공통적으로 가지는 염색체

② 성염색체 : 성별에 따라 차이가 나는 한 쌍의 염색체 → X염색체, Y염색체

(2) 사람의 염색체 : 사람은 22쌍의 상염색체와 1쌍의 성염색체를 가진다.

→ 체세포에 23쌍의 상동염색체가 있다.

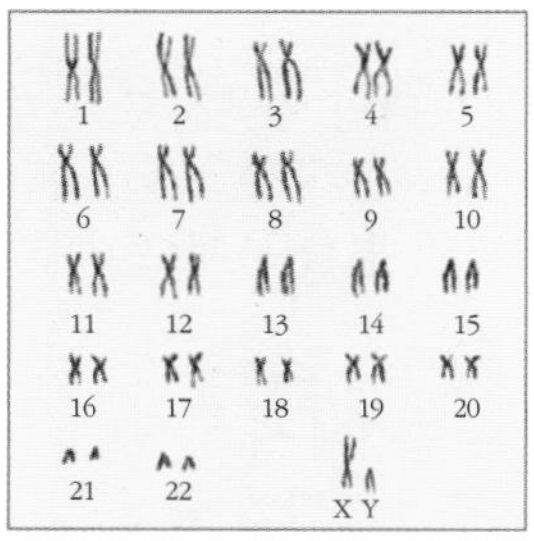

▲ 남성의 염색체 (2n = 44 + **XY**)

어머니로부터 22개의 상염색체와 X 염색체를, 아버지로부터 22개의 상염색체와 Y 염색체를 각각 물려받았다.

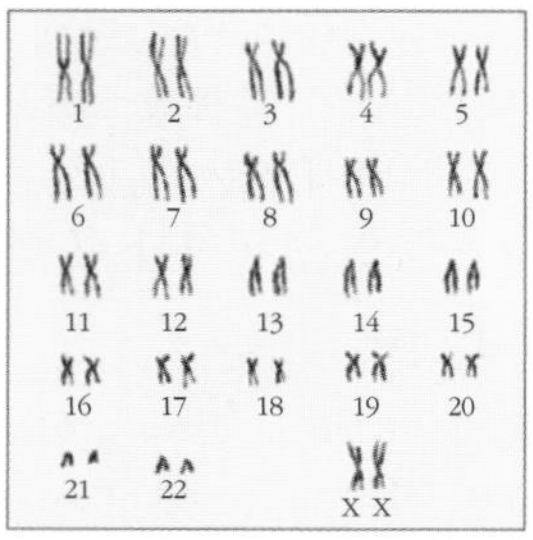

▲ 여성의 염색체 (2n = 44 + **XX**)

어머니와 아버지로부터 각각 22개의 상염색체와 X 염색체를 물려받았다.

(3) 염색체 수의 표시 방법 : 부모 중 한쪽으로부터 받은 한 벌의 염색체를 n으로 나타낸다.

체세포의 염색체	생식 세포의 염색체
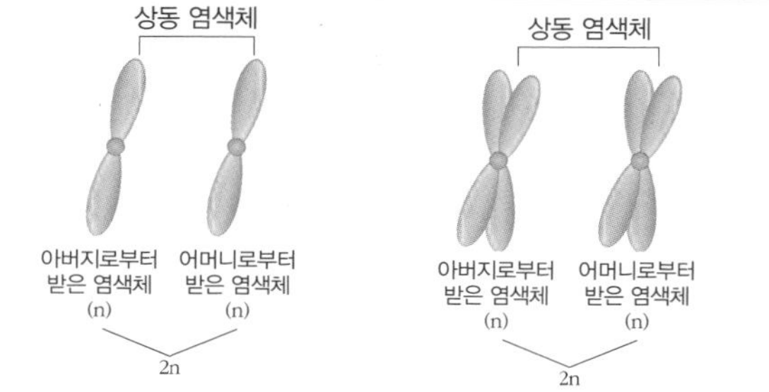 하나의 염색체는 아버지로부터(n), 다른 한 염색체는 어머니로부터(n) 받아 상동 염색체가 쌍을 이루고 있어 2n으로 표시한다.	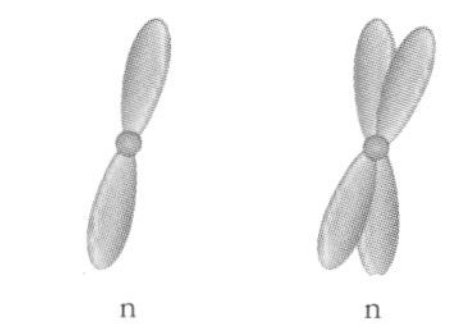 상동 염색체가 없어 n으로 표시한다.

개념확인 3 **염색체의 종류와 그에 대한 설명을 바르게 연결하시오.**

(1) 상동 염색체 · · ㉠ 모양과 크기가 같은 한 쌍의 염색체

(2) 상염색체 · · ㉡ 남녀가 공통적으로 가지는 염색체

(3) 성염색체 · · ㉢ 성별에 따라 차이가 나는 한 쌍의 염색체

확인+3 **오른쪽 그림은 어떤 세포의 염색체 구성을 나타낸 것이다. 이 세포의 염색체 수를 바르게 나타낸 것은?**

① n = 4 ② n = 8 ③ 2n = 4

④ 2n = 8 ⑤ 2n = 16

4. 체세포 분열

(1) 체세포 분열 : 몸을 이루는 체세포가 둘로 나누어지는 과정

(2) 체세포 분열 과정

① 핵 분열 : 염색체의 모양과 움직임에 따라 전기, 중기, 후기, 말기로 구분한다.

분열 전	핵 분열			
간기	전기	중기	후기	말기
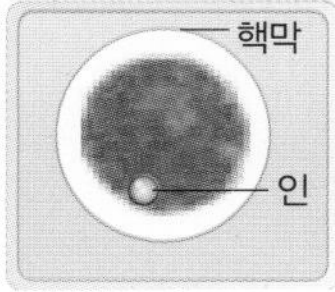	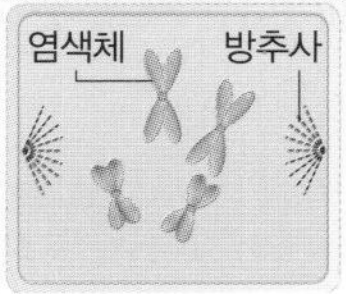	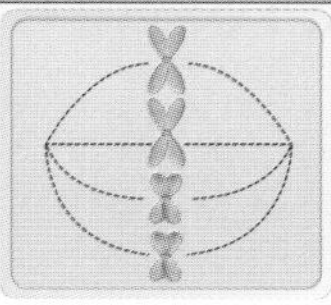	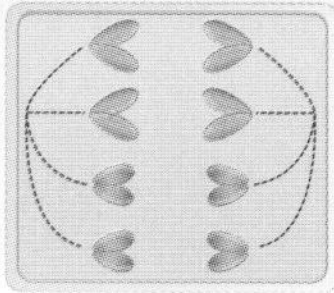	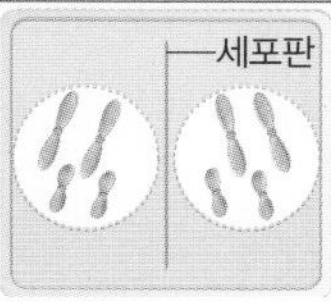
· 핵막과 인이 관찰된다. · 염색사가 염색체로 꼬이지 않고 풀어진 상태로 존재한다. · 세포 분열을 준비하며 DNA량을 2배로 증가시킨다.	· 핵막과 인이 사라진다. · 염색사가 염색체로 응축된다. · 방추사가 나타난다.	· 염색체가 세포 중앙에 배열된다. · 염색체를 가장 뚜렷하게 관찰할 수 있는 시기 · 체세포 분열 과정 중 가장 짧은 시기 · 방추사가 염색체의 동원체에 붙는다.	· 두 가닥의 염색 분체가 분리되어 방추사에 의해 각각 세포의 양극으로 이동한다. · 핵막과 인이 생성된다.	· 염색체가 염색사로 풀어진다. · 방추사가 사라진다. · 세포질 분열이 시작된다.

② 세포질 분열 : 핵 분열 말기에 세포질 분열이 일어나 2개의 딸세포가 형성된다.

식물 세포 (세포판 형성)	동물 세포 (세포질 함입)
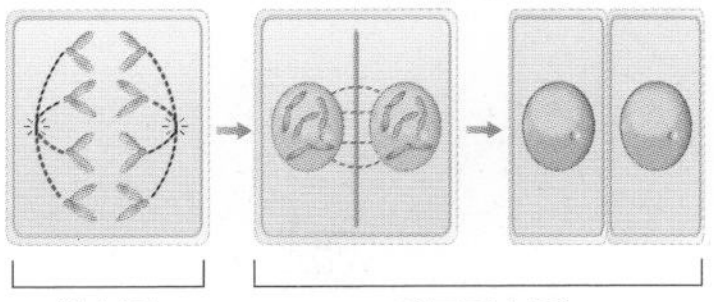	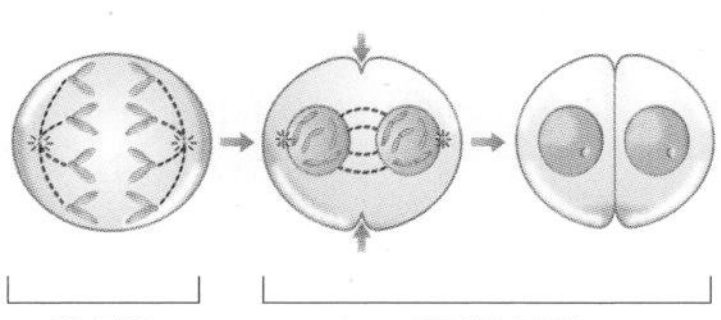
세포의 중앙에서 바깥쪽으로 세포판이 자라서 2개의 세포로 분리된다.	세포질이 바깥쪽에서 안쪽으로 오므라들면서 2개의 세포로 분리된다.

● **체세포 분열이 일어나는 장소**
· 동물 : 온몸
· 식물 : 생장점, 형성층

● **체세포 분열의 특징**
· 분열 결과 2개의 딸세포가 만들어진다.
· 모세포와 딸세포의 염색체 수와 유전 정보가 같다.

● **체세포 분열 결과**
① 생장 : 생물의 몸집이 커진다.
② 재생 : 손상된 부분의 조직이 다시 자란다.
③ 생식 : 단세포 생물의 경우 개체 수가 증가한다.

정답 및 해설 **16쪽**

개념확인 4 **체세포 분열 과정 중 가장 짧은 시기이며 염색체를 가장 뚜렷하게 관찰할 수 있는 시기는 언제인가?**

확인+4 **다음 빈칸에 알맞은 말을 써넣으시오.**

핵 분열 말기에 ㉠(　　　　　　)이 일어나 2개의 딸세포가 형성된다. 식물 세포에서는 세포의 중앙에서 ㉡(　　　　　　)이 형성되어 2개의 세포가 분리되고, 동물 세포에서는 세포질 ㉢(　　　　　　)이 일어난다.

미니사전

방추사 [紡 감싸다 錘 저울 絲 실] 세포 분열을 할 때 염색체를 세포의 양극으로 끌고 가는 얇은 실모양의 구조물

세포판 식물 세포의 세포 분열 때 딸세포 사이에 생기는 경계막으로 세포판으로 자라 세포벽이 된다.

함입 [陷 움푹 파이다 入 들이다] 깊숙히 빠져 들어가는 현상

개념 다지기

01 다음 중 세포 분열에 대한 설명으로 옳지 않은 것은?

① 하나의 세포가 두 개의 세포로 나누어지는 현상이다.
② 다세포 생물은 세포 분열로 세포의 개수를 늘려 생장한다.
③ 세포가 외부와 물질 교환을 효율적으로 하기 위해서 세포 분열을 한다.
④ 몸을 이루는 체세포가 나누어지는 과정을 체세포 분열이라고 한다.
⑤ 생식세포 분열은 온몸에서 생식세포가 만들어질 때 일어나는 세포 분열이다.

02 아래의 그림은 어떤 동물의 염색체를 모식적으로 나타낸 것이다. 이 체세포에 있는 염색분체는 모두 몇개인가?

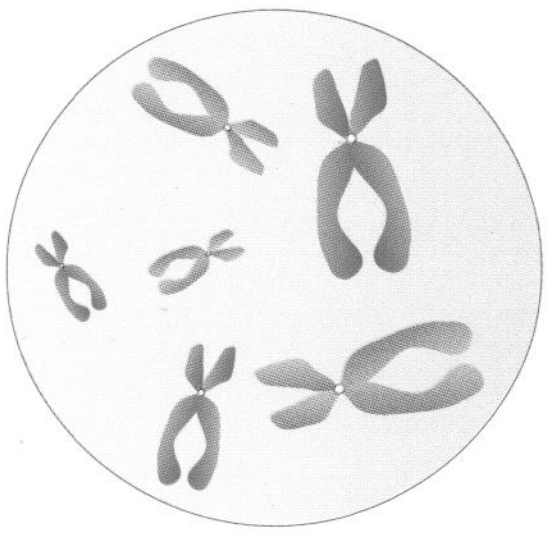

① 3 개　② 6 개　③ 9 개　④ 12 개　⑤ 24 개

03 사람의 염색체에 대한 설명으로 옳지 않은 것은?

① 체세포에는 23개의 염색체가 있다.
② 남성과 여성은 모두 X염색체를 가지고 있다.
③ 사람의 염색체 안에는 사람의 형태나 성질을 결정하는 유전자가 있다.
④ 사람은 어머니로부터 22개의 염색체와 하나의 성염색체를 물려받았다.
⑤ 사람의 염색체 수를 남자는 2n = 44 + XY, 여자는 2n = 44 + XX로 표시한다.

정답 및 해설 16쪽

04 다음 그림은 사람의 염색체 구성을 나타낸 것이다. 이 그림에 대한 설명으로 옳지 않은 것은?

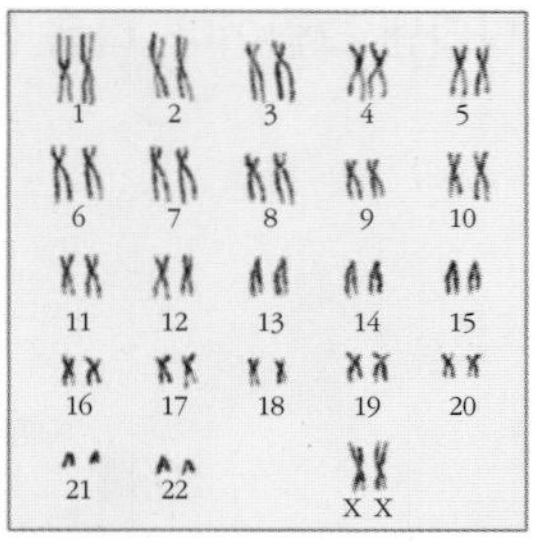

① 이 사람의 성별은 여자이다.
② 체세포에는 1쌍의 성염색체가 있다.
③ 체세포에는 22쌍의 상염색체가 있다.
④ 2n = 44 + XX로 염색체 수를 표시한다.
⑤ 21번과 22번 염색체는 상동염색체이다.

05 체세포 분열을 할 때, 염색체가 세포 중앙에 배열되어 염색체를 가장 뚜렷하게 관찰할 수 있는 시기는 언제인가?

① 간기 ② 전기 ③ 중기 ④ 후기 ⑤ 말기

06 초파리의 염색체 수는 8개이다. 체세포 분열이 끝난 뒤 세포 1개에 들어 있는 염색체의 수는 몇 개인가?

① 4 개 ② 8 개 ③ 16 개 ④ 24 개 ⑤ 32 개

유형 익히기 & 하브루타

[유형18-1] 세포 분열

오른쪽 그림은 세포 주기를 나타낸 그림이다. 다음 물음에 답하시오.

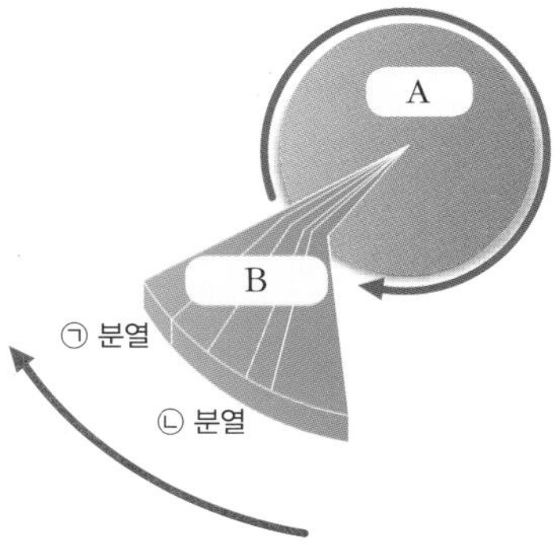

(1) A와 B에 해당하는 시기를 각각 쓰시오.

A : (   )   B: (   )

(2) B시기 중 2개의 딸세포가 생기는 시기의 기호와 이름을 쓰시오.

기호 : (   )   이름 : (   )

01 다음은 세포가 분열하는 이유를 설명한 글이다. 빈칸에 들어갈 말을 쓰시오.

> 세포가 커질수록 표면적이 증가하는 비율보다 부피가 증가하는 비율이 커지기 때문에 세포막을 통한 (   )이 효율적이지 못하기 때문에 세포 분열을 한다.

(   )

02 다음은 세포 분열의 종류를 설명한 글이다. 다음 물음에 답하시오.

(1) 몸을 이루는 체세포가 둘로 나누어지는 세포 분열을 무엇이라고 하는가?

(   ) 분열

(2) 생식기관에서 생식세포가 만들어질 때 일어나는 세포 분열을 무엇이라고 하는가?

(   ) 분열

정답 및 해설 17쪽

[유형18-2] 염색체 1

아래의 그림은 염색체의 구조를 나타낸 것이다. A ~ D에 알맞은 단어를 쓰시오.

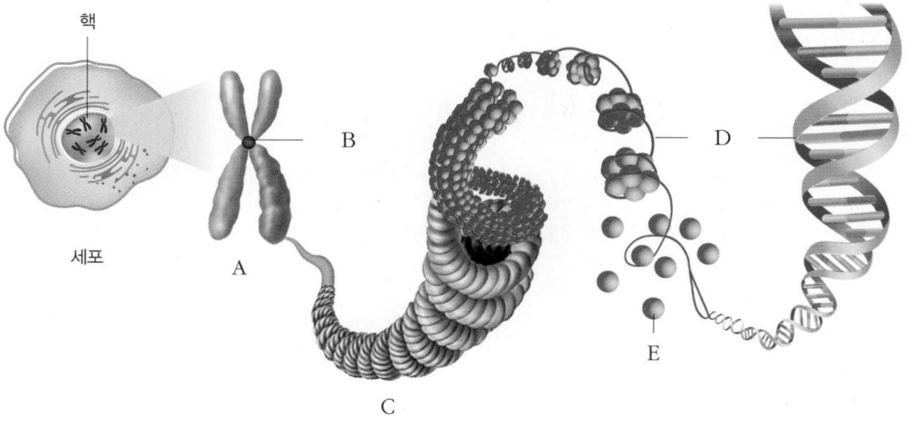

A : (　　　　) B : (　　　　) C : (　　　　) D : (　　　　) E : (　　　　)

03

아래의 그림은 어떤 생물의 염색체를 모식적으로 나타낸 것이다. 다음 물음에 답하시오.

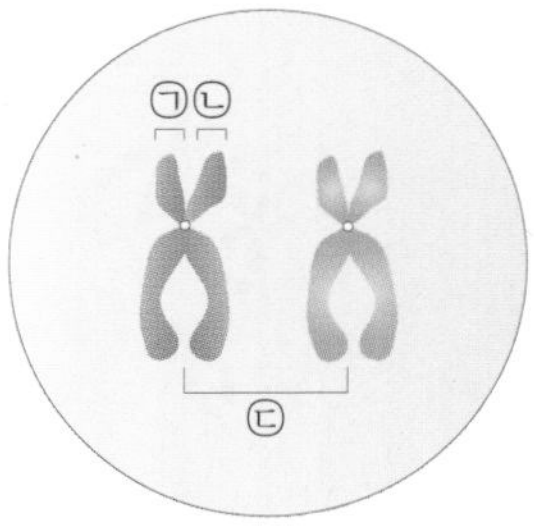

(1) 염색체를 구성하는 ㉠과 ㉡을 무엇이라고 하는가?

(2) ㉢과 같이 모양과 크기가 같은 염색체 쌍을 무엇이라고 하는가?

04

염색체에 대한 설명으로 옳은 것은 O표, 옳지 않은 것은 X표 하시오.

(1) 염색체는 DNA로만 이루어져 있다. (　)

(2) 염색 분체의 유전 정보는 서로 다르다. (　)

(3) 상동 염색체는 부모로부터 하나씩 물려받은 것이다. (　)

(4) 상동 염색체의 같은 위치에는 대립 유전자가 존재한다. (　)

[유형18-3] **염색체 2**

아래의 그림은 사람의 염색체를 나타낸 것이다. 다음 물음에 답하시오.

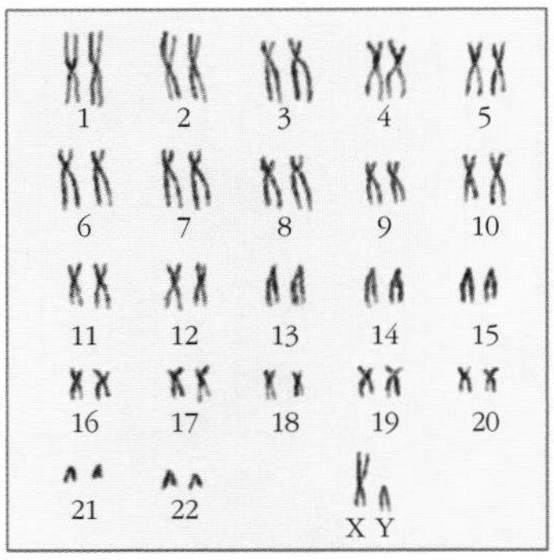

(1) 이 사람은 남성인가 여성인가?

(2) 이 사람의 염색체 수를 표시하시오. (→ n = 14 , 2n = 14 등의 형태로 표시하시오.)

05 빈칸에 알맞은 숫자를 쓰시오.

(1) 사람의 염색체 수는 총 (　　　)개이다.

(2) 사람의 체세포에는 (　　　)개의 성염색체가 있다.

(3) 사람의 체세포에는 (　　　)개의 상염색체가 있다.

(4) 사람의 체세포에는 (　　　)쌍의 상동염색체가 있다.

06 아래의 그림은 어떤 세포의 염색체 구성을 나타낸 것이다. 이 세포의 염색체 수는?

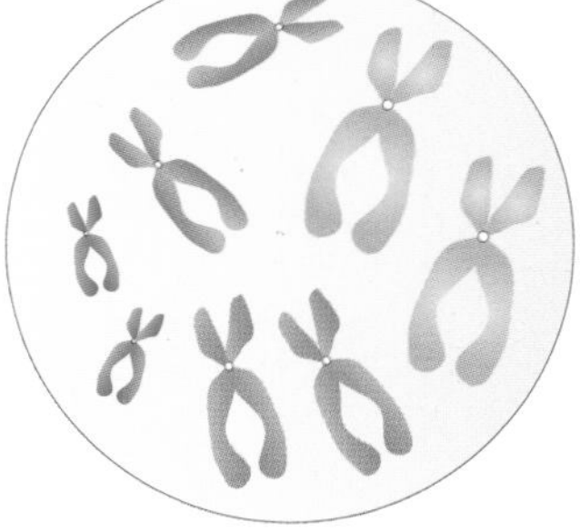

㉠(　　　)n = ㉡(　　　)

정답 및 해설 17쪽

[유형18-4] 체세포 분열

아래의 그림은 식물의 체세포 분열의 과정을 순서 없이 나타낸 것이다. 다음 물음에 답하시오.

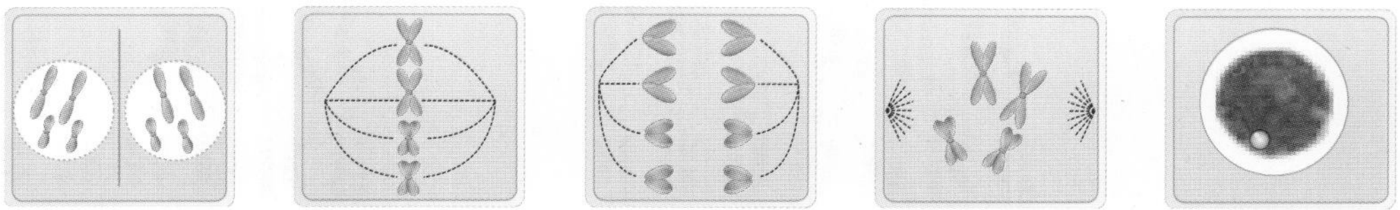

(가) (나) (다) (라) (마)

(1) (가) ~ (마)가 각각 체세포 분열의 어느 단계에 해당하는지 이름을 쓰시오.

(가) : ( ) (나) : ( ) (다) : ( ) (라) : ( ) (마) : ( )

(2) 다음의 각 설명에 해당하는 단계를 위 그림에서 찾아 기호를 쓰시오.

① 두 가닥의 염색분체가 분리되어 방추사에 의해 각각 세포의 양극으로 이동한다. ( )

② 세포 분열을 준비하며 DNA량을 2배로 증가시킨다. ( )

07

체세포 분열에 대한 설명으로 옳은 것은 O표, 옳지 않은 것은 X표 하시오.

(1) 몸을 이루는 체세포가 둘로 나누어지는 과정이다. ( )

(2) 체세포 분열의 결과로 4개의 딸세포가 만들어진다. ( )

(3) 모세포와 딸세포의 염색체 수와 유전 정보가 같다. ( )

08

다음은 세포질 분열에 대한 설명이다. 빈칸에 알맞은 말을 쓰시오.

(1) 식물 세포는 세포의 중앙에서 바깥쪽으로 ( )이 자라서 2개의 세포로 분리된다.

(2) 동물 세포는 세포질 바깥쪽에서 안쪽으로 세포질 ( )이 일어나면서 2개의 세포로 분리된다.

01 결혼을 한지 오랜 시간이 지난 한 쌍의 부부가 염색체 검사를 받았다. 그 결과가 아래와 같이 나타났다.

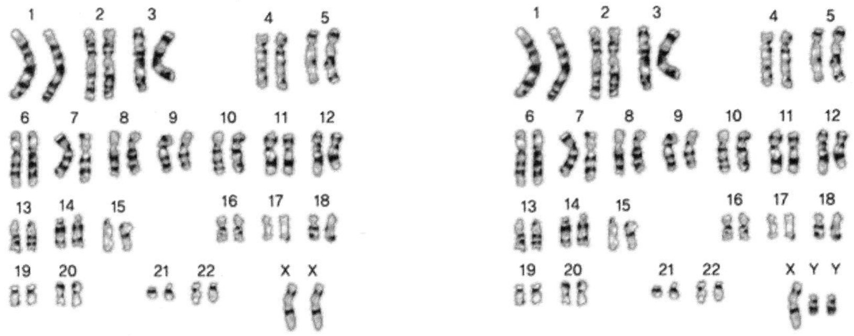

(가) (나)

(1) 제시된 자료를 분석하여 두 사람의 성별을 쓰시오.

(가) : (나) :

(2) 이 부부는 아기를 가질 수 있을지 없을지 각자의 의견을 서술하시오.

정답 및 해설 18쪽

02 염색사가 염색체로 응축되는 이유가 무엇일지 아래의 그림에 비유하여 설명하시오.

▲ 지푸라기

▲볏짚

03 사람과 침팬지의 유전체는 95 %가 같고, 단백질을 암호화하는 유전자는 99 % 이상 같아 유전자는 거의 같다고 볼 수 있지만, 매우 다르게 생겼다. 사람과 침팬지는 DNA가 거의 같은데 왜 다르게 생겼을까? 각자의 의견을 서술하시오.

정답 및 해설 18쪽

04 다음 그림은 세포 분열의 주기를 나타낸 것이다. 세포의 주기는 크게 간기와 분열기로 나눈다. 각 시기의 상대적인 길이를 측정할 수 있는 방법을 고안해 보시오.

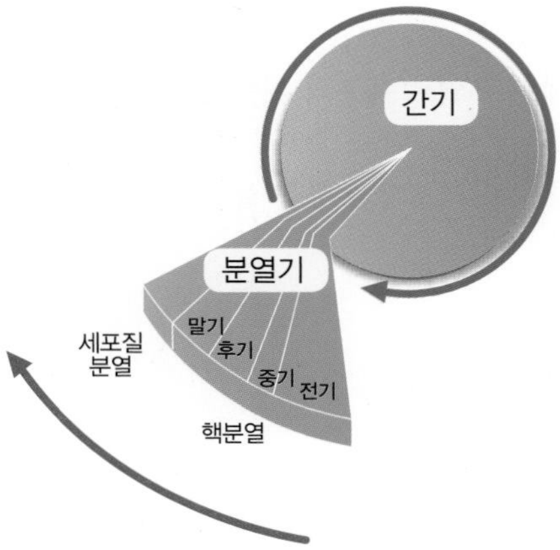

A

01 다음 중 세포 분열에 대한 설명으로 옳은 것은 O표, 옳지 않은 것은 X표 하시오.

(1) 하나의 세포가 두 개의 세포로 나누어지는 현상이다. ( )

(2) 다세포 생물은 세포 분열로 세포의 개수를 늘려 생장한다. ( )

(3) 세포의 크기가 클수록 세포막을 통한 물질 교환이 효율적이다. ( )

[02~03] 다음은 세포가 분열하는 이유를 알아보기 위한 실험 과정이다. 다음 물음에 답하시오.

> 1. 페놀프탈레인 용액을 넣어 굳힌 한천 조각을 크기가 다른 정육면체 조각 3개로 자른다.
> 2. 3개의 한천 조각을 수산화 나트륨 용액이 들어 있는 비커에 동시에 넣는다.
> 3. 일정한 시간이 지난 후 한천 조각을 칼로 잘라 붉은 색으로 물든 부분의 단면을 관찰한다.

02 한천 조각은 무엇에 비유할 수 있는가?

03 이 실험의 결과로 옳은 것은?

① 한천 조각의 크기가 작을수록 중심까지 붉게 물들었다.
② 한천 조각의 크기가 클수록 붉게 물든 부분이 두껍다.
③ 한천 조각의 크기가 작을수록 표면적과 부피가 모두 증가한다.
④ 세포의 크기가 커질수록 부피가 증가하는 비율보다 표면적이 더 크게 증가한다.
⑤ 이 실험을 통해 세포의 크기가 클수록 물질교환이 유리하다는 것을 알 수 있다.

04 분열을 끝낸 세포가 자라서 다시 분열을 마치기까지의 과정을 무엇이라고 하는가?

05 다음 중 세포 주기에 대한 설명으로 옳은 것을 모두 고르시오.(3개)

① 간기 동안 2개의 딸세포가 생긴다.
② 간기에 핵 속의 유전 물질이 복제된다.
③ 세포 분열 주기 중 가장 긴 시기는 전기이다.
④ 세포가 분열을 준비하는 시기를 분열기라고 한다.
⑤ 분열기는 크게 핵 분열과 세포질 분열로 구분된다.

06 다음 중 세포 분열을 하는 이유에 대한 설명으로 옳은 것은?

① 다세포 생물이 생식을 하기 위해서
② 생물의 몸집을 크게 키우기 위해서
③ 세포의 개수가 많을수록 고등한 생물이기 때문에
④ 세포의 크기가 커질수록 생장에 유리하기 때문에
⑤ 세포가 외부와의 물질 교환을 효율적으로 하기 위해서

07 다음 중 염색체에 대한 설명으로 옳은 것을 모두 고르시오.(2개)

① 염색체에는 유전 물질이 들어 있다.
② 세포가 분열하면 염색체 수는 항상 줄어든다.
③ 같은 종의 생물은 염색체의 수와 모양이 같다.
④ 염색체가 응축되면 막대 모양의 염색사가 된다.
⑤ 고등 생물이고 몸집이 클수록 몸을 구성하는 세포의 염색체 수가 많다.

정답 및 해설 19쪽

08 다음 〈보기〉에서 염색체의 특징을 모두 고르시오.

〈 보기 〉
ㄱ. 세포가 분열할 때만 관찰된다.
ㄴ. 성염색체는 성별에 차이 없이 공통으로 가지는 염색체이다.
ㄷ. 암·수의 성을 결정하는 염색체를 상염색체라고 한다.
ㄹ. 모양과 크기가 같은 한 쌍의 염색체를 상동 염색체라고 한다.

[09~13] 다음은 생물의 유전과 관련된 물질을 나타낸 것이다. 다음 물음에 답하시오.

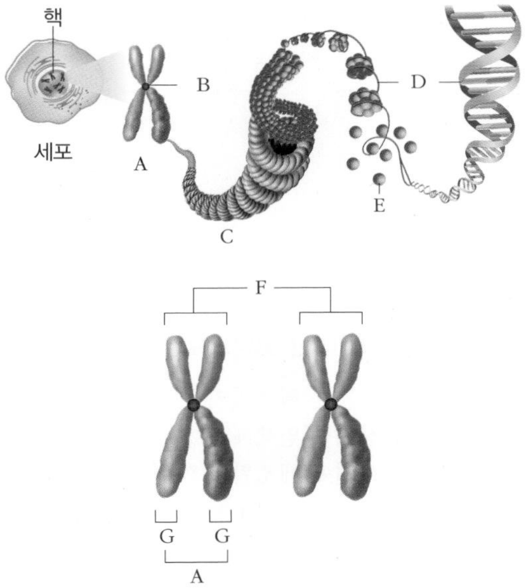

09 유전 물질(DNA)을 가지고 있으며 세포 분열할 때 생긴 굵은 막대 모양의 물질의 기호와 이름을 쓰시오.

기호 : (　　) 이름 : (　　　　　)

10 체세포에 들어 있는 모양과 크기가 같은 염색체 쌍의 기호와 이름을 쓰시오.

기호 : (　　) 이름 : (　　　　　)

B

11 유전 정보가 들어 있는 물질로 2중 나선 구조로 되어 있는 물질의 기호와 이름을 쓰시오.

기호 : (　　) 이름 : (　　　　　)

12 얇은 가닥의 DNA와 단백질로 이루어진 실 모양의 구조물의 기호와 이름을 쓰시오.

기호 : (　　) 이름 : (　　　　　)

13 하나의 염색체를 이루는 2 가닥의 기호와 이름을 쓰시오.

기호 : (　　) 이름 : (　　　　　)

14 오른쪽 그림은 어떤 동물의 염색체를 모식적으로 나타낸 것이다. 이 동물의 염색체 수를 바르게 표시한 것은?

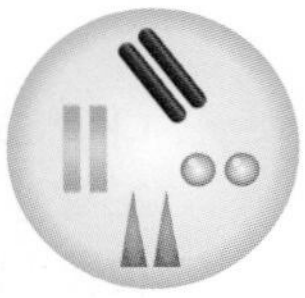

① n = 4　② n = 6　③ n = 8
④ 2n = 4　⑤ 2n = 8

15 아래의 그림은 어떤 동물의 염색체를 모식적으로 나타낸 것이다. 이 동물의 염색체 수를 표현해 보시오.

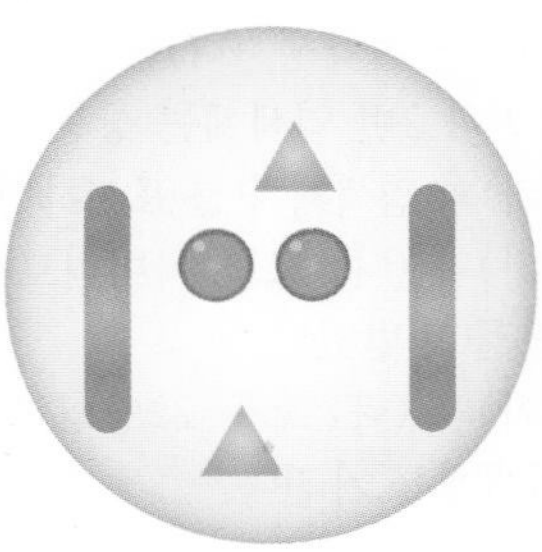

16 다음은 생물의 종에 따른 염색체 수를 나타낸 것이다. 이 자료에 대한 해석으로 옳은 것은?

식물	염색체 수	동물	염색체 수
양파	16	초파리	8
보리	14	개구리	26
벼	24	침팬지	48
감자	48	개	78

① 식물보다 동물의 염색체 수가 많다.
② 고등 생물일수록 염색체 수가 많아진다.
③ 생물의 체세포 염색체 수는 4의 배수이다.
④ 생물의 종류는 달라도 염색체 수는 같을 수 있다.
⑤ 생물의 염색체 수는 같은 종이라도 서로 다를 수 있다.

17 다음 그림은 여학생과 남학생의 염색체를 각각 조사한 것이다. 이 자료에 대한 설명으로 옳은 것을 모두 고르시오.(2개)

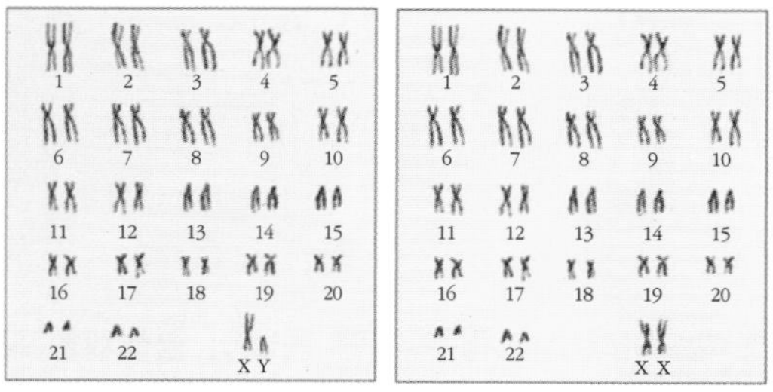

(가) (나)

① (가)는 여학생, (나)는 남학생이다.
② 1번과 2번 염색체는 상동 염색체이다.
③ (가)의 염색체 수를 표시하면 2n = 44 + XY 이다.
④ (가)와 (나) 모두 어머니로부터 22개의 염색체를 물려 받았다.
⑤ (가)와 (나) 모두 22쌍의 상염색체와 1쌍의 성염색체를 가진다.

[18~20] 다음 그림은 어떤 생물의 체세포 분열 과정을 순서없이 나타낸 것이다. 다음 물음에 답하시오.

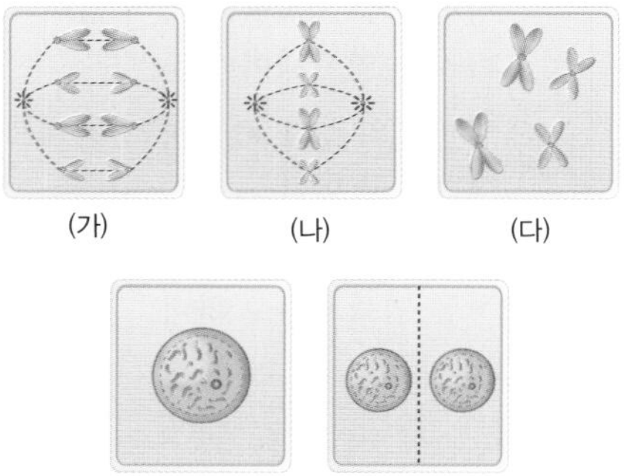

(가) (나) (다) (라) (마)

18 체세포 분열 과정을 기호를 써서 순서대로 바르게 나열하시오.

(　　) → (　　) → (　　) → (　　) → (　　)

19 위 그림에 대한 설명으로 옳은 것은?

① (가)시기는 핵분열기 중 가장 긴 시기이다.
② (나)시기에 염색체 관찰이 가장 쉽다.
③ (다)시기에 세포판이 형성되기 시작한다.
④ (라)시기에 염색체가 나타나며 분열이 완성된다.
⑤ (마)시기에서 세포 분열을 준비한다.

20 유전 물질인 DNA의 양이 두 배로 증가하는 시기를 찾아 기호와 이름을 쓰시오.

기호 : (　　) 이름 : (　　　　)

정답 및 해설 19쪽

C

21 체세포 분열 과정의 각 단계를 구분하는 기준은 무엇인가?

① 방추사의 유무
② 염색체 수의 변화
③ 세포질의 분열 방법
④ 핵막과 세포막의 변화
⑤ 염색체의 모양과 이동하는 모습

22 다음 그림은 체세포 분열의 한 단계를 나타낸 것이다. 이 시기에 대한 설명으로 옳은 것은?

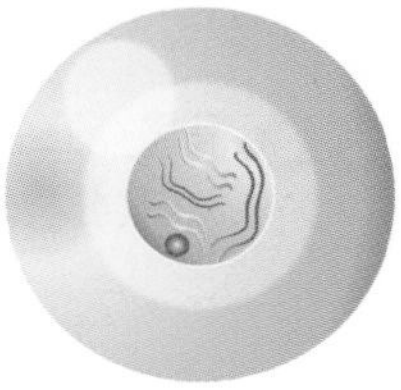

① 염색사가 관찰된다.
② 핵막이 관찰되지 않는다.
③ 염색체가 보이기 시작한다.
④ 방추사가 동원체에 달라붙기 시작한다.
⑤ 방추사가 사라지고 염색체가 염색사로 변한다.

23 오른쪽 그림은 어떤 생물의 체세포의 염색체를 나타낸 것이다. 체세포 분열 결과 생성된 딸세포의 염색체 구성으로 옳은 것은?

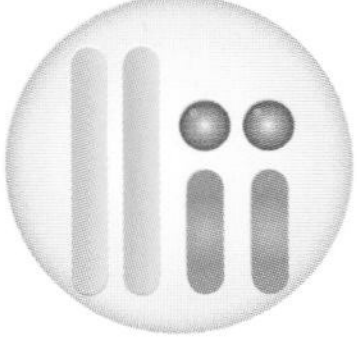

①
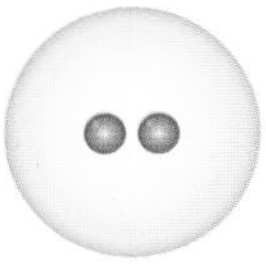
②
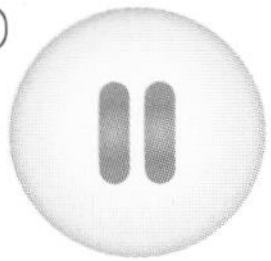
③
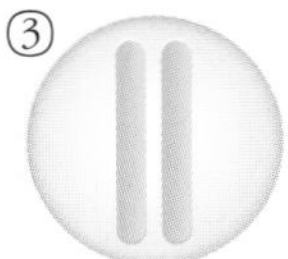
④
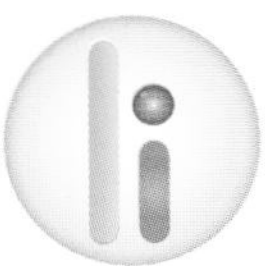
⑤
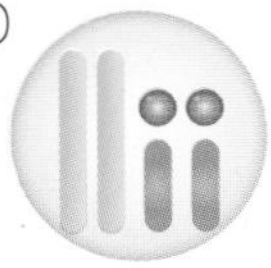

24 침팬지의 염색체 수는 $2n = 48$이다. 이 침팬지의 1개의 세포가 3번의 체세포 분열을 한 결과 생성된 딸세포의 수와 1개의 딸세포 속에 들어 있는 염색체 수가 바르게 짝지어진 것은?

	생성된 딸세포 수	1개의 딸세포 속의 염색체 수
①	2	48
②	4	24
③	4	48
④	8	24
⑤	8	48

25 다음 그림은 식물 세포와 동물 세포의 세포질 분열을 나타낸 것이다. 그림에 대한 설명으로 옳은 것은?

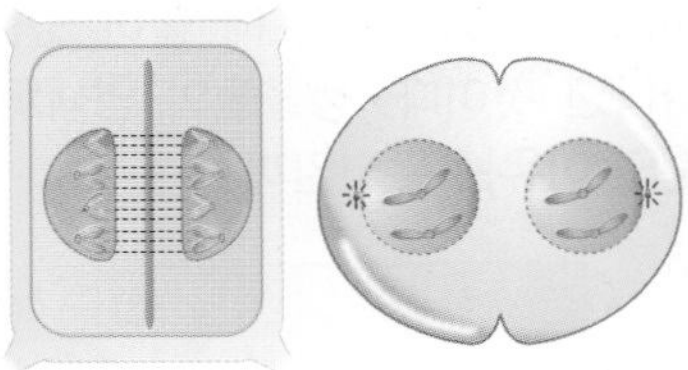

(가) (나)

① (가)는 동물 세포, (나)는 식물 세포이다.
② (가)와 (나)는 분열 전 간기에 관찰할 수 있다.
③ (가)는 바깥쪽에서 안쪽으로 세포질이 나누어 진다.
④ (가)의 세포질 분열은 세포판 형성에 의해 일어난다.
⑤ (나)는 안쪽에서 바깥쪽으로 세포질이 함입하고 있다.

26 세포가 분열하는 이유를 아래의 단어를 포함해 서술하시오.

물질 교환	표면적	부피

27 상염색체와 성염색체의 차이점을 서술하시오.

28 여러 생물의 체세포에 들어 있는 염색체 수를 나타낸 것이다. 생물들의 염색체 수가 모두 짝수인 이유는 무엇일까?

식물		동물	
완두	14	초파리	8
양파	16	생쥐	40
무	18	고릴라	48
벼	24	사람	46
감자	48	누에	56

29 다음 그림은 체세포 분열 과정 중 어떤 시기에서의 염색체를 관찰한 모습이다. 이 시기의 이름과 특징에 대해 서술하시오.

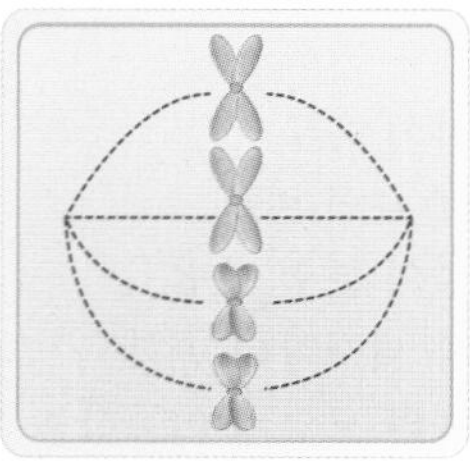

30 동물 세포와 식물 세포의 세포질 분열 방법의 차이점을 쓰시오.

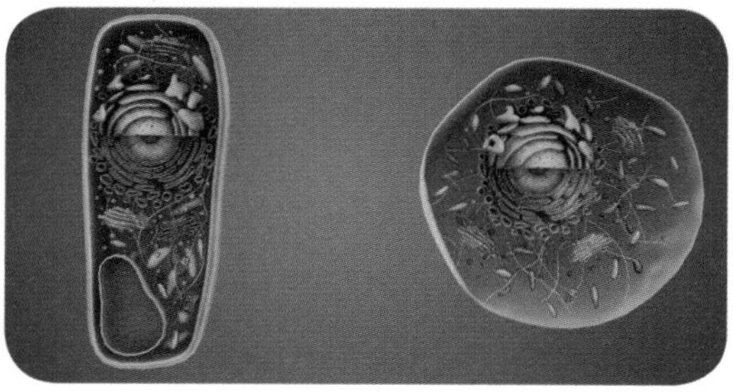

정답 및 해설 19쪽

창의력 서술

31 짚신벌레 등의 단세포 생물과 달리 사람은 수정란에서 세포분열을 하여 수많은 세포로 몸을 이루고 있다. 왜 세포 분열을 해야 하는가?

32 사람의 몸을 이루는 체세포가 분열하기 전 나타나는 X자 모양의 염색체는 각각 똑같은 유전자를 가진 막대 모양의 염색체 두 개가 붙어있는 것이라고 한다. 왜 똑같은 염색체 두 개가 존재하는지에 대해 서술해 보자.

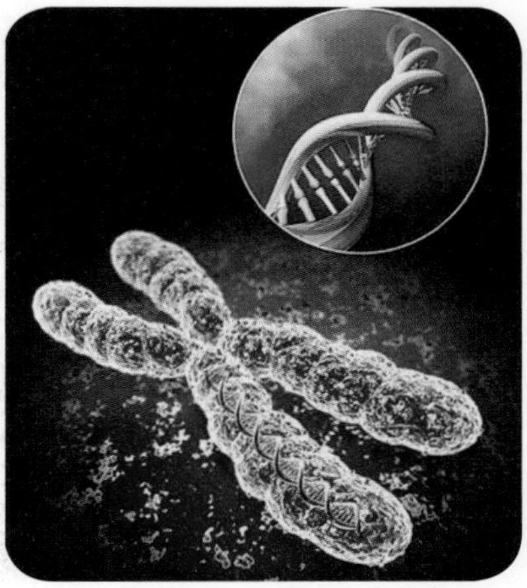

19강. 생식과 발생

● 생식기관
- 동물의 생식기관 : 정소, 난소
- 식물의 생식기관 : 꽃밥, 밑씨

● 감수분열
생식 기관에서 생식세포를 만들 때 염색체 수가 반으로 줄어들기 때문에 수가 줄어든다는 뜻의 '감수' 분열이라고 한다.

● 2가 염색체
상동염색체끼리 접합한 것으로 4개의 염색 분체로 이루어져 있다.

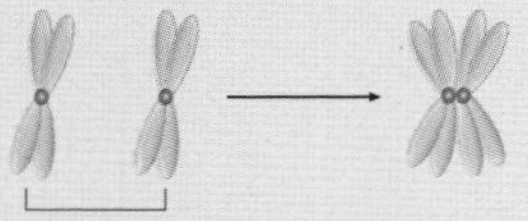

● 생각해보기★
생식세포 분열에서 염색체 수가 절반으로 줄어드는 이유는 무엇일까?

미니사전

방추사 [紡 감싸다 錘 저울 絲 실] 가는 실 모양의 세포 소기관으로 세포 분열 과정에서 염색체를 세포의 양쪽 끝으로 끌고 간다.

인 단백질을 합성하는 세포 소기관의 구성물질을 만드는 곳

동원체 [動 움직이다 原 근본 體 몸] 세포 분열을 할 때 방추사가 붙는 자리

1. 생식세포 분열 1

(1) 생식세포 분열 (감수분열) : 생식기관에서 생식세포가 만들어질 때 일어나는 세포 분열로 1개의 모세포에서 4개의 딸세포가 형성된다.

(2) 생식세포 분열 과정

① 감수 1 분열 : 상동 염색체가 분리되어 염색체 수가 절반으로 줄어든다. ($2n \rightarrow n$)

간기	전기	중기	후기	말기
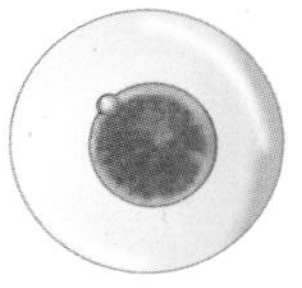				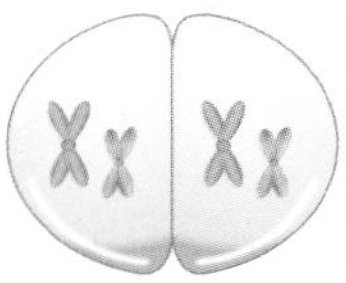
2n	2n	2n	2n	n
· 핵막과 인이 관찰된다. · 세포 분열을 준비하며 DNA량을 2배로 증가시킨다.	· 상동 염색체가 붙은 2가 염색체가 형성된다. · 핵막과 인이 사라진다. · 방추사가 나타난다.	· 2가 염색체가 세포 중앙에 배열된다. · 방추사가 염색체의 동원체에 붙는다.	· 상동 염색체가 분리되어 방추사에 의해 각각 세포의 양극으로 이동한다.	· 핵막이 나타나고 2개의 핵이 만들어 진다. · 세포질 분열이 일어나 2개의 딸세포가 형성된다.

개념확인 1 다음 빈칸에 알맞은 말을 써 넣으시오.

> ㉠(   )은 생식기관에서 생식세포가 만들어질 때 일어나는 세포 분열로, 1개의 모세포에서 ㉡(   )개의 딸세포가 형성된다.

확인 +1 다음 중 생식세포 분열이 일어나는 장소를 <u>모두</u> 고르시오.(2개)

① 생장점　　② 형성층　　③ 온몸　　④ 꽃밥　　⑤ 정소

2. 생식세포 분열 2

② 감수 2 분열 : 감수 1분열 이후 간기 없이 바로 일어나며, 염색체 수의 변화가 없다. (n → n)

전기	중기	후기	말기
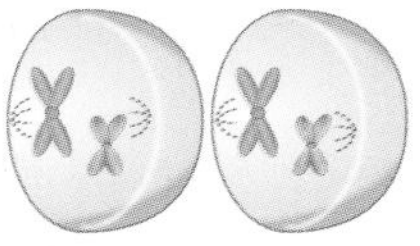	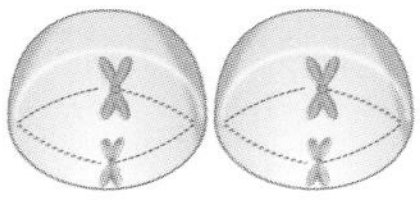	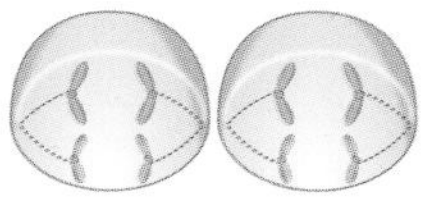	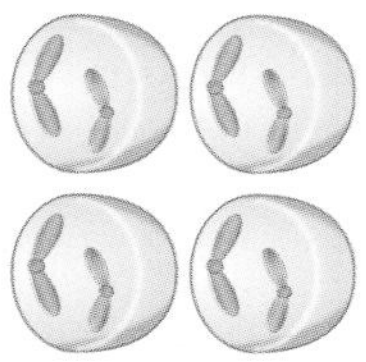
n	n	n	n
· 핵막이 사라진다. · 방추사가 나타난다.	· 염색체가 세포 중앙에 배열된다. · 방추사가 염색체의 동원체에 붙는다.	· 두 가닥의 염색분체가 분리되어 방추사에 의해 각각 세포의 양극으로 이동한다.	· 염색체가 염색사로 풀어진다. · 세포질 분열이 일어나 4개의 딸세포가 형성된다.

(3) 체세포 분열과 생식세포 분열

구분	분열 장소		분열 횟수	염색체 수	딸세포 수	2가 염색체	분열 결과
	식물	동물					
체세포 분열	생장점, 형성층	온몸의 세포	1회	변화 없음 (2n → 2n)	2개	형성되지 않음	생장, 재생 등
생식세포 분열	꽃밥, 밑씨	정소, 난소	2회	반감됨 (2n → n)	4개	형성됨	생식세포 형성

생식세포 분열의 특징
- 세포 분열이 2회 연속 일어나며 감수 1분열이 끝난 후 간기 없이 바로 감수 2분열이 시작된다.
- 4개의 딸세포가 만들어진다.
- 생식세포의 염색체 수는 모세포의 절반이다.

모세포 : 2n
생식세포 : n

생식세포 분열의 의의
- 생식세포가 결합하면 자식의 염색체 수는 부모와 같아지므로 세대를 거듭해도 염색체 수는 일정하게 유지된다.

체세포 분열의 모식도

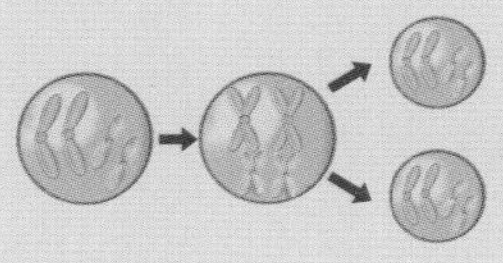

분열 결과 2개의 딸세포가 생성된다.

생식세포 분열의 모식도

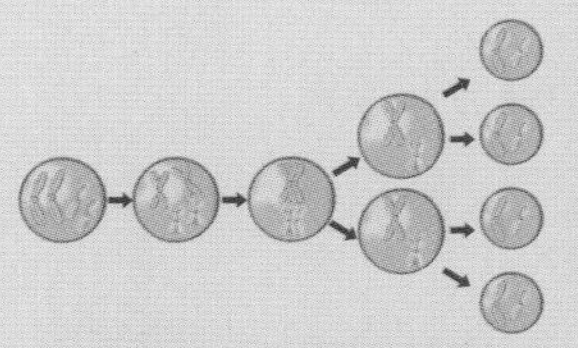

분열 결과 4개의 딸세포가 생성된다.

정답 및 해설 21쪽

개념확인 2 생식세포 분열의 결과로 몇 개의 딸세포가 생성되는가?

( )개

확인 + 2 생식세포 분열이 끝난 뒤 염색체의 수는 어떻게 변하는지 빈칸에 알맞은 말을 써 넣으시오.

염색체 수의 변화 : 2n → ( )

3. 무성생식과 유성생식

(1) **생식** : 생물이 자신과 닮은 자손을 만드는 과정으로 암수 생식세포의 결합 여부에 따라 구분한다.

(2) **무성생식** : 암수 생식세포의 결합없이 자손을 만드는 생식 방법

분열법	포자 생식
단세포 생물이 세포 분열을 통해 두 개의 세포로 나누어져 각각 새로운 개체가 된다.	몸의 일부에서 형성된 포자가 떨어진 후 싹이 터서 자라 새로운 개체가 된다.
· 가장 간단하고 원시적인 생식 방법 · 세포 분열이 곧 생식이므로 번식 속도가 빠르다 · 모체와 자손의 구분이 없다. · 적조 현상의 원인이 된다.	· 포자는 작고 가벼워 멀리까지 이동을 할 수 있다. · 두껍고 단단한 세포벽으로 싸여 생존에 어려운 환경에서도 잘 견딜 수 있다. · 포자는 환경 조건이 충족되면 싹이 터 새로운 개체가 된다.
출아법	**영양 생식**
몸의 일부가 돌기가 자란 후 떨어져 새로운 개체가 된다.	식물의 영양 기관(뿌리, 줄기, 잎)의 일부가 새로운 개체가 된다.
· 모체보다 자손의 크기가 작아 모체와 자손의 구별이 뚜렷하다.	· 꽃이 일찍 피고 과실이 빨리 열린다. · 어버이의 좋은 형질이 자손에게 그대로 전달되어 농업이나 원예에 이용된다.

(3) **유성생식** : 암수가 각각 생식세포를 만들고, 이 생식세포가 결합하여 자손을 만드는 생식 방법

① 식물의 유성생식 : 암술의 밑씨에서 생성된 난세포와 수술의 꽃밥에서 생성된 꽃가루가 결합하여 종자를 만들어 번식한다.

② 동물의 유성생식 : 난소에서 생성된 난자와 정소에서 생성된 정자가 결합하여 자손을 만들어 번식한다.

개념확인 3 가장 간단하고 원시적인 방법으로 체세포 분열이 곧 생식이며 모체와 자손의 구분이 없는 무성생식 방법은 무엇인가?

확인 +3 다음은 동물과 식물의 유성생식을 설명한 것이다. 빈칸에 알맞은 말을 써 넣으시오.

(1) 식물의 유성생식 : 암술의 ㉠(　　　　)에서 생성된 난세포와 수술의 꽃밥에서 생성된 ㉡(　　　　)가 결합하여 번식한다.

(2) 동물의 유성생식 : 여성의 난소에서 생성된 ㉢(　　　　)와 남성의 정소에서 생성된 ㉣(　　　　)가 결합하여 번식한다.

분열법

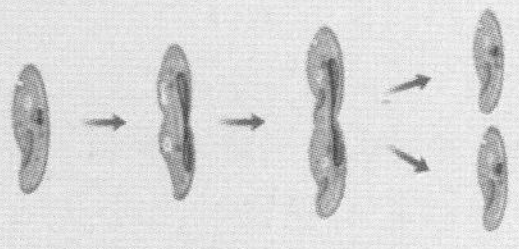

▲ 아메바

→ 아메바, 짚신벌레, 세균, 돌말 등

적조 현상
바닷물이 붉게 보이는 현상으로 바다의 식물성 플랑크톤이 분열법으로 급격히 증가하기 때문에 발생한다.

포자 생식

▲ 포자를 방출하는 버섯

→ 버섯, 곰팡이, 고사리, 이끼 등

출아법

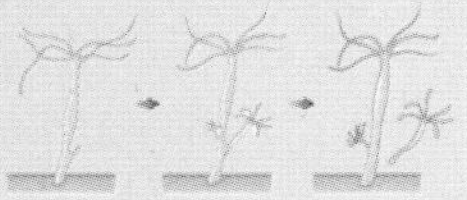

▲ 히드라

→ 효모, 히드라, 산호, 말미잘 등

영양 생식

▲ 접붙이기 ▲ 꺾꽂이 ▲ 휘묻이

→ 땅속줄기, 기는줄기, 잎꽂이, 꺾꽂이, 접붙이기, 휘묻이, 포기나누기 등

유성생식의 장점
다양한 형질을 지닌 자손이 나타나므로, 환경 변화에 적응하여 생존할 확률이 높아 종족을 유지하는 데 유리하다.

4. 속씨식물의 수정과 발생

(1) 식물의 생식세포 형성

① 수술의 꽃밥에서 생식세포 분열에 의해 4개의 꽃가루를 만든다.

② 암술의 밑씨에서 생식세포 분열과 3회의 핵분열에 의해 1개의 난세포와 2개의 극핵을 만든다.

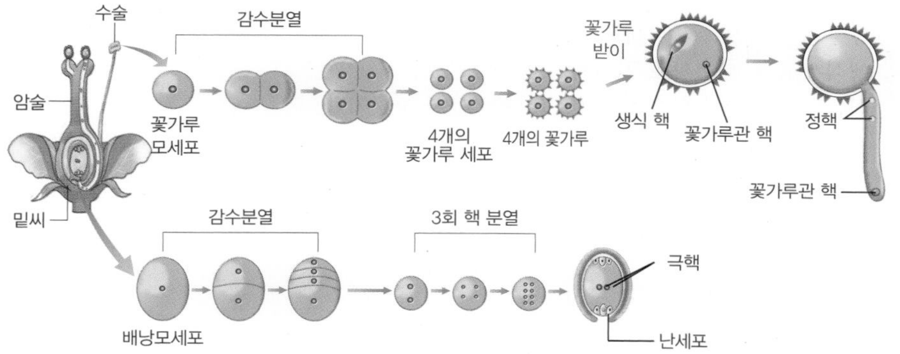

(2) 중복수정과 발생

① 중복수정 : 꽃가루 속 2개의 정핵이 각각 난세포와 극핵과 결합하여 배와 배젖을 만드는 수정

② 배와 배젖이 형성되면 밑씨는 자라서 씨가 되고 씨방은 자라서 열매가 된다.

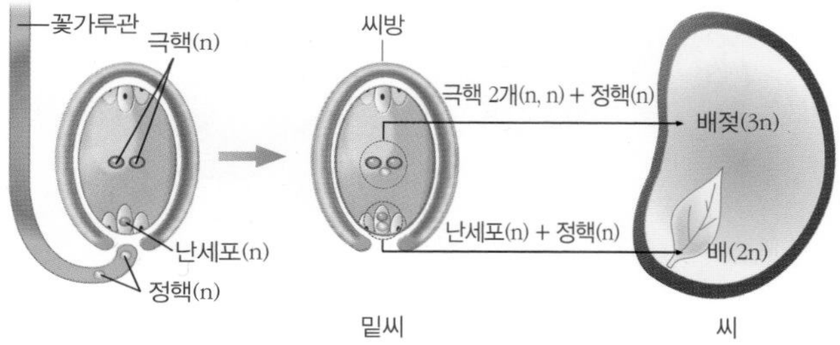

생식 핵과 꽃가루관 핵

꽃가루받이가 일어나면 핵은 분열하여 생식 핵과 꽃가루관 핵이 된다.

- 생식 핵 : 분열하여 2개의 정핵이 된다.
- 꽃가루관 핵 : 꽃가루관을 자라게 하는 핵으로 밑씨에 도달하면 없어진다.

배와 배젖

- 배 : 자라서 식물체가 되는 부분
- 배젖 : 배가 발생하는데 필요한 양분을 저장하는 부분

식물의 발생 과정

꽃가루받이 → 생식 핵 분열, 꽃가루관 발아 → 중복수정 → 씨 형성

정답 및 해설 21쪽

개념확인 4 다음 빈칸에 알맞은 말을 써 넣으시오.

(1) 수술의 꽃밥에서 4개의 ㉠(　　　)를 만든다.

(2) 꽃가루가 성숙하여 꽃가루받이가 일어나면 핵이 분열하여 ㉡(_ _ _ _ _ _)과 ㉢(_ _ _)이 된다.

(3) 생식핵은 분열하여 2개의 ㉣(　　　)이 된다.

생각해보기★★

밤이나 콩과 같은 식물들은 배젖이 없다. 배젖이 없는 식물들은 양분을 어디에 저장할까?

확인+4 다음 빈칸에 알맞은 말을 써 넣으시오.

속씨식물은 꽃가루 속 2개의 ㉠(　　　　)이 각각 난세포와 극핵과 수정하여 씨를 만든다. 이와 같이 2번 수정하는 것을 ㉡(　　　　)이라고 한다.

미니사전

꽃가루받이 꽃가루가 곤충, 바람, 새, 물 등의 매개체에 의해 암술머리에 옮겨 붙는 현상

꽃가루 수술의 꽃밥 안에서 만들어지는 생식세포

꽃가루관 꽃가루가 발아하여 자라는 튜브형의 관

개념 다지기

01 다음 중 생식세포 분열에 대한 설명으로 옳은 것은?

① 2개의 딸세포가 생성된다.
② 2번의 연속적인 핵 분열이 이루어진다.
③ 동물은 온몸에서 생식세포 분열이 일어난다.
④ 생식세포 분열 결과로 염색체 수는 변함 없다.
⑤ 식물의 생장점과 형성층에서 일어나는 세포 분열이다.

02 다음 그림은 세포 분열의 모식도를 나타낸 것이다. 이와 같은 분열이 일어나는 곳은?

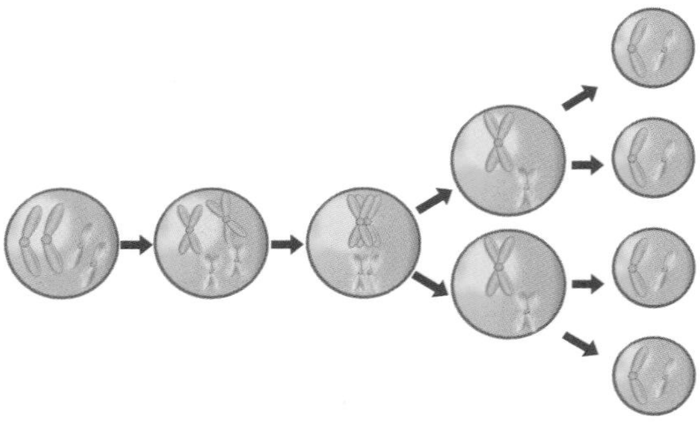

① 피부 ② 근육 ③ 난소 ④ 형성층 ⑤ 생장점

03 완두의 염색체 수는 14개이다. 생식세포 분열이 끝난 뒤 세포 1개에 들어있는 염색체의 수는 몇 개인가?

① 7개 ② 14개 ③ 21개 ④ 28개 ⑤ 35개

정답 및 해설 21쪽

04 다음 중 무성생식이 아닌 것은?

① 분열법 ② 출아법 ③ 중복수정 ④ 포자 생식 ⑤ 영양 생식

05 다음 중 영양 생식에 대한 설명으로 옳지 않은 것은?

① 농업이나 원예에 많이 이용된다.
② 꽃이 일찍 피고 과실이 빨리 열린다.
③ 다양한 형질을 지닌 자손이 나타난다.
④ 어버이의 좋은 형질이 자손에게 전달된다.
⑤ 식물의 영양 기관의 일부가 새로운 개체가 되는 것이다.

06 다음 중 배젖에 대한 설명으로 옳지 않은 것은?

① 핵상은 3n 이다.
② 자라서 식물체가 되는 부분이다.
③ 배가 발생하는데 필요한 양분을 저장한다.
④ 2개의 극핵과 정핵이 수정하여 배젖이 된다.
⑤ 배젖이 없는 식물은 떡잎에 양분을 저장한다.

유형 익히기 & 하브루타

[유형19-1] 생식세포 분열 1

다음 그림은 어떤 식물에서 일어나는 생식세포 분열 과정의 일부를 나타낸 것이다. 〈보기〉 중에서 이 그림에 대한 설명으로 옳은 것만을 있는 대로 고르시오.

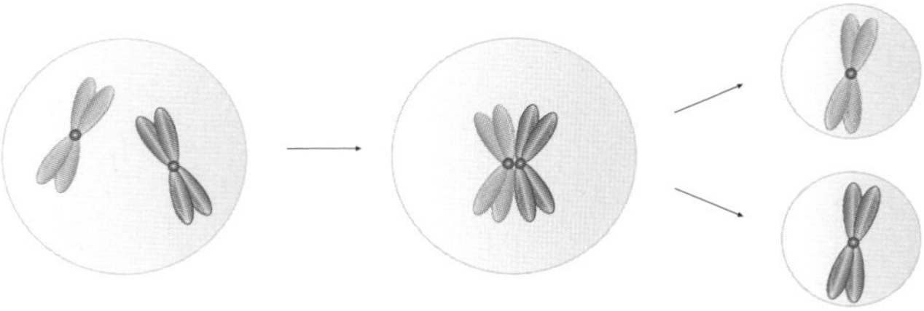

(가) (나) (다)

〈 보기 〉

ㄱ. (가)는 감수 1분열에서 볼 수 있다.
ㄴ. (나)의 염색체를 상동 염색체라고 한다.
ㄷ. (다) 이후 더이상의 분열은 일어나지 않는다.
ㄹ. 식물의 뿌리와 줄기에서 일어나는 세포 분열 과정이다.

01 다음 중 감수 1분열 중기 상태인 세포는?

① 

② 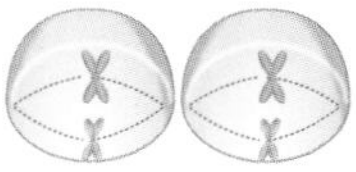

③ 

④ 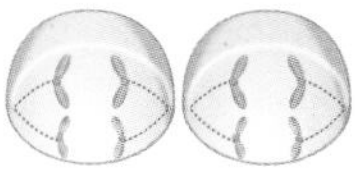

⑤ 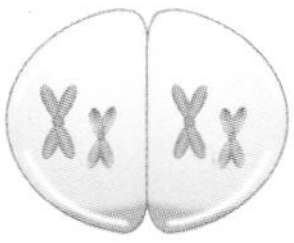

02 다음 그림은 체세포의 염색체의 수가 $2n = 4$ 인 어떤 동물의 생식세포 분열 과정의 일부를 나타낸 것이다. (가)~(다)의 세포 하나에 들어 있는 염색체 수를 각각 쓰시오.

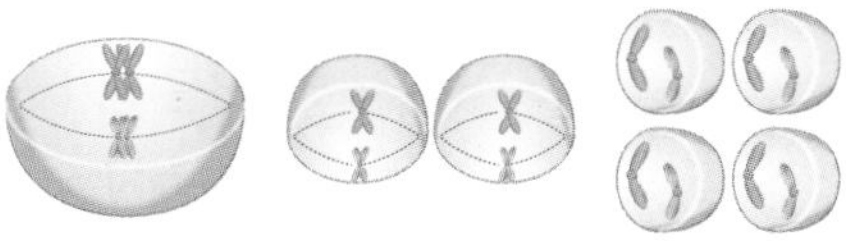

(가) (나) (다)

(가) : (　　) 개

(나) : (　　) 개

(다) : (　　) 개

정답 및 해설 21쪽

[유형19-2] 생식세포 분열 2

다음 그림은 어떤 생물에서 일어나는 두 종류의 세포 분열 과정을 나타낸 것이다. 이에 대한 설명으로 옳지 않은 것은?

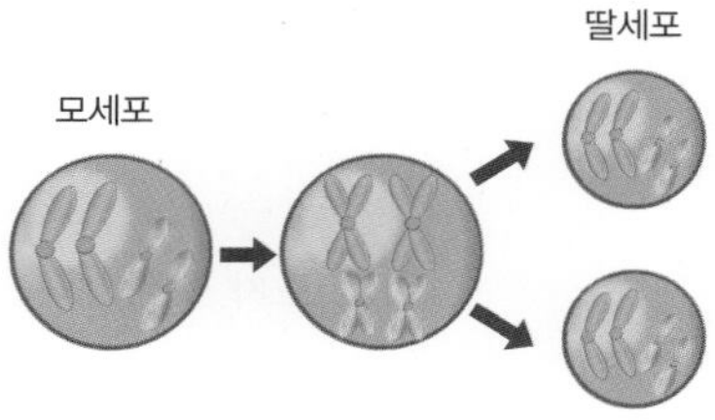

(가)

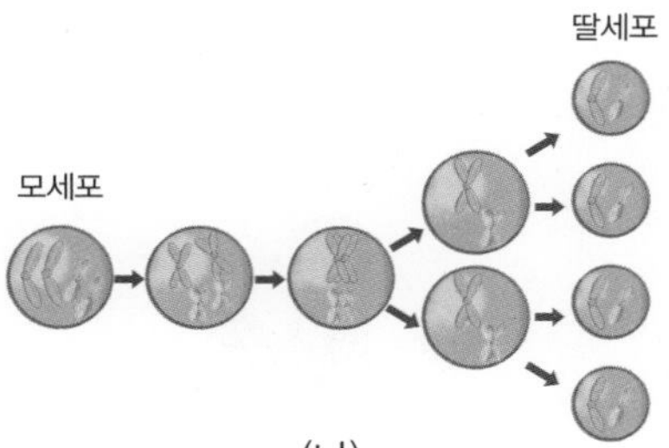

(나)

① (가)는 사람의 온몸에서 일어나는 세포 분열이다.
② (가)는 식물의 뿌리에서 일어나는 세포 분열이다.
③ (나)는 남성의 정소에서 일어나는 세포 분열이다.
④ (나)는 식물의 생장점에서 일어나는 세포 분열이다.
⑤ (나)는 2번의 분열이 연속해서 일어난다.

03 아래의 그림은 어떤 동물에서 일어나는 두 종류의 세포 분열 결과를 나타낸 것이다. (가)와 (나)가 어떤 분열인지 쓰시오.

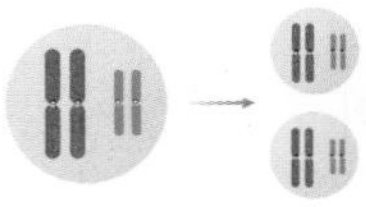
(가)

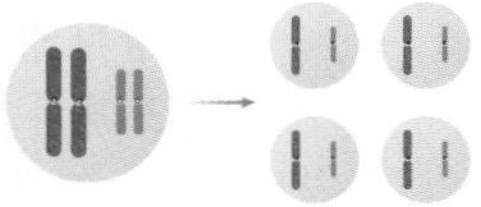
(나)

(가) : (　　　　　　　)
(나) : (　　　　　　　)

04 체세포 분열과 생식세포 분열을 비교하는 설명으로 옳은 것은 O표, 옳지 않은 것은 X표 하시오.

(1) 체세포 분열은 몸 전체에서 일어난다. (　)
(2) 생식세포 분열의 결과로 2개의 딸세포가 생성된다. (　)
(3) 체세포 분열 결과로 생장과 재생이 일어난다. (　)
(4) 생식세포 분열의 결과로 생긴 딸세포의 염색체 수는 모세포의 절반이다. (　)

[유형19-3] 무성생식과 유성생식

다음 여러 가지 생물들의 번식 방법을 바르게 연결하시오.

(1) 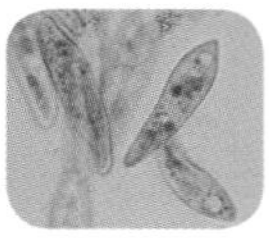
▲ 짚신벌레 · · ㉠ 영양 생식

(2) 
▲ 접붙이기 · · ㉡ 포자 생식

(3) 
▲ 히드라 · · ㉢ 분열법

(4) 
▲ 곰팡이 · · ㉣ 출아법

05 다음 그림에서 나타난 생식 방법을 통해 번식하는 생물은?

① 곰팡이 ② 효모 ③ 히드라
④ 산호 ⑤ 말미잘

06 다음 중 무성생식의 공통점을 모두 고르시오.(2개)

① 적조 현상의 원인이 된다.
② 환경의 변화에 잘 적응한다.
③ 생식 방법이 비교적 간단하다.
④ 모체와 자손의 구별이 되지 않는다.
⑤ 암수 생식세포의 결합 없이 자손을 만드는 생식 방법이다.

정답 및 해설 21쪽

[유형19-4] 속씨식물의 수정과 발생

다음 그림은 속씨식물의 꽃가루와 밑씨의 단면을 나타낸 것이다. A ~ D에 해당하는 구조를 쓰시오.

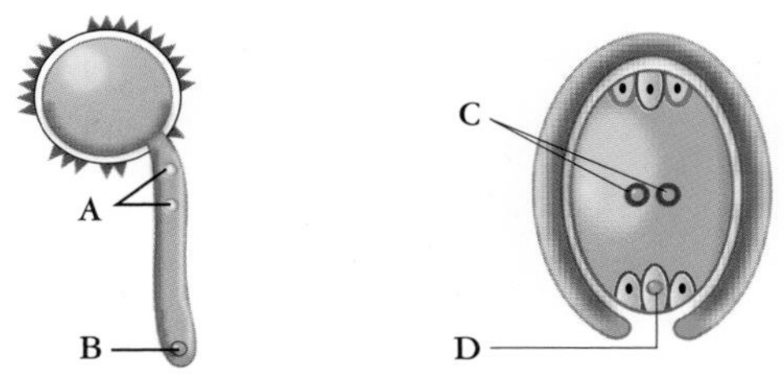

A : (　　　　　　)　　　　B : (　　　　　　)
C : (　　　　　　)　　　　D : (　　　　　　)

[07~08] 다음 그림은 밑씨와 씨를 나타낸 것이다. 다음 물음에 답하시오.

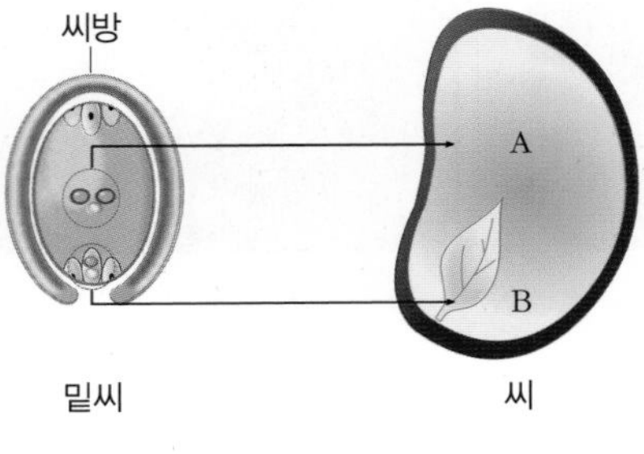

07 A와 B가 각각 무엇인지 쓰시오.

A : (　　　　　　)
B : (　　　　　　)

08 A와 B는 각각 어떤 세포들이 수정하여 만들어 졌는지 〈보기〉를 보고 빈칸을 채우시오.

〈 보기 〉

생식 핵	정핵	꽃가루관 핵	
극핵	난세포	3n	2n

(1) A는 ㉠(　　)과 ㉡(　　)이 수정한 것으로 염색체의 수는 ㉢(　　)이다.
(2) B는 ㉣(　　)과 ㉤(　　)가 수정한 것으로 염색체의 수는 ㉥(　　)이다.

01 대부분의 식물은 전형성능(全形成能, Totipotency)이라는 특성을 가지고 있다. 전형성능이란 뿌리, 줄기, 잎, 꽃가루 등의 다양한 식물 조직세포에서 완전한 식물체를 재생하는 능력을 말한다. 식물의 전형성능을 이용해 식물 조직의 일부나 세포를 떼어내 인공적인 환경에서 키우고 증식시키는 것을 조직 배양이라고 한다.

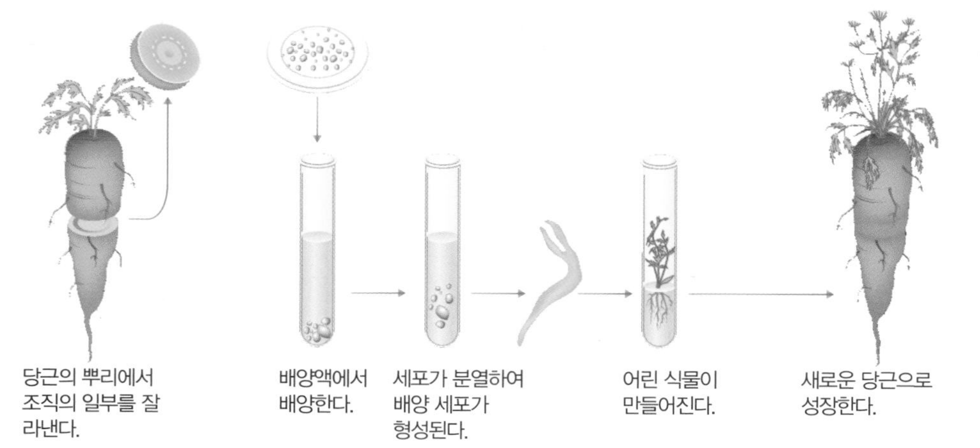

(1) 다음 그림은 무균 배양 중인 딸기와 산삼의 모습을 나타낸 것이다. 조직 배양을 통해 식물을 키우는 것의 이로운 점은 무엇인가?

▲ 배양 중인 딸기 묘종

▲ 배양 중인 산삼 뿌리

(2) 조직 배양을 통해 키우고 싶은 식물은 어떤 것이 있는지 선택하고, 선택한 이유도 쓰시오.

정답 및 해설 22쪽

02 로즈마리는 씨앗으로부터 새로운 식물체로 자라나는 것 외에, 가지를 꺾어 물에 꽂아 두면 뿌리가 나면서 새로운 식물체로 자라나기도 한다.

(가)

▲ 씨앗으로 부터 싹이 나서 자란 로즈마리

(나)

▲ 가지를 꺾어 물에 꽂아 뿌리를 내린 후 흙에 심어서 자란 로즈마리

(가)의 방법으로 키워낸 로즈마리와 (나)의 방법으로 키워낸 로즈마리의 유전적 차이점은 무엇인가?

03

아래는 감수 1분열 전기에 2가 염색체를 형성할 때 상동 염색체 사이에서 유전자의 일부가 교환되어 새로운 유전자 조합을 가진 염색체가 형성되는 교차 현상을 나타낸 그림이다.

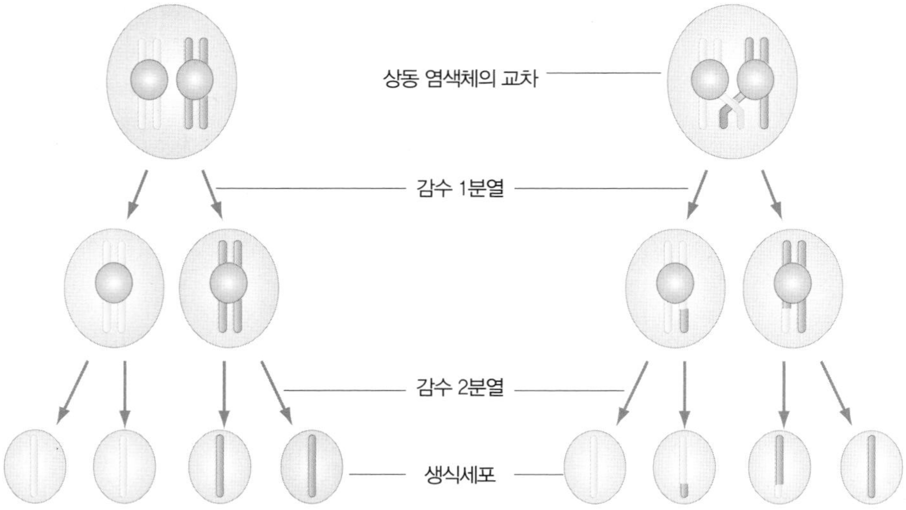

▲ 교차가 일어나지 않을 때

▲ 교차가 일어날 때

(1) 만약 완두콩의 상동 염색체에 오른쪽 그림과 같은 대립유전자가 존재한다면, 교차가 일어나지 않았을 때 흰 꽃에 짧은 꽃가루, 붉은 꽃에 긴 꽃가루 형질을 가진 2가지 형태의 생식세포가 만들어 질 것이다. 그렇다면, 교차가 일어났을 때 나타나는 형질을 모두 써 보시오.

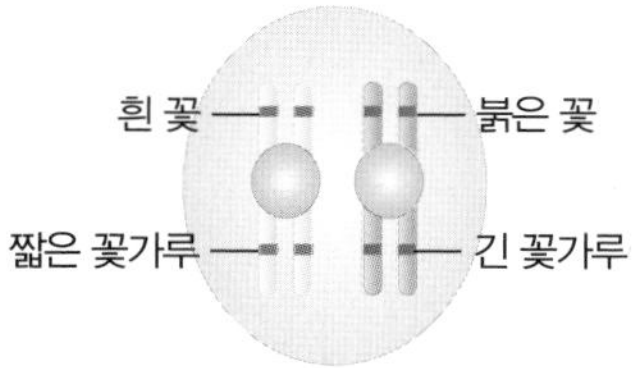

(2) (1)과 연관지어 교차가 일어났을 때의 장점은 무엇인지 써 보시오.

(3) 생식세포 분열을 할 때, 오른쪽 그림과 같은 분리가 일어날 수 있을까 없을까? 만약 이러한 분리가 일어난다면 이 사람은 정상인처럼 생활할 수 있을까?

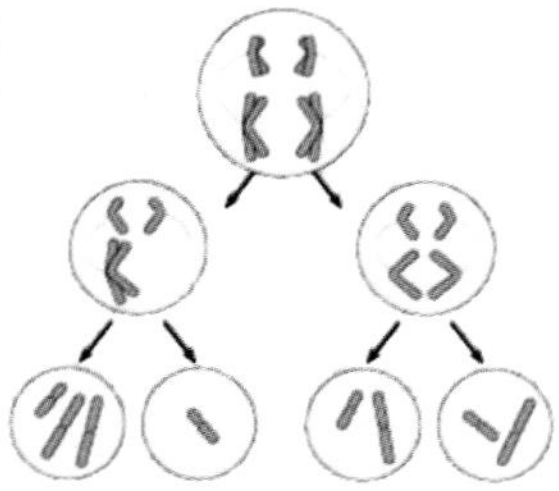

정답 및 해설 23쪽

04 아래의 글은 암에 대한 설명이다.

암이란 세포가 분열을 하지 말아야 함에도 불구하고 분열을 하여 발생하는 병이다. 암세포는 정상세포와는 다르게 분열되지 말아야 할 때 분열하며 다른 조직에 침범하기도 한다. 또한 몸 안의 다른 장소로 이동하기도 한다. 악성종양은 침투성이 있고 주위의 다른 조직으로 전이되어 새로운 암을 형성하게 한다. 하지만 대부분의 세포 분열이 암으로 이르게 되지는 않는다. 우리 몸속에는 돌연변이 세포들이 매 순간 생겨났다가 사라진다. 세포의 DNA에서 복제 오류를 찾아내는 유전자가 돌연변이가 일어난 세포에 '세포 사멸'을 명령한다.

한 남성이 일광욕 기구를 사용하여 피부 세포에 돌연변이가 생겨나면서 피부암이 발생했다면 그 남성의 아들에게 피부암이 유전될까?

A

[01~03] 다음 그림은 어떤 동물의 생식세포 분열 과정을 나타낸 것이다. 다음 물음에 답하시오.

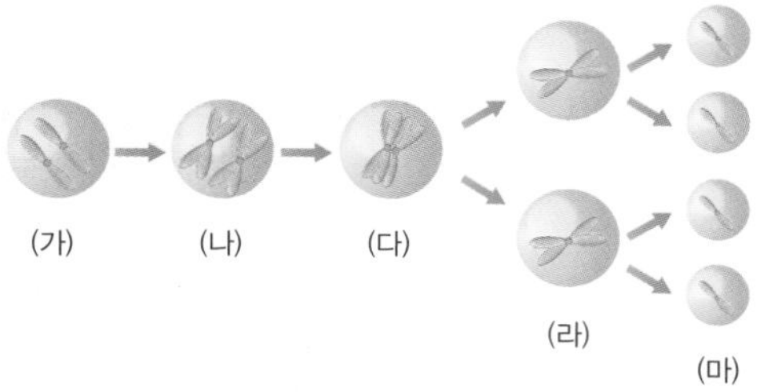

01 이 세포 분열에 대한 설명으로 옳은 것을 모두 고르시오.(2개)

① 분열 결과 생장이 일어난다.
② 연속 2회 분열로 2개의 딸세포가 형성된다.
③ 감수 2분열 과정에서 염색체 수가 반으로 줄어든다.
④ 세대가 거듭되어도 염색체 수가 일정하게 유지되게 한다.
⑤ 감수분열을 통해 형성된 생식세포의 수정으로 다양한 유전적 특징을 가진 자손이 나타난다.

02 (가) ~ (마) 시기 중에서 각 세포가 가지는 염색체의 수가 2n으로 표시되는 시기를 모두 고르시오.

03 위와 같은 세포 분열을 관찰할 수 있는 곳을 모두 고르시오.(2개)

① 개구리의 정소　② 백합의 잎
③ 사람의 피부　④ 양파의 뿌리
⑤ 사람의 난소

04 오른쪽 그림은 어떤 동물의 염색체를 모식도로 나타낸 것이다. 이 동물의 정자의 염색체 모양을 바르게 나타낸 것은?

①

②

③

④

⑤

05 다음 중 체세포 분열과 감수분열을 비교한 것으로 옳지 않은 것은?

		체세포 분열	생식세포 분열
①	분열 장소	체세포	생식 기관
②	분열 횟수	1회	연속 2회
③	염색체 수	2n → 2n	2n → n
④	딸세포 수	4개	2개
⑤	분열 결과	재생, 생장	생식

06 다음은 생식세포 형성 과정에 대한 설명으로 옳은 것은 O표, 옳지 않은 것은 X표 하시오.

(1) 동물의 정소와 난소에서 일어난다. (　　)
(2) 식물의 생장점과 꽃밥에서 일어난다. (　　)
(3) 감수 1분열 때 염색체 수가 절반으로 줄어든다. (　　)
(4) 감수 2분열 때에는 염색체 수에 변화가 없다. (　　)

정답 및 해설 23쪽

[07~08] 다음 그림은 식물의 번식 방법을 나타낸 것이다. 다음 물음에 답하시오.

(가) (나)

07

(가)와 (나)의 생식 방법의 이름을 쓰시오.

(가) : (   )   (나) : (   )

08

다음 〈보기〉에서 (가), (나)와 같은 번식 방법의 특징에 대한 설명으로 옳은 것을 모두 고르시오.

〈 보기 〉

ㄱ. 꽃이 일찍 피고 과실이 빨리 열린다.
ㄴ. 적조 현상의 원인이 된다.
ㄷ. 어버이의 좋은 형질이 자손에게 그대로 전달되어 농업이나 원예에 이용된다.
ㄹ. 생식세포가 결합하여 자손을 만드는 생식 방법으로 다양한 형질을 지닌 자손이 나타난다.

09

꽃가루 속 2개의 정핵이 각각 난세포와 극핵과 결합하여 배와 배젖을 만드는 수정을 무엇이라고 하는가?

[10~12] 다음 그림은 속씨식물의 수정 과정의 일부를 나타낸 것이다. 다음 물음에 답하시오.

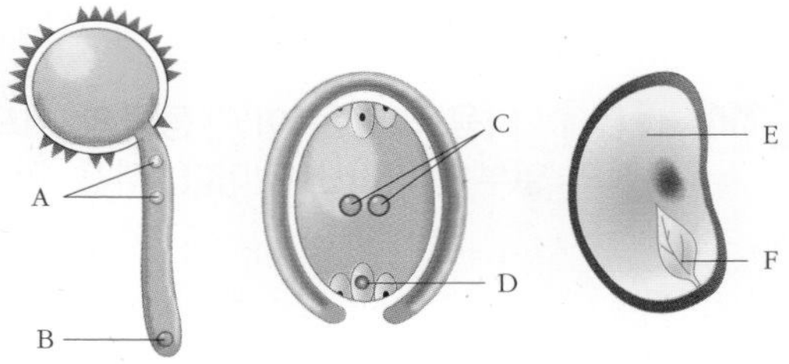

(가) (나) (다)

10

A ~ F에 대한 설명으로 옳지 않은 것은?

① A는 각각 C, D와 결합한다.
② B는 꽃가루관을 자라게 하는 핵으로 밑씨에 도달하면 없어진다.
③ C는 난세포, D는 극핵이다.
④ C는 수정 후 배젖(3n)이 된다.
⑤ F의 염색체 수는 D의 염색체 수보다 2배 많다.

B

11

다음 빈칸에 알맞은 기호와 숫자를 써 넣으시오.

(1) E는 (   )와 (   )가 결합하여 이루어진 것이다.
(2) E의 염색체 수는 (   )n 이다.

12

다음 빈칸에 알맞은 기호와 숫자를 써 넣으시오.

(1) F는 (   )와 (   )가 결합하여 이루어진 것이다.
(2) F의 염색체 수는 (   )n 이다.

13 감수 1분열 전기에서 상동 염색체끼리 접합한 것을 무엇이라고 하는가?

[14~16] 다음 그림은 어떤 동물의 세포 분열 과정의 일부를 나타낸 것이다. 다음 물음에 답하시오.

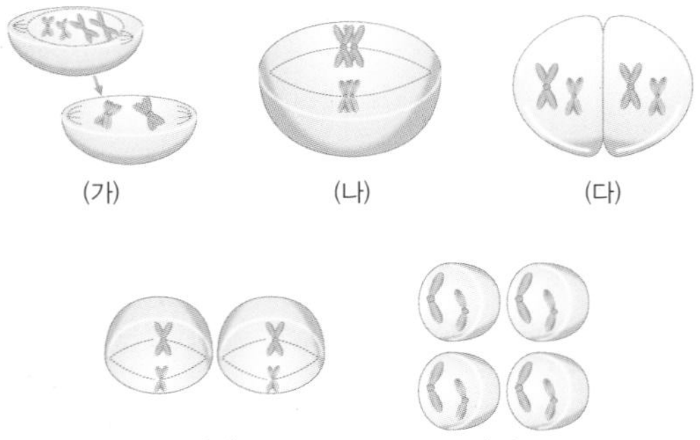
(가) (나) (다) (라) (마)

14 위와 같은 세포 분열을 무엇이라고 하는가?

15 염색체 수가 반으로 줄어드는 시기로 옳은 것은?

① (가) → (나) ② (나) → (다)
③ (다) → (라) ④ (라) → (마)
⑤ 염색체 수는 변화 없음

16 그림에 대한 설명으로 옳지 않은 것은?

① (가)시기에 2가 염색체가 형성된다.
② (나)시기에 방추사가 염색체의 동원체에 붙는다.
③ (다)시기에 세포 분열을 준비하며 DNA량을 2배로 증가시킨다.
④ (라)시기에 방추사가 염색체의 동원체에 붙는다.
⑤ (마)시기에 염색체가 염색사로 풀어진다.

17 다음 중 생식에 대한 설명으로 옳은 것은?

① 종족을 유지한다.
② 수명을 연장시킨다.
③ 몸의 크기가 커진다.
④ 염색체 수가 늘어난다.
⑤ 유전 물질의 양이 많아진다.

18 다음 그림은 무성생식을 하는 생물들이다. 이 생물들의 공통적인 생식 방법의 특징으로 옳은 것을 모두 고르시오.(2개)

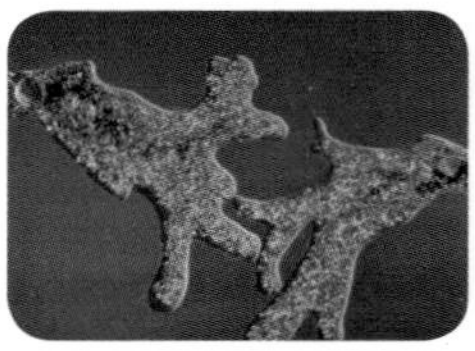
▲ 아메바

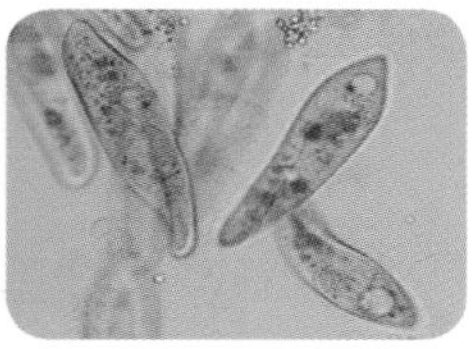
▲ 짚신벌레

① 모체와 자손이 구별되지 않는다.
② 주로 단세포 생물에서 볼 수 있다.
③ 환경의 변화에 쉽게 적응할 수 있다.
④ 다양한 형질을 지닌 자손이 나타난다.
⑤ 암수가 만든 생식세포가 결합하여 새로운 개체가 된다.

19 오른쪽 그림의 생물이 번식하는 방법과 같은 방법으로 번식하는 생물은 무엇인가?

①

②
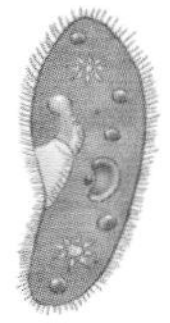
③
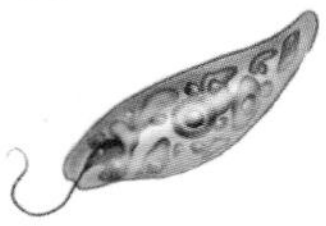
④

⑤
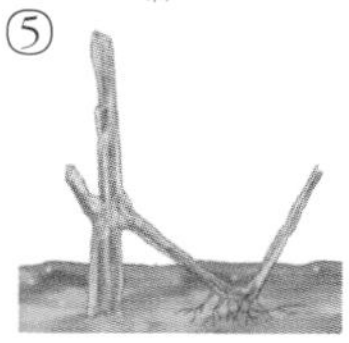

정답 및 해설 23쪽

20 속씨식물의 수정에 대한 설명으로 옳은 것을 모두 고르시오.(3개)

① 중복수정을 한다.
② 수정 후 밑씨는 자라서 씨가 된다.
③ 극핵과 정핵이 수정하면 배가 된다.
④ 꽃가루받이가 일어나면 꽃가루관이 발아한다.
⑤ 꽃가루가 암술머리에 달라붙는 것을 수정이라고 한다.

C

21 다음 중 유성생식에 대한 설명으로 옳은 것은?

① 식물의 영양 생식이 이에 속한다.
② 무성생식보다 번식 속도가 빠르다.
③ 일반적으로 하등한 생물의 생식 방법이다.
④ 어버이의 우수한 품종을 보존하는데 유리하다.
⑤ 감수분열 과정에 의해 만들어진 생식세포의 결합에 의해 자손이 만들어진다.

[22~25] 다음 그림 (가)는 속씨식물의 수정 과정을, (나)는 씨(종자)를, (다)는 B의 염색체 모형을 나타낸 것이다. 다음 물음에 답하시오.

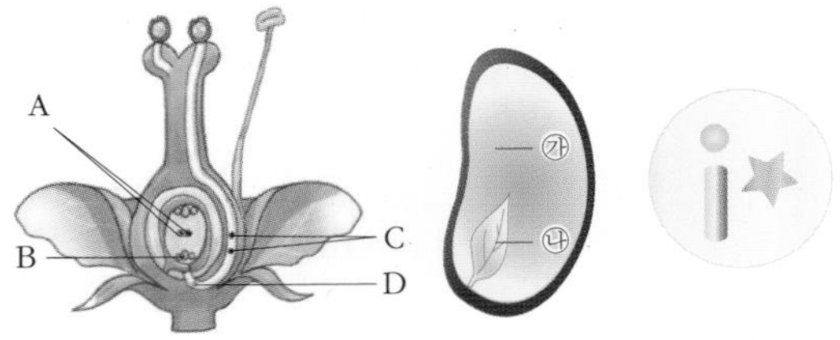

(가) (나) (다)

22 위와 같이 중복수정 방법으로 수정하는 식물을 모두 고르시오.(2개)

① 이끼 ② 소나무 ③ 고사리
④ 강낭콩 ⑤ 사과나무

23 (다)를 보고 ㉮의 염색체 모형으로 옳은 것은?

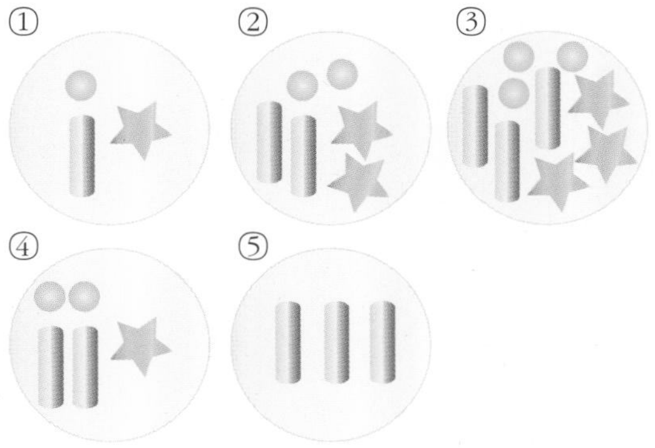

24 (다)를 보고 ㉯의 염색체 모형으로 옳은 것은?

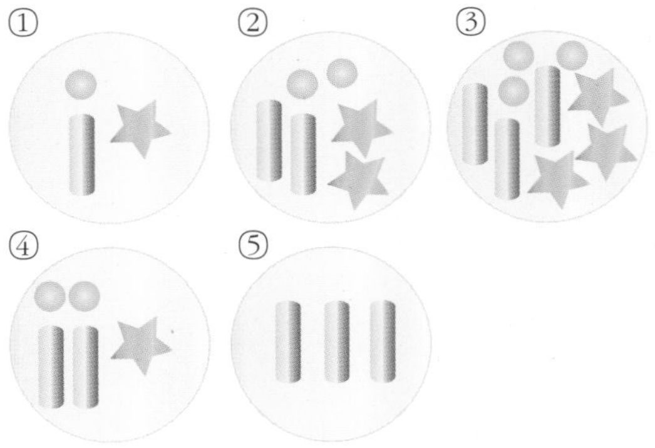

25 A ~ D 중에서 동물의 수정과정에서 정자에 해당하는 부분의 기호와 이름을 쓰시오.

기호 : (   )   이름 : (   )

26 생물이 생식세포 분열을 할 때 염색체 수가 반으로 줄어드는 이유는 무엇인가?

27 체세포 분열과 생식세포 분열의 차이점을 두 가지 이상 서술하시오.

28 유성생식은 무성생식보다 종족을 유지하는데 더 유리하다. 그 이유는 무엇인가?

29 감자는 씨를 얻을 수 있는 식물이지만 농사를 지을 때에는 감자의 눈을 분리해서 심는다. 이러한 방법으로 농사를 했을 때 좋은 점을 두 가지 이상 쓰시오.

30 오른쪽의 그림은 감수분열을 할 때 나타나는 염색체이다. 이 염색체를 아래의 요소들을 포함하여 서술하시오.

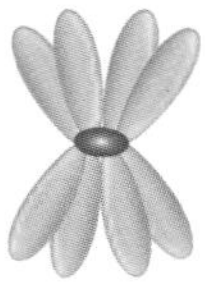

이름	나타나는 시기	특징

정답 및 해설 23쪽

창의력 서술

31 볼복스라는 담수조류는 환경의 변화에 따라 무성 생식과 유성 생식을 번갈아 반복하는 생물이다. 평소에는 1개의 세포가 분열하여 일정한 수의 딸 군체를 만들어 내보내는 무성 생식을 하다가 가을이 되면 암수 개체가 구별되어 알과 정자를 수정시키는 유성 생식을 한다. 이 방식의 장점을 서술하시오.

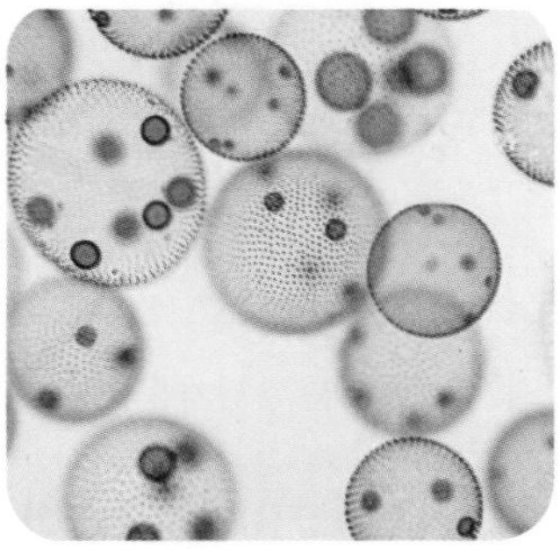

32 어느 야구 선수는 훈련을 열심히 하여 오른팔이 왼팔보다 두껍고 탄탄한 근육을 가지고 있다. 이 선수가 자식을 낳았을 때 자식 역시 부모처럼 오른팔이 왼팔보다 두꺼울까?

20강. 사람의 생식과 발생

1. 사람의 생식기관

(1) 생식기관의 구조와 특징

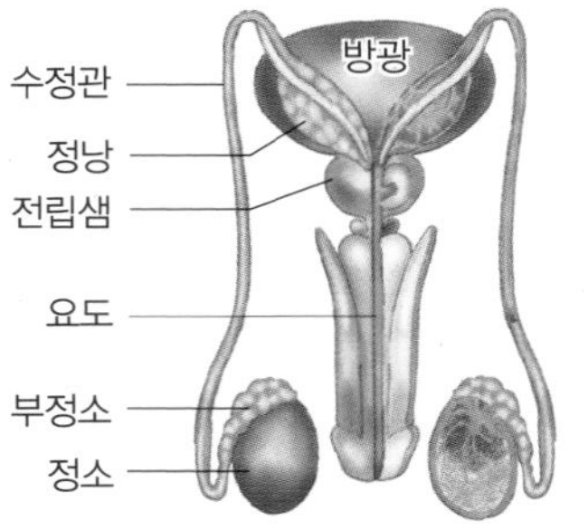

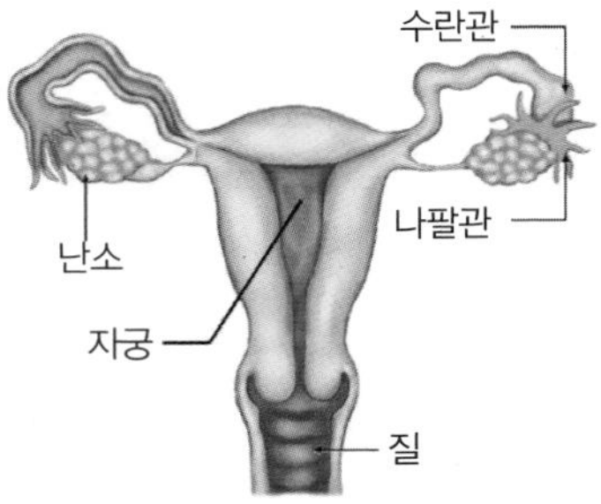

남자의 생식 기관		여자의 생식 기관	
정소	정자를 만들고 남성 호르몬을 분비한다.	난소	난자를 만들고 여성 호르몬을 분비한다.
부정소	정자가 일시적으로 저장되면서 성숙하여 운동성을 가지게 된다.	나팔관	배란된 난자를 수란관으로 보낸다.
수정관	정자의 이동 통로이다.	수란관	난자가 자궁으로 이동하는 통로이며 수정이 일어나는 장소이다.
정낭, 전립샘	정액의 구성 물질을 만들어 분비 한다.	자궁	수정란이 착상하고 태아가 자라는 곳이다.
요도	정액과 오줌이 몸 밖으로 나가는 통로이다.	질	정자가 들어오고, 출산 시 태아가 나가는 통로이다.
정자의 이동경로	정소 → 부정소 → 수정관 → 요도 → 몸 밖	난자의 이동경로	난소 → 나팔관 → 수란관 → 자궁 → 질 → 몸 밖

음낭
정소는 음낭이라는 주머니 속에 1쌍이 들어있다. 정소는 체온보다 낮은 약 32℃ 정도에서 제 기능을 발휘할 수 있기 때문에 몸 밖으로 나와 있다.

정액의 성분
정액은 정자를 포함한 액체 성분을 말한다. 정액의 5% 정도는 정자이고, 나머지는 정낭, 전립샘 등에서 분비되는 물질들로 이루어져 있다.

정소와 난소의 공통점
· 좌우에 한 개씩 있다.
· 생식세포를 만들고 성 호르몬을 분비한다.

개념확인 1 정자와 난자가 수정되는 장소는 어디인가?

확인 +1 다음은 정자의 이동 경로를 나타낸 것이다. 빈칸에 알맞은 말을 쓰시오.

㉠(　　　) → 부정소 → ㉡(　　　) → ㉢(　　　) → 몸 밖

미니사전

정액 [精 정하다 液 진액] 정자를 포함한 남성의 생식 기관을 통해 몸 밖으로 배출되는 액체

수정 [受 받다 精 정하다] 암수의 생식세포인 난자와 정자가 결합하는 것

배란 [排 밀어내다 卵 알] 성숙한 난자가 난소 밖으로 나오는 것

착상 [着 붙다 床 평상] 수정된 배아가 자궁내벽에 붙어 모체로부터 산소와 영양소를 받을 수 있는 상태가 된 것

2. 생식세포와 생식 주기

(1) 생식세포

① 정자 : 난자에 비해 매우 작으며, 꼬리를 이용해 스스로 움직인다.
② 난자 : 운동성이 없으며, 발생에 필요한 양분을 저장하고 있다.

▲ 정자 : 남성의 생식세포

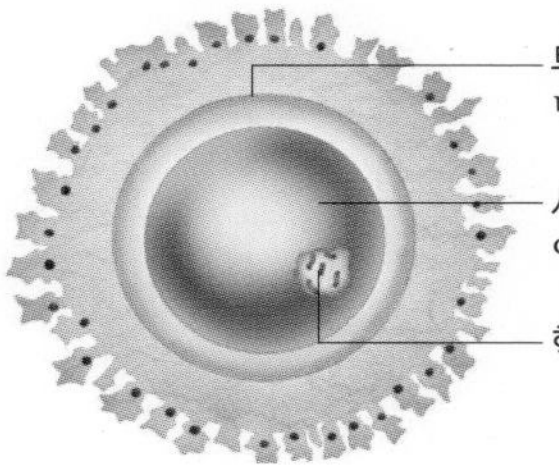

▲ 난자 : 여성의 생식세포

(2) 생식 주기 : 여성의 몸에서 생식을 위해 난자의 성숙, 배란, 월경이 일정한 간격으로 반복되는 것이다.

난자의 성숙 → **배란** → **월경**

난자의 성숙	배란	월경
· 여포가 성숙하면서 여포 속에 들어 있는 난자도 성숙한다. · 자궁 내막이 점점 두꺼워진다.	· 여포가 터지면서 성숙한 난자가 난소에서 배출된다. · 자궁 내막이 두껍게 유지된다.	· 배란된 난자가 수정되지 않으면 두꺼워진 자궁 내막이 허물어져 혈액과 함께 몸 밖으로 배출된다.

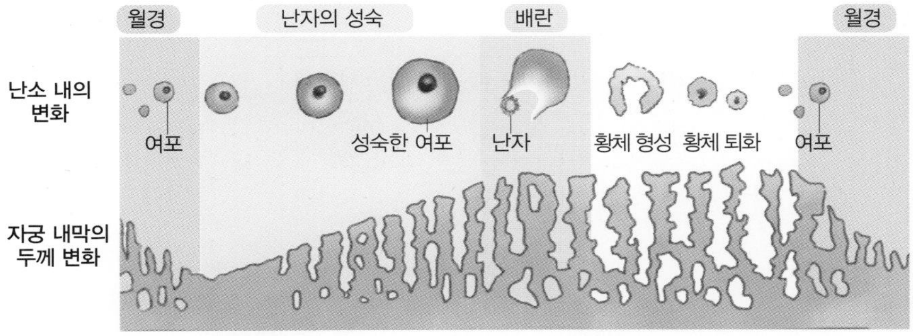

정답 및 해설 25쪽

개념확인 2 다음 중 옳은 것은 O표, 옳지 않은 것은 X표 하시오.

(1) 정자는 운동성이 없다. ( )
(2) 난자는 정자보다 양분이 많다. ( )
(3) 난자에는 유전 물질이 있지만 정자에는 유전 물질이 없다. ( )

확인 + 2 여성의 몸에서 생식을 위해 난자의 성숙, 배란, 월경이 일정한 시간 간격으로 반복되는 것을 무엇이라고 하는가?

정소와 난소의 차이점

구분	정자	난자
생성 장소	정소	난소
운동성	있음	없음
크기	작다	크다
양분	없다	있다
염색체 수	n	n

생식 주기와 난소의 변화

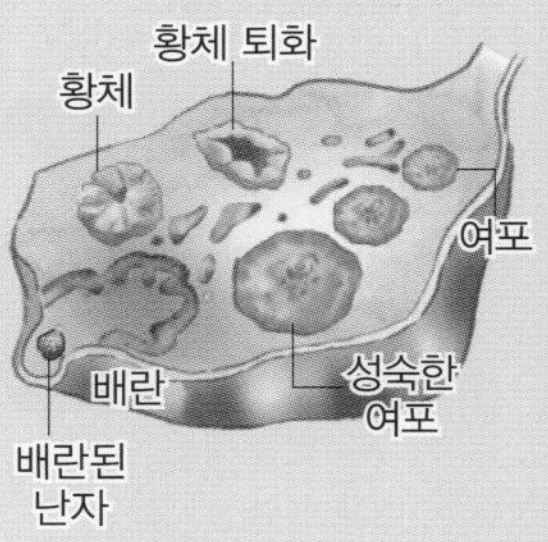

① 월경이 시작되면 난자가 여포에 싸여 성숙된다.
② 약 14일 후 여포가 터지면서 성숙한 난자가 난소에서 배출된다
③ 배란 후 여포는 황체로 변한다.
④ 배란된 난자가 수정되지 않으면 황체는 퇴화한다.

배란과 월경 주기

배란과 월경 모두 약 28일 주기로 반복되어 나타난다.

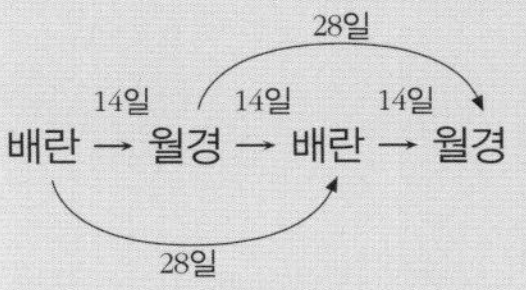

생각해보기★

정자의 크기보다 난자의 크기가 훨씬 더 큰 이유는 무엇일까?

미니사전

여포 [濾 거르다 胞 세포] 난자를 주머니 모양으로 둘러싼 세포의 덩어리로, 난자에 영양을 공급하고 성호르몬을 분비한다.

황체 [黃 누렇다 體 몸] 여포에서 난자가 배란되고 난 후 생기는 황색의 조직 덩어리

● 배란과 착상

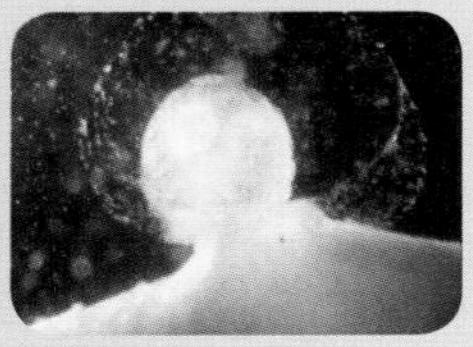

▲ 배란 : 여포에서 난자가 배출되는 현상

▲ 착상 : 수정란이 자궁 내벽에 파묻히는 현상

● 생각해보기★★

쌍둥이는 어떻게 발생하는 것일까?

미니사전

배아 [胚 아기를 배다 芽 새싹] 기관이 형성되지 않아 사람의 모습을 갖추지 않은 상태의 세포 덩어리로 사람은 수정 후 8주까지를 배아라고 한다.

할구 [割 베다 球 공] 난할 결과 생성된 각각의 세포

상실배 [桑 뽕나무 實 열매 胚 아기를 배다] 뽕나무 열매 모양으로 여러 개의 작은 세포들이 모인 시기

포배 [胞 주머니 胚 아기를 배다] 할구가 표면 쪽으로 층을 이뤄 세포 안쪽이 비어 있는 공 모양의 세포 덩어리

3. 임신과 출산 1

(1) 수정 : 정자(n)와 난자(n)가 결합하여 수정란(2n)을 형성하는 현상이다.

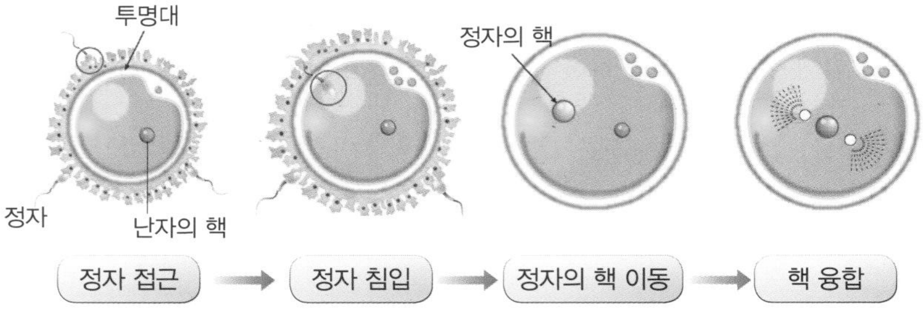

정자는 편모 운동으로 난자 표면에 접근한다.

정자가 난자에 침입하면 투명대의 성분이 변해 다른 정자가 들어오지 못한다.

정핵이 난핵 쪽으로 이동한다.

정핵(n)과 난핵(n)이 융합하여 수정란(2n)을 형성한다.

(2) 난할 : 수정란의 초기에 일어나는 세포 분열을 말한다.

① 체세포 분열의 일종이므로 염색체 수의 변화가 없다. (2n → 2n)

② 분열 속도가 매우 빠르고, 분열 순서와 방향이 정해져 있다.

③ 난할이 거듭될수록 할구의 수는 증가하고, 세포 1개의 크기는 작아진다.

(3) 임신 과정 : 배란 → 수정 → 난할 → 착상

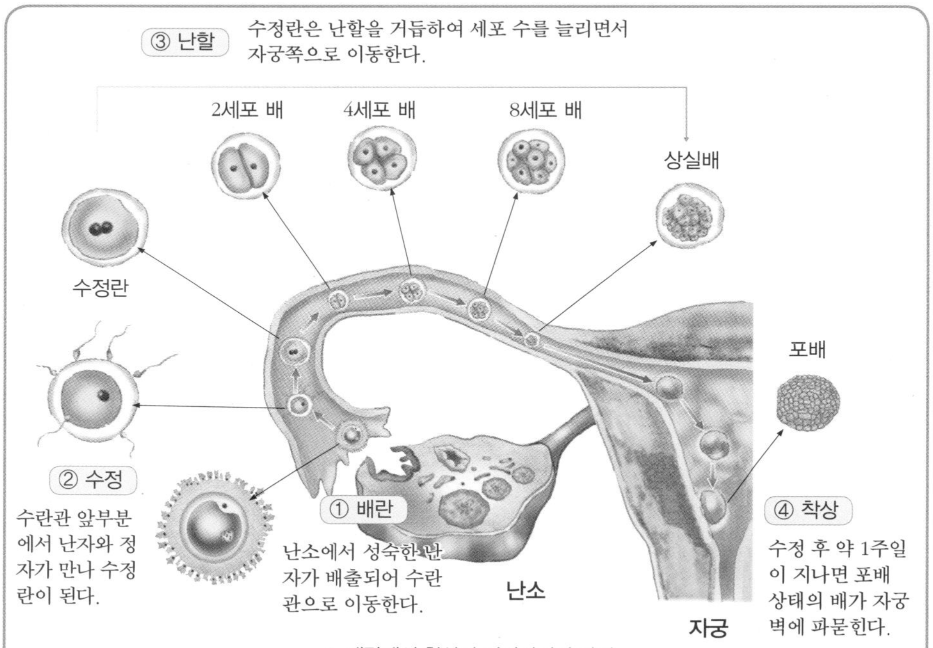

▲ 배란에서 착상이 되기까지의 과정

개념확인 3 다음이 설명하는 것은 무엇인지 쓰시오.

(1) 정자와 난자가 결합하여 수정란을 형성하는 현상 (　　　　)

(2) 수정란의 초기에 일어나는 세포 분열 (　　　　)

확인 +3 임신의 과정을 순서대로 쓰시오.

㉠(　　　) → ㉡(　　　) → ㉢(　　　) → ㉣(　　　)

4. 임신과 출산 2

(1) 발생 : 수정란이 하나의 개체가 되기까지의 과정이다.

① 착상이 되면 태아와 모체를 연결하는 태반이 만들어진다.
② 태반을 통해 태아와 모체의 혈액 사이에 물질 교환이 일어난다.
③ 태아는 태반을 통해 산소와 영양소를 모체로부터 공급받고, 이산화 탄소와 노폐물을 모체로 내보낸다.

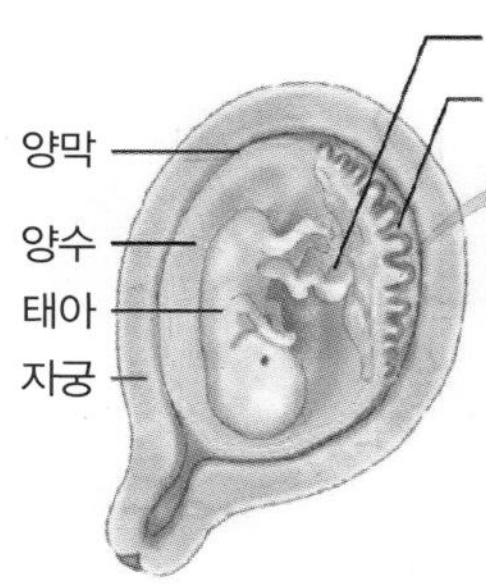

▲ 자궁 속 태아

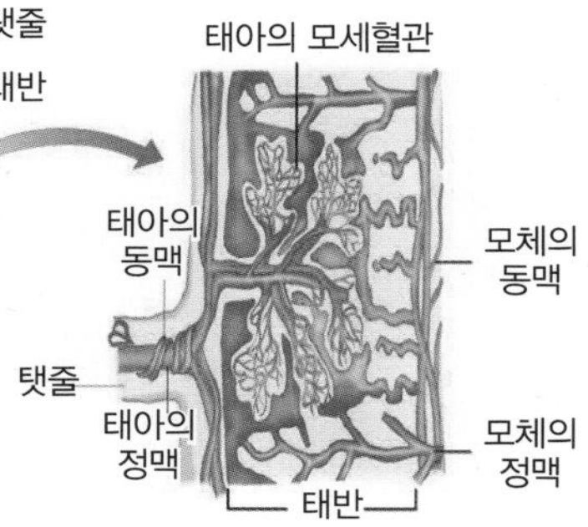

▲ 태반의 구조

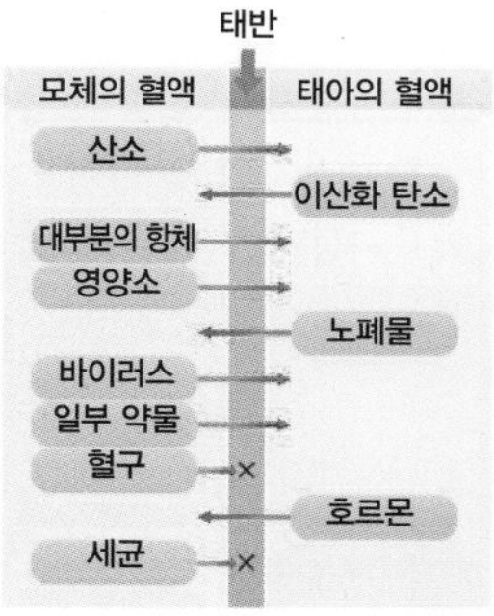

▲ 모체와 태아 사이에 이동하는 물질

(2) 출산 : 태아가 모체의 몸 밖으로 나오는 현상이다.

① 수정 후 약 266일(약 38주)이 지나면 출산이 일어난다.
② 출산 과정 : 자궁이 수축하고, 자궁 입구가 열린다. → 양수가 흘러나오고, 태아가 머리부터 모체 밖으로 나온다. → 태아가 완전히 나온 후 태반과 탯줄이 모체 밖으로 나온다.

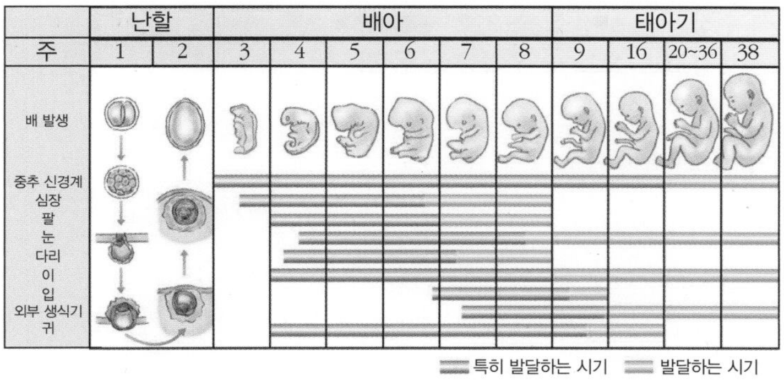

▲ 태아의 기관 형성 과정

(3) 여러 가지 피임 방법

① 피임약 : 피임약을 복용하여 난자의 성숙과 배란을 억제
② 콘돔 : 남자의 음경에 덮어 정자의 침입을 방지
③ 자궁내 장치 : 자궁 내에 플라스틱 장치를 삽입하여 수정란의 착상을 방지

정답 및 해설 25쪽

개념확인 4 수정란이 하나의 개체가 되기까지의 과정을 무엇이라고 하는가?

확인 + 4 태아와 모체의 혈액 사이에 물질 교환이 일어나는 장소는 어디인가?

태반

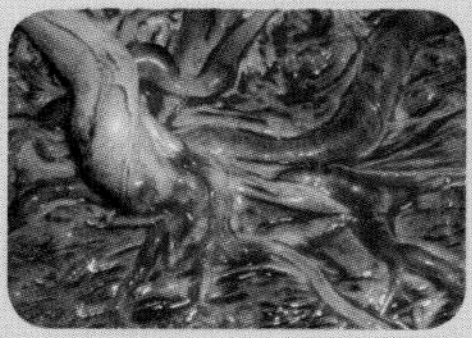

태반은 혈관이 많이 분포되어 있어 태아와 모체 사이의 물질 교환이 원활하게 이루어지도록 한다.

모체와 태아 사이에 이동하는 물질

모체 ⇄ 태아 (산소, 영양소: 모체 → 태아 / 이산화 탄소, 노폐물: 태아 → 모체)

확산 현상에 의해 태아와 모체의 혈액 사이에서 물질 교환이 일어난다.

양수의 기능

· 태아의 움직임이 쉬워지게 하고, 건조되는 것을 막는다.
· 외부의 충격으로부터 태아를 보호한다.
· 일정한 온도를 유지시켜 준다.
· 향균작용을 한다.
· 출산할 때 자궁 입구가 열리는데 도움을 준다.

미니사전

양막 [羊 배회하다 膜 막] 태아를 둘러싼 얇은 막
항체 [抗 대적하다 體 몸] 바이러스나 세균을 비활성화시키고, 신체에 침입한 미생물에 대항하는 단백질
탯줄 태아와 태반을 연결하는 혈관 다발
피임 [避 피하다 妊 아이를 배다] 임신을 피하는 것

개념 다지기

01

오른쪽 그림은 남성의 생식 기관을 나타낸 것이다. 각 기관의 특징에 대한 설명으로 옳지 <u>않은</u> 것은?

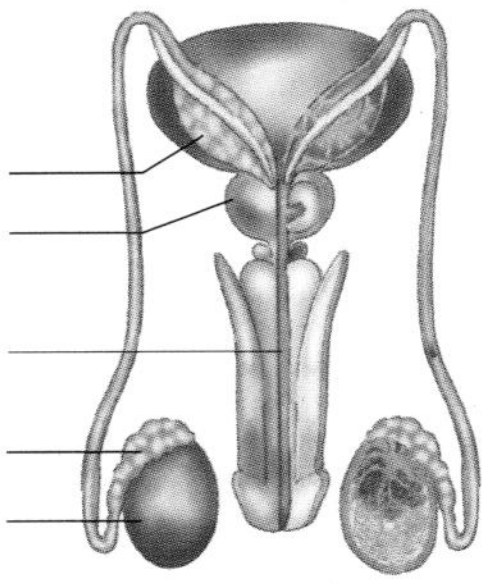

① A - 정액의 구성 물질을 만들어 분비한다.
② B - 배란이 되는 곳이다.
③ C - 정액과 오줌이 몸 밖으로 나가는 통로이다.
④ D - 정자가 일시적으로 저장되며 성숙하는 곳이다.
⑤ E - 정자를 만들고 남성 호르몬을 분비한다.

02

정자가 생성되어 몸 밖으로 배출되는 경로를 순서대로 바르게 나열한 것은?

① 부정소 → 요도 → 정소 → 수정관 → 몸 밖
② 부정소 → 정소 → 수정관 → 요도 → 몸 밖
③ 정소 → 수정관 → 부정소 → 요도 → 몸 밖
④ 정소 → 부정소 → 요도 → 수정관 → 몸 밖
⑤ 정소 → 부정소 → 수정관 → 요도 → 몸 밖

03

정자와 난자를 비교한 것으로 옳지 <u>않은</u> 것은?

	정자	난자
① 생성장소	정소	난소
② 운동성	있다	없다
③ 크기	작다	크다
④ 양분의 양	많다	적다
⑤ 염색체 수	n	n

정답 및 해설 26쪽

04

정자와 난자가 수정란을 형성하는 과정을 순서대로 바르게 나열한 것은?

① 정자 침입 → 정자 접근 → 정자의 핵 이동 → 핵 융합
② 정자 침입 → 정자의 핵 이동 → 정자 접근 → 핵 융합
③ 정자의 핵 이동 → 정자 접근 → 정자 침입 → 핵 융합
④ 정자 접근 → 정자의 핵 이동 → 정자 침입 → 핵 융합
⑤ 정자 접근 → 정자 침입 → 정자의 핵 이동 → 핵 융합

05

다음 중 발생에 대한 설명으로 가장 옳은 것은?

① 체세포가 분열하여 몸이 자라는 과정
② 여성과 남성의 생식 세포가 결합하는 과정
③ 생물의 몸을 이루는 조직 기관을 형성하는 과정
④ 개체가 자라면서 몸의 형태와 기능이 변화하는 과정
⑤ 수정란이 세포 분열을 계속하여 하나의 개체가 되기까지의 과정

06

사람의 임신과 출산에 대한 설명으로 옳은 것을 모두 고르시오.(2개)

① 수정 후 약 100일이 지나면 출산이 일어난다.
② 출산을 할 때 자궁이 수축하고, 자궁 입구가 열린다.
③ 분만시 태반은 나오지 않고 모체의 체내로 흡수된다.
④ 태아는 입으로 모체로부터 산소와 영양소를 공급받는다.
⑤ 분만시 양수가 흘러나오고, 태아가 머리부터 모체 밖으로 나온다.

유형 익히기 & 하브루타

[유형20-1] 사람의 생식기관

다음 그림은 여성의 생식 기관을 나타낸 것이다. 각 부분에 대한 설명으로 옳은 것을 모두 고르시오.(2개)

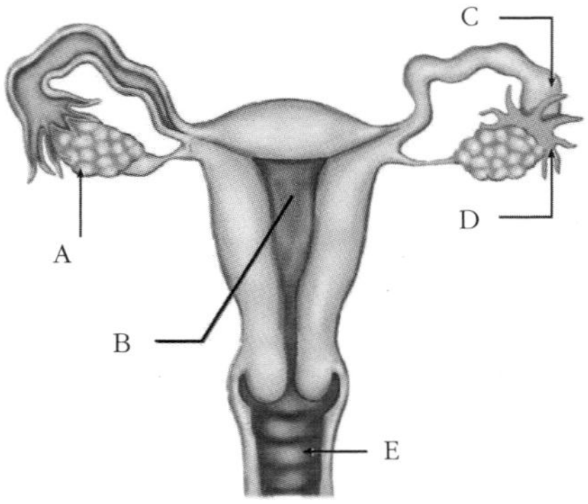

① A는 정자를 받아들이는 통로이다.
② B는 태아가 생장하는 장소이다.
③ C는 여성 호르몬을 분비하는 곳이다.
④ D는 감수분열에 의해 난자가 만들어지는 곳이다.
⑤ E는 정자가 들어오고, 출산 시 태아가 나가는 통로이다.

01 남자의 생식 기관에 대한 설명으로 옳은 것은 O표, 옳지 않은 것은 X표 하시오.

(1) 수정관에서 수정이 일어난다. ( )
(2) 정낭에서 정자를 만들고 남성 호르몬을 분비한다. ( )
(3) 부정소에서 정자가 일시적으로 저장되면, 정자가 성숙하여 운동성을 갖게 된다. ( )

02 다음 중 여성의 생식 기관에 대한 설명으로 옳지 않은 것은?

① 수정란이 착상되는 곳은 자궁 벽이다.
② 태아가 어머니의 몸에서 자라는 곳은 자궁이다.
③ 난자의 생성 과정은 난소 내의 여포에서 진행된다.
④ 나팔관은 정자가 들어오고, 출산 시 태아가 나가는 통로이다.
⑤ 수란관은 감수 분열이 완료된 성숙한 난자가 자궁까지 이동하는 통로이다.

정답 및 해설 26쪽

[유형20-2] 생식세포와 생식 주기

다음 그림은 정자의 구조를 나타낸 것이다. 각 물음에 해당하는 부분의 기호와 이름을 쓰시오.

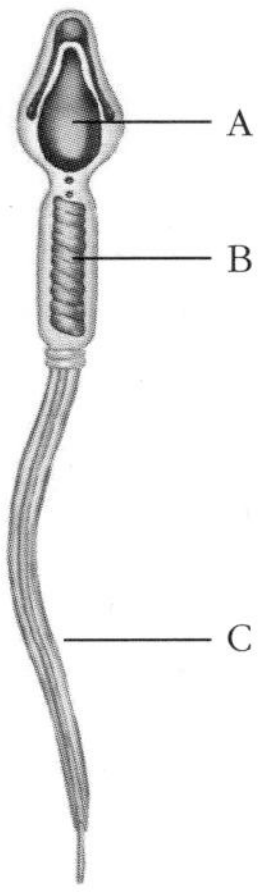

(1) 정자의 운동에 필요한 에너지를 만드는 곳은?

기호 : (　　　) 이름 : (　　　　　　　　　)

(2) 유전 물질이 들어 있는 곳은?

기호 : (　　　) 이름 : (　　　　　　　　　)

(3) 정자가 움직일 수 있도록 운동하는 곳은?

기호 : (　　　) 이름 : (　　　　　　　　　)

03

다음은 정자와 난자를 비교한 것이다. 옳지 않은 것은?

		정자	난자
①	생성 장소	정소	난소
②	운동성	있다	없다
③	크기	작다	크다
④	양분의 양	적다	많다
⑤	염색체 수	n	2n

04

생식 주기에 대한 설명으로 옳은 것은 O표, 옳지 않은 것은 X표 하시오.

(1) 여포가 성숙할 때 여포 속의 난자는 성숙되지 않는다. (　　)

(2) 여포가 터지면서 성숙한 난자가 난소에서 배출되는 것을 배란이라고 한다. (　　)

(3) 여성의 몸에서 생식을 위해 난자의 성숙, 배란, 월경이 일정한 간격으로 반복되는 것이다. (　　)

(4) 배란된 난자가 수정되지 않으면 두꺼워진 자궁 내막이 허물어져 혈액과 함께 몸밖으로 배출되는 것을 월경이라고 한다. (　　)

유형 익히기 & 하브루타

[유형20-3] 임신과 출산 1

다음 그림은 수정에서 착상까지의 과정을 나타낸 것이다. 그림에 대한 설명으로 옳은 것을 <보기>에서 모두 고르시오.

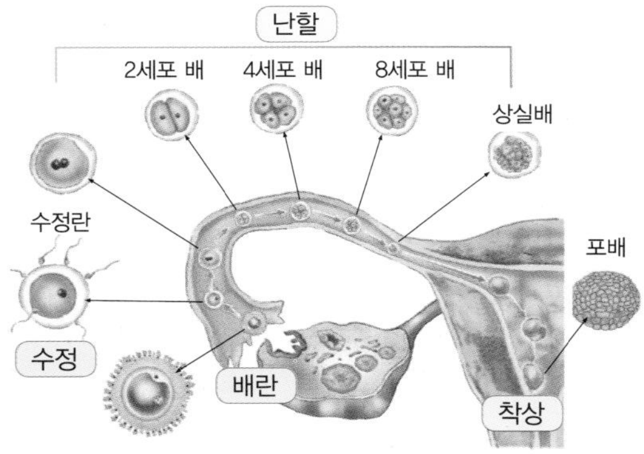

〈 보기 〉

ㄱ. 수정란의 초기에 일어나는 세포 분열을 난할이라고 한다.

ㄴ. 배란 → 수정 → 난할 → 착상의 과정을 거쳐 임신이 일어난다.

ㄷ. 난할 과정을 거치면서 세포의 크기는 작아지고 염색체의 수도 줄어든다.

(　　　　　　　　　　　　　　)

05 다음 그림은 수정이 되는 과정을 순서없이 나타낸 것이다. (가) ~ (라)를 순서대로 나열한 것은?

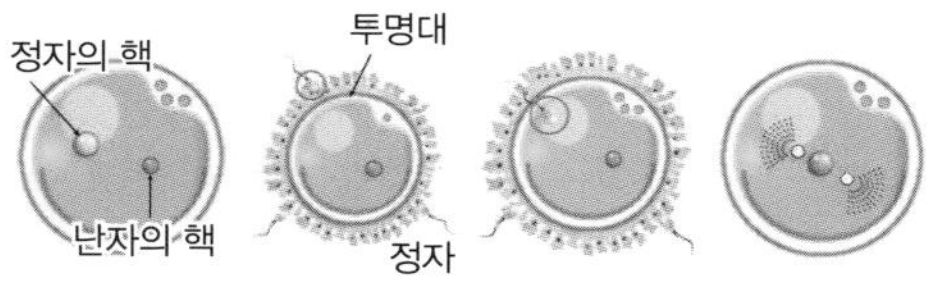

(가)　(나)　(다)　(라)

① (가) - (나) - (다) - (라)
② (가) - (다) - (나) - (라)
③ (나) - (가) - (다) - (라)
④ (나) - (다) - (라) - (가)
⑤ (나) - (다) - (가) - (라)

06 난할에 대한 설명으로 옳지 <u>않은</u> 것은?

① 수정란의 초기에 일어나는 체세포 분열이다.
② 수정란이 난할을 하면서 수란관을 따라 자궁으로 이동한다.
③ 분열 속도가 매우 빠르고, 분열 순서와 방향이 정해져 있다.
④ 난할이 일어나면서 세포의 수가 늘어나며 세포 1개의 크기는 점점 커진다.
⑤ 2세포배 - 4세포배 - 8세포배 - 상실배의 과정을 거친 뒤 포배 상태로 착상한다.

정답 및 해설 26쪽

[유형20-4] 임신과 출산 2

다음 그림은 태반의 구조와, 태반을 통해서 모체와 태아 사이에 이동하는 물질을 나타낸 것이다. 이 자료에 대한 설명으로 옳은 것만을 〈보기〉에서 있는 대로 골라 기호를 쓰시오.

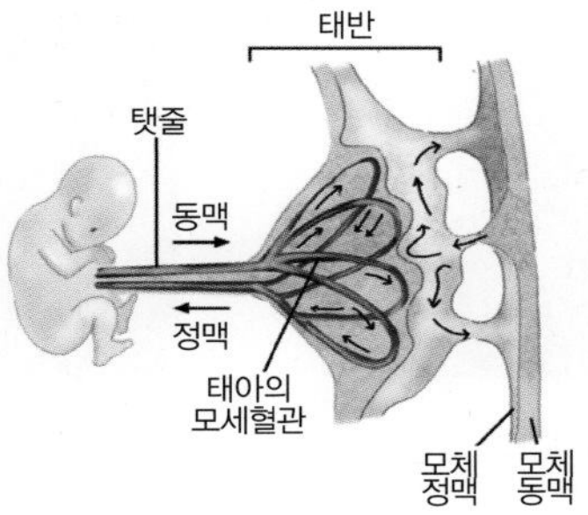

▲ 태아와 모체 사이를 연결하는 태반의 구조

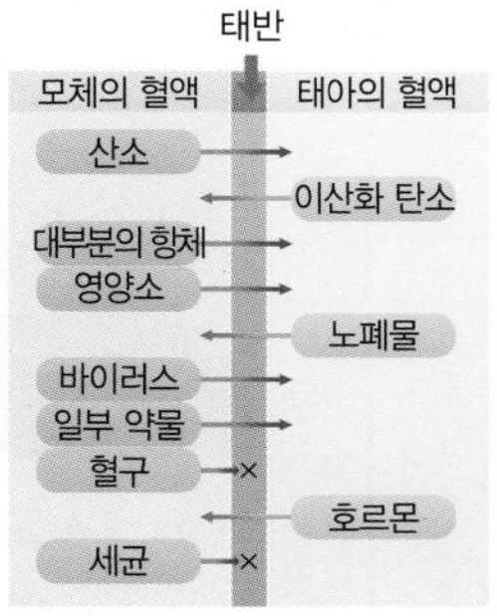

▲ 모체와 태아 사이에 이동하는 물질

〈 보기 〉

ㄱ. 양분과 산소는 태아 쪽으로, 노폐물은 모체 쪽으로 이동한다.
ㄴ. 모체에 침입한 세균은 혈구와 함께 태아에 유입된다.
ㄷ. 태아가 태어나도 일정 기간 동안 면역성을 가진다.

07 태아와 태반의 구조 중 각 설명에 해당하는 구조의 이름을 쓰시오.

(1) 태아와 태반을 연결한다.
( )

(2) 모체와 태아 사이에 물질 교환이 일어난다.
( )

(3) 태아를 외부의 충격이나 건조함으로부터 보호한다.
( )

08 임신과 출산에 대한 설명으로 옳은 것은 O표, 옳지 않은 것은 X표 하시오.

(1) 수정란이 자궁에 착상이 되면 임신이 되었다고 한다. ( )

(2) 수정 후 약 2주 이내에 신경계와 심장 등 기관들이 발달한다. ( )

(3) 보통 수정 후 약 266일(약 38주)이 지나면 출산이 일어난다. ( )

창의력 & 토론마당

01 다음은 일란성 쌍둥이와 이란성 쌍둥이의 사진과, 각 쌍둥이의 자궁 내 모습을 나타낸 것이다. 다음 그림을 보고 물음에 답하시오.

▲ 일란성 쌍둥이

▲ 이란성 쌍둥이

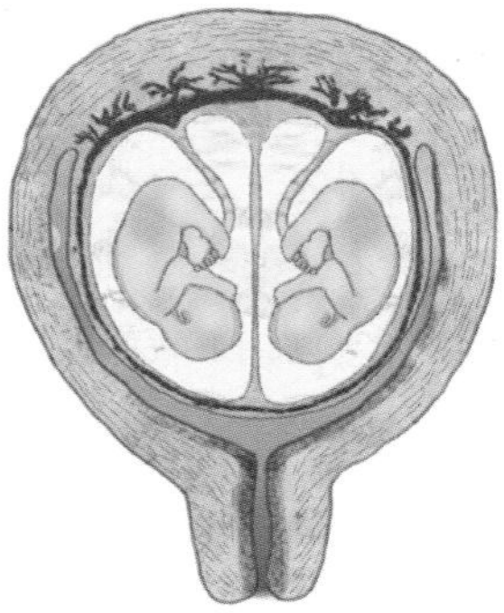

▲ 일란성 쌍둥이의 자궁 내 모습

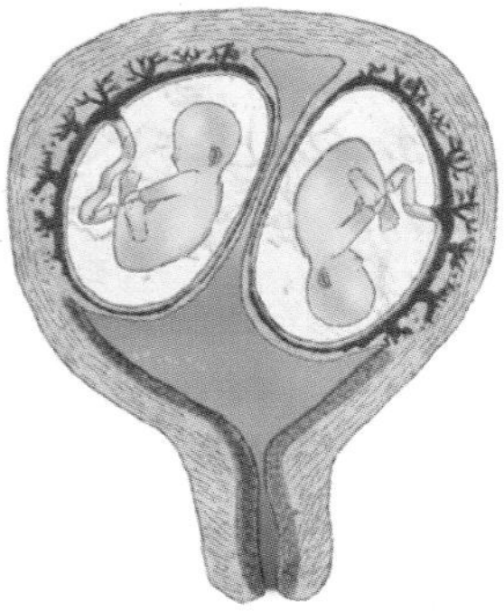

▲ 이란성 쌍둥이의 자궁 내 모습

(1) 일란성 쌍둥이와 이란성 쌍둥이의 발생 원인의 차이점을 비교하여 설명하시오.

(2) 일란성 쌍둥이와 이란성 쌍둥이의 유전적 차이점을 비교하여 설명하시오.

정답 및 해설 27쪽

02 다음은 결합 쌍둥이에 대한 설명글이다. 다음 설명을 읽고 물음에 답하시오.

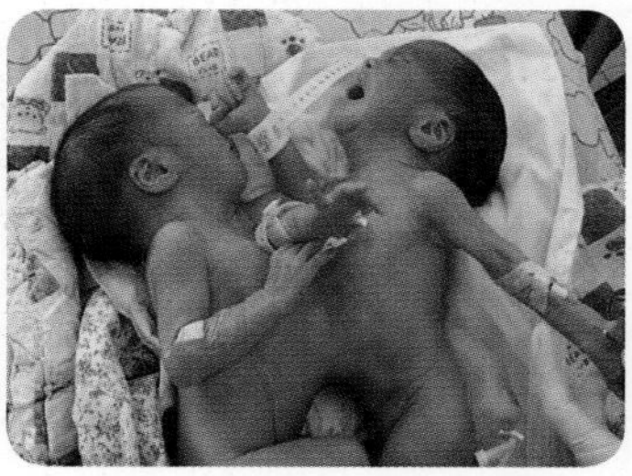

결합 쌍둥이는 몸의 일부가 붙은 채로 태어난 쌍둥이를 말한다. 결합 쌍둥이는 20만 번에 한 번 꼴로 태어나며, 절반은 사산된다. 산 채로 태어났다고 하더라도 조기에 사망할 확률이 높다. 결합 쌍둥이의 성비는 여성이 70~75% 정도로 높은 편이다. 결합 쌍둥이는 시암(샴) 쌍둥이라고도 하는데, 1811년에 태어난 창(Change)과 엥 벙커(Eng Bunker) 형제가 유명하다. 그들은 P.T. 바넘의 써커스단과 함께 다녔으며 희귀성과 악명으로 인해 "시암(샴) 쌍둥이"로 선전되었다. 이들은 각각 결혼해서 10명과 12명의 아이를 낳았으며 1874년 같은 날 사망했다. 이들은 흉골이 연골로 결합되어 있었지만, 현재 의학 기술이라면 충분히 분리할 수 있는 수준이었다.

(1) 결합 쌍둥이가 태어나기 전 수정란의 발생 과정에서 이상이 없었다면 어떤 종류의 쌍둥이가 태어났을까?

(2) 결합 쌍둥이의 원인을 발생 과정과 비교하여 설명하시오.

03 다음은 여성의 생식 주기 동안의 난소와 자궁 내벽, 그리고 체온의 변화를 나타낸 것이다.

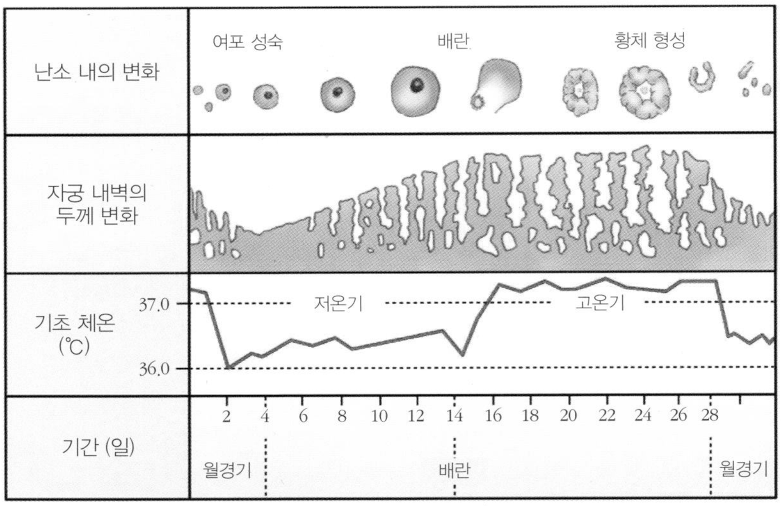

다음은 한 여성이 임신을 하기 위하여 한 달 동안 자신의 체온의 변화를 관찰하여 그래프로 나타낸 것이다. 위의 제시된 자료를 근거하여 다음 물음에 답하시오.

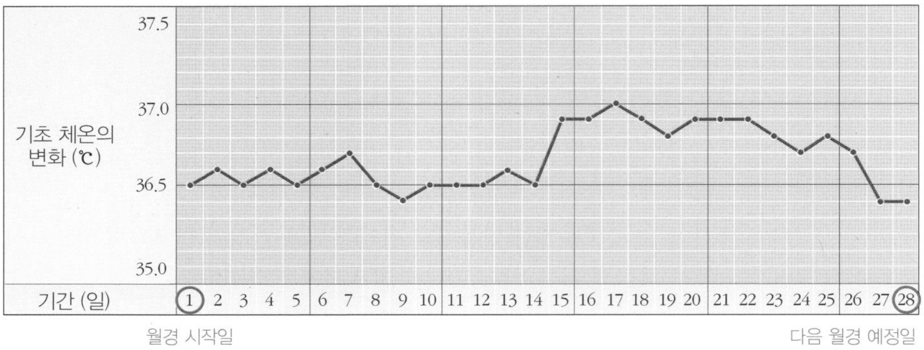

(1) 이 여성의 배란일은 언제일까?

(2) 이 여성의 가임기를 위 자료를 바탕으로 추정하여 쓰고 그렇게 생각한 이유를 쓰시오. (정자가 여성의 몸 속에서 생존할 수 있는 기간은 약 3일 정도이며, 난자는 배란된 이후 24시간까지 생존이 가능하다.)

정답 및 해설 27쪽

04 **다음은 시험관 아기의 착상까지의 과정을 나타낸 것이다. 다음 그림을 보고 물음에 답하시오.**

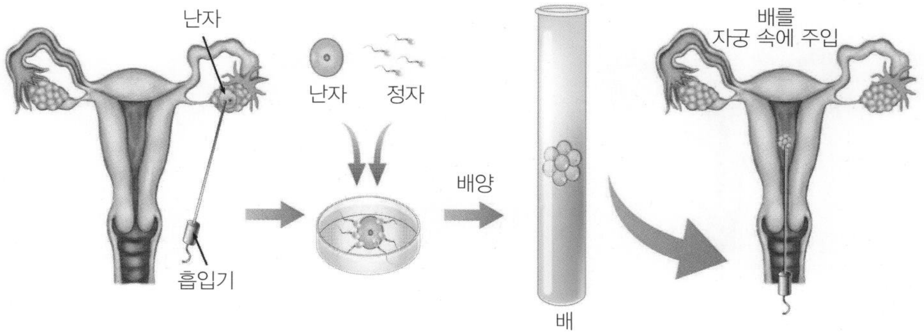

▲ 체외 수정

(1) 위와 같은 체외 수정은 부부 중 누구에게 어떤 문제가 있을 경우에 시술할까? 그 이유를 함께 서술하시오.

(2) 수정란을 8세포기까지 배양하여 모체의 자궁에 착상시킬 때 모체의 자궁은 어떤 상태여야 하는가?

A

[01~06] 아래의 그림은 여성과 남성의 생식 기관을 나타낸 것이다. 다음 물음에 답하시오.

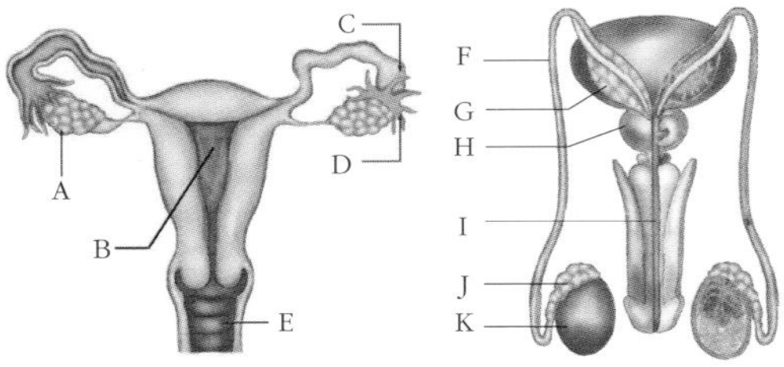

01 생식세포가 생성되고 성 호르몬을 분비하는 장소의 기호와 이름을 모두 쓰시오.

(1) 남성 : 기호 (　　) 이름 (　　　)

(2) 여성 : 기호 (　　) 이름 (　　　)

02 정자와 난자가 수정되는 장소의 기호와 이름을 모두 쓰시오.

기호 : (　　) 이름 : (　　　)

03 수정란이 착상하고 태아가 자라는 장소의 기호와 이름을 쓰시오.

기호 : (　　) 이름 : (　　　)

04 정자가 들어오고 출산 시 태아가 나가는 통로의 기호와 이름을 쓰시오.

기호 : (　　) 이름 : (　　　)

05 정액과 오줌이 몸 밖으로 나가는 통로의 기호와 이름을 쓰시오.

기호 : (　　) 이름 : (　　　)

06 정자의 이동 경로를 차례대로 기호로 쓰시오.

(　　) → (　　) → (　　) → (　　)

[07~08] 아래의 그림은 여성과 남성의 생식 세포를 나타낸 것이다. 다음 물음에 답하시오.

07 운동성이 있는 남성의 생식 세포는 무엇인지 기호와 이름을 쓰시오.

기호 : (　　) 이름 : (　　　)

08 세포질에 양분을 많이 저장하고 있고 크기가 큰 여성의 생식 세포는 무엇인지 기호와 이름을 쓰시오.

기호 : (　　) 이름 : (　　　)

09 다음 〈보기〉를 보고 수정이 되는 과정을 순서대로 기호로 나열하시오.

〈 보기 〉

ㄱ. 정자의 핵 이동	ㄴ. 정자 침입
ㄷ. 핵 융합	ㄹ. 정자 접근

(　　) → (　　) → (　　) → (　　)

정답 및 해설 28쪽

10 다음 〈보기〉 중 난할에 대한 설명으로 옳은 것만을 있는 대로 고르시오.

〈 보기 〉

ㄱ. 수정란의 초기에 일어나는 세포 분열을 말한다.

ㄴ. 난할 과정을 거쳐도 염색체 수의 변화는 없다.

ㄷ. 난할이 거듭될수록 할구의 수는 증가하고, 세포 1개의 크기는 작아진다.

B

[11~14] 다음 〈보기〉는 태반에 존재하는 물질이다. 물음에 대하여 기호로 답하시오.

〈 보기 〉

ㄱ. 산소	ㄴ. 영양소	ㄷ. 바이러스	
ㄹ. 세균	ㅁ. 호르몬	ㅂ. 이산화 탄소	
ㅅ. 약물	ㅇ. 노폐물	ㅈ. 항체	ㅊ. 혈구

11 모체의 혈액에서 태아의 혈액으로 이동하는 물질의 기호를 모두 쓰시오.

( )

12 태아의 혈액에서 모체의 혈액으로 이동하는 물질의 기호를 모두 쓰시오.

( )

13 태반을 통해 이동할 수 없는 물질의 기호를 모두 쓰시오.

( )

14 태아와 모체의 혈액 사이에서 물질 교환이 일어나는 것은 어떤 원리인가?

( )현상

15 피임법에 대한 설명으로 옳은 것은 O표, 옳지 않은 것은 X표 하시오.

(1) 자궁 내 장치는 수정란이 자궁에 착상되는 것을 방지한다. ( )

(2) 콘돔은 정자와 난자가 만나 수정된 후 수정란의 이동을 막아준다. ( )

(3) 먹는 피임약은 난자의 성숙과 배란을 억제시켜 임신을 방지한다. ( )

16 정자와 난자에 대한 설명으로 옳지 <u>않은</u> 것은?

① 난자는 정자보다 크기가 크다.
② 정자는 꼬리가 있어 움직일 수 있다.
③ 정자와 난자의 염색체 수는 n=23이다.
④ 난자와 정자의 핵에는 유전 물질이 들어있다.
⑤ 난자의 투명대에는 많은 양분이 저장되어 있다.

17 정자와 난자의 공통점으로 옳은 것을 <u>모두</u> 고르시오.(2개)

① 유전 물질이 들어 있다.
② 꼬리를 움직여 움직인다.
③ 많은 양분이 저장되어 있다.
④ 생식세포 분열로 만들어진다.
⑤ 모두 같은 장소에서 만들어진다.

18 어떤 여성이 6월 29일에 월경을 시작하였다. 이 여성의 다음 월경 시작일은 언제인가? (이 여성의 생식주기는 28일이다.)

① 6월 30일 ② 7월 6일
③ 7월 13일 ④ 7월 20일
⑤ 7월 27일

19 다음 그림은 생식 주기에 따른 난소 내의 변화와 자궁 내막의 두께 변화를 나타낸 그림이다. 이에 대한 설명으로 옳은 것은?

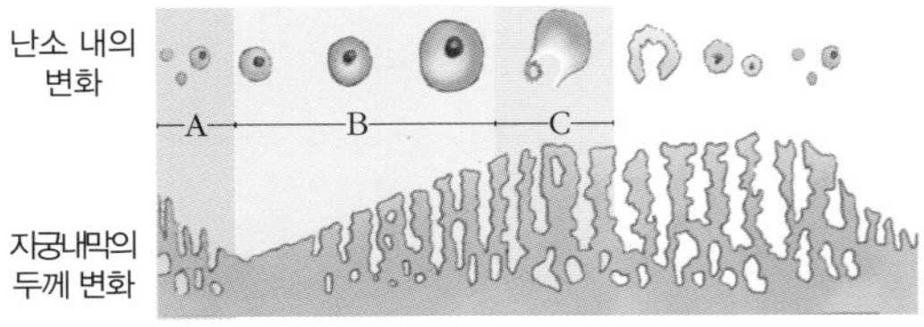

① A 시기에 자궁 내막은 점점 두꺼워진다.
② B 시기에 여포가 터지면서 성숙한 난자가 난소에서 배출된다.
③ C 시기에 월경이 일어난다.
④ C 이후에 수정이 된 후 착상이 되면 월경은 일어나지 않고 임신이 된다.
⑤ 수정이 일어나면 자궁 내막이 허물어져 혈액과 함께 몸 밖으로 배출된다.

20 난할에 대한 설명으로 옳지 <u>않은</u> 것은?

① 수정란의 초기에 일어나는 체세포 분열이다.
② 수정란이 난할을 하면서 수란관을 따라 자궁으로 이동한다.
③ 난할이 일어나면서 세포의 수가 늘어나며 세포 1개의 크기는 점점 작아진다.
④ 2세포배 - 4세포배 - 8세포배 - 상실배의 과정을 거친 뒤 포배 상태로 착상한다.
⑤ 분열 속도가 매우 빠르고, 방향은 수정란의 상태에 따라 다르며 분열은 순서대로 일어난다.

C

[21~22] 다음 〈보기〉는 임신 과정에 대한 설명을 순서없이 나타낸 것이다. 다음 물음에 답하시오.

〈 보기 〉

ㄱ. 세포 수를 늘리면서 자궁 쪽으로 이동한다.
ㄴ. 난자와 정자가 만나 수정란이 된다.
ㄷ. 포배 상태의 배가 자궁벽에 파묻힌다.
ㄹ. 난소에서 성숙한 난자가 배출된다.

21 〈보기〉의 ㄱ~ㄹ 중 수정란의 초기에 일어나는 세포 분열의 과정은 언제인지 기호와 과정의 이름을 쓰시오.

기호 : (　　)　이름 : (　　　　)

22 〈보기〉의 임신 과정을 차례대로 나열한 것은?

① ㄱ - ㄴ - ㄷ - ㄹ
② ㄱ - ㄷ - ㄹ - ㄴ
③ ㄴ - ㄹ - ㄱ - ㄷ
④ ㄷ - ㄱ - ㄴ - ㄹ
⑤ ㄹ - ㄴ - ㄱ - ㄷ

정답 및 해설 28쪽

23 사람의 임신과 출산에 대한 설명으로 옳은 것은?

① 수정란은 상실배 상태가 되어 착상한다.
② 수정 후 약 266일이 지나면 출산이 일어난다.
③ 출산 시 양수가 흘러나오고 태아의 다리부터 모체 밖으로 나온다.
④ 태아가 완전히 나온 후 태반과 탯줄은 모체의 몸 속에 그대로 있다.
⑤ 임신이 될 때 자궁벽이 허물어진 다음 착상이 일어나고 다시 자궁 내벽이 두꺼워진다.

24 다음 그림은 태아의 기관 발달을 나타낸 것이다. 이 자료에 대한 설명으로 옳은 것은?

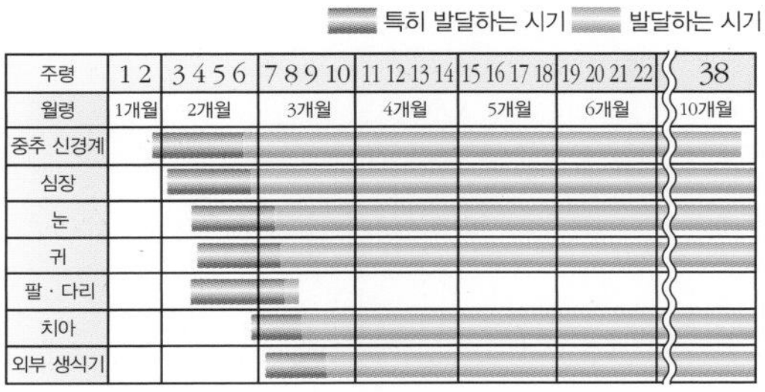

① 팔과 다리는 가장 늦게 완성된다.
② 태아는 모든 기관이 완성된 상태로 출생한다.
③ 가장 먼저 발달하기 시작하는 것은 순환계이다.
④ 기관이 발달하는 시기와 완성되는 시기는 같다.
⑤ 가장 늦게 발달하기 시작하는 것은 외부 생식기이다.

25 사람의 출산은 수정 후 약 몇 주가 지났을 때 일어나는가?

① 약 30주 ② 약 32주 ③ 약 34주
④ 약 36주 ⑤ 약 38주

26 정자와 난자의 공통점을 두 가지 이상 쓰시오.

27 양수의 기능에 대해 두 가지 이상 쓰시오.

28 태아의 혈액에서 모체의 혈액으로 이동하는 물질을 두 가지 이상 쓰시오.

29 임신이 되지 않았을 때 자궁 내막의 두께 변화를 여포가 성숙하는 시점부터 차례대로 서술하시오.

30 태반의 기능에 대해서 쓰시오.

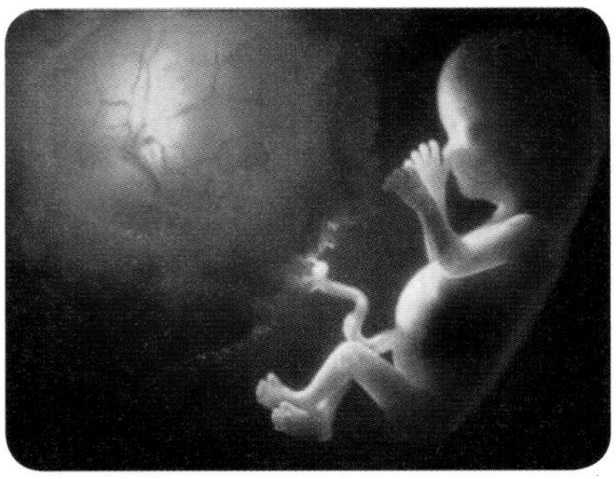

정답 및 해설 28쪽

창의력 서술

31 결합 쌍둥이는 샴쌍둥이라고도 하며, 몸의 일부가 붙은 채로 태어난 쌍둥이를 말한다. 결합 쌍둥이는 수정과 발생과정 중에서 어떤 문제로 발생했을 지를 서술하시오.

32 오랫동안 임신이 되지 않는 불임 부부의 경우 다양한 방법을 통해 임신할 수 있도록 의료적 보조를 받을 수 있다. 이중에 건강한 정자를 미세 유리관에 넣어 현미경 시야에서 난자 속으로 직접 주입하여 수정시키는 미세정자 주입술이라는 시술이 있다. 이것은 부부 중 누구에게 어떤 문제가 있을 경우에 하는 시술인가?

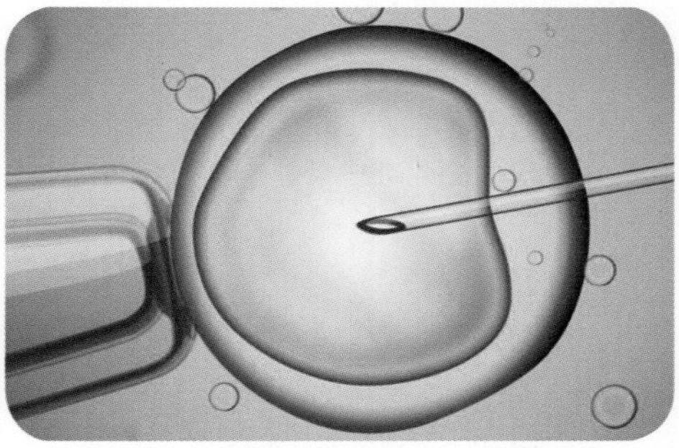

너 암컷이니? 수컷이니?

자연계에 존재하는 생물 가운데는 수컷과 암컷의 성별이 없는 것도 있다. 바로 효모나 짚신 벌레 등 무성 생식으로 번식하는 생물들이다. 또한 성별이 있는 데도 그 차이가 애매하고 매우 불안정한 생물들도 있다.

물벼룩

물벼룩은 성의 구분이 있는 동물이지만 환경이 좋은 때는 암컷 밖에 존재하지 않는다. 처녀 생식*으로 탄생하는 새끼들은 모두 암컷이다. 그런데 환경이 악화되기 시작하면 물벼룩은 생식 방법을 스스로 바꾼다.

암컷 물벼룩은 수컷을 낳을 수 있는 암컷과 휴면란**을 낳을 수 있는 암컷 두 종류로 변화한다. 수컷을 낳을 수 있는 암컷은 처녀 생식으로 새끼 수컷을 낳는다. 한편 휴면란을 낳을 수 있는 암컷은 성장한 수컷과 교미해 휴면란을 낳는다. 물벼룩의 휴면란은 저온 건조한 환경에서도 살아남을 수 있으며 악화된 환경이 좋아지면 휴면란에서 암컷의 물벼룩이 태어난다. 물벼룩은 환경의 변화를 극복하기 위해 생식 방법을 바꾼 것이다.

*처녀 생식 : 수정을 하지 않고 암컷만으로 개체를 증식하는 것 ,
**휴면란 : 두꺼운 외피가 있어 저온이나 건조한 환경에서도 오래 견딜 수 있는 알

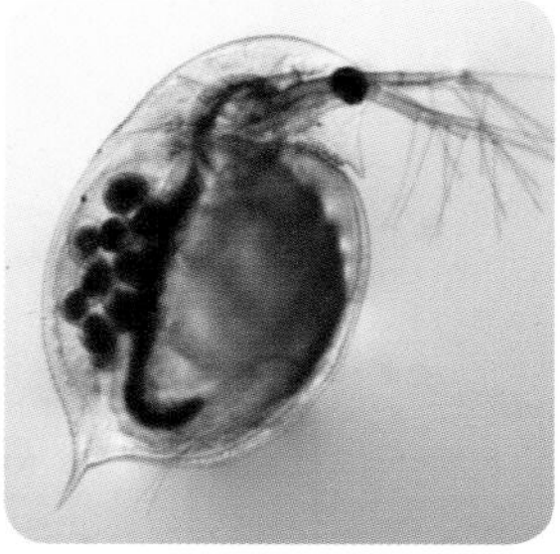
▲ 암컷 물벼룩

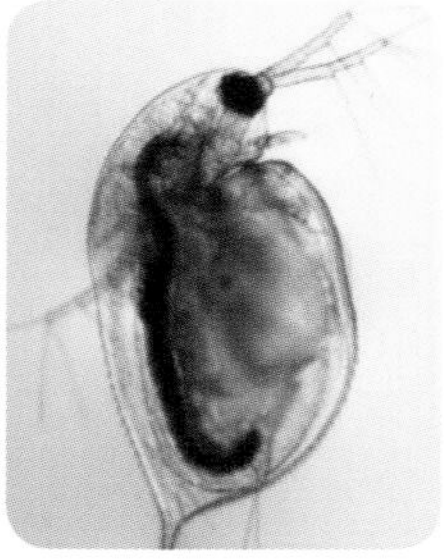
▲ 수컷 물벼룩

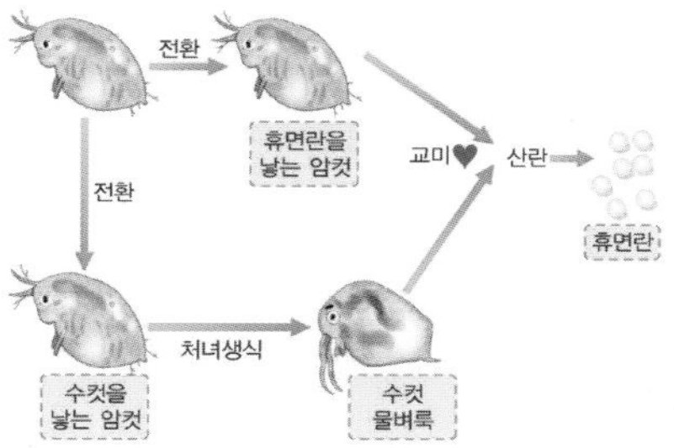

▲ 물벼룩의 생식

등푸른 청소 놀래기

놀래기는 성별을 갖춘 물고기이다. 그러나 놀래기는 성장 과정에서 성전환이 일어나게 되는데 무리 가운데 상대적인 몸의 크기에 따라 성별이 변한다. 등푸른 청소 놀래기(Labroides dimidiatus) 무리에서 가장 큰 개체가 수컷이고, 그 이외의 개체는 모두 암컷이다. 만일 가장 큰 개체가 죽으면 다음으로 큰 암컷이 수컷으로 변한다. 이 성별의 변화는 성호르몬에 의한 것이다. 눈을 통해 들어온 정보로 무리 가운데서 자신의 상대적인 크기를 파악해 뇌에서 체내의

정답 및 해설 30쪽

웅성 호르몬*을 분비시키는 명령이 떨어진다. 암컷이었던 개체는 서서히 난소를 축소시키고 대신에 정소를 발달시켜 생식이 가능한 수컷으로 변한다. 이 변화는 성염색체의 유형과 관계 없이 일어난다.

*웅성 호르몬 : 동물의 수컷 형질에 관여하는 성호르몬

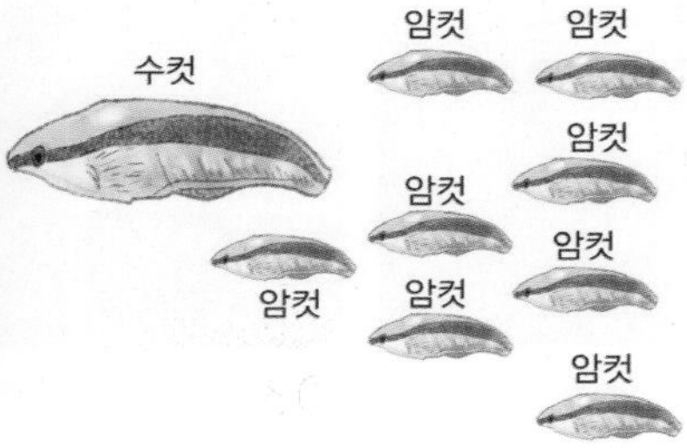

▲ 등푸른 청소 놀래기 – 가장 큰 수컷이 죽으면 다음으로 큰 암컷이 수컷으로 변한다.

파충류

파충류의 알이 놓여 있는 환경의 온도에 따라 성이 결정된다는 사실은 서아프리카에 사는 파충류인 '아가마 도마뱀(Agama agama)'의 연구에 의해서 밝혀졌다. 그 이후 다양한 파충류에 대한 연구 결과 악어류, 거북류, 일부 도마뱀의 수정란이 저온 환경에 있으면 암컷으로 태어나는 사실이 확인되었다. '온도에 따라 성 결정이 이루어 진다'는 사실은 바다 거북에서도 찾아 볼 수 있다. 바다거북의 성(性)은 알 속에 있는 동안 모래의 온도에 의해 결정된다. 알이 따뜻한 온도 환경에 놓여 있으면 암컷이, 차가운 온도 환경에 놓여 있으면 수컷이 태어난다.

▲ 아가마 도마뱀 (좌–수컷, 우–암컷)

▲ 거북

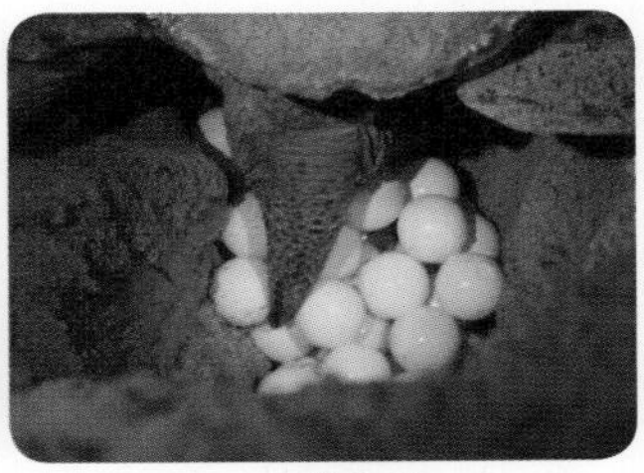

▲ 거북 알

Q1 사람을 포함한 포유류의 성은 다른 요소의 영향을 크게 받지 않고 성 염색체에 의해 결정된다. 물벼룩, 등푸른 청소 놀래기, 일부 파충류에서 성 염색체 이외에 성을 결정하는 요소들은 무엇이 있는지 각각 서술해 보자.

[탐구-1] 세포가 분열하는 이유

준비물 한천 조각, 페놀프탈레인 용액, 칼, 수산화나트륨 용액, 비커, 페트리접시

실험 과정

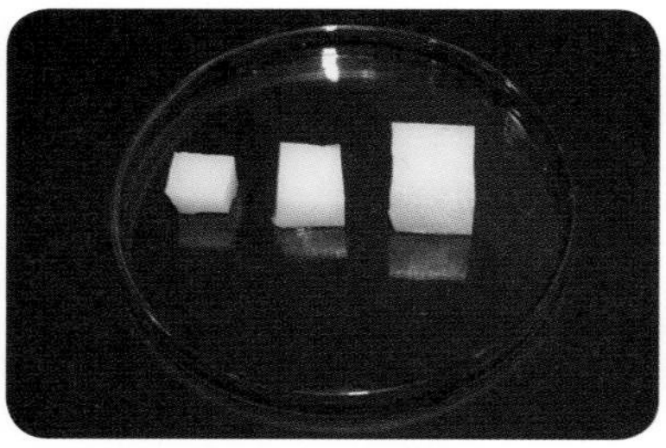

① 페놀프탈레인 용액을 넣어 굳힌 한천 조각을 크기가 다른 정육면체 조각 3개로 잘라준다.

② 3개의 한천 조각을 수산화 나트륨 용액이 들어 있는 비커에 동시에 넣는다.

③ 일정한 시간이 지난 후 한천 조각을 칼로 잘라 붉은 색으로 물든 부분의 단면을 관찰한다.

실험 과정 이해하기

1. 한천에 페놀프탈레인 용액을 넣은 이유는 무엇인가?

2. 한천 조각은 무엇에 비유할 수 있는가?

3. 세포에서 필요한 물질의 출입이 일어나는 곳은 어디인가?

정답 및 해설 30쪽

탐구 결과

1. 실험 결과 한천 조각에 붉게 물든 부분이 어떻게 나타나는지 아래 그림에 직접 그려 보시오.

2. 한천 조각을 세포로 비유했을 때 A~C 중 A가 가장 세포의 크기에 적합하다. 그 이유가 무엇인지 설명하시오.

A B C

탐구 문제

1. 다음은 한 변의 길이가 각각 1cm, 2cm, 4cm인 정육면체를 세포라고 가정하여, 표면적과 부피를 계산한 것이다. 표를 완성하시오.

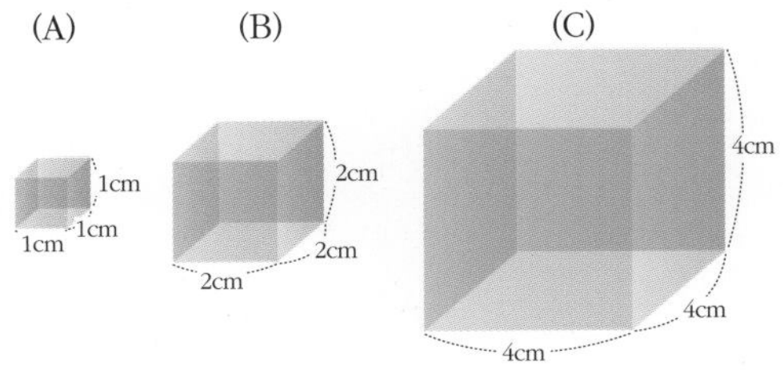

구분	(A)	(B)	(C)
한변의 길이	1cm	2cm	4cm
표면적 (cm^2)	6	㉠(　　)	㉡(　　)
	㉢(　) 배씩 증가		
부피 (cm^3)	㉣(　　)	8	㉤(　　)
	㉥(　) 배씩 증가		
표면적 / 부피	㉦(　　)	㉧(　　)	1.5
	㉨(　) 배씩 감소		

2. 위 자료를 바탕으로 세포가 분열하는 이유를 설명하시오.

[탐구-2] 효모의 관찰

준비물 희석한 막걸리, 받침 유리, 덮개 유리, 메틸렌블루 용액, 현미경, 스포이트

실험 과정

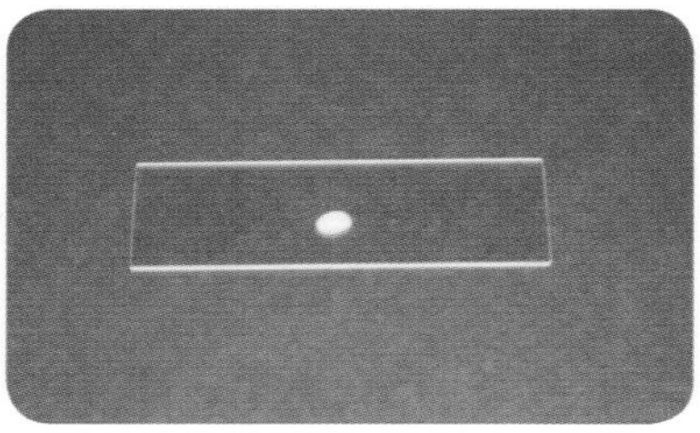

① 묽게 희석한 막걸리에 물을 부어 10% 정도로 희석하여 스포이트를 이용하여 받침 유리에 한 방울 떨어뜨린다.

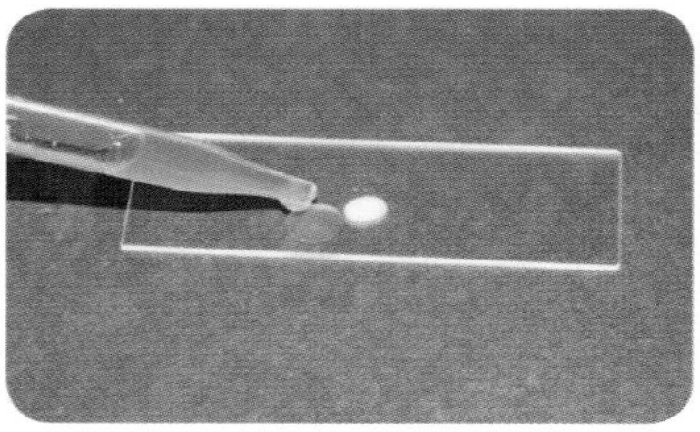

② 떨어뜨린 시료 위에 0.5 % 메틸렌블루 용액을 한 방울 첨가한다.

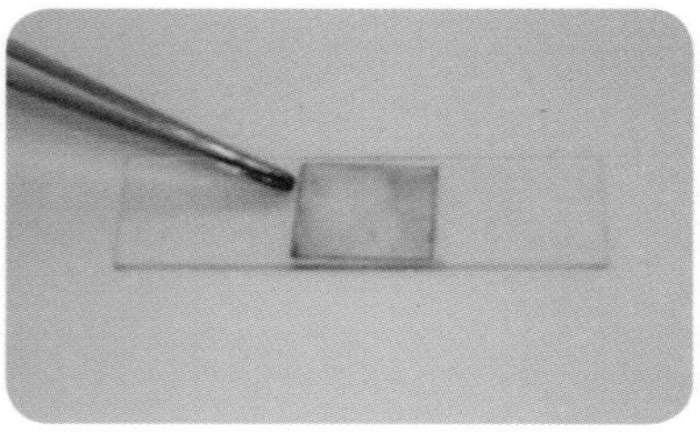

③ 10분 정도 지난 후 덮개 유리를 덮어 프레파라트를 만들고 현미경으로 관찰한다.

실험 과정 이해하기

1. 막걸리를 시료로 사용하는 이유는 무엇인가?

2. 메틸렌 블루 용액을 떨어뜨리는 이유는 무엇인가?

정답 및 해설 31쪽

탐구 결과

1. 현미경으로 관찰한 상의 모습을 그려보시오.

( ) 배

2. 관찰한 효모의 모양의 특징은 무엇인가?

탐구 문제

1. 효모가 생식하는 방법을 무엇이라고 하는가?

2. 효모의 생식 결과 새로 생긴 자손과 모체의 크기를 비교했을때 어떠한지 부등호로 나타내시오.

모체 ( ) 자손

3. 효모의 생식 방법이 오른쪽 그림의 생식 방법과 다른 점이 무엇인지 쓰시오.

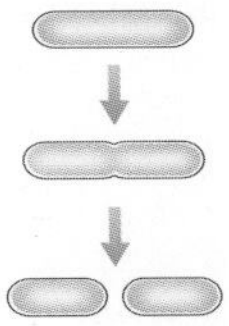

4. 효모의 생식 방법의 장점을 〈보기〉에서 모두 고르시오.

〈 보기 〉

ㄱ. 번식 방법이 빠르다.
ㄴ. 유전적으로 다양한 유전 형질을 가진 자손이 만들어진다.
ㄷ. 급격한 환경 변화에 잘 적응한다.
ㄹ. 모체와 자손이 유전적으로 같다.

5. 효모와 같은 생식 방법을 하는 생물은 무엇인가?

① 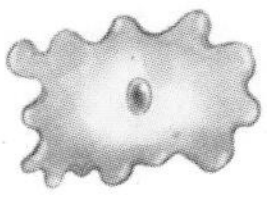
② 
③ 
④ 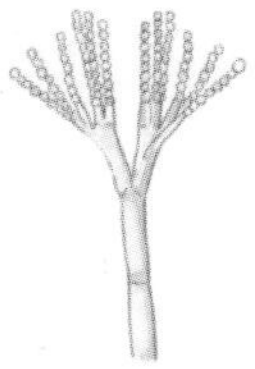
⑤ 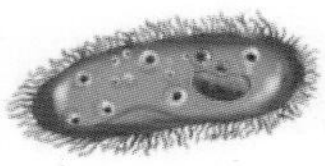

Ⅵ 유전과 진화

우리가 부모님을 닮은 이유는 무엇일까?

22강. 유전의 원리

1. 유전

(1) **유전** : 부모의 형질이 자손에게 전해지는 현상을 뜻한다.

(2) 유전 현상 초기 연구자

히포크라테스 고대 그리스의 '의학의 아버지'	멘델 오스트리아 수도회 수사
인간은 몸속에서 각각의 특징을 지닌 체액을 만들어 내는데, 수정을 할 때 부모의 체액이 섞이면서 경쟁적으로 아이에게 자신의 특성을 물려준다. 체액이 섞이는 비율에 따라 자손은 어떤 부모를 닮을 것인지 결정된다.	생물체의 몸에는 그 생물체의 특징을 모두 담고 있는 유전 물질이 존재하고, 이 물질은 부모로부터 각각 하나씩 물려받기 때문에 항상 쌍으로 존재하며, 후손에게 물려줄 때에는 쌍으로 존재하던 물질 중 하나만을 자손에게 물려준다.

(3) 유전 용어

용어	의미
형질	생물이 가지고 있는 모양이나 성질
대립 형질	하나의 형질에서 서로 대립(비교) 관계에 있는 형질
순종	형질을 나타내는 유전자 구성이 서로 같은 개체 (RR, rr)
잡종	형질을 나타내는 유전자 구성이 서로 다른 개체 (Rr, RrYy)
우성	순종의 대립 형질끼리 교배하였을 때 잡종 1대에서 겉으로 표현되는 형질
열성	순종의 대립 형질끼리 교배하였을 때 잡종 1대에서 겉으로 표현되지 않는 형질
표현형	겉으로 나타나는 유전 형질
유전자형	형질을 나타나게 하는 유전자를 기호로 나타낸 것 (우성은 대문자, 열성은 소문자)

● 멘델

(Gregor Mendel, 1822~1884, 오스트리아)
빈대학에서 수학과 과학을 공부하고 1854년부터 14년 간 수도원에서 생활하며 멘델 법칙을 발표하였다.

● 대립 유전자

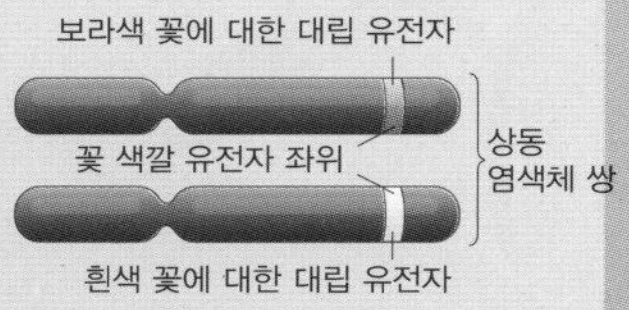

· 상동 염색체의 같은 위치에 존재하는 유전자
· 같은 종류의 형질을 나타내는 데 관여한다.
· 우성 유전자와 열성 유전자로 나뉜다.

개념확인 1 다음 설명에 해당하는 것의 이름을 쓰시오.

· 상동 염색체의 같은 위치에 존재하는 유전자
· 같은 종류의 형질을 나타내는 데 관여한다.
· 우성 유전자와 열성 유전자로 나뉜다.

(　　　　　　)

확인 +1 다음 설명의 빈칸에 들어갈 알맞은 말을 쓰시오.

㉠(　　　　) : 형질을 나타내는 유전자의 구성이 서로 같은 개체
㉡(　　　　) : 형질을 나타내는 유전자의 구성이 서로 다른 개체

● 생각해보기★
잘생기거나 공부를 잘하는 것과 같이 좋은 특성이 우성일까?

미니사전
유전자 DNA의 염기 서열로 생명의 정보를 담고있다.

2. 멘델 법칙 1

(1) 멘델의 실험 방식 : 완두의 7가지 대립 형질의 유전을 수학적 통계 방식으로 풀어 유전의 기초를 알고자 하였다.

완두의 대립 형질	씨 모양	씨 색	씨 껍질의 색	콩깍지의 모양	콩깍지의 색	꽃의 위치	완두의 키
우성	둥글다	황색	갈색	매끈하다	녹색	잎 겨드랑이	크다
열성	주름지다	녹색	흰색	잘록하다	황색	줄기의 끝	작다

(2) 멘델 법칙 1 : 한 쌍의 대립 형질 유전

우열의 원리	순종인 한 쌍의 대립 형질을 교배 하였을 때 잡종 1대(F_1)에서는 우성 형질만 나타난다.	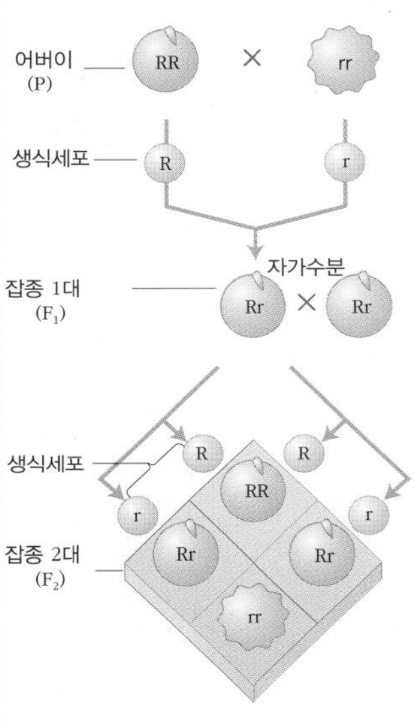	· 어버이(P)의 생식세포 : R, r · 잡종 제1대(F_1)의 유전자형 : Rr · 잡종 제1대(F_1)의 표현형 : 둥근 씨 R(둥근 유전자) → 우성 r(주름진 유전자) → 열성
분리의 법칙	· 대립 유전자는 생식세포 형성시 각각 다른 생식세포로 들어간다. · 잡종 1대를 자가 수분하면 잡종 2대에서는 우성 형질과 열성 형질이 일정한 비로 나타난다.		· 잡종 제1대(F_1)의 생식세포 : R, r · 잡종 제2대(F_2)유전자형 : RR : Rr : rr = 1 : 2 : 1 · 잡종 제2대(F_2)의 표현형 : 둥근 : 주름진 = 3 : 1 → 우성 형질과 열성 형질의 표현형이 일정한 비율 3 : 1 로 분리되어 나타난다.

정답 및 해설 31쪽

개념확인 2 다음 설명에 해당하는 것의 이름을 쓰시오.

· 열성 형질만 가진 개체와 교배시켜 보는 방법이다.
· 순종일 경우 자손은 모두 같은 표현형이다.
· 잡종일 경우 자손의 표현형이 모두 1 : 1로 나타난다.

(　　　　　　)

확인 +2 멘델이 실험을 할 때 완두로 실험한 이유로 알맞은 것을 〈보기〉에서 모두 고르시오.

〈 보기 〉
ㄱ. 구하기 쉽고 기르기 쉽다.
ㄴ. 자가 수분이 잘 되지 않는다.
ㄷ. 대립 형질이 뚜렷하다.

유전 기호의 의미

① 어버이와 자손의 표시
· 어버이 : P
· 잡종 1대 : F_1
· 잡종 2대 : F_2

② 유전 인자 표시
· 둥글다(Round) : R
· 주름지다 : r (R의 열성)
· 황색(Yellow) : Y
· 녹색 : y (Y의 열성)

완두콩 실험의 장점

① 구하기 쉽고 기르기 쉬움.
② 한 세대의 길이가 짧음.
③ 자손의 수가 많음.
④ 대립 형질이 뚜렷함.
⑤ 자가 수분이 잘 됨.

검정교배
: 순종과 잡종의 확인법

표현형이 우성인 한 개체가 순종인지 잡종인지 알아보려면 그 개체를 열성 형질만 가진 개체와 교배시켜 보면 된다.

· 순종일 경우 : 자손은 모두 같은 표현형이다.
→ YY × yy → Yy
· 잡종일 경우 : 자손의 표현형이 모두 1 : 1로 나타난다.
→ Yy × yy → Yy, yy

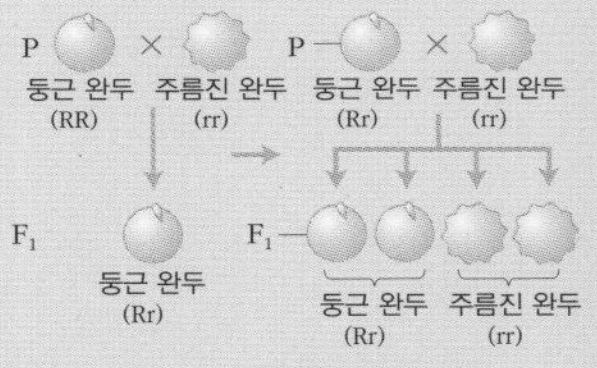

▲ 검정교배

자가수분

암수와 수술이 한 그루에 있는 식물에서 자신의 꽃가루를 자신의 암술머리에 붙이는 현상으로, 인위적으로 품종을 개량하거나 원하는 형질을 추출할 때 쓰이기도 한다.

미니사전

수분 [受 받다 粉가루] 종자식물에서 수술의 화분(花粉)이 암술머리에 옮겨 붙는 일

● 잡종 및 순종 표시의 예

- RRyy : 모양과 색을 나타내는 유전자가 각각 동형 접합이므로 순종이다.
- RrYy : 모양과 색을 나타내는 유전자가 각각 이형 접합이므로 잡종이다.
- R_Y_ : 의미는 R 또는 r 어떤 것이 있어도 우열의 원리에 의한 표현형은 같기 때문에 _ 위치에 R이 오는 경우와 r이 오는 경우를 모두 포함하여 표시한 것이다.

● 독립 법칙이 성립할 때 필요한 조건

형질을 결정하는 유전자가 서로 다른 상동 염색체에 있는 경우에만 독립 법칙이 성립한다.

● 생각해보기★★

멘델의 가설에서 현재와 다른 점은 무엇일까?

미니사전

이형접합 [異 다르다 型 모양 接 붙이다 合 합치다] 모양, 크기등이 다른 암수를 접합한 것 (→ Rr, Tt, RrYy 등)

동형접합 [同 같다 型 모양 接 붙이다 合 합치다] 모양, 크기 등이 같은 암수를 접합한 것 (→ rr, YY, RRyy 등)

3. 멘델 법칙 2

(1) 멘델 법칙 2 : 두 쌍의 대립 형질 유전

독립의 법칙	내용
	두 쌍의 대립 형질이 함께 유전될 때, 각각의 대립 형질은 서로 다른 형질의 영향을 받지 않고 우열의 원리와 분리의 법칙에 따라 독립적으로 유전되는 현상
	· 어버이(P)의 생식세포 : RY, ry · 잡종 제1대(F_1)유전자형 : RrYy · 잡종 제1대(F_1)의 표현형 : 둥글고 황색 → 모양, 색깔에서 우열의 원리 성립 · 잡종 제1대(F_1)의 생식세포 : RY, Ry, rY, ry · 자가수분 (생식세포 4종류 × 4종류) · 잡종 제2대(F_2)의 표현형 → 둥황 : 둥녹 : 주황 : 주녹 = 9 : 3 : 3 : 1 → 둥근(R_) : 주름진(rr) = 3 : 1 → 황색(Y_) : 녹색(yy) = 3 : 1 · 모양과 색의 대립 형질이 각각 우성 형질과 열성 형질의 표현형 비인 3 : 1로 나타났다.

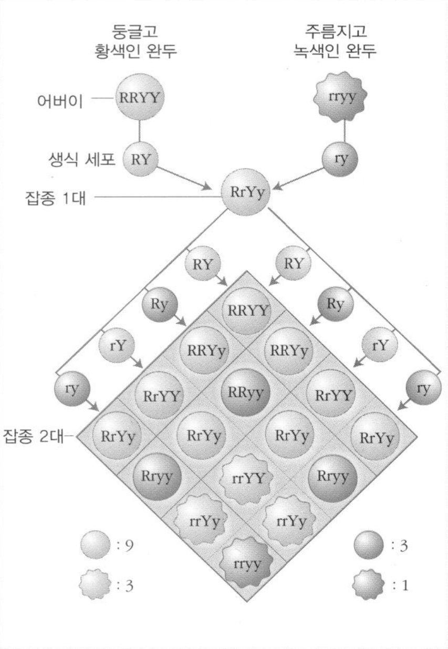

(2) 멘델의 가설

① 생물은 형질을 결정하는 한 쌍의 유전 인자가 있으며, 유전 인자는 부모에서 자손으로 전달된다.

② 한 쌍을 이루는 유전 인자가 서로 다를 경우 하나의 유전 인자만 형질로 표현되며, 다른 인자는 표현되지 않는다.

③ 한 쌍의 유전 인자는 생식 세포가 만들어질 때 분리되어 각각 다른 생식세포로 들어가고, 자손에게 전달되어 다시 쌍을 이룬다.

개념확인 3 **순종의 둥글고 녹색인 완두와 주름지고 황색인 완두를 교배하여 잡종 제 1대 완두를 얻을 때 잡종 제 1대의 완두 표현형(모양과 색)은 어떻게 될까?**

( )

확인 +3 **다음은 멘델의 가설에 대한 설명이다. 다음 빈칸에 들어갈 알맞은 말을 쓰시오.**

> 생물은 형질을 결정하는 한 쌍의 ㉠( ) 가 있으며, 부모에서 자손으로 전달된다. 한 쌍의 ㉠( )는 ㉡( )가 만들어질 때 각각 다른 생식 세포에 분리되어 들어간다.

4. 멘델 법칙의 예외

(1) 중간 유전

① 정의 : 대립 유전자 사이의 우열 관계가 불완전하여 F_1(잡종)의 표현형이 부모 표현형의 중간을 가지는 현상 → 금어초, 둥근잎 나팔꽃, 카네이션

② 분꽃의 꽃 색깔 유전

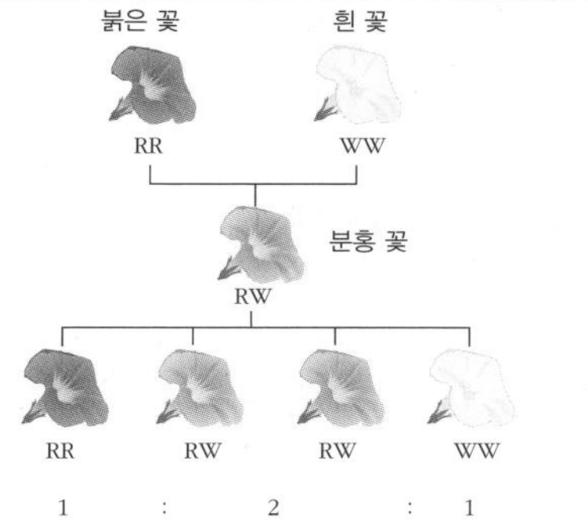

· 어버이(P)의 생식세포 : R, W
· 잡종 제1대(F_1) : 유전형(RW), 표현형(분홍)
→ 우열의 원리가 성립하지 않음
· 붉은 색 유전자와 흰색 유전자 사이의 우열 관계가 불완전하여 잡종의 표현형이 부모의 중간 색깔로 나타난다.

· 잡종 제1대(F_1)자가수분하면 잡종 제2대(F_2)에서 유전형과 표현형의 비율이 동일하게 나타난다.
→ (유전자형) RR : RW : WW = 1 : 2 : 1
→ (표현형) 붉은꽃 : 분홍꽃 : 흰꽃 = 1 : 2 : 1

③ 특징 : 우성과 열성에 대해 설명한 멘델의 가설에 맞지 않으며, 분리 법칙을 따른다.

(2) 복대립 유전

① 정의 : 3개 이상의 대립 유전자가 하나의 특징을 결정하는 유전

② 사람의 ABO 식 혈액형 유전 : 유전자 A와 B는 모두 우성이고, O는 열성이다.

유전자형	적혈구	표현형(혈액형)
AA, AO	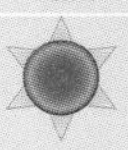	A
BB, BO		B
AB	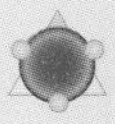	AB
OO	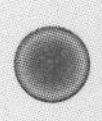	O

· 4가지 혈액형 A, B, AB, O 은 적혈구 표면에 탄수화물 A와 B를 부착시키는 효소에 의해 결정된다.
→ I^A 유전자 : A 탄수화물 부착
→ I^B 유전자 : B 탄수화물 부착
→ i 유전자 : 탄수화물 부착 없음

· 우열관계 : A = B 〉 O
→ i 에 대해 I^A와 I^B 공동 우성
※ O 형은 적혈구 겉 표면에 탄수화물을 만들지 못하는 열성 대립 유전자 조합을 뜻한다.

정답 및 해설 31쪽

개념확인 4 다음 설명에 해당하는 것의 이름을 쓰시오.

· 대립 유전자 사이의 우열 관계가 불완전한 유전이다.
· 금어초, 카네이션 등의 꽃색깔 유전이 이에 대한 대표적인 예이다.
· 분리의 법칙이 성립한다.

( )

확인 + 4 3개 이상의 대립 유전자가 하나의 특징을 결정하는 유전을 무엇이라고 하는가?

( )

중간 유전과 분리 법칙
대립 유전자가 생식세포를 형성할 때 각각 다른 생식세포로 들어가기 때문에 분리 법칙을 따른다는 것을 알 수 있다.

교차
감수 1분열에서 2가 염색체를 형성할 때 유전자의 일부가 교환되는 것을 의미한다. 이 과정에서 새로운 유전자 조합을 가진 염색체가 형성되며 멘델 법칙을 따르지 않는다.

생각해보기★★★
분홍 분꽃은 붉은 꽃을 많이 닮은 것일까? 흰 꽃을 많이 닮은 것일까?

미니사전
복대립 유전자 [複 겹치다 對 대하다 立 자리 – 유전자] 3개 이상의 대립 유전자를 지닌 유전자

개념 다지기

01 유전 용어에 대한 설명으로 옳지 않은 것은?

① 대립 유전자는 상동 염색체의 같은 위치에 있다.
② 완두의 키가 큰 것과 콩깍지가 주름진 것은 대립 형질이다.
③ 한 형질을 나타내는 유전자의 구성이 같은 개체를 순종이라고 한다.
④ 크기나 모양이 같은 생물이 가지는 여러 가지 특성을 형질이라고 한다.
⑤ 대립 형질을 가진 순종 개체끼리 교배했을 때 잡종 1대에서 나타나는 형질을 우성이라고 한다.

02 멘델이 사용한 완두가 유전 연구의 재료로 적합한 이유가 아닌 것은?

① 쉽게 재배할 수 있다.
② 대립 형질이 뚜렷하다.
③ 인위적인 교배 실험에 적합하다.
④ 자손의 수가 적어 통계 처리하기에 편리하다.
⑤ 한 세대가 짧아 단시간 내에 여러 세대를 관찰할 수 있다.

03 멘델이 유전 법칙을 설명하기 위해 가설을 설정하였다면 어떤 가설을 세울 수 있는지 옳은 것만을 〈보기〉에서 있는 대로 고른 것은?

〈 보기 〉

ㄱ. 부모의 유전 인자의 합은 자손의 유전 인자이다.
ㄴ. 서로 다른 유전 인자가 쌍을 이루면 한쪽의 인자만 표현된다.
ㄷ. 부모의 각각의 유전 인자 1쌍을 무작위로 1개 선택했을 때, 선택된 유전 인자가 생식세포를 형성한다.
ㄹ. 하나의 형질을 결정하는 유전 인자는 한 쌍이다.

① ㄱ, ㄴ　② ㄴ, ㄷ　③ ㄴ, ㄹ
④ ㄱ, ㄴ, ㄹ　⑤ ㄴ, ㄷ, ㄹ

정답 및 해설 32쪽

[04~05] 붉은 분꽃과 흰 분꽃을 교배하였더니 잡종 제 1대에서 분홍 분꽃이 나타났다. 아래 물음에 답하시오.

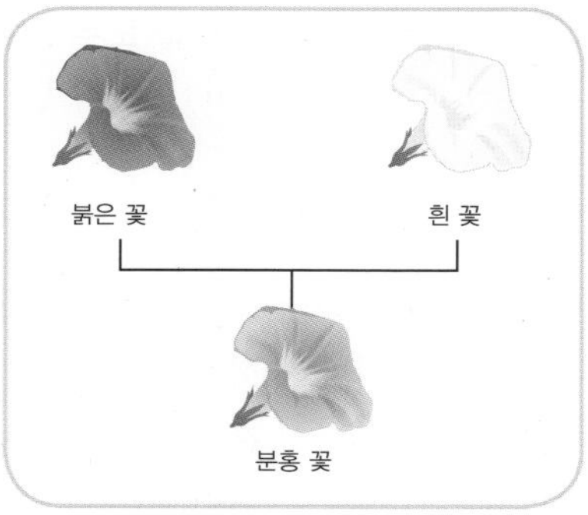

04

잡종 제1대에서 분홍 분꽃이 나타난 이유는 무엇인가?

① 분홍 분꽃은 우성, 붉은 분꽃과 흰 불꽃은 열성이기 때문이다.
② 분꽃의 꽃 색이 유전자와 환경의 영향을 동시에 받기 때문이다.
③ 분꽃의 꽃 색이 유전자의 지배를 받지 않고 환경의 지배를 받기 때문이다.
④ 분꽃의 꽃 색을 결정하는 유전자는 복대립으로 세 가지 종류이기 때문이다.
⑤ 분꽃의 꽃 색을 결정하는 대립 유전자 사이의 우열 관계가 불완전하기 때문이다.

05

다음 〈보기〉 중 분홍 꽃을 자가수분하여 얻은 잡종 2대에서 볼 수 있는 유전의 법칙을 모두 고른 것은?

〈 보기 〉

ㄱ. 우열의 원리　　ㄴ. 독립의 법칙
ㄷ. 분리의 법칙　　ㄹ. 중간의 법칙

① ㄱ　② ㄴ　③ ㄷ
④ ㄱ, ㄴ　⑤ ㄱ, ㄴ, ㄹ

06

다음 그림과 같이 순종의 둥근 완두와 순종의 주름진 완두를 교배시켰을 때 주름진 완두가 나올 확률은?

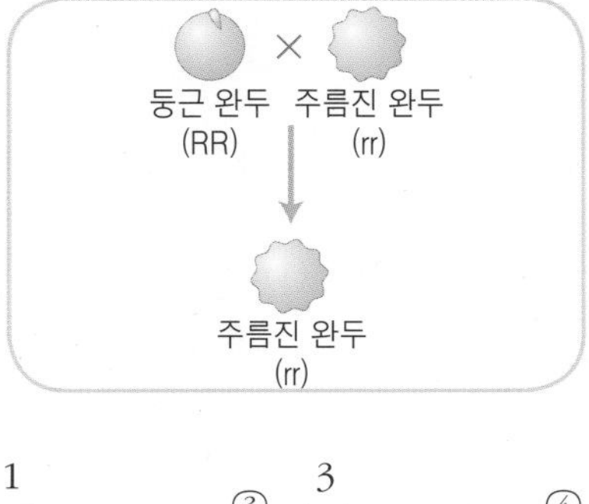

① $\frac{1}{2}$　② $\frac{1}{4}$　③ $\frac{3}{4}$　④ $\frac{1}{3}$　⑤ 0

유형 익히기 & 하브루타

[유형22-1] 유전

다음 <보기> 중 유전에 대한 설명으로 옳은 것을 모두 고른 것은?

〈 보기 〉

ㄱ. 부모의 형질이 자손에게 전해지는 현상을 유전이라고 한다.
ㄴ. 유전 현상의 초기 연구자에는 히포크라테스, 멘델 등이 있다.
ㄷ. 대립 유전자는 상동 염색체의 같은 위치에 존재한다.
ㄹ. 일반적으로 우성 유전자는 알파벳 대문자로, 열성 유전자는 우성 유전자에 반대되는 단어의 알파벳 대문자로 나타낸다.

① ㄱ, ㄴ ② ㄷ, ㄹ ③ ㄱ, ㄴ, ㄷ
④ ㄱ, ㄴ, ㄹ ⑤ ㄱ, ㄴ, ㄷ, ㄹ

Tip!

01 다음 <보기>의 유전자형중 순종을 나타내는 것을 모두 골라 기호로 쓰시오.

〈 보기 〉

ㄱ. AA	ㄴ. AABB	ㄷ. aabb	ㄹ. aa
ㅁ. aaBb	ㅂ. AaBb	ㅅ. ttRR	ㅇ. RRrr

( )

02 아래의 설명에 해당하는 유전 용어를 쓰시오.

(1) 유전자 구성에 따라 겉으로 나타나는 유전 형질 ( )
(2) 형질을 나타내는 유전자 구성이 서로 같은 개체 ( )
(3) 하나의 형질에서 서로 명확하게 구분되어 대립되는 형질 ( )
(4) Rr과 같이 형질을 나타나게 하는 유전자 구성을 기호로 나타낸 것 ( )

정답 및 해설 32쪽

[유형22-2] 멘델 법칙 1

오른쪽 그림은 순종 둥근 완두와 순종의 주름진 완두의 교배를 나타낸 것이다. 이에 대한 설명으로 옳은 것은 O표, 옳지 않은 것은 X표 하시오.

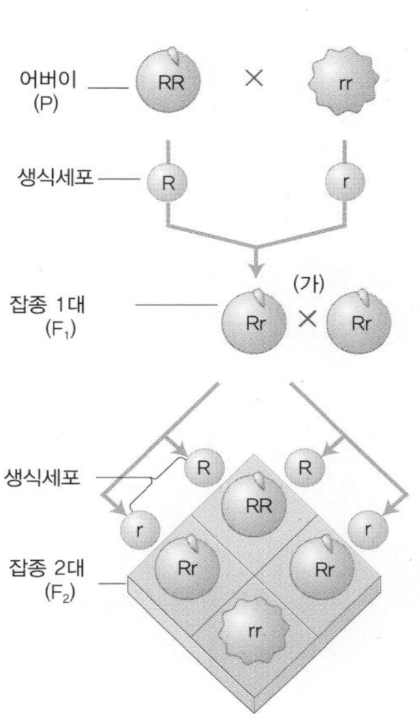

(1) (가)에서는 꽃가루를 같은 그루 내의 꽃에 있는 암술에 붙이는 자가 수분을 시킨다. ( )

(2) 대립 형질을 가진 순종의 개체끼리 교배하면 잡종 1대에서는 열성의 형질만 나타난다. ( )

(3) 잡종 1대에서 우열의 원리가 나타난다. ( )

(4) 주름진 모양의 형질은 둥근 모양에 대해 우성이다. ( )

(5) 생식세포를 만드는 과정에서 한 쌍의 대립 유전자가 분리되어 서로 다른 생식세포로 들어가 잡종 2대에서 우성 형질과 열성 형질이 일정한 비율로 나타나는 것을 독립의 법칙이라고 한다. ( )

[03~04] 다음 그림은 순종의 둥근 완두와 순종의 주름진 완두의 교배를 나타낸 것이다. 다음 물음에 답하시오.

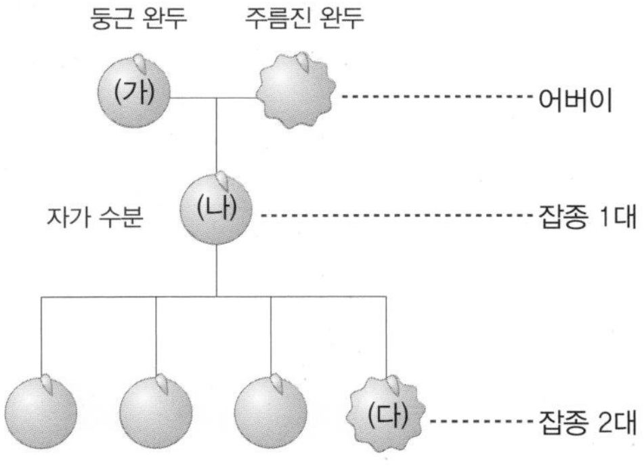

03 (가)~(다)의 유전자형은 무엇인가? (단, 둥근 완두는 R, 주름진 완두는 r로 표시한다.)

(가) : ( ) (나) : ( ) (다) : ( )

04 잡종 2대에서 총 320개의 완두를 얻었다면, 이 중 주름진 완두는 이론적으로 모두 몇 개인가?

( )개

Tip!

[유형22-3] 멘델 법칙 2

오른쪽 그림은 순종의 둥글고 황색인 완두와 주름지고 녹색인 완두를 교배하여 얻은 잡종 1대를 자가 수분하여 잡종 2대를 얻는 과정을 나타낸 것이다.

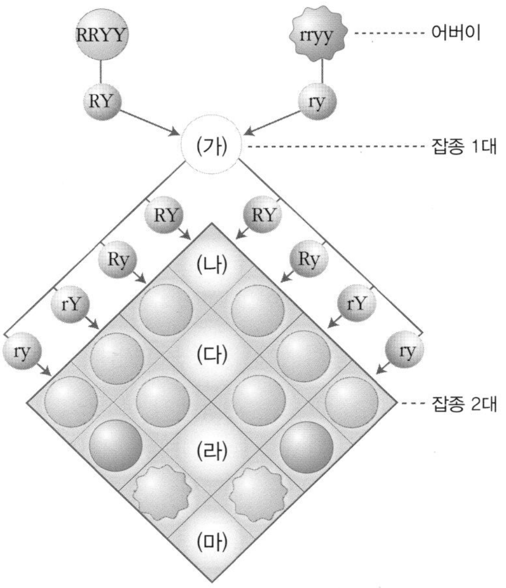

(1) (가) ~ (마)의 유전자형을 각각 쓰시오.

(가) : (　　　)　(나) : (　　　)　(다) : (　　　)

(라) : (　　　)　(마) : (　　　)

(2) 잡종 2대에서 둥근 완두 : 주름진 완두의 분리비는 얼마인가?

(3) 잡종 2대에서 황색 완두 : 녹색 완두의 분리비는 얼마인가?

(4) 잡종 2대에서 '둥글고 황색 : 둥글고 녹색 : 주름지고 황색 : 주름지고 녹색'의 완두의 분리비는 얼마인가?

Tip!

05 순종의 둥글고 황색인 완두와 순종의 주름지고 녹색인 완두를 교배하여 얻은 잡종 1대를 자가 수분하여 잡종 2대를 얻었다. 이때 잡종 2대에서 총 8000개의 완두를 얻었다면, 주름지고 황색인 완두는 이론적으로 모두 몇 개인가?

(　　　　　　　　)개

06 두 쌍 이상의 대립 형질이 동시에 유전될 때 각각의 대립 형질은 서로 다른 형질의 영향을 받지 않고 우열의 원리와 분리의 법칙에 따라 독립적으로 유전되는 현상을 무엇이라고 하는가?

(　　　　　　　　)

정답 및 해설 32쪽

[유형22-4] 멘델 법칙의 예외

다음은 순종의 붉은색 분꽃과 흰색 분꽃을 교배하여 얻은 잡종 1대를 자가 수분하여 잡종 2대를 얻는 과정을 나타낸 것이다. 이에 대한 설명으로 옳은 것은 O표, 옳지 않은 것은 X표 하시오.

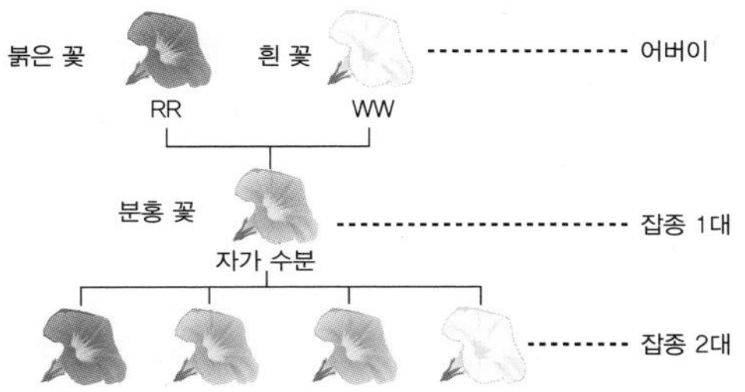

(1) 잡종 1대의 유전자형은 PP(Pink) 이다. (　　)

(2) 분꽃의 꽃잎 색깔은 분리의 법칙이 성립하지 않는다. (　　)

(3) 잡종 2대의 표현형은 붉은 꽃 : 분홍 꽃 : 흰 꽃 = 1 : 2 : 1이다. (　　)

(4) 붉은 꽃과 흰 꽃은 색깔을 결정하는 대립 유전자 사이의 우열 관계가 불완전하다. (　　)

07 대립 유전자 사이의 우열 관계가 불완전하여 잡종 1대의 표현형이 부모 표현형의 중간을 갖는 현상을 무엇이라고 하는가?

(　　　　　　　　)

08 3개 이상의 대립 유전자가 하나의 특징을 결정하는 유전을 무엇이라고 하는가?

(　　　　　　　　)

Tip!

창의력 & 토론마당

01 **다음 그림은 멘델의 법칙을 따르지 않는 유전 현상 중 상위 유전자에 대한 예시를 나타낸 것이다. 물음에 답하시오.**

> 쥐의 회갈색 털과 검은색 털의 유전 현상
>
> 상위 유전자 : 대립 유전자가 아닌 두개의 유전자가 같이 있을 때 표현형으로 나타나는 형질을 지배하는 유전자를 뜻한다.
>
> 쥐의 털 색깔 유전 현상의 특징 : 회갈색 털(B)이 검은색 털(b)에 대해 우성이다. 그러나 이 한 쌍의 대립 형질은 색소 침착에 대한 유전자의 영향을 받는다. 색소 침착 유전자(C)가 우성으로 표현될 경우에 털 색깔의 표현형이 그대로 나타난다. 만약 색소 침착 유전자가 열성 대립 형질 조합(cc)를 이룰 경우 털 색깔 유전자의 조합에 관계없이 해당 쥐는 흰색(알비노)으로 나타난다.
>
> 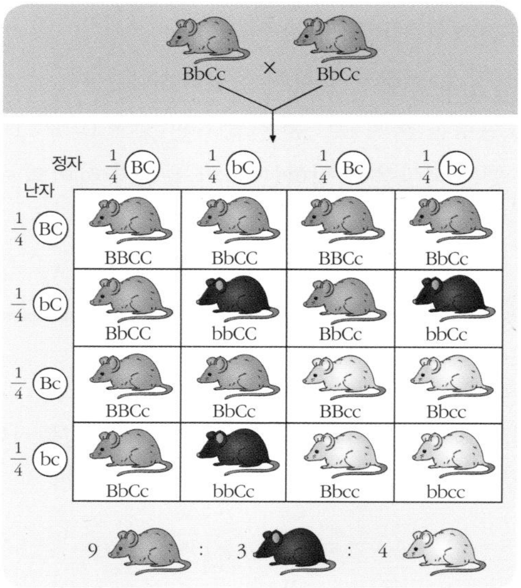
>

(1) 털 색깔 유전자와 색소침착 유전자의 관계는 어떤 관계인가?

(2) 멘델의 완두 실험 결과 잡종 제2대에서 9 : 3 : 3 : 1의 비율을 나타내었다. 그러나 위 실험의 경우 9 : 3 : 4(= 3 + 1)로 나타난다. 그렇다면 이 실험은 멘델의 법칙 중 어떤 법칙에 맞지 않는가?

(3) 만약 순종의 흰색 쥐와 순종의 회갈색 쥐를 교배할 경우 자손은 어떤 색깔을 갖게 되는가?

정답 및 해설 34쪽

02

어떤 둥근 콩 두개를 심어 수분시켜 주름진 콩을 얻었다. 이때 사용한 둥근 콩 두개를 교배시켜 얻은 자손 중 둥근 콩 두개를 골라냈다. 이렇게 골라 낸 두 개의 둥근 콩 유전자를 궁금하게 여긴 친구가 그 두개의 콩이 순종인지 물어보았더니 콩을 고른 사람은 고른 콩 중 한개는 순종이라고 답하였다.

(1) 고른 두 개의 콩이 모두 순종일 확률은 얼마인가?

(2) 고른 두 콩을 심어 서로 교배하였을 때 나온 콩이 주름질 확률은 얼마인가?

03 완두의 모양을 결정하는 유전자 R은 둥글고, 유전자 r은 주름진 표현형을 나타낸다. (가)와 같은 염색체 조성을 갖는 개체를 자가 수분하였더니 (나)와 같이 R이 결실된 자손을 얻었다. (나)의 표현형과 유전자형은 어떻게 나타날지 그 이유와 함께 쓰시오.

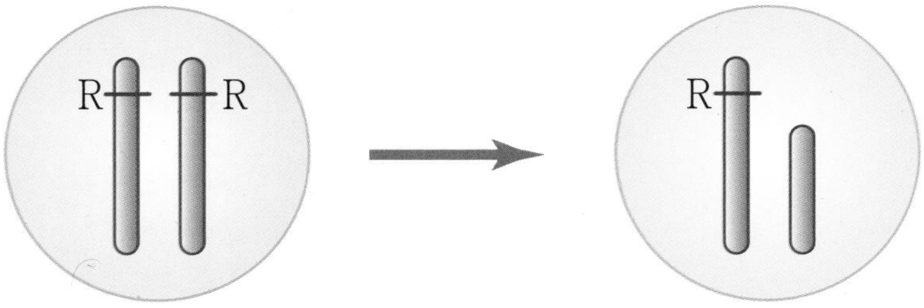

(가) (나)

정답 및 해설 34쪽

04 베이트슨의 스위트피 교배 실험을 나타낸 것이다.

가. 스위트피 품종에서 꽃이 보라색(B)이고 꽃가루가 긴(L) 순종의 개체와 꽃이 붉은색(b)이고 꽃가루가 둥근(l) 개체를 교배하였다. 그 결과 F_1에서는 모두 보라색 꽃의 긴 꽃가루를 갖는 개체만 나왔다.

나. 위에서 얻은 F_1을 자가 수분시킨 결과 오른쪽 표와 같이 F_2를 얻었다.

F_2의 형질	F_2 개체 수	비율
보라색 긴 꽃가루 (B_L_)	1528개	11
보라색 둥근 꽃가루 (B_ll)	106개	1
붉은색 긴 꽃가루 (bbL_)	117개	1
붉은색 둥근 꽃가루 (bbll)	381개	3

(1) 멘델이 위 실험 결과를 검토하였다면 멘델의 유전 법칙 중 무엇에 어긋난다고 하였을까?

(2) 보라색 꽃 둥근 화분과 붉은색 꽃 긴 화분의 개체수가 적은 이유는 무엇인가?

스스로 실력 높이기

A

[01~05] 다음 〈보기〉는 유전 용어를 나타낸 것이다. 아래의 물음에 답하시오.

〈 보기 〉

순종	잡종	우성	열성
형질	대립형질	표현형	유전자형

01 같은 종류의 특성에 대해 서로 뚜렷하게 비교되는 형질을 무엇이라고 하는가?

( )

02 유전자 구성에 따라 겉으로 드러나는 형질을 무엇이라고 하는가?

( )

03 형질을 나타내는 유전자 구성을 기호로 나타낸 것을 무엇이라고 하는가?

( )

04 형질을 나타내는 유전자의 구성이 서로 다른 개체를 무엇이라고 하는가?

( )

05 순종의 대립 형질끼리 교배했을 때 잡종 1대에서 겉으로 표현되는 형질을 무엇이라고 하는가?

( )

06 순종의 한 쌍의 대립 형질을 교배하였을 때, 잡종 1대에서 우성 형질만 나타난다는 원리는 무엇인가?

( )

07 잡종 1대를 자가 수분하여 얻은 잡종 2대에서는 우성 형질과 열성 형질이 3 : 1의 비율로 나타난다는 법칙은 무엇인가?

( )

08 다음 설명을 읽고 빈칸에 들어갈 알맞은 단어를 쓰시오.

> 대립 유전자 사이의 우열 관계가 불완전하여 잡종 1대의 표현형이 부모 표현형의 중간을 갖는 것을 ( )이라고 한다.

09 키가 큰 완두를 T라고 표시한다면, 이것의 대립 형질인 키가 작은 완두는 어떻게 표시해야 하는가?

① T ② t ③ T_t ④ S ⑤ s

10 다음 〈보기〉 중, 완두로 유전 실험을 할 때 좋은 점만을 있는 대로 골라 기호로 나타내시오.

〈 보기 〉

ㄱ. 자손의 수가 많다.
ㄴ. 대립 형질이 뚜렷하다.
ㄷ. 순종을 얻기 어려우나 재배하기가 쉽다.

( )

정답 및 해설 34쪽

B

11 유전에 대한 설명으로 옳지 않은 것은?

① 어버이의 형질이 자손에게 전해지는 현상이다.
② 대립 유전자는 상동 염색체의 같은 위치에 있다.
③ 서로 같은 형질을 가져도 유전자는 다를 수 있다.
④ 유전자는 염색체 속에 있는 DNA로 암호화 되어있다.
⑤ 모든 생물의 유전 현상은 멘델의 법칙에 따라 나타난다.

12 유전 용어에 대한 설명이 바르지 않은 것은?

① 형질 : 생물이 가진 여러 가지 특성
② 표현형 : 완두의 형질이 '주름지다'고 표현하는 형질
③ 우성 : 잡종 1세대에서 나타나는 형질로 유전자는 대문자로 표시한다.
④ 순종 : 유전자형이 Ttyy와 같은 경우로 나타내는 유전자가 같은 종류일 때를 의미한다.
⑤ 대립 형질 : 완두의 콩 색깔처럼 하나의 특성에 대해 황색 - 녹색 처럼 뚜렷하게 구분되는 형질

13 멘델이 유전 법칙을 발견하는 과정에서 완두를 실험 재료로 삼은 선택이 바로 실험을 성공시킬 수 있었던 가장 큰 요인이라고 후대 과학자들은 평가한다. 완두가 멘델 실험에 적합했던 이유는 무엇인가?

① 염색체의 수가 많다.
② 대립 형질이 뚜렷하다.
③ 한 세대의 길이가 길다.
④ 돌연변이가 많이 일어난다.
⑤ 재배하기 쉽고 자손의 수가 적다.

14 멘델이 유전 법칙을 설명하기 위해 세운 가설로 옳은 것을 〈보기〉에서 모두 고른것은?

〈 보기 〉

ㄱ. 생물은 형질을 결정하는 한 쌍의 유전 인자가 있으며, 유전 인자는 부모에게서 각각 자손에게로 전달된다.
ㄴ. 한 쌍을 이루는 유전 인자가 서로 다를 경우, 형질이 모두 표현된다.
ㄷ. 한 쌍의 유전 인자는 자손에게 전달되어 자손은 부모의 2배의 생식 세포를 가진다.

① ㄱ ② ㄴ ③ ㄷ ④ ㄱ, ㄴ ⑤ ㄴ, ㄷ

15 아래는 멘델이 한쌍의 대립 형질을 가진 잡종 완두를 자가 수분시켜 자손을 얻은 결과를 표로 나타낸 것이다.

특성	형질에 따른 수 (개)	
씨의 색깔	황색 : 1811	녹색 : 580
씨의 모양	둥근 것 : 2009	주름진 것 : 650
콩깍지의 모양	매끈한 것 : 311	잘록한 것 : 102
꽃의 색깔	보라색 : 340	흰색 : 110
줄기의 키	큰 것 : 24	작은 것 : 8

위 표를 근거로 설명한 것 중 옳지 않은 것은?

① 완두의 씨 색깔은 두 가지 종류이다.
② 줄기의 키는 큰 것이 작은 것보다 우성이다.
③ 완두 씨 모양과 콩깍지의 모양은 서로 영향을 주지 않는다.
④ 보라색 꽃 완두가 흰색 꽃 완두보다 환경에 대한 적응력이 뛰어나다.
⑤ 위 대립 형질은 우성과 열성 형질이 약 3 : 1로 분리되어 표현된다.

16 순종인 둥근 완두(RR)와 주름진 완두(rr)를 교배시켜 잡종 1대에서는 둥근 완두가 나왔고, 다시 잡종 1대를 자가 수분시켜 잡종 2대의 완두를 총 240개 얻었다. 이 중 순종의 둥근 완두는 이론적으로 몇 개인가? (단, 돌연변이는 일어나지 않았다.

( ) 개

17 황색(Y)과 녹색(y)의 완두를 교배하여 F_1에서 표현형의 비가 황색 : 녹색 = 1 : 1로 나왔다. 이 때, 어버이 각각의 유전자형은 무엇인가? (단, 황색 순종(우성) : YY, 황색 잡종 : Yy, 녹색 순종(열성) : yy로 표시한다.)

(,)

[18~19] 붉은 분꽃과 흰 분꽃을 교배하였더니 잡종 1대에서 분홍 분꽃이 나타났다. 다음 물음에 답하시오.

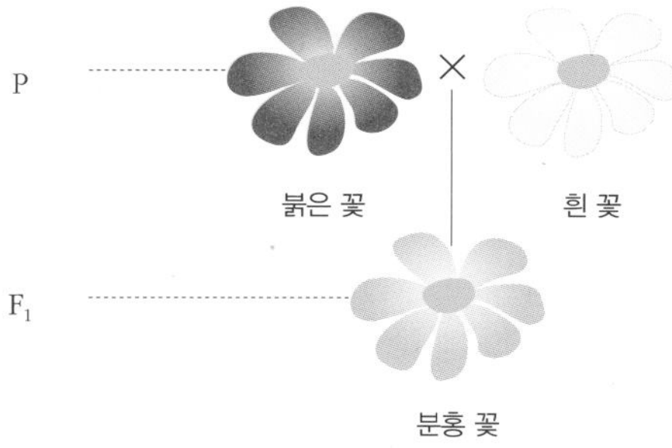

18 잡종 1대에서 분홍 분꽃이 나타난 이유로 옳은 것은?

① 분홍 분꽃은 우성이고, 붉은 꽃과 흰꽃은 열성이기 때문에
② 분꽃의 꽃 색이 유전자와 환경의 영향을 동시에 받기 때문에
③ 분꽃의 꽃 색이 유전자의 지배를 받지 않고 환경의 지배를 받기 때문에
④ 분꽃의 꽃 색을 결정하는 유전자는 복대립으로 세 가지 종류이기 때문에
⑤ 분꽃의 꽃 색을 결정하는 대립 유전자 사이의 우열 관계가 불완전하기 때문에

19 잡종 1대에서는 모두 분홍 꽃만 나왔다. 이것은 다음 〈보기〉 중 어떤 법칙에 어긋나는 것인가?

〈 보기 〉
ㄱ. 우열의 원리
ㄴ. 분리의 법칙
ㄷ. 독립의 법칙

① ㄱ ② ㄴ ③ ㄷ ④ ㄱ, ㄴ ⑤ ㄴ, ㄷ

20 다음 중 우열의 원리를 바르게 표현한 것은?

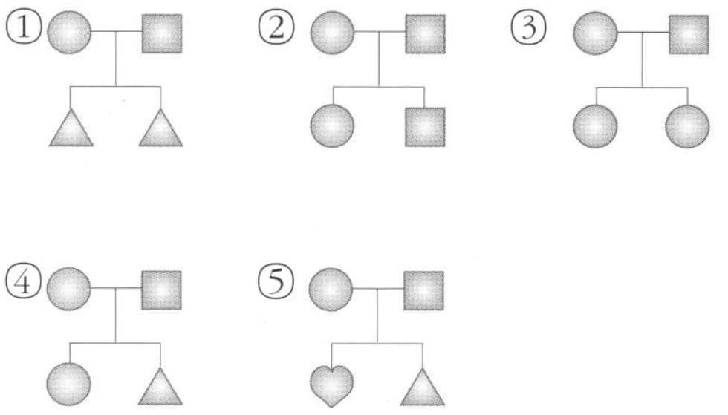

정답 및 해설 34쪽

C

[21~22] 다음은 멘델의 실험 결과이다.

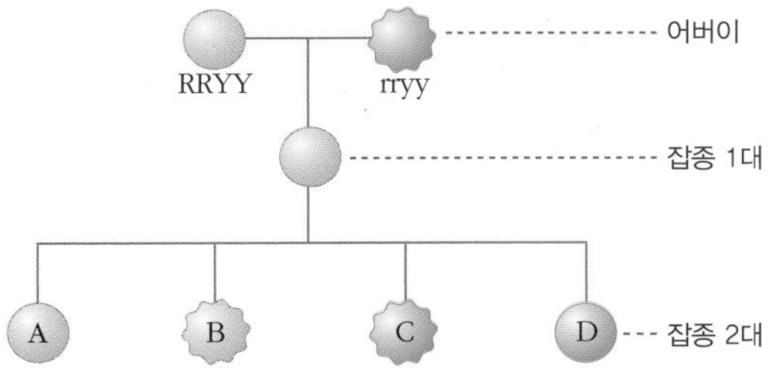

21 잡종 1대의 유전자가 염색체 위에 존재하는 모습으로 옳은 것은?

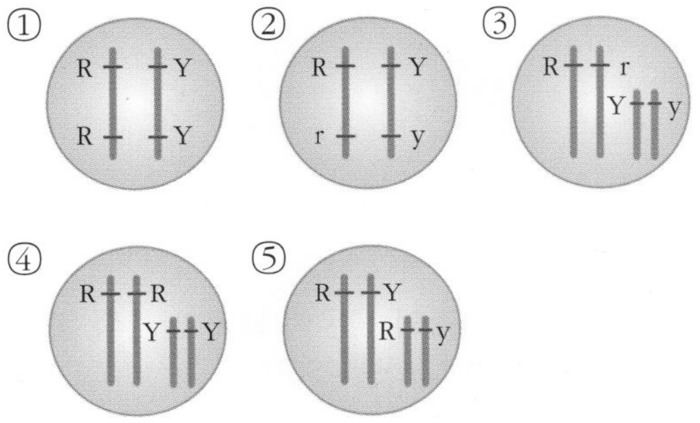

22 F_1의 자가 수분 결과로 생긴 F_2에서 A : B : C : D의 표현형의 분리비는?

(: : :)

23 위 실험의 잡종 2대에서 25%의 확률로 나타날 가능성이 있는 것을 〈보기〉에서 모두 고른것은?

〈보기〉

ㄱ. 순종이 나타날 확률
ㄴ. 둥근 완두가 나타날 확률
ㄷ. 씨 색과 모양 모두 열성 유전자가 표현될 확률
ㄹ. 잡종 1대와 유전자형이 같은 것이 나타날 확률

① ㄱ, ㄹ ② ㄴ, ㄹ ③ ㄷ, ㄹ
④ ㄱ, ㄴ ⑤ ㄱ, ㄷ

[24~25] 다음은 어느 생물의 대립되는 형질을 가진 순종을 교배한 결과이다. Y는 y에 대하여 우성이고, 멘델 법칙에 따라 유전한다. 다음 물음에 답하시오.

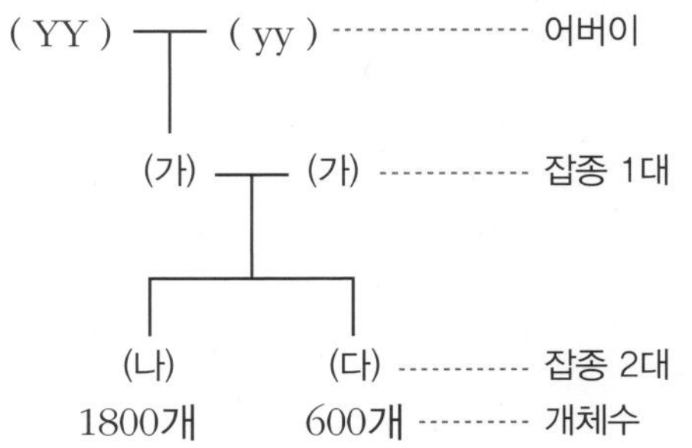

24 위 실험에 대한 설명으로 바르게 설명한 것을 모두 고르시오.(2개)

① (나)와 (다)는 모두 잡종이다.
② (나)의 완두는 모두 유전자형이 동일이다.
③ (가) 표현형과 유전자형을 비교하면 유전자의 우열을 알 수 있다.
④ (가)와 (다)를 교배하면 황색과 녹색 완두의 비가 3 : 1로 나타난다.
⑤ (나)와 (다)가 약 3 : 1 비율로 나오는 것은 멘델의 분리의 법칙을 따르기 때문이다.

25 위 그림에서 (가)와 같은 유전자형을 갖고 표현형은 (나)와 같은 개체는 이론상 몇 개인가?

( ) 개

26 우성 형질과 열성 형질의 차이점을 비교하여 설명하고, 그 예를 한 가지 쓰시오.

27 완두가 유전 연구의 재료로 적합한 이유를 세 가지 이상 쓰시오.

28 멘델의 법칙 중, 우열의 원리와 분리의 법칙을 각각 한 문장으로 설명하시오.

29 순종과 잡종을 확인하는 교배 방법의 이름을 쓰고, 그 결과로 순종과 잡종이 각각 어떻게 나타나는지 쓰시오.

30 아래는 순종의 붉은색 분꽃과 흰색 분꽃을 교배한 결과를 나타낸 것이다.

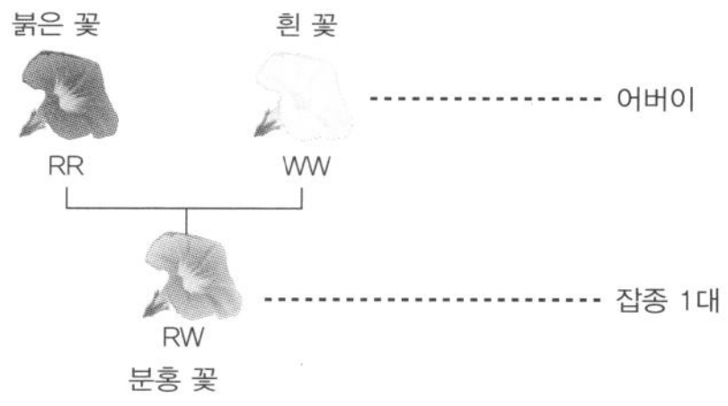

위 그림과 같이 순종인 한 쌍의 대립 형질을 교배하였을 때, 잡종 1대에서 어버이 형질에 없던 분홍색의 새로운 형질이 나타나는 이유가 무엇인지 서술하시오.

정답 및 해설 34쪽

창의력 서술

31 표현형이 우성인 한 개체가 순종인지 잡종인지 알아보려면 그 개체를 열성 형질만 가진 개체와 교배시켜 보면 된다고 한다. 이것을 검정 교배라고 하는데, 어떤 원리에 의해 일어나는지 우성 유전자 Y와 열성 유전자 y를 가지고 설명하시오.

32 생식세포 분열 중 감수 1분열에서 2가 염색체를 형성할 때 유전자의 일부가 교환되는 것을 교차라고 한다. 이것이 유전자에 어떤 영향을 미치며 어떤 장점이 있는지 서술하시오.

23강. 사람의 유전

1. 사람의 유전

(1) 사람의 유전 연구가 어려운 점

① 한 세대가 길며 자녀 수가 적다.
② 대립형질이 복잡하며, 유전자 수가 많다.
③ 환경의 영향을 많이 받는다.
④ 순종을 얻기 어려우며, 자유로운 교배가 불가능하다.

(2) 사람의 유전 연구 방법

① 가계도 조사 : 특정 형질을 가진 가계에서 형질이 어떻게 유전되는지 알아본다.
→ 형질의 우열 관계와 가족 구성원의 유전자형을 알 수 있고, 태어날 자손의 형질을 예측할 수 있다.
② 쌍둥이 연구 : 유전과 환경이 특정 형질에 미치는 영향을 알아보는 데 이용된다.

구분	1란성 쌍둥이	2란성 쌍둥이
발생 과정	하나의 수정란이 발생 초기에 둘로 나뉘어 각각 태아로 발생한다. → 유전자 구성이 서로 같다.	각기 다른 두개의 수정란이 동시에 태아로 발생한다. → 유전자 구성이 서로 다르다.
형질 차이	주로 환경의 영향에 의해 형질 차이가 나타난다.	유전과 환경의 영향에 의해 형질 차이가 나타난다.
모식도	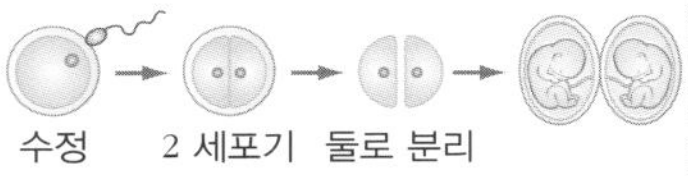	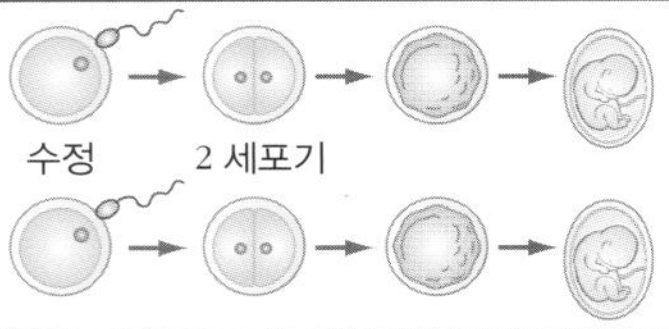

③ 통계 조사 : 어떤 형질에 대해 가능한 많은 사람들을 대상으로 조사하여 얻은 자료를 통계적으로 분석하여 그 유전 형질의 특징, 유전자의 분포 등을 밝힌다.
④ 염색체와 유전자 조사 : 염색체와 DNA를 직접 조사하여 염색체 이상에 의한 유전병을 진단하거나 특정 형질에 관여하는 유전자 등에 대해 알아낸다.

● 사람의 여러 가지 유전 형질

형질	우성	열성
혀말기	할수있다	할수없다
이마 모양	곡선형	직선형
귓볼 모양	늘어진 귓볼	붙은귓볼
둘째 발가락의 길이	길다	짧다
손 마디 사이의 털	있다	없다
엄지 손가락의 형태	휜다	휘지 않는다
머리카락 색깔	짙은색	옅은색
머리카락 모양	곱슬 머리	곧은 머리
코 모양	매부리 코	낮은 코

● 가계도 표시법

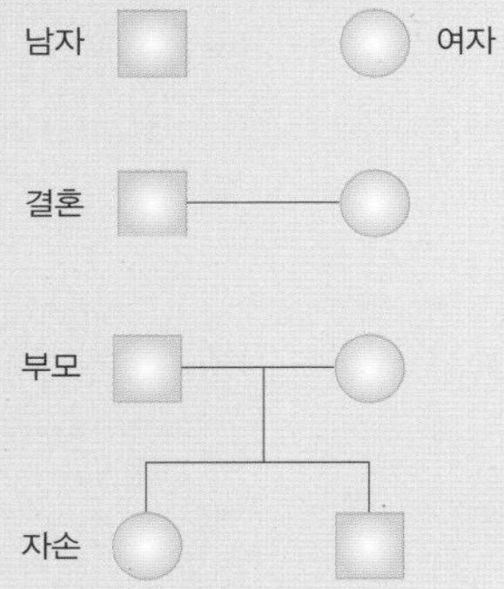

미니사전

가계도 [家 집 係 잇다 圖 그림] 특정한 형질을 여러 세대에 걸쳐 조사한 뒤 기호를 통해 그림처럼 나타낸 것

세대 [世 일생 代 대신하다] 어린이가 성장하여 부모의 일을 계승하기 까지의 기간으로 사람은 약 30년이다.

개념확인 1 사람의 유전 연구 방법 중, 다음 설명에 해당하는 것의 이름을 쓰시오.

· 형질의 우열 관계를 알 수 있다.
· 가족 구성원의 유전자형을 알 수 있다.
· 태어날 자손의 형질을 예측할 수 있다.

확인 +1 다음 〈보기〉는 사람의 유전 연구에 대한 설명이다. 옳은 것만을 〈보기〉에서 있는 대로 골라 기호로 답하시오.

〈 보기 〉
ㄱ. 한 세대가 길고, 자손의 수가 적으므로 연구가 어렵다.
ㄴ. 쌍둥이 연구를 통하여 환경적인 영향을 알 수 없다.
ㄷ. 가계도 분석을 통하여 태어날 자손의 형질을 예측할 수 있다.

2. 상염색체에 의한 유전 1

(1) 상염색체에 의한 유전 : 형질을 결정하는 유전자가 상염색체에 있으므로 남녀에 따라 형질이 나타나는 빈도에 차이가 없다.

① 미맹 : PTC 용액에 대해 쓴맛을 느끼지 못하는 형질
· 특징 : 한 쌍의 대립 유전자에 의해 결정되며, 멘델의 법칙에 따라 유전된다.
· 우열 관계 : 미맹 유전자(t)가 정상 유전자(T)에 대해 열성이다.
· 미맹 가계도 분석 방법

· 정상인 부모 사이에서 미맹인 자녀가 태어났으므로, 미맹은 열성 형질이다.
→ (가)와 (나)는 정상이지만, 미맹 유전자를 가지고 있다.
(가)와 (나)의 미맹 유전자형 : Tt
(다)의 미맹 유전자형 : tt
(라)의 미맹 유전자형 : TT 또는 Tt

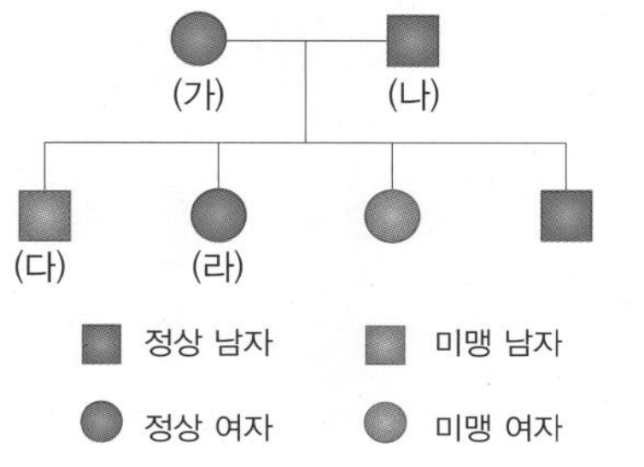

② 미맹, 혀말기, 귓볼 유전의 특징

형질	미맹		귓볼		혀말기	
우열 관계	정상(T) > 미맹(t)		분리형(E) > 부착형(e)		가능(R) > 불가능(r)	
표현형	정상	미맹	분리형	부착형	가능	불가능
유전형	TT, Tt	tt	EE, Ee	ee	RR, Rr	rr

미맹

PTC라는 화학 물질을 물에 녹여 그 약을 혀에 대었을 때 쓴맛을 전혀 느끼지 못하는 경우에 해당한다. 동양인 집단에서는 미맹의 출현 빈도가 약 10~15% 정도이다. 단, 미맹의 경우 보통 음식들의 쓴맛은 느낄 수 있다.

생각해보기★
미맹은 좋은 것일까? 나쁜 것일까?

정답 및 해설 36쪽

개념확인 2 상염색체에 의한 유전인 것만을 〈보기〉에서 모두 고르시오.

〈 보기 〉
ㄱ. 미맹　ㄴ. 귓볼　ㄷ. 혀말기　ㄹ. 색맹

확인 + 2 어떠한 형질이 부모 세대에서는 없다가 자식 세대 때 나타났다면 이 형질은 우성인지 열성인지 쓰시오.

3. 상염색체에 의한 유전 2

(1) 상염색체에 의한 유전 2

① ABO식 혈액형

· 특징 : 복대립 유전으로 A, B, O 세 가지의 대립 유전자가 쌍을 이루어 혈액형을 결정한다.

· 우열 관계 : 유전자 A와 유전자 B 사이에는 우열 관계가 없고, 유전자 A와 유전자 B는 유전자 O에 대해 각각 우성이다. (A = B > O)

표현형	A 형	B 형	AB 형	O 형
유전자형	AA, AO	BB, BO	AB	OO
상동 염색체에 표시한 대립 유전자	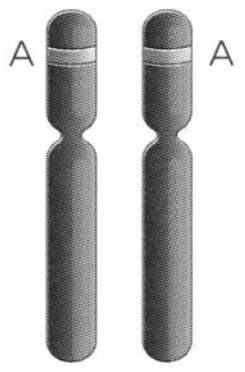	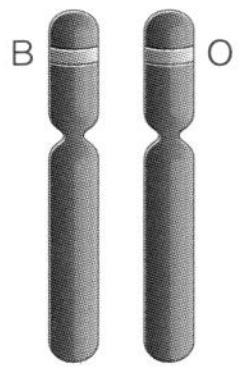	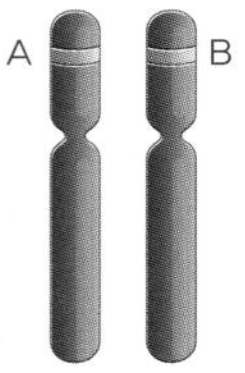	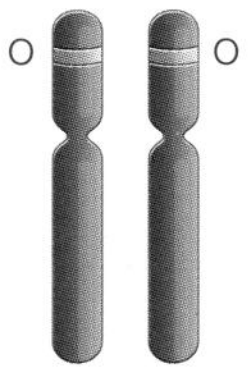

· ABO식 혈액형 가계도 분석 방법

· 유전자 A와 유전자 B 사이에는 우열 관계가 없다.
→ 우열의 원리가 성립하지 않는다.

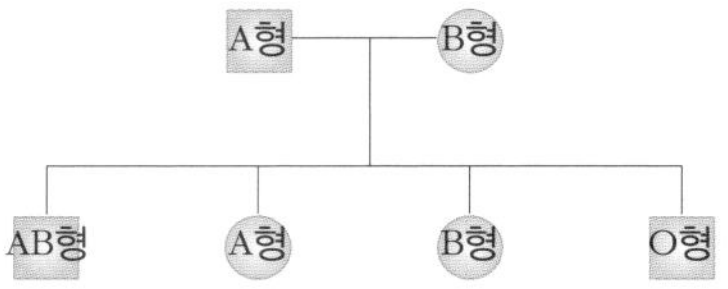

· 자손은 ABO식 혈액형을 결정하는 대립 유전자를 부모에게서 하나씩 물려받아 2개를 가진다.

· O형의 유전자형은 OO 이므로, 부모로부터 유전자 O 를 각각 한 개씩 물려받았다.
→ 아버지의 유전자는 AO, 어머니의 유전자는 BO 이다.
→ 부모의 유전자형이 AO 와 BO 이면 A형, B형, AB형, O형의 자녀가 모두 나타날 수 있다.

복대립 유전
ABO식 혈액형과 같이 한 형질을 3개 이상의 대립 유전자가 하나의 특징을 결정하는 유전

다인자 유전
하나의 형질을 결정하는 데 여러 쌍의 대립 유전자가 관여하는 유전으로 대립 형질이 뚜렷하게 구분되지 않고 표현형이 연속적으로 나타나며, 환경의 영향을 많이 받는다.
→ 키, 몸무게, 피부색

사람의 혈액형 유전($Rh^{+/-}$)
사람의 혈액형을 나누는 방식은 ABO식 말고도 여러 가지가 있다. 그 중 대표적인 것이 Rh형으로, Rh^+와 Rh^-형으로 구분되는 데, Rh^+가 Rh^- 유전자에 대하여 우성이다.

개념확인 3 다음 설명에 해당하는 유전의 종류의 이름을 쓰시오.

· 하나의 형질을 결정하는 데 여러 쌍의 대립 유전자가 관여한다.
· 대립 형질이 뚜렷하게 구분되지 않는다.
· 표현형이 연속적으로 나타난다.

( )

생각해보기★★
혈액형은 나중에 커서 바뀔 수 있을까?

확인 + 3 B형인 아버지와 AB형인 어머니 사이에서 태어난 자손의 혈액형이 A형일 때 아버지의 혈액형 유전자형은?

( )

미니사전
인자 [因 인할 子 아들] 생명 현상에서 어떤 작용의 원인이 되는 요소. 환경 인자, 영양 인자, 유전 인자 따위로 나눈다

4. 성염색체에 의한 유전

(1) 성염색체에 의한 유전

① 사람의 성 결정 : 남자는 어머니로부터 X 염색체를, 아버지로부터 Y 염색체를 물려받아 성염색체 구성이 XY이고, 여자는 어머니와 아버지로부터 X염색체를 하나씩 물려받아 성염색체 구성이 XX이다.

② 반성 유전 : 형질을 결정하는 유전자가 X염색체에 있어 남녀에 따라 형질이 나타나는 비율이 다른 유전 현상 → 색맹, 혈우병

	색맹			혈우병		
특징	눈의 망막 원뿔 세포에 이상이 생겨 색깔의 일부를 잘 구별하지 못하는 증상			혈액 응고 성분 중 일부가 결핍되어 상처가 났을 때 혈액이 응고되지 않는 현상		
우열 관계	우성 : 정상 유전자 (X) 열성 : 색맹 유전자 (X')			우성 : 정상 유전자 (X) 열성 : 혈우병 유전자 (X')		
유전형과 표현형	성별	유전형	표현형	성별	유전형	표현형
	여	XX	정상	여	XX	정상
		XX'	정상(보인자)		XX'	정상(보인자)
		X'X'	색맹		X'X'	혈우병(치사)
	남	XY	정상	남	XY	정상
		X'Y	색맹		X'Y	혈우병
	여자보다 남자의 색맹이 더 많다. → 남자는 X' 하나만 있어도 색맹이 되어 보인자가 존재하지 않기 때문이다.			여자보다 남자의 혈우병이 더 많다. → 남자는 X' 하나만 있어도 혈우병이 되기 때문에 보인자가 존재하지 않고, 여자는 혈우병인 경우 대부분 태아 때 사망하기 때문이다.		

● 색맹

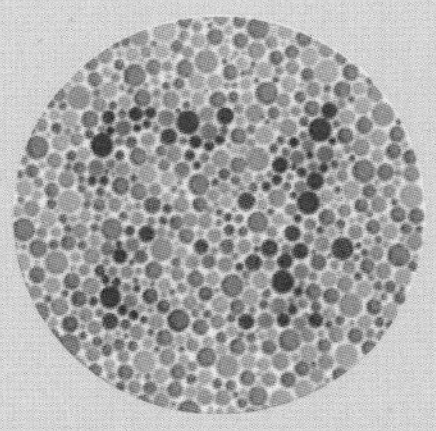

대부분 적록 색맹에서 나타나며 적색과 녹색이 같이 존재할 때 구별하기 힘들다. 운전 시 교통신호 구별이 어려울 수 있다.

● 한성유전

특정 형질을 결정하는 유전자가 Y 염색체 위에 있어 남자에게만 그 형질이 나타난다.

→ 귓속 털 과다증

정답 및 해설 36쪽

개념확인 4 성염색체에 의한 유전인 것만을 〈보기〉에서 모두 고르시오.

〈 보기 〉

ㄱ. 색맹　　ㄴ. 혈우병　　ㄷ. 혀말기　　ㄹ. ABO 혈액형

● 생각해보기★★★

대머리는 반성 유전일까?

확인 + 4 아버지와 어머니, 아들 영수는 모두 색맹이 아니다. 그러나 영수의 외할아버지는 색맹이다. 영수의 동생이 태어날 경우 남동생이면서 색맹이 될 확률은?

(　　　　　)

미니사전

응고 [凝엉길 固굳을] 액체 따위가 엉겨서 뭉쳐 딱딱하게 굳어짐

개념 다지기

01 **사람의 유전 연구가 어려운 이유가 아닌 것은?**

① 한 세대가 짧다.
② 자손의 수가 적다.
③ 환경의 영향을 많이 받는다.
④ 인위적으로 교배시킬 수 없다.
⑤ 대립 형질이 뚜렷하지 않은 경우가 많다.

02 **쌍둥이에 대한 설명으로 옳은 것은?**

① 2란성 쌍둥이는 성별이 항상 같다.
② 2란성 쌍둥이는 유전자 구성이 같다.
③ 1란성 쌍둥이는 성별이 같을 수도 있고, 다를 수도 있다.
④ 2란성 쌍둥이는 각기 다른 2개의 수정란이 동시에 발생한 것이다.
⑤ 1란성 쌍둥이는 난자 1개에 정자 2개가 동시에 들어가서 발생한 것이다.

03 **아래는 어느 집안의 미맹 가계도이다. A, B, C의 유전자형을 차례대로 쓴 것은?(단, 정상 유전자는 T, 미맹 유전자는 t로 나타낸다.)**

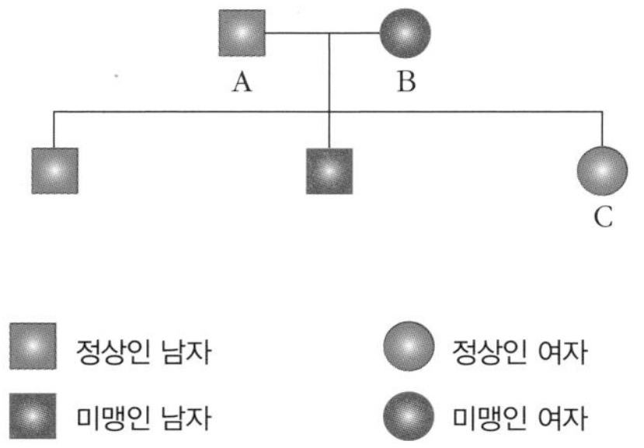

① TT, TT, TT　　② TT, Tt, TT　　③ Tt, tt, Tt
④ tt, TT, Tt　　⑤ tt, TT, tt

정답 및 해설 37쪽

04

A형, B형, AB형, O형의 자녀가 모두 나올 수 있는 부모의 혈액형 유전자형으로 옳은 것은?

① AA와 BB ② AA와 BO ③ AO와 BB
④ AO와 BO ⑤ AB와 AB

05

다음 〈보기〉 중 반성 유전에 대한 설명으로 옳은 것을 모두 고른 것은?

〈 보기 〉

ㄱ. 형질을 결정하는 유전자가 Y 염색체 위에 있다.
ㄴ. 형질이 나타나는 비율이 성별에 따라 다르다.
ㄷ. 색맹과 혈우병은 남자의 비율이 더 높다.

① ㄱ ② ㄴ ③ ㄷ
④ ㄱ, ㄷ ⑤ ㄴ, ㄷ

06

아래는 어느 집안의 색맹 유전에 대한 가계도를 나타낸 것이다. 이에 대한 설명으로 옳지 않은 것은?

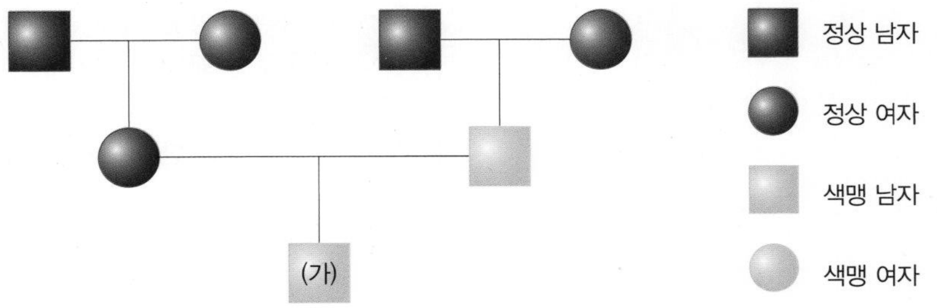

① 색맹은 남자보다 여자가 더 많다.
② (가)의 색맹 유전자는 어머니로부터 받은 것이다.
③ 아버지가 색맹이라도 정상인 아들이 태어날 수 있다.
④ (가)의 여동생이 태어난다면 색맹일 확률은 50%이다.
⑤ 이 가계도를 보고 색맹 유전자가 열성 유전자라는 것을 알 수 있다.

유형 익히기 & 하브루타

[유형23-1] 사람의 유전

다음 〈보기〉는 사람의 유전 연구를 하는 방법을 나열한 것이다. 다음 물음에 해당하는 연구 방법을 〈보기〉에서 골라 쓰시오.

〈 보기 〉

통계 조사　　가계도 조사　　쌍둥이 연구　　염색체와 유전자 조사

(1) 유전과 환경이 특정 형질에 미치는 영향을 알아보는데 이용하는 방법이다. (　　　　　)

(2) 특정 유전 형질을 가진 가계에서 형질이 어떻게 유전되는지 알아보는 방법이다. (　　　　　)

(3) 특정 형질에 대해 가능한 많은 사람들을 조사하여 통계값을 얻어 유전 형질의 특징과 분포를 밝히는 방법이다. (　　　　　)

(4) 염색체와 DNA를 직접 조사하여 염색체 이상에 의한 유전병을 진단하거나 특정 형질에 관여하는 유전자 등을 알아내는 방법이다. (　　　　　)

Tip!

01 다음 〈보기〉 중 사람의 유전 연구가 어려운 이유를 모두 고르시오.

〈 보기 〉

ㄱ. 환경의 영향을 적게 받는다.
ㄴ. 자유로운 교배가 불가능하다.
ㄷ. 한 세대가 길고, 자손의 수가 적다.
ㄹ. 대립형질은 단순하지만, 유전자수가 많다.

02 1란성 쌍둥이 사이에 형질 차이가 나타났다. 그 원인으로 옳은 것은?

① 환경이 다르기 때문에
② 유전자 구성이 다르기 때문에
③ 각각 다른 수정란으로 발생하였기 때문에
④ 유전자 구성과 환경이 모두 다르기 때문에
⑤ 발생 과정, 유전자 구성, 환경이 모두 다르기 때문에

정답 및 해설 37쪽

[유형23-2] 상염색체에 의한 유전 1

다음 그림은 어떤 집안의 미맹 가계도를 나타낸 것이다. 이에 대한 설명으로 옳은 것은 O표, 옳지 않은 것은 X표 하시오.

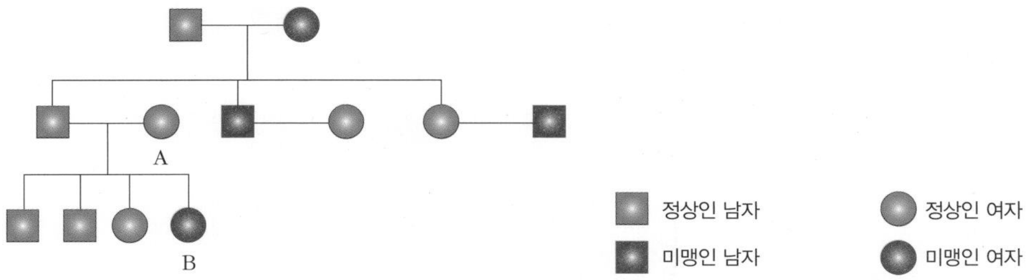

(1) A는 미맹 유전자를 가지고 있다. ( )
(2) 미맹은 멘델의 법칙을 따르지 않는다. ( )
(3) B는 미맹 유전자와 정상 유전자를 모두 가지고 있다. ( )
(4) B를 보고 미맹 유전자가 열성이라는 사실을 알 수 있다. ( )
(5) 이 가계도를 보고 유전자형을 확실히 알 수 없는 사람이 있다. ( )

03 아래의 그림은 무한이네 집안의 미맹 가계도를 나타낸 것이다. 무한이의 외삼촌이 정상 동형접합인 여자와 결혼하여 자녀를 낳을 때 미맹일 확률은 몇 %인가?

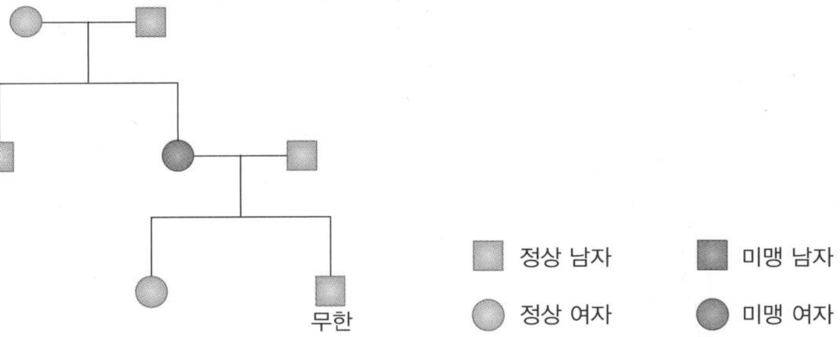

① 0% ② 25 % ③ 50 % ④ 100% ⑤ 알 수 없다.

04 다음 중 혀말기 유전의 특징에 대한 설명으로 옳은 것은 O표, 옳지 않은 것은 X표 하시오.(단, 혀말기가 가능한 것이 불가능한 것에 대해 우성이다.)

(1) 혀말기 가능성의 여부는 성별의 차이가 없다. ( )
(2) 혀말기가 가능한 것이 더 우월한 유전 인자이다. ( )
(3) 혀말기가 가능한 것을 R로 나타내면, 불가능한 것은 r로 나타낸다. ( )

Tip!

유형 익히기 & 하브루타

[유형23-3] 상염색체에 의한 유전 2

아래는 어떤 집안의 ABO식 혈액형 가계도를 나타낸 것이다. 아래의 물음에 답하시오.

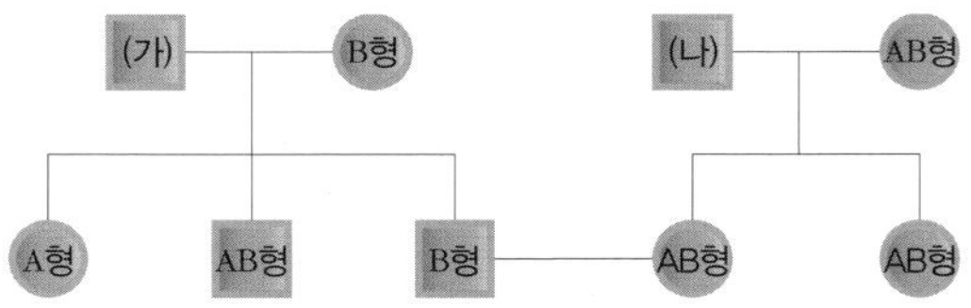

(1) (가)의 ABO식 혈액형 유전자형으로 가능한 것을 모두 쓰시오. ( )

(2) (나)의 ABO식 혈액형 유전자형으로 가능한 것을 모두 쓰시오. ( )

(3) 유전자 A와 유전자 B, 유전자 O 사이의 우열 관계를 부등호식으로 나타내시오. ( )

(4) ABO식 혈액형과 같이 한 형질을 3개 이상의 대립 유전자가 하나의 특징을 결정하는 유전을 무엇이라고 하는가? ( )

Tip!

05 **무한이의 아버지의 ABO식 혈액형 유전자형이 BO이고, 어머니는 AO일 때, 무한이의 혈액형으로 가능한 유전자형을 모두 쓰시오.**

06 **다음 중 ABO식 혈액형과 미맹 유전에 대한 설명으로 옳은 것은 O표, 옳지 않은 것은 X표 하시오.**

(1) ABO식 혈액형의 유전자형은 모두 4가지 이다. ( )

(2) ABO식 혈액형과 미맹 유전은 모두 다인자 유전에 해당한다. ( )

(3) 두 유전은 모두 형질을 결정하는 유전자가 상염색체에 있다. ( )

정답 및 해설 37쪽

[유형23-4] 성염색체에 의한 유전

다음은 어떤 집안의 색맹 가계도를 나타낸 것이다. 다음 물음에 답하시오.

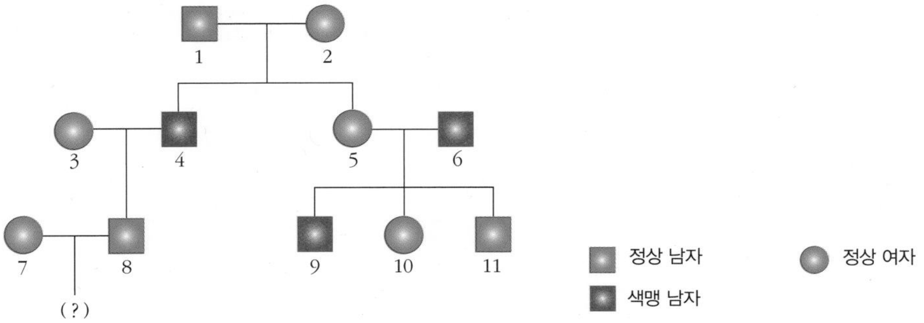

(1) 색맹은 정상에 대해 열성으로 유전된다. 이것은 위 가계도에서 어떻게 알 수 있는가?

(2) 색맹 유전자는 성염색체의 X염색체와 Y염색체 중 어디에 있는가?

(3) 2번과 5번의 유전자형을 쓰시오.

(4) 7번과 8번 사이에서 태어나는 자녀가 색맹인 아들일 확률은 얼마인가?

07

다음 그림은 어떤 집안의 혈우병 가계도를 나타낸 것이다. (가)~(사) 중 혈우병 보인자는 모두 몇 명인가?

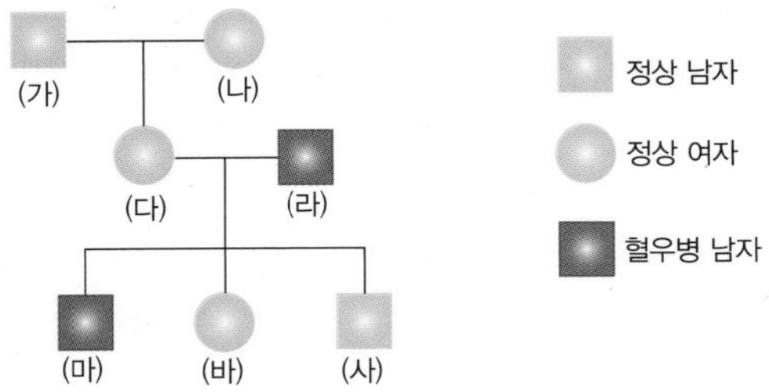

(　　　　　) 명

08

다음 중 성염색체에 의한 유전에 대한 설명으로 옳은 것은 O표, 옳지 않은 것은 X표 하시오.

(1) 혈우병은 남자보다 여자가 더 많다. (　)

(2) 형질을 결정하는 유전자가 X염색체에 있는 경우 반성 유전이라고 한다. (　)

(3) 색맹인 아버지와 색맹이 아닌 보인자 어머니 사이에서 태어난 딸이 색맹일 확률은 $\frac{1}{2}$이다. (　)

Tip!

창의력 & 토론마당

01

달팽이 등껍질의 모양은 시계 방향(오), 또는 반시계 방향(왼) 의 두 가지가 있다. 이때 달팽이의 등껍질의 유전 관계는 다음과 같다. (단, 오른쪽 꼬임 E 우성, 왼쪽 꼬임 F 열성) 아래의 물음에 답하시오.

암컷		수컷	교배 시 나오는 자손의 유전형	표현형
EE(오)	×	FF(왼)	EF	모두 오른쪽 꼬임
FF(왼)	×	EE(오)	EF	모두 왼쪽 꼬임
EF(오)	×	EF(오)	EE, EF, FF	모두 오른쪽 꼬임

(1) 위 달팽이 등껍질을 결정하는 유전 요인은 무엇인가?

(2) EF와 FF 유전자를 가진 달팽이를 교배하였을 때 왼쪽 꼬임이 나올 확률은?

(3) 자손이 왼쪽 꼬임을 가지게 하고 싶으면 어떤 모양의 어버이를 교배시켜야 하는가?

정답 및 해설 39쪽

02 다음은 영국 빅토리아 여왕 가문의 혈우병 유전 현상을 나타낸 것이다.

· 빅토리아 여왕의 가족 사진 – 붉은 표시는 보인자

· 빅토리아 여왕의 혈우병 가계도

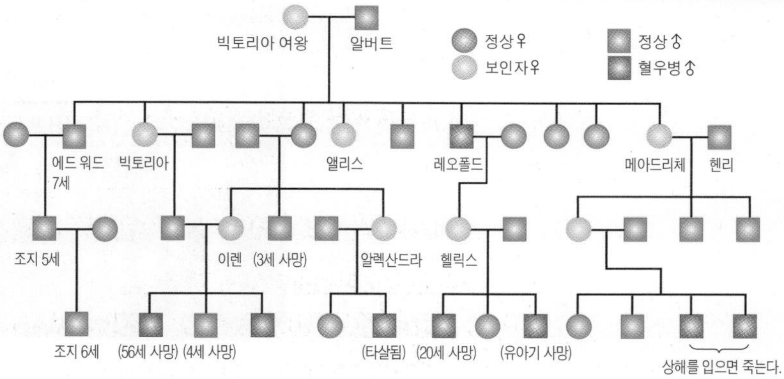

현재의 영국왕조에는 혈우병이 없다.

빅토리아 여왕의 외손녀인 알렉산드라는 러시아의 니콜라스 2세와 결혼하여 러시아에 혈우병을 전파시켰다.

알렉산드라는 어렵게 얻은 외아들이 혈우병 진단을 받자 애지중지 아들을 과보호하면서 키웠고, 아들에 대한 사랑으로 잘못된 판단을 자주 내렸다. 이에 라스푸틴은 당시에 혈우병을 치료할 방법이 없었음에도 불구하고, 자신이 혈우병을 치료할 수 있다며 알렉산드라에게 접근하여 신임을 산다. 신임을 바탕으로 라스푸틴은 알렉산드라는 물론, 자신의 이익을 위해 러시아 황제 니콜라스까지 마음대로 조정하게 된다. 그 결과 러시아의 부정 부패는 극에 달하게 되고 국민들의 반감도 커져갔다. 결국 이것이 1917년 러시아 혁명의 원인이 되어 러시아는 무너지게 되었다.

(1) 위 글을 읽고 혈우병 유전자의 최초 시작은 누구인가?

(2) 빅토리아 여왕은 9명의 자손을 낳았고 이들 중 4명의 딸을 유럽 전역의 왕실 가문에 시집을 보냈다. 그 결과 러시아 전역에 혈우병 유전자가 퍼지게 되었다. 그렇다면 위 가계도를 참고로 하여 대부분 남성에게만 혈우병 유전이 나타나는 이유를 설명하시오.

(3) 위와 같은 가계도 내에서 근친결혼이 빈번하게 일어났다면 혈우병 발병 빈도는 어떻게 될지 유추해 보시오.

03

다음 제시된 글을 읽고 물음에 답하시오.

자녀는 백인?" …알비노 3자녀 둔 흑인 부모

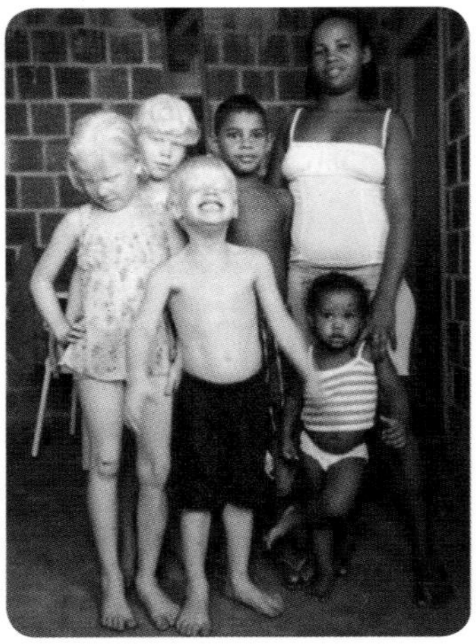

위 사진은 브라질의 흑인 부모 사이에서 태어난 5 자녀 중 3명의 자녀가 알비노(Albino, 백색증)인 사진이다. 이 부부는 5명의 자녀를 두고 있는데 그 중 10살의 캐롤린, 8살의 루쓰, 5살의 카우안이 백색증을 가지고 태어났다. 알비노(백색증)는 멜라닌 세포에서의 멜라닌 합성이 결핍되는 선천성 유전 질환으로 피부, 털, 눈에서 모두 증상이 나타나는 눈 피부 백색증과 눈에서만 증상이 나타나는 눈 백색증으로 나뉜다.

–2009.09.03– 데일리 뉴스

(1) 위 기사 내용의 부모와 자손의 빈도를 보아 전신 백색증 유전자는 상염색체와 성염색체 중 어디 위에 있을 것이라 생각하나?

(2) 백색증 유전자는 정상에 비해 우성인가 열성인가?

(3) 정상인 형제들 중에서 알비노 유전자를 가지고 있을 가능성은 몇 % 인가?

정답 및 해설 39쪽

04 다음 내용은 고양이 털 색깔 유전 현상을 나타낸 것이다.

'무늬만 봐도 고양이 성별을 알 수 있다?'

고양이 털 색을 결정하는 유전자는 약 10개 정도가 연구되어 있다. 이 유전자들은 각각 다른 염색체에 위치하여 발현되기 때문에 다양한 고양이 무늬를 만들 수 있다. 그 중 삼색 고양이(거북무늬고양이)를 만드는 X염색체 위에 있는 털 색깔 대립 유전자는 B 주황색 유전자, b 검은색 유전자로 공동 우성을 나타낸다. 그 결과 고양이의 털색은 주황색, 검은색, 거북무늬(주황 + 검은)색이 암,수 빈도가 다르게 발생한다.

성별	유전자형	털 색 표현형
수컷	X^BY	주황색
	X^bY	검은색
암컷	X^BX^B	주황색
	X^BX^b	거북무늬
	X^bX^b	검은색

이때 거북 무늬는 고양이 털색이 부분적으로 주황색이 나타나는 곳과 검정색이 나타나는 곳이 혼합되어 보이는 무늬를 뜻한다.
이렇게 X^BX^b의 표현형이 세포마다 B 또는 b 로 무작위적으로 발현되는 현상은 X염색체 불활성화 기작으로 설명될 수 있다.

(1) 주황색 고양이(수컷)와 검은색 고양이(암컷)를 교배시켰을 때 자손의 가능한 털 색깔을 퍼넷 사각형에 표시를 하고, 성별로 구분하여 모두 서술하시오. (단, 실험에 사용된 고양이의 모든 X 염색체는 털색 유전자 B 또는 b를 반드시 가지고 있다.)

수컷 / 암컷	X^B	Y
X^b		
X^b		

(2) 거북무늬 수컷 고양이가 나타난다면, 이 고양이의 성염색체 유전자형은 어떻게 될까?

A

[01~03] 다음 〈보기〉는 사람의 유전 연구 방법을 나타낸 것이다. 다음 물음에 답하시오.

〈 보기 〉
ㄱ. 가계도 조사　　ㄴ. 쌍둥이 연구
ㄷ. 통계 조사　　ㄹ. 유전자 조사

01 유전과 환경이 특정 형질에 미치는 영향을 알아보는 데 이용되는 유전 연구 방법은?

(　　　　　)

02 형질의 우열 관계와 가족 구성원의 유전자형을 알 수 있고, 태어날 자손의 형질을 예측할 수 있는 유전 연구 방법은?

(　　　　　)

03 많은 사람들을 대상으로 조사하여 얻은 자료를 분석하여 유전 형질의 특징, 유전자의 분포 등을 예측하는 유전 연구 방법은?

(　　　　　)

04 1란성 쌍둥이와 2란성 쌍둥이에 대한 설명으로 옳은 것은 O표, 옳지 않은 것은 X표 하시오.

(1) 1란성 쌍둥이는 유전자 구성이 서로 같다. (　　)

(2) 2란성 쌍둥이는 유전자 구성이 서로 다르다. (　　)

(3) 유전과 환경의 영향에 의한 형질 차이를 알아보기 위해서는 1란성 쌍둥이를 연구한다. (　　)

05 아래는 어느 집안의 미맹 가계도를 나타낸 것이다. (가)~(라)의 유전자형을 각각 쓰시오. (단, 정상 유전자형은 T, 미맹 유전자형은 t로 표시한다.)

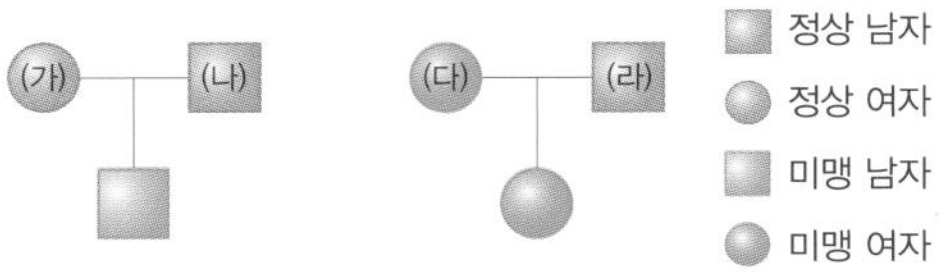

(가) : (　　　)　　(나) : (　　　)
(다) : (　　　)　　(라) : (　　　)

06 다음 〈보기〉 중 미맹에 대한 설명으로 옳은 것을 모두 고른 것은?

〈 보기 〉
ㄱ. 유전자가 성염색체에 있다.
ㄴ. 멘델의 법칙에 따라 유전된다.
ㄷ. 미맹 유전자가 정상 유전자에 대해 열성이다.

① ㄱ　② ㄴ　③ ㄷ　④ ㄱ, ㄴ　⑤ ㄴ, ㄷ

정답 및 해설 40쪽

07 ABO식 혈액형과 같이 하나의 형질을 3개 이상의 대립 유전자가 결정하는 유전을 무엇이라고 하는가?

( ) 유전

08 형질을 결정하는 유전자가 X염색체에 있어 남녀에 따라 형질이 나타나는 비율이 다른 유전 현상을 무엇이라고 하는가?

( )

09 부모의 색맹 유전자형이 각각 XX'와 X'Y 일 때, 자녀에서 나올 수 있는 색맹 유전자형을 모두 쓰시오.

( )

10 다음 중 성염색체에 의한 유전에 대한 설명으로 옳은 것은 O표, 옳지 않은 것은 X표 하시오.

(1) 남자는 어머니로부터 X 염색체를, 아버지로부터 Y 염색체를 받는다. ( )

(2) 형질을 결정하는 유전자가 X 염색체에 있어 남녀에 따라 형질이 나타나는 비율이 다른 유전 현상을 한성 유전이라고 한다. ( )

(3) 성염색체에 의한 유전의 예에는 색맹, 미맹, 혈우병 등이 있다. ( )

B

11 사람의 유전 현상을 연구하는 방법은 어렵다. 그 이유에 해당하지 않는 것은?

① 한 세대가 길다.
② 대립 형질이 뚜렷하다.
③ 환경의 영향을 많이 받는다.
④ 교배가 자유롭게 이뤄질 수 없다.
⑤ 자손의 수가 적어 통계 처리가 어렵다.

12 다음 중 사람의 특정 유전 형질이 환경의 영향인지 유전자의 영향인지를 알아보는 방법으로 가장 좋은 것은?

① 가계도 조사 ② 통계 조사
③ 쌍둥이 조사 ④ 염색체 모양 분석
⑤ 유전자 검사

13 표는 가족 (가)와 (나)의 귓볼 모양과 주근깨의 유무를 나타낸 것이다. 이에 대한 설명으로 〈보기〉에서 옳은 것을 모두 고른 것은?

구분	가족 (가)			가족 (나)		
	아버지	어머니	자녀 A	아버지	어머니	자녀 B
귓볼 모양	분리형	분리형	부착형	부착형	부착형	부착형
주근깨	없음	있음	있음	있음	있음	없음

〈 보기 〉

ㄱ. A의 아버지와 어머니는 귓볼 모양에 대한 유전자형이 서로 같다.
ㄴ. 주근깨가 없는 것이 있는 것에 대해 우성이다.
ㄷ. A와 B가 결혼하여 자녀를 낳을 때 귓볼 모양이 부착형이고 주근깨가 있을 확률은 50% 이다.

① ㄱ ② ㄷ ③ ㄱ, ㄴ
④ ㄱ, ㄷ ⑤ ㄴ, ㄷ

14 다음은 혀말기 유전 가계도이다. (가) ~ (마) 중에서 유전자형이 반드시 Rr 인 사람은? (단, R은 혀말기가 가능한 유전자이다.)

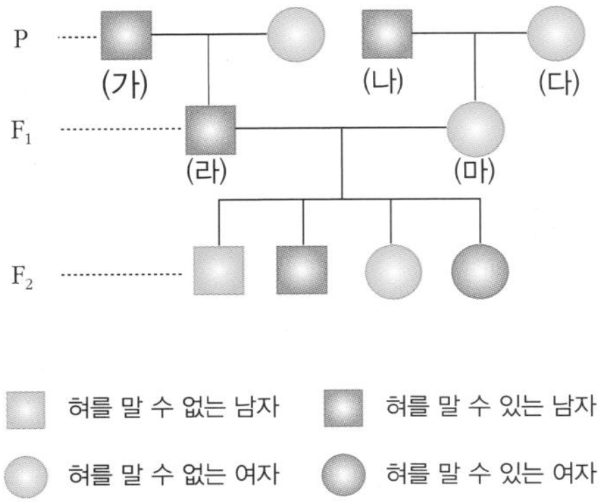

( )

15 혈액형이 A형인 아버지와 AB형인 어머니 사이에 태어난 B형 자녀가 있다. 이 자녀의 혈액형 유전자는 상동 염색체에 어떻게 배열되어 있는가?

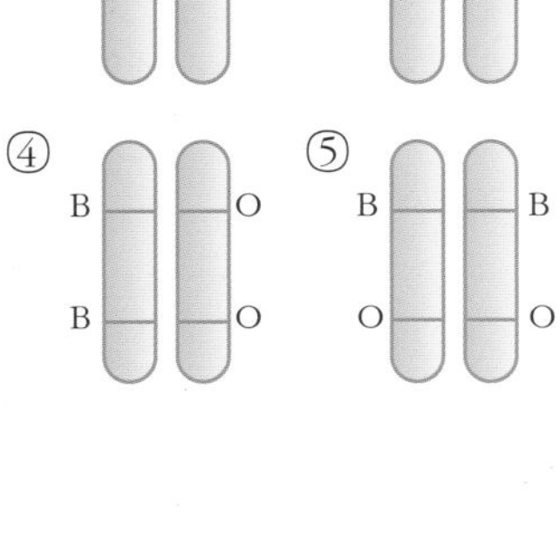

16 아래 그림은 사람에게 유전되는 어떤 형질에 대한 가계도이다. 초록색으로 표시된 형질은 우성과 열성 중 무엇인가?

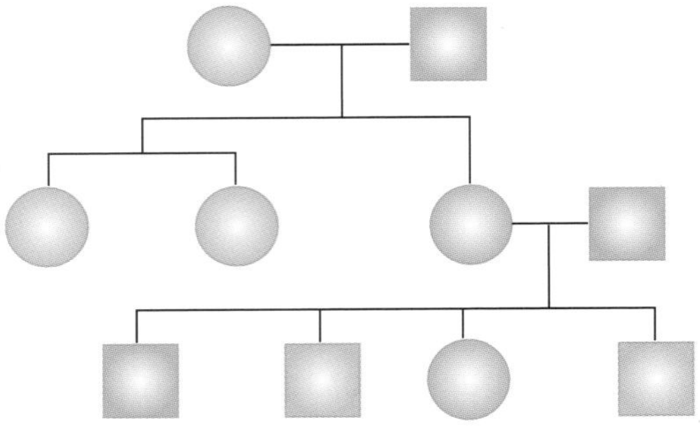

( )

[17~18] 다음 그림은 어떤 가계의 적록 색맹을 조사한 것이다. 아래의 물음에 답하시오.

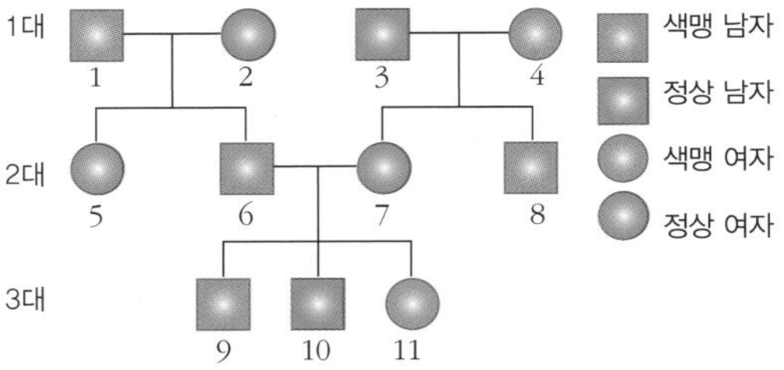

17 9번이 가지는 색맹 유전자는 1대의 누구로부터 물려받은 것인가?

( ) 번

18 11번의 여동생이 태어날 경우, 여동생이 색맹일 확률은 얼마인가?

( )

정답 및 해설 40쪽

19 색맹과 혈우병 유전이 갖는 특징으로 옳지 않은 것은?

① 색맹과 혈우병은 열성 유전자이다.
② 색맹과 혈우병은 반성 유전을 한다.
③ 색맹과 혈우병은 남자에게 더 많이 나타난다.
④ 색맹과 혈우병은 형질을 결정하는 유전자가 X 염색체 위에 있다.
⑤ 여성이 보인자인 경우 혈우병은 나타나지 않고 색맹은 나타난다.

C

[20~21] 다음 그림은 규석이네 집안의 미맹 가계도를 나타낸 것이다. 다음 물음에 답하시오

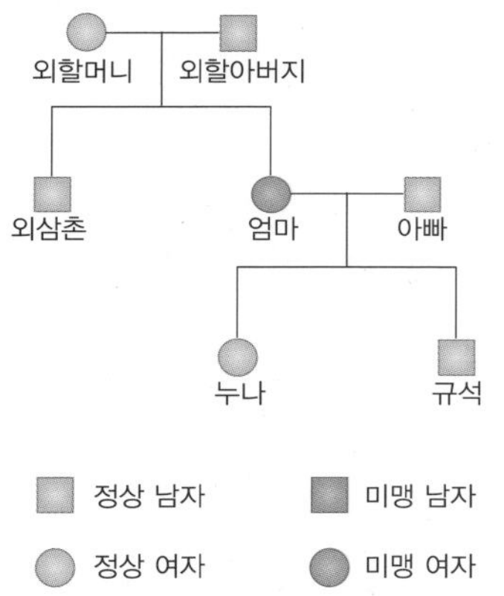

20 위의 가계도에 대한 설명으로 옳지 않은 것은?

① 누나는 미맹 보인자이다.
② 미맹은 열성으로 유전된다.
③ 규석이는 미맹 유전자를 가지고 있다
④ 외할머니는 미맹 유전자를 가지고 있다.
⑤ 외할아버지는 미맹 유전자를 가지고 있지 않다.

21 규석이의 누나가 미맹인 남자와 결혼하여 미맹인 딸을 출산할 확률은?

① $\frac{1}{2}$ ② $\frac{1}{4}$ ③ $\frac{3}{4}$
④ $\frac{1}{3}$ ⑤ $\frac{1}{8}$

22 아버지와 어머니로부터 각각 보조개가 있는 유전자를 하나씩 물려받은 남자와 보조개가 없는 여자가 결혼하여 자녀를 낳을 때 보조개가 없을 확률은? (단, 보조개 유전자는 상염색체에 있고, 보조개가 있는 것이 없는 것에 대해 우성이다.)

① 0 ② $\frac{1}{4}$ ③ $\frac{1}{2}$
④ $\frac{3}{4}$ ⑤ 1

[23~25] 아래 그림은 ABO식 혈액형을 조사하여 나타낸 가계도이다. 아래의 물음에 답하시오.

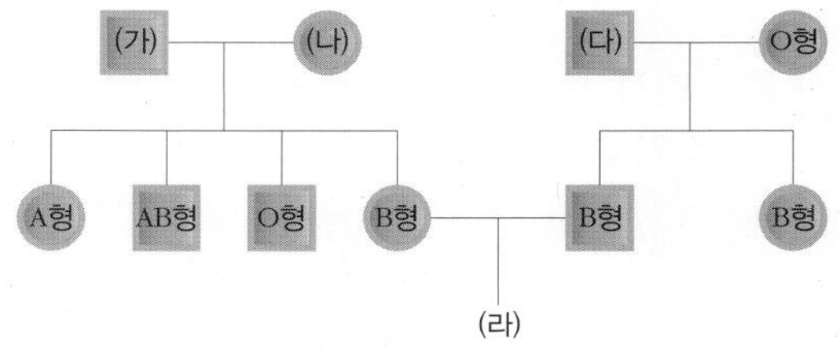

23 다음 중 (가)와 (나)의 혈액형 유전자형으로 옳은 것은?

① AA와 BB ② AA와 BO ③ AO와 BB
④ AO와 BO ⑤ AB와 AB

24 다음 중 (다)의 혈액형으로 가능한 유전자형은 모두 몇 개인가?

① 없다. ② 1개 ③ 2개
④ 3개 ⑤ 4개

25 (라)의 혈액형 유전자형으로 가능한 것을 모두 나타낸 것은?

① 알 수 없다. ② BO
③ BB, BO ④ BB, OO
⑤ BB, BO, OO

26 1란성 쌍둥이와 2란성 쌍둥이를 비교 연구하는 것의 특징을 각각 서술하시오.

27 형질을 결정하는 유전자가 상염색체에 있는 경우와 성염색체에 있는 경우의 차이점을 쓰고, 각각의 예를 2가지씩 쓰시오.

28 다음 그림은 어떤 집안의 귓볼 가계도를 나타낸 것이다.

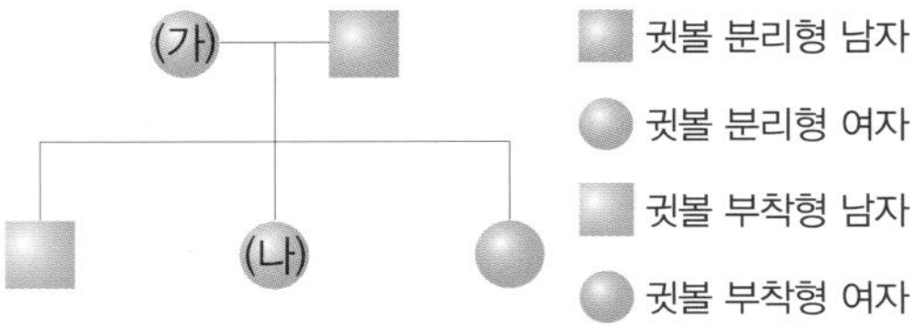

(가)와 (나)의 귓볼의 유전자형을 각각 쓰고, 그렇게 생각한 이유가 무엇인지 서술하시오.(단, 귓볼 분리형은 E, 귓볼 부착형은 e로 표시하며 우열 관계는 E > e 이다.)

정답 및 해설 40쪽

29 ABO식 혈액형의 특징과 우열 관계를 각각 한 문장으로 서술하시오.

30 아래의 그림은 어떤 집안의 색맹 가계도를 나타낸 것이다.

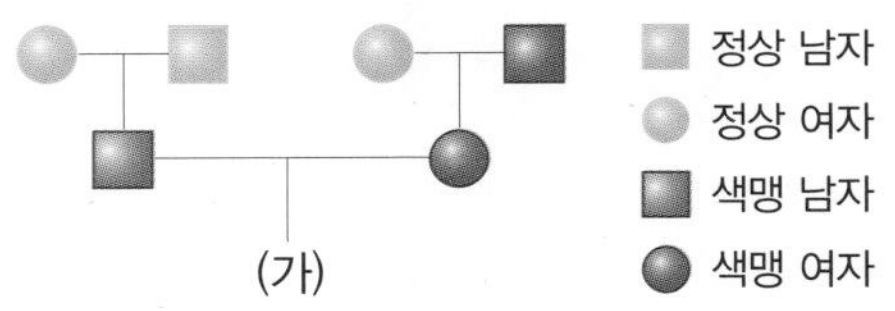

(가)의 성별에 따라 색맹일 확률이 각각 어떻게 되는지 그렇게 생각한 이유와 함께 서술하시오.

창의력 서술

31 유전 형질 중에 귓속의 털이 길게 자라는 귓속털과다증이라는 형질이 있는데 이 형질은 오직 남자에게만 나타난다. 이것을 한성 유전이라고 하는데, 왜 남자에게만 유전되는지에 대해 서술하시오.

32 사람의 유전에 대해 알아보기 위해 1란성 쌍둥이를 연구하기도 한다. 1란성 쌍둥이로 태어났지만 사정에 의해 다른 환경에서 오랫동안 살아온 형제가 만났을 때 한 명은 당뇨병이 있었고 다른 한 명은 건강했다. 여기서 알 수 있는 사실에 대해 서술하시오.

24강. 생물의 진화

1. 진화의 증거 1

(1) 진화 : 생물이 오랜 시간 동안 자신이 살고 있는 환경에 적응하여 여러 세대를 거치면서 몸의 형태와 구조가 변하는 것이다.

(2) 화석상의 증거 : 각 지층에서 발견되는 화석을 비교하면 생물이 시간의 흐름에 따라 어떻게 변하였는지 알 수 있다.

고래의 진화 과정
 파키세투스 (육상) / 로도세투스 (주로 수생) / 빌라에나 (완전 수생) / 현생 고래
· 고래의 조상으로 여겨지는 화석에는 뒷다리뼈가 있다. → 육상 생활을 하였음을 알 수 있다. · 오늘날의 고래는 뒷다리가 없고 몸속에 뒷다리뼈의 흔적만 남아있다. → 수중 생활에 적응하면서 뒷다리는 퇴화되고 앞다리는 지느러미 형태로 변하였다. ※ **수중 생활을 하는 포유류는 육상 생활을 하는 포유류에서 진화한 것임을 알 수 있다.**

(3) 해부학상의 증거 : 생물의 해부학적 구조를 비교하여 생물의 기관의 진화 과정을 알 수 있다.

상동 기관	겉모양과 기능이 다르지만, 해부학적인 구조와 발생이 같은 기관 ⇒ 환경에 따라 공통 조상에서 각각 다른 모습으로 진화한다. 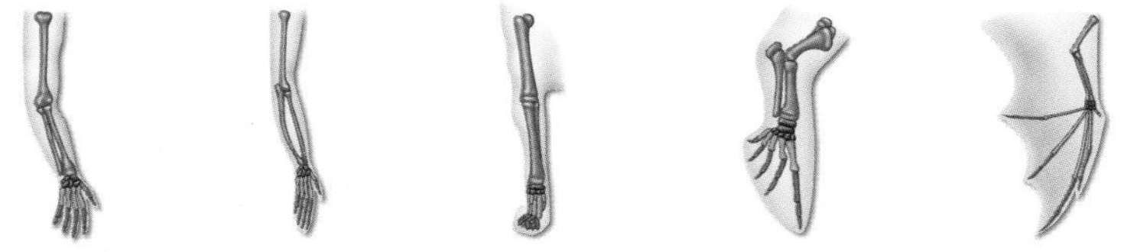 사람의 팔 / 침팬지의 팔 / 고양이의 앞다리 / 바다사자의 앞다리 / 박쥐의 날개 → 척추 동물의 앞다리는 해부학적 구조가 같지만 기능은 다르다.
상사 기관	구조와 발생 기원은 다르지만, 형태와 기능이 같은 기관 ⇒ 같은 환경에서 생활이 비슷하면 비슷한 모습으로 진화한다. → 곤충의 날개(표피)와 새의 날개(앞다리), 장미의 가시(줄기)와 선인장의 가시(잎), 포도의 덩굴손(줄기)과 완두의 덩굴손(잎) 등
흔적 기관	환경과 생활이 달라지면서 퇴화하여 흔적만 남은 기관 ⇒ 사용하지 않는 기관은 퇴화한다. → 타조의 날개, 뱀의 뒷다리 뼈 흔적, 사람의 꼬리뼈 등

화석
과거에 살았던 생물의 유해나 활동 흔적이 지층 속에 보존된 것

상사 기관

새의 날개 (앞다리)

잠자리의 날개 (표피)

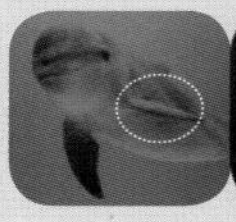
돌고래의 지느러미 (앞다리)

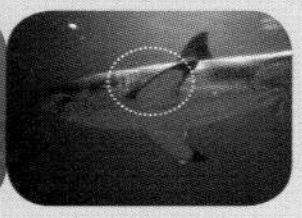
상어의 지느러미 (지느러미)

사람의 흔적 기관

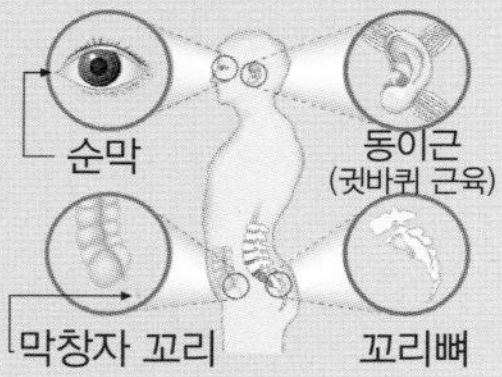

미니사전
상동 기관 [相 서로 同 같다 -기관] 발생 기원이 같은 기관
상사 기관 [相 서로 似 같다 -기관] 기능이 같은 기관

개념확인 1 생물이 오랜 시간 동안 자신이 살고 있는 환경에 적응하여 여러 세대를 거쳐 몸의 형태와 구조가 변하는 것을 무엇이라고 하는가?

확인 +1 다음이 설명하는 것이 무엇인지 각각 답을 쓰시오.

(1) 겉모양과 기능은 다르지만, 해부학적인 구조와 발생이 같은 기관

(2) 구조와 발생 기원은 다르지만, 형태와 기능이 같은 기관

2. 진화의 증거 2

(1) 발생학상의 증거 : 척추 동물의 발생 과정을 비교해 보면 척추, 아가미 틈, 항문 뒤쪽 꼬리가 공통적으로 나타난다.

닭과 사람의 배아 비교

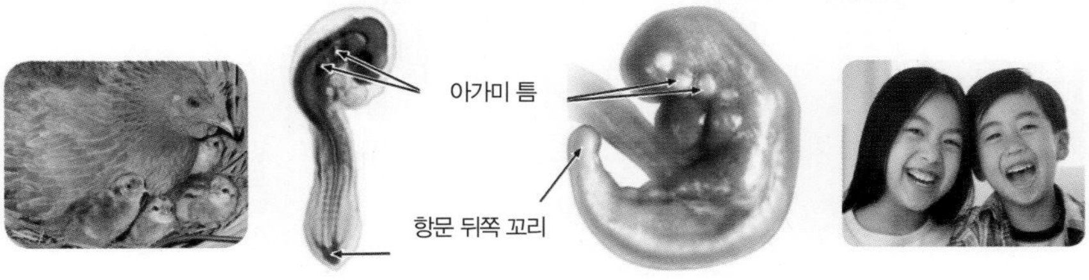

▲ 닭의 배아 ▲ 사람의 배아

· 발생 초기 단계에는 모두 아가미 틈과 꼬리가 있는 모습을 하고 있다.
→ 공통 조상이 아가미를 사용하는 동물이었다는 것을 알 수 있다.
· 발생이 진행될수록 모습이 달라져 발생이 끝나면 각각 고유의 모습을 나타낸다.
※ **척추동물은 공통 조상에서 갈라져 나왔으며 수중 동물에서 육상 동물로 진화하였음을 알 수 있다.**

(2) 분자생물학상의 증거 : DNA와 단백질 등을 분석하여 생물 사이의 유연 관계를 조사하여 진화의 계통을 알 수 있다.

DNA의 분석	단백질 분석
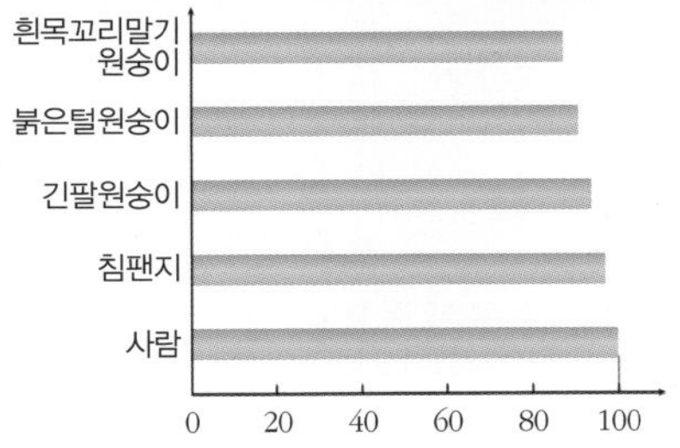 ▲ 사람과 영장류의 DNA 일치율	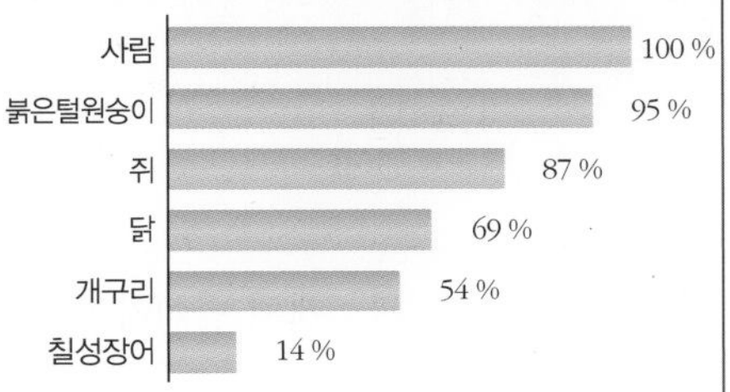 ▲ 사람의 헤모글로빈의 아미노산 서열 유사도
· 사람과 영장류의 DNA 일치율은 매우 높으며 침팬지와 사람의 염기서열은 99% 일치한다.	· 헤모글로빈을 구성하는 아미노산은 사람과 붉은털원숭이가 가장 비슷하다.

· DNA의 염기 서열이나 단백질의 아미노산 서열이 비슷할수록 유연관계가 가깝다.
→ 진화 과정에서 가까운 시기에 공통 조상으로부터 분리된 것이다.

지리학상의 증거
산맥, 바다, 하천 등을 경계로 생물 분포 모양이 다르게 나타난다.
→ 생물이 지리적으로 격리된 후 오랜 기간 동안 환경에 적응하여 진화해 온 것을 알 수 있다.

▲ 갈라파고스 군도의 핀치새 – 갈라파고스 군도의 각 섬에 서식하는 핀치새는 각각 다른 환경의 섬에 적응하면서 부리 모양과 크기가 다르게 진화하였다.

태반이 발달하지 않은 포유류

알을 낳고 새끼에게 젖을 물리는 포유류

▲ 오스트레일리아 대륙의 포유류 – 오스트레일리아 대륙이 아시아 대륙에서 분리된 이후 나타난 생물로, 다른 대륙의 포유류와는 다르게 독자적으로 진화하였다.

단백질의 유사성
· DNA에 담긴 유전 정보에 따라 단백질이 만들어지므로 단백질의 유사성은 진화의 증거가 된다.
· 단백질이 비슷하다.
→ 아미노산 차이가 적다.
→ DNA 염기 서열 차이가 적다.
→ 두 종이 최근에 나누어 졌다.
⇒ 진화적으로 가까운 종이다.

정답 및 해설 42쪽

개념확인 2 **다음은 발생학적 증거를 통해 알 수 있는 사실을 설명한 것이다. 괄호 안에 들어갈 알맞은 말을 고르시오.**

척추동물은 공통 조상에서 갈라져 나왔으며 ㉠(수중 , 육상) 동물에서 ㉡(수중 , 육상) 동물로 진화하였음을 알 수 있다.

확인+2 **사람과 DNA 일치율이 가장 높은 영장류는 무엇인가?**

미니사전
배아 [胚 임신하다 芽 처음] 수정란이 난할을 시작한 이후의 개체
염기 서열 유전자를 구성하는 염기의 배열로 염기 서열에 따라 특성이 결정된다.

● 획득 형질
후천적으로 환경이나 생활 습관에 의해 얻어지는 형질로 유전되지 않는다.
→ 성형 수술로 쌍꺼풀이 생긴 경우, 운동으로 근육이 커진 경우는 유전되지 않는다.

● 공업 암화

▲ 흰색 후추나방과 검은색 후추나방

· 산업 혁명(공업화) 이전
흰색 나방이 훨씬 많이 살고 있었다.
· 산업 혁명(공업화) 이후
대기 오염으로 나무 줄기가 어두워지자 천적 눈에 잘 띄는 흰색 나방보다 검은색 나방이 생존에 유리하여 검은색 나방의 수가 훨씬 많아졌다.
→ 산업 혁명 이후 검은색 나방이 생존에 유리하여 자연선택되었다.

● 자연선택설의 과정
① **과잉 생산** : 자손의 과잉 생산으로 집단 내 개체수가 많아진다.
② **개체 변이** : 같은 종 사이에서 환경의 영향으로 형태나 기능이 조금씩 다른 변이가 존재한다.
③ **생존 경쟁** : 먹이나 서식지를 두고 경쟁이 일어난다.
④ **적자 생존** : 환경에 더 잘 적응하는 변이를 가진 개체가 살아남는다.
⑤ **자연선택** : 살아남은 개체들이 자손을 많이 남겨 변이의 누적으로 종의 진화가 일어난다.

미니사전
용불용설 [用 사용하다 不用 사용하지 않다 設 학설] 자주 사용하는 기관은 발달하고, 사용하지 않는 기관은 퇴화한다는 진화설
자연선택 생존 경쟁에서 환경에 적응한 개체가 살아남아 자손을 남기는 것

3. 진화설 1

(1) **용불용설 (라마르크)** : 자주 사용하는 기관은 발달하고, 사용하지 않는 기관은 퇴화하는 과정이 반복되어 진화가 일어난다.

오래전의 기린은 목이 짧았다.
높은 곳의 잎을 먹기위해 목을 길게 늘려 목이 점차 길어졌다.
길어진 목이 자손에게 유전되어 목이 긴 기린이 태어나고, 이러한 과정을 거듭하여 기린의 목이 길어졌다.

※ 비판 : 획득 형질은 자손에게 유전되지 않는다.

(2) **자연선택설 (다윈)** : 생존 경쟁을 하여 환경에 잘 적응하는 형질을 가진 개체가 살아남아 자손을 남기는 과정이 반복되어 진화가 일어난다.

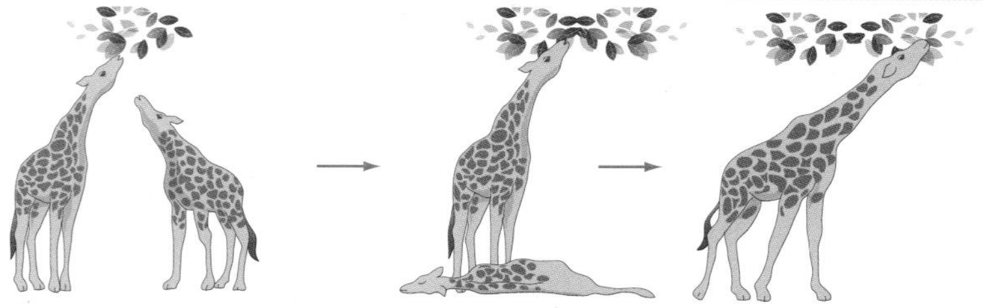

오래전의 기린 목의 길이는 다양했다.
(개체 변이)
높은 곳의 잎은 목이 긴 기린만이 먹을 수 있어 생존에 유리했다.
(생존 경쟁, 적자생존)
환경에 적응한 목이 긴 기린만 살아남아 자손을 남기고, 이러한 과정을 거듭하여 기린의 목이 길어졌다.
(자연선택)

※ 비판 : 개체 변이가 나타나는 이유를 구체적으로 설명하지 못하였다.

개념확인 3 자주 사용하는 기관은 발달하고, 사용하지 않는 기관은 퇴화한다는 진화설은 무엇인가?

확인 +3 다음 〈보기〉 중, 자연선택설의 과정을 순서대로 나열하시오.

〈 보기 〉

자연선택　　생존 경쟁　　적자생존　　과잉 생산　　개체 변이

4. 진화설 2

(1) 다윈 이후의 진화설

① 돌연변이설 (더프리스) : 생식세포의 돌연변이에 의해 조상에 없던 새로운 형질이 출현해 진화가 일어난다.

→ 왕달맞이꽃은 달맞이꽃의 돌연변이에 의해 분화되었다.

▲ 달맞이꽃

▲ 왕달맞이꽃

② 격리설 (바그너, 로마네스) : 지리적 또는 생식적으로 격리에 의해 새로운 종의 진화가 일어난다.

→ 갈라파고스 군도의 핀치새, 그랜드 캐니언 협곡의 영양다람쥐(협곡에 의해 지리적으로 격리가 지속되어 서로 다른 환경에 적응하여 두 종으로 분화되었다.)

▲ 그랜드 캐니언 협곡에 의해 분화된 다람쥐

(2) 현대의 진화설

① 자연선택, 돌연변이, 격리 등의 과정을 종합하여 진화의 과정을 설명한다.

- 환경 적응에 유리한 형질을 가진 개체가 자연선택된다.
- 돌연변이에 의해 새로운 형질을 가진 유전자가 생겨난다.
- 같은 종의 생물이 다른 환경에 격리되면 교배가 일어나지 못하고, 두 집단은 각각 다른 진화 경로를 거쳐 다른 종으로 분화하게 된다.

한 종의 토끼가 살고 있다. / 환경의 변화로 두 무리로 나뉘고, 각각의 무리에 돌연변이가 나타났다. / 돌연변이 중 환경에 적응한 개체만이 자연 선택되었다. / 두 무리가 다시 합쳐졌지만, 이미 서로 다른 종이 되었다.

② 개체 중심이 아닌 집단 전체의 유전자 변화, 유전자풀 변화에 초점을 맞춘다.

돌연변이
부모에게 없던 형질이 자손에게 나타나고, 이 형질이 자손에게 유전되는 현상

돌연변이설과 격리설의 비판
- 돌연변이설의 비판
  돌연변이는 매우 드물게 일어나고, 대부분 생존에 불리한 방향으로 일어난다.
- 격리설의 비판
  특정 지역의 생물에게만 해당되어 진화의 근본적인 과정을 설명할 수 없다.

집단 유전
한 개체의 유전자 변화로 진화가 이뤄질 수 없으므로, 한 세대의 개체보다 연속성 있는 집단에 비중을 두고 연구하는 것이 타당하다.

유전자풀 (gene pool)
- 생물 집단에 속하는 모든 유전 정보들
- 유전자풀이 변하면 집단의 유전적 특성이 달라지므로, 유전자 풀의 변화를 진화라고 한다.

정답 및 해설 **42쪽**

개념확인 4 **진화설과 그것을 주장한 학자를 바르게 연결하시오.**

(1) 용불용설 · · ㉠ 바그너

(2) 자연선택설 · · ㉡ 다윈

(3) 돌연변이설 · · ㉢ 라마르크

(4) 격리설 · · ㉣ 더프리스

확인 + 4 **다음은 현대의 진화설에 대한 설명이다. 빈칸 안에 들어갈 알맞은 말을 쓰시오.**

㉠(　　　　)에 의해 새로운 형질을 가진 유전자가 생겨나고, 환경 적응에 유리한 형질을 가진 개체가 ㉡(　　　　)된다. 또한 같은 종의 생물이 다른 환경에 ㉢(　　　　)되면 교배가 일어나지 못하고, 각각 다른 진화 경로를 거쳐 다른 종으로 분화하게 된다.

미니사전

분화 [分 나누다 化 되다] 구조나 기능이 특수화되어 서로 다른 종이 된 것을 뜻한다.

격리 [隔 막다 離 갈라지다] 다른 것과 통과하지 못하게 사이를 떨어뜨려 놓는 것으로, 지리적, 생태적 요인 등으로 같은 종의 생물 개체 사이에 교배가 일어나지 않게 되는 현상

개념 다지기

01 진화에 대한 설명으로 옳지 않은 것은?

① 오랜 시간에 걸쳐서 일어난다.
② 화석을 통해서 진화의 증거를 찾을 수 있다.
③ 생물의 한살이를 관찰하면 진화 과정을 볼 수 있다.
④ 생물을 해부학적 구조를 비교하여 진화 과정을 알 수 있다.
⑤ 생물이 환경에 적응하여 여러 세대를 거치면서 몸의 형태와 구조가 변하는 것이다.

02 다음은 고래의 진화 과정을 나타낸 그림이다. 이에 대한 설명으로 옳은 것을 〈보기〉에서 모두 고른것은?

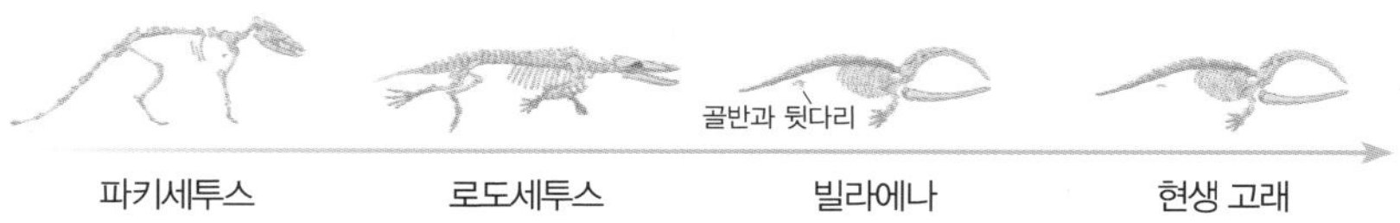

〈 보기 〉

ㄱ. 고래의 조상으로 여겨지는 화석의 뒷다리뼈로 보아 육상 생활을 한 것을 알 수 있다.
ㄴ. 오늘날의 고래는 뒷다리와 뒷다리뼈가 있다.
ㄷ. 고래의 앞다리는 지느러미 형태로 몸 구조가 변화하였다.

① ㄱ ② ㄴ ③ ㄷ ④ ㄱ, ㄴ ⑤ ㄱ, ㄷ

03 다음 중 구조와 발생 기원은 다르지만, 형태와 기능이 같은 기관은?

① 박쥐의 날개와 새의 날개
② 사람의 팔과 박쥐의 날개
③ 잠자리의 날개와 새의 날개
④ 사람의 팔과 고양이의 앞다리
⑤ 침팬지의 팔과 바다사자의 앞다리

정답 및 해설 42쪽

04

다음은 닭과 사람의 배아를 비교한 것이다. 이를 통해 발생 과정을 통해 알 수 있는 사실로 옳은 것을 〈보기〉에서 모두 고른것은?

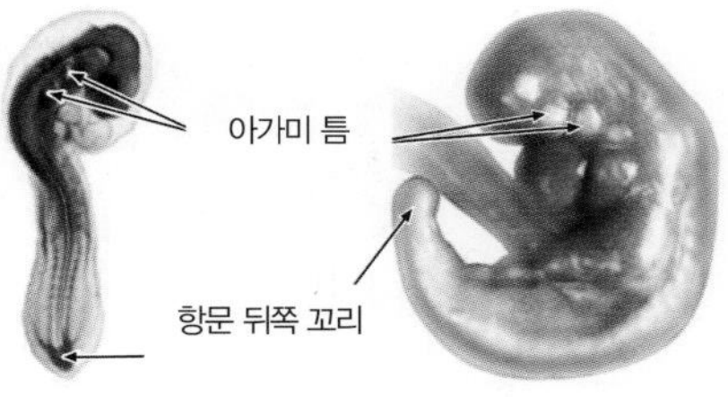

▲ 닭의 배아　　▲ 사람의 배아

〈 보기 〉

ㄱ. 발생 초기 단계에 모두 아가미가 있으므로, 공통 조상이 아가미를 사용하였다는 것을 알 수 있다.
ㄴ. 수중 동물에서 육상 동물로 진화하였음을 알 수 있다.
ㄷ. 발생이 끝날 때까지 비슷한 모습을 관찰할 수 있다.

① ㄱ　② ㄴ　③ ㄷ　④ ㄱ, ㄴ　⑤ ㄱ, ㄷ

05

라마르크가 주장한 용불용설에 대한 설명으로 옳은 것은?

① 지리적 격리에 의해 새로운 종의 진화가 일어난다.
② 생식적 격리에 의해 새로운 종의 진화가 일어난다.
③ 돌연변이에 의해 조상에 없던 새로운 형질이 출현하여 진화가 일어난다.
④ 자주 사용하는 기관은 발달하고, 사용하지 않는 기관은 퇴화하는 과정이 반복되어 진화가 일어난다.
⑤ 생존 경쟁을 하여 환경에 잘 적응하는 형질을 가진 개체가 살아남아 자손을 남기는 과정이 반복되어 진화가 일어난다.

06

현대에는 여러가지 진화설을 종합하여 진화의 과정을 설명한다. 다음 〈보기〉 중 현대의 진화설에서 언급되지 않는 것을 고른 것은?

〈 보기 〉

ㄱ. 용불용설　ㄴ. 자연선택설　ㄷ. 돌연변이설　ㄹ. 격리설

① ㄱ　② ㄴ　③ ㄷ　④ ㄹ　⑤ ㄱ, ㄷ

유형 익히기 & 하브루타

[유형24-1] 진화의 증거 1

아래의 그림은 고래의 진화 과정을 순서 없이 나타낸 것이다. 아래의 물음에 답하시오.

(가) (나) (다) (라)

(1) 가장 오래된 화석부터 현생 고래의 화석에 해당하는 것까지 차례대로 기호로 나타내시오.

( ) → ( ) → ( ) → ( )

(2) 화석에서 찾을 수 있는 진화의 증거에 대한 설명으로 옳은 것은 O표, 옳지 않은 것은 X표 하시오.

① 고래의 조상은 물속 생활을 하는 생물이었다. ( )

② 현재의 고래에는 뒷다리뼈의 흔적이 남아있다. ( )

③ 고래의 앞다리는 점점 물속 생활에 적합하게 진화된 것을 알 수 있다. ( )

④ 각 지층에서 발견되는 화석을 비교하면 생물이 시간의 흐름에 따라 어떻게 변하였는지 알 수 있다. ( )

Tip!

01 **다음 중 상동 기관에는 '상동', 상사 기관에는 '상사' 라고 쓰시오.**

(1) 사람의 팔과 침팬지의 팔 ( )

(2) 고양이의 앞다리와 박쥐의 날개 ( )

(3) 잠자리의 날개와 독수리의 날개 ( )

(4) 포도의 덩굴손과 완두의 덩굴손 ( )

02 **다음 〈보기〉 중 흔적 기관을 모두 고르시오.**

〈 보기 〉

ㄱ. 선인장의 가시	ㄴ. 타조의 날개	ㄷ. 잠자리의 날개
ㄹ. 사람의 꼬리뼈	ㅁ. 돌고래 앞다리	ㅂ. 뱀의 뒷다리뼈

( )

정답 및 해설 43쪽

[유형24-2] 진화의 증거 2

다음 그래프 (가)는 사람과 영장류의 DNA의 일치율을 나타낸 것이고, 그래프 (나)는 사람과 여러 동물들의 헤모글로빈의 아미노산 서열의 유사도를 나타낸 것이다. 다음 물음에 답하시오.

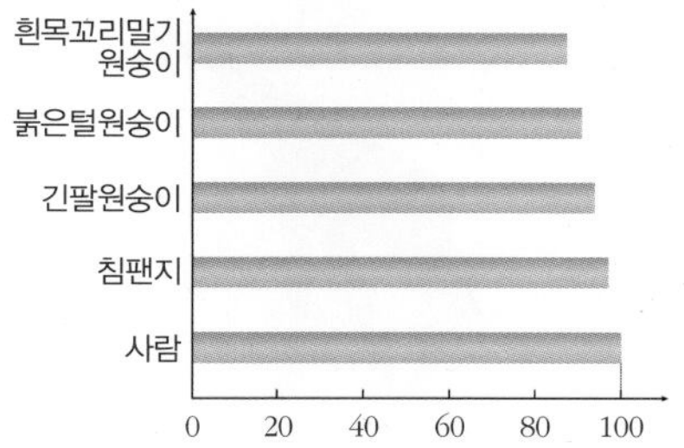

(가) 사람과 영장류의 DNA 일치율

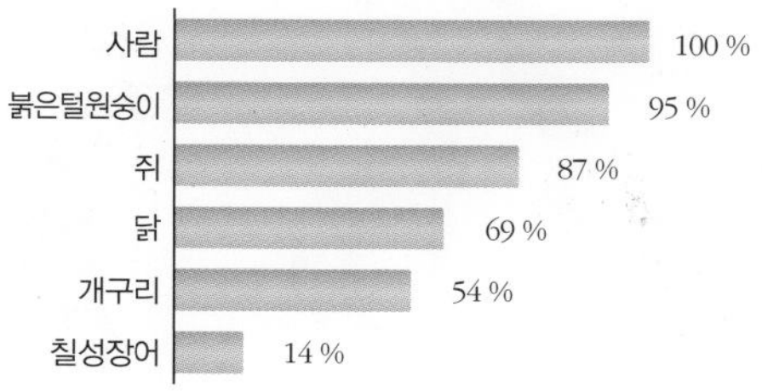

(나) 사람의 헤모글로빈의 아미노산 서열 유사도

(1) 사람과 DNA 일치율이 가장 높은 영장류는 무엇인가? (　　　　　　　)

(2) 사람의 헤모글로빈의 아미노산 서열과 가장 유사한 동물은 무엇인가? (　　　　　　　)

(3) DNA나 단백질을 분석을 통해 알 수있는 사실은 무엇인가?

(　　　　　　　　　　　　　　　　　　　　　　　　　　　　　　　　　　　　)

03

다음은 척추 동물의 발생 과정을 비교하여 알 수 있는 진화의 증거에 대한 설명이다. 빈칸 안에 들어갈 알맞은 말을 써 넣으시오.

> 척추 동물의 발생 과정을 비교해 보면 ㉠(　　　　), ㉡(　　　　), ㉢(　　　　)(이)가 공통적으로 나타난다. 이를 통해 척추동물은 공통 조상에서 갈라져 나왔으며 수중 동물에서 ㉣(　　) 동물로 진화하였음을 알 수 있다.

Tip!

04

다음이 설명하는 것과 가장 관계가 깊은 진화의 증거는 무엇인가?

> 월리스 선을 기준으로 동쪽의 오스트레일리아에는 태반이 발달하지 않은 포유류가, 서쪽은 동남아시아에는 태반이 발달한 포유류가 분포한다.

① 화석상의 증거　　② 해부학상의 증거　　③ 발생학상의 증거
④ 지리학상의 증거　　⑤ 분자생물학상의 증거

유형 익히기 & 하브루타

[유형24-3] 진화설 1

다음 그림은 어떠한 진화설을 나타낸 것이다. 다음 물음에 답하시오.

오래전의 기린은 목이 짧았다.

높은 곳의 잎을 먹기 위해 목을 길게 늘려 목이 점차 길어졌다.

길어진 목이 자손에게 유전되어 목이 긴 기린이 태어나고, 이러한 과정을 거듭하여 기린의 목이 길어졌다.

(1) 위와 같은 진화설을 주장한 학자는 누구인가? (　　　　　　)

(2) 위의 그림과 가장 관련이 깊은 진화설은?

① 격리설　② 용불용설　③ 자연선택설　④ 돌연변이설　⑤ 현대의 종합 진화설

(3) 위와 같은 진화설이 비판받은 이유는 무엇인가?

(　　　　　　　　　　　　　　　　　　　　　　　　　　)

Tip!

05 다음 〈보기〉는 다윈이 주장한 진화 과정을 순서 없이 나타낸 것이다. 순서대로 기호로 나타내시오.

〈 보기 〉

ㄱ. 환경에 잘 적응하는 변이를 가진 개체들이 살아남는다.
ㄴ. 먹이나 서식지를 두고 경쟁이 일어난다.
ㄷ. 자손의 과잉생산으로 집단 내 개체수가 많아진다.
ㄹ. 살아남은 개체들이 자손을 많이 남겨 변이의 누적으로 종의 진화가 일어난다.
ㅁ. 환경의 영향으로 형태나 기능이 다른 변이가 존재한다.

(　　) → (　　) → (　　) → (　　) → (　　)

06 다윈이 주장한 "생존 경쟁을 하여 환경에 잘 적응하는 형질을 가진 개체가 살아남아 자손을 남기는 과정이 반복되어 진화가 일어난다."는 진화설은 무엇인가?

(　　　　　　)

정답 및 해설 43쪽

[유형24-4] 진화설 2

아래의 그림은 현대의 진화설을 설명하는 예를 나타낸 것이다. 아래의 물음에 답하시오.

한 종의 토끼가 살고있는 평원에 강이 생겨 토끼가 두 무리로 나뉘어 지게 되었다.

두 무리의 토끼는 각각 다른 환경에 적응하였고, 유전자가 변화된 토끼가 나타났다.

환경에 적응하는 변이를 가진 토끼만이 살아남아 자손을 남기는 과정이 반복되었다.

(1) (가)~(다)에 해당하는 진화의 요인을 각각 쓰시오.

(2) 현대의 진화설에 대한 설명으로 옳은 것은 O표, 옳지 않은 것은 X표 하시오.

① 현대의 진화설에서 용불용설은 인정되지 않는다. ( )

② 현대의 진화설에서는 진화를 개체 중심이 아닌 유전자풀의 변화에 초점을 맞춘다. ( )

③ (다) 이후 강이 사라져 두 무리의 토끼들이 함께 살게 되면 다시 한 종의 토끼무리가 형성된다. ( )

07 생식세포의 돌연변이에 의해 조상에 없던 새로운 형질이 출현하여 진화가 일어난다는 학설은 무엇인가?

( )

08 다음의 설명과 관계있는 진화설을 쓰시오.

(1) 획득 형질이 유전되는 것을 주장한 학설 ( )

(2) 달맞이꽃은 꽃의 크기가 작지만 큰 꽃을 가진 왕달맞이꽃이 새롭게 출현하여 새로운 종이 생겼다. ( )

(3) 갈라파고스 군도의 각 섬에 서식하는 핀치새는 다른 환경의 섬에 적응하여 부리의 모양과 크기가 다르게 진화하였다. ( )

Tip!

창의력 & 토론마당

01

다음 표는 생물의 진화 이론의 예시로 두 가지의 경우를 소개 한 것이다. 글을 읽고 물음에 답하시오.

[가]
오스트레일리아의 슈거글라이더는 유대류(태아를 모체의 외부주머니에서 발생시킴)이고 북아메리카의 날다람쥐는 포유류(태아를 자궁 안에서 발생시킴)이다. 두 종은 서로 다른 조상으로부터 독립적으로 진화했으나 비슷한 모양이 되었고, 공중을 활강할 수 있는 능력을 가지고 있다.

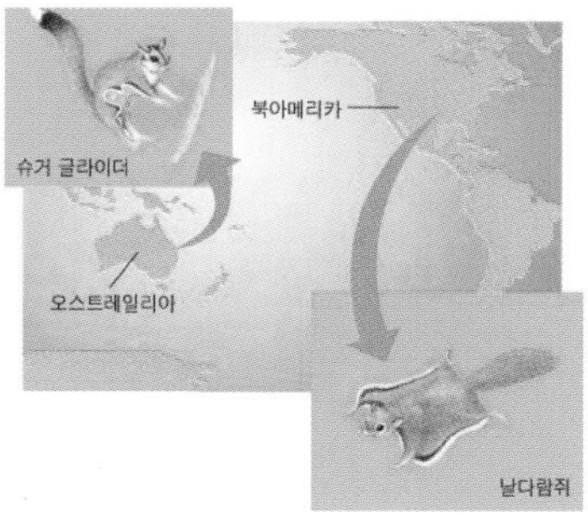

[나]
남미 대륙에서 1,000km 떨어져 있으며 19개의 섬으로 구성되어 있는 화산섬 갈라파고스 군도에서 다윈은 여러 종류의 핀치새를 관찰하였다. 그런데 이들의 부리 모양이 남미 대륙에 사는 핀치새와 다른 모습을 가지고 있다. 다윈은 갈라파고스 군도 핀치새들의 서식지 및 먹이를 조사하여 부리 모양과 환경이 어떤 관계가 있는지 설명하고자 하였다.

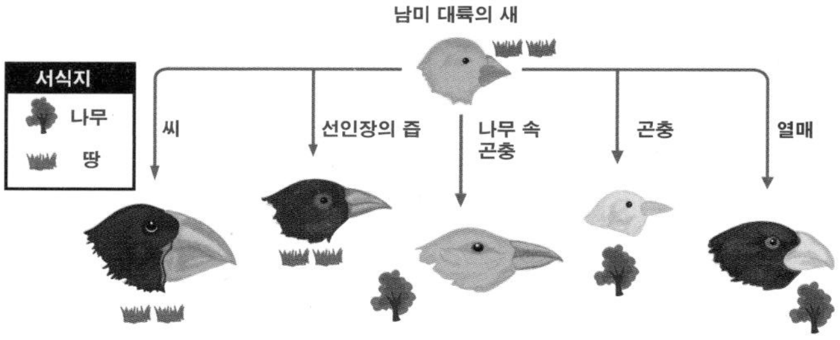

(1) [가]의 슈거글라이더와 날다람쥐가 비슷한 모양으로 진화된 원인과, [나]의 갈라파고스 군도에 여러 종류의 핀치새가 등장한 이유는 각각 무엇인가?

(2) [가]와 [나]에 등장하는 오스트레일리아의 슈거글라이더와 갈라파고스 군도의 핀치새는 특정 지역에서만 볼 수 있는 종으로 그 원인을 진화 개념으로 설명할 수 있다. 빈칸에 알맞은 말을 '같은', '다른', '비슷한' 중 한 개로 채우시오.

> [가] 내용에서 종이 서로 (　　) 슈거글라이더와 날다람쥐는 (　　)환경에 적응하면서 진화한 결과 날아다니는 능력을 공통적으로 가지고, 유사한 생김새를 가지게 되었다. 그러나 [나] 내용은 (　　) 종의 개체가 각자 (　　)환경에 적응하여 부리 모양이 환경에 맞게 변한 것이다.

정답 및 해설 44쪽

02 다음 제시된 자료를 읽고 물음에 답하시오.

(1) 겸형적혈구 빈혈증

· 원인 : 적혈구의 헤모글로빈 단백질의 아미노산 1개가 바뀌어 나타난다. 2개의 열성 대립 유전자가 있어야 겸형적혈구 빈혈증이 나타나지만 1개만 있어도 표현된다. 즉, 공동 우성에 속하기 때문에 보인자(잡종)인 경우에는 건강하게 지내다가 산소가 부족할 경우 증상이 나타난다.

· 증상 : 높은 곳에 있거나 육체적으로 스트레스를 받아 혈액 내 산소 분압이 낮아질 때 적혈구의 헤모글로빈 분자가 긴 막대로 뭉쳐져 낫 모양으로 변한다. 그 결과 관절이 붓고 심각한 감염 증상이 나타날 수 있다.

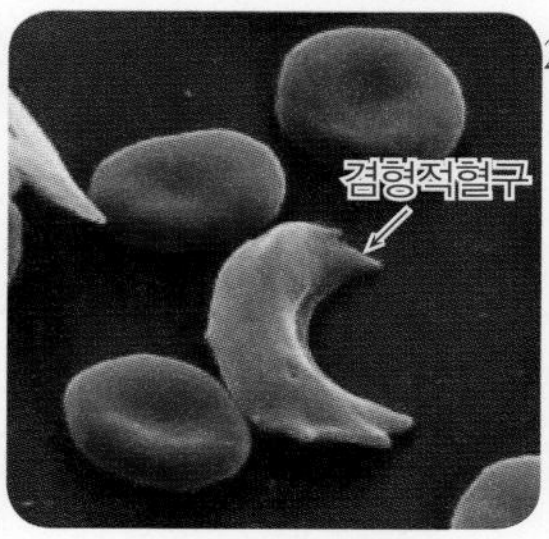

▲ 적혈구와 겸혈적혈구

· 빈도 : 이 병을 가진 사람은 자손을 낳을 수 있는 나이까지 생존하기 어렵다. 그럼에도 불구하고 아프리카에는 이 질병의 유전자를 가진 보인자(잡종)가 인구의 15~20%나 된다.

(2) 말라리아

· 원인 : 말라리아 병원충이 적혈구를 파괴하여 나타나는 질병으로 아프리카에서 자주 발생한다.

· 특징 : 말라리아 병원충은 낫 모양의 적혈구에서는 살지 못하기 때문에 겸형 적혈구 유전자를 가진 보인자의 적혈구에 말라리아 병원충이 감염되면 적혈구가 낫 모양으로 변하여 말라리아에 감염되지 않는다.

치사율은 10%로 매우 높은 편이고, 치료를 하더라도 치사율이 1~4% 정도로 상당히 높다.

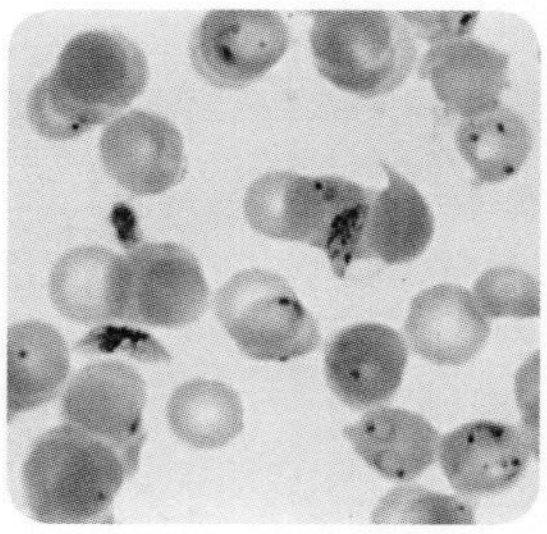

▲ 말라리아가 감염된 적혈구

(1) 아프리카에 겸형 적혈구 빈혈증의 보인자의 빈도가 다른 지역에 비해 높은 이유를 설명하시오.

(2) 아프리카에 높은 빈도로 있는 겸형 적혈구 유전자를 다윈의 진화설로 설명하시오.

(3) 아프리카 외 다른 지역에서 겸형 적혈구 유전자가 많이 발견되지 않는 이유는 무엇인가?

03

AIDS를 일으키는 인간면역결핍 바이러스(HIV)를 치료하기 위한 약물의 저항성에 관한 글이다.

HIV가 자신의 유전체를 인간의 DNA로 복제하는 과정에서 사용하는 효소의 기능을 억제하기 위해 3TC 약물을 제조하였다.
그러나 이 약물에 대하여 저항성을 가지는 소수의 HIV 변이체가 나타났다. 이 변이체들은 평소에 일반 HIV에 비해 복제 속도가 느린 편이다. 그러나 3TC 약물 투입이 되면 급속도로 복제되어 HIV 바이러스의 대부분이 저항성을 가지는 HIV 변이체로 구성된다.

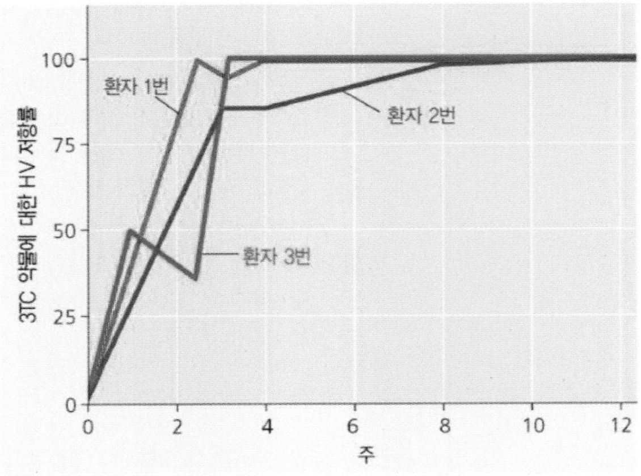

이 현상은 3TC 약물 투입 시점부터 소수의 저항성 HIV 변이체가 자연 선택되는 효과가 나타났기 때문에 환경에 가장 잘 적응한 저항성 HIV 변이체가 생존하여 자손을 번식한 것으로 볼 수 있다.
그러나 이 상황은 오히려 3TC 약물 투약을 끊었을 때 달라질 수 있다.

(1) 다음 진술은 정확하지 않다. 그 이유를 설명하시오.

" 항 -HIV 약물이 바이러스의 약에 대한 저항성을 창조하였다."

(2) 다윈의 진화 개념을 적용하여 HIV 변이체의 증폭된 현상을 단계적으로 설명하시오.

정답 및 해설 45쪽

04 다음 그림은 자연선택의 다양한 방식을 나타낸 것이다.

자연선택은 집단에서 어떤 표현형이 유리한가에 따라 세 가지 방식으로 유전적 형질의 빈도 분포를 변화시킨다. 다음 그림은 털 색깔 변이를 가지고 있는 가상의 흰 발 생쥐 한 집단이 진화할 수 있는 세 가지 방식을 나타낸 것이다. 털 색깔은 밝은 것에서부터 검은 것까지의 범위를 가진다.

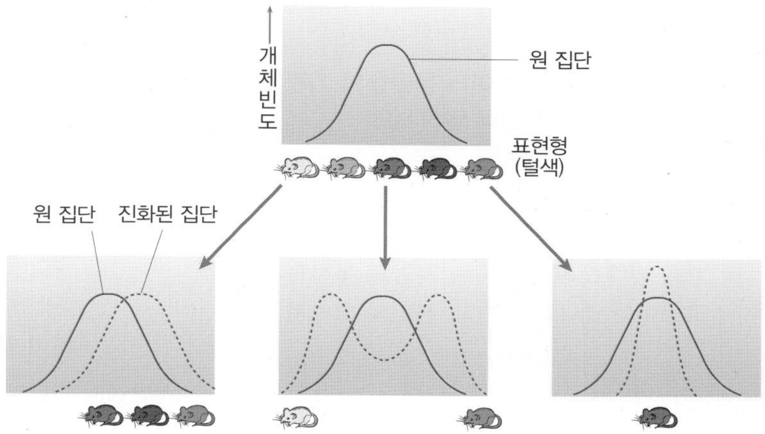

(a) **방향성 선택**은 분포의 한쪽 끝에 있는 변이체들을 선호함으로써 집단의 전반적 조성을 이동시킨다. 이 경우 진한 생쥐들이 유리해지는데 이는 그들이 진한 바위틈에서 살고 있어서 털색깔이 진할수록 포식자로부터 잘 은폐되기 때문이다.

(b) **분단성 선택**은 분포의 양 끝에 있는 변이체들을 선호한다. 이 생쥐들은 밝고 진한 바위들이 섞인 고르지 못한 서식지에 이주하였는데, 중간형 색깔을 가지는 생쥐들이 불리해진 결과를 맞았다.

(C) **안정화 선택**은 집단으로부터 극단의 변이체를 제거하고 중간형들을 보존한다. 만약, 중간 색깔의 바위로 이루어진 환경이라면 밝거나 진한 털 색깔을 가진 생쥐들은 선택적으로 제거될 것이다.

다음 사례에 해당하는 자연선택의 방향을 위 세 가지 중 어느 것에 해당하는지 고르고 진화 과정을 설명해 보시오.

(1) 『화석상 증거로 보아 유럽 흑곰의 평균 크기가 매 빙하기 때마다 증가하였고, 간빙기 때는 다시 감소하였다.』

(2) 『카메룬의 씨앗을 쪼아 먹는 핀치새 집단에서는 오로지 두 가지의 부리 특성이 나타난다. 작은 부리 집단은 부드러운 씨앗을 주로 먹고 큰 부리 집단은 딱딱한 씨앗을 먹는다. 중간 크기 부리는 거의 나타나지 않는다.』

(3) 『사람의 갓난아이 체중은 거의 3~4kg이다. 이보다 더 작거나 큰 아이들은 병에 걸리거나 사망할 확률이 높다.』

(4) 위 세 가지 자연선택 방식 중 유전적 변이를 증가시키는 방식을 하나 고르고, 그 이유를 설명하시오.

스스로 실력 높이기

A

01 생물이 오랜 시간 동안 자신이 살고 있는 환경에 적응하여 여러 세대를 거치면서 몸의 형태와 구조가 변하는 것을 무엇이라고 하는가?

( )

[02~04] 다음 〈보기〉는 여러 동물들의 기관을 나타낸 것이다. 다음 물음에 답하시오.

〈 보기 〉

ㄱ. 참새의 날개	ㄴ. 장미의 가시
ㄷ. 뱀의 뒷다리 뼈	ㄹ. 사람의 동이근
ㅁ. 고양이의 앞다리	ㅂ. 사람의 꼬리뼈

02 위의 〈보기〉 중 사람의 팔과 상동 기관인 것을 모두 골라 기호로 쓰시오.

( )

03 위의 〈보기〉 중 잠자리의 날개와 상사 기관인 것을 모두 골라 기호로 쓰시오.

( )

04 위의 〈보기〉 중 환경과 생활이 달라지면서 퇴화하여 흔적만 남은 기관을 모두 골라 기호로 쓰시오.

( )

05 다음은 닭과 사람의 배아를 비교한 것이다. 이에 대한 설명으로 옳은 것은 O표, 옳지 않은 것은 X표 하시오.

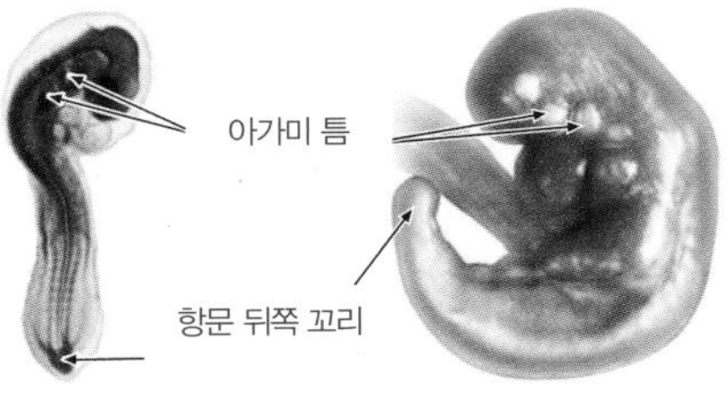

▲ 닭의 배아 ▲ 사람의 배아

(1) 발생 초기 단계에 공통적으로 아가미 틈과 꼬리가 나타난다. ( )

(2) 척추동물은 공통 조상에서 갈라져 나왔다는 것을 알 수 있다. ( )

(3) 이러한 진화의 증거를 분자 생물학적 증거라고 말한다. ( )

06 다음은 사람과 영장류의 DNA 일치율을 조사하여 나타낸 그래프이다.

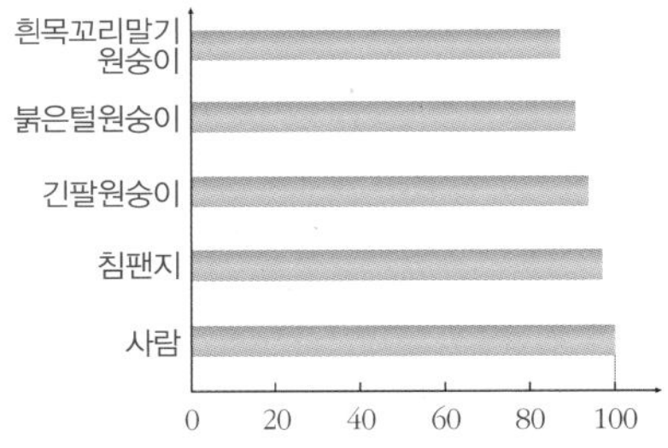

(가) 사람과 영장류의 DNA 일치율

이와 같은 방법으로 생물의 진화를 알아보는 것은 어떤 증거에 해당하는 것인가?

① 화석상의 증거 ② 해부학상의 증거
③ 발생학상의 증거 ④ 지리학상의 증거
⑤ 분자생물학상의 증거

정답 및 해설 45쪽

07 다음 설명문과 가장 관계가 깊은 진화의 증거는 무엇인가?

· 월리스 선을 기준으로 동쪽의 오스트레일리아에는 태반이 발달하지 않은 포유류가, 서쪽의 동남아시아에는 태반이 발달한 포유류가 분포한다.
· 갈라파고스 군도의 각 섬에 서식하는 핀치새는 각각 다른 환경에 적응하면서 부리 모양과 크기가 다르게 진화하였다.

(　　　　　　　　)의 증거

08 후천적으로 환경이나 생활 습관에 의해 얻어지는 형질을 무엇이라고 하는가?

(　　　　　　　　)

09 자주 사용하는 기관은 발달하고, 사용하지 않는 기관은 퇴화하는 과정이 반복되어 진화가 일어난다는 내용의 진화설은 무엇인가?

(　　　　　　　　)

10 아래 설명에서 (　　)에 공통으로 들어갈 말은 무엇인가?

· 생물 집단에 속하는 모든 유전 정보들을 뜻한다.
· (　　　　)이 변하면 집단의 유전적 특성이 달라지므로, (　　　　)의 변화를 진화라고 한다.

(　　　　　　　　)

B

11 다음 중 고래 화석을 통한 연구에서 찾을 수 있는 진화의 증거에 대한 설명으로 옳지 않은 것은?

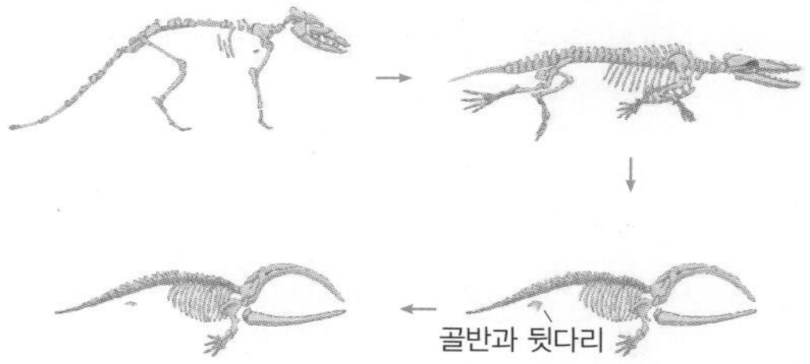

① 현생 고래에는 뒷다리뼈의 흔적이 남아있다.
② 고래의 조상이 육지에서 생활한 흔적을 찾을 수 있다.
③ 고래의 앞다리는 점점 물속 생활에 적합하게 진화된 것을 알 수 있다.
④ 같은 환경에서 생활이 비슷하여 비슷한 모습으로 진화한 상동 기관을 관찰할 수 있다.
⑤ 각 지층에서 발견되는 화석을 비교하면 생물이 시간의 흐름에 따라 어떻게 변하였는지 알 수 있다.

12 다음은 바다사자의 앞다리와 박쥐의 날개를 나타낸 모습이다. 이에 대한 설명으로 옳은 것은?

▲ 바다사자　　▲ 박쥐

① 해부학적인 구조와 발생이 같은 기관이다.
② 생활이 비슷하여 비슷한 모습으로 진화한 것이다.
③ 타조의 날개와 뱀의 뒷다리 뼈 흔적도 같은 예에 해당한다.
④ 잠자리의 날개와 새의 날개도 위의 그림과 같은 관계이다.
⑤ 위 그림과 같이 환경에 따라 다른 모습으로 진화한 기관을 상사 기관이라고 한다.

스스로 실력 높이기

13 진화의 증거에 대한 설명으로 옳지 <u>않은</u> 것은?

① DNA를 분석하여 사람과 영장류가 같은 종임을 알 수 있다.
② 생물의 해부학적 구조를 비교하여 진화의 증거를 찾을 수 있다.
③ 척추 동물의 발생 과정을 비교하여 진화의 증거를 찾을 수 있다.
④ 단백질의 아미노산 서열이 비슷할수록 유연 관계가 가까운 것이다.
⑤ 각 지층에서 발견되는 화석을 비교하여 진화의 증거를 찾을 수 있다.

14 아래의 그림은 기린의 목이 길어지게 되는 과정을 각각 다른 진화설로 설명한 것이다. 이에 대한 설명으로 옳지 <u>않은</u> 것은?

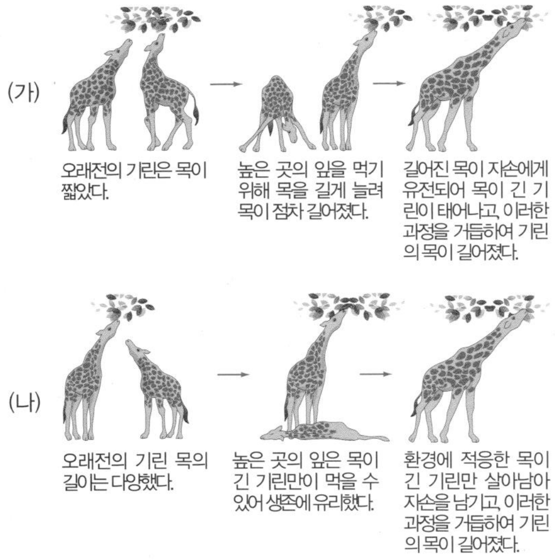

① (가)를 주장한 학자는 라마르크이다.
② (가)는 현대의 진화설에서 인정되지 않는다.
③ (나)를 주장한 학자는 다윈이다.
④ (나)는 획득 형질은 유전되는 것을 주장하였다.
⑤ (가)는 용불용설, (나)는 자연선택설을 나타낸 것이다.

15 다음 〈보기〉의 설명에 해당하는 진화론과 그 진화론을 주장한 학자를 바르게 짝지은 것은?

> · 모건은 우연히 발생한 흰눈 초파리의 형질이 유전된다는 사실을 발견하였다.
> · 달맞이꽃을 재배하던 중 어버이에 없던 새로운 형질이 나타난 '왕달맞이꽃'을 발견하였다.

① 현대의 진화설
② 바그너 - 격리설
③ 다윈 - 자연선택설
④ 라마르크 - 용불용설
⑤ 더프리스 - 돌연변이설

16 다음 중 돌연변이설에 대한 설명으로 옳은 것을 <u>모두</u> 고르시오.(2개)

① 돌연변이는 자손에게 유전된다.
② 현대의 진화설에서 인정받지 못하는 진화설이다.
③ 생식적 격리에 의해 새로운 종의 진화가 일어난다.
④ 돌연변이 개체는 생존 경쟁을 하면 항상 잘 적응한다.
⑤ 돌연변이는 부모에게 없던 형질이 자손에게 나타나는 것이다.

정답 및 해설 45쪽

[17~18] 다음 그림은 갈라파고스 군도의 각 섬에 살고 있는 핀치새의 각각 다른 부리 모양을 나타낸 것이다. 다음 물음에 답하시오.

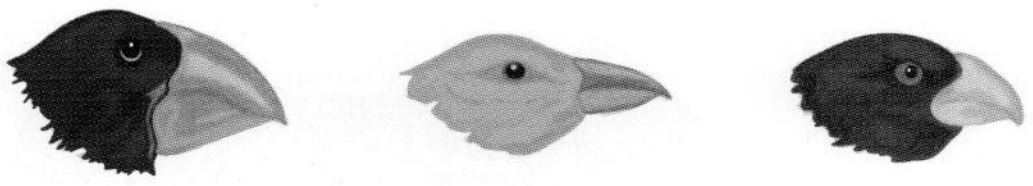

17 핀치새의 부리 모양이 다양하게 나타나는 이유로 옳은 것은?

① 일부 개체의 획득형질이 유전되었다.
② 돌연변이에 의해 부리의 모양이 다양하게 변하였다.
③ 부리가 큰 것이 생존에 유리하여 자연선택되어 진화하였다.
④ 자주 사용하는 기관은 발달하고, 사용하지 않는 기관은 퇴화하여 부리의 모양이 달라졌다.
⑤ 오랜 세월 동안 다른 환경에 살면서 먹이 종류에 따라 부리 모양이 서로 다르게 진화한 결과이다.

18 다음 중 핀치새의 부리가 다양해지는 것과 관련 있는 현상은?

① 미모사의 잎은 손을 대면 오므라든다.
② 발아하는 강낭콩의 온도는 마른 콩보다 높다.
③ 벌은 군집 생활 속에서 상호간 의사소통을 한다.
④ 북극여우는 사막여우보다 몸집이 크고 귀가 작다.
⑤ 같은 부모에게서 태어난 강아지들의 색깔이 서로 다르다.

19 다음 〈보기〉 중 현대의 진화설에 대한 설명으로 옳은 것을 모두 고른것은?

〈 보기 〉

ㄱ. 현대의 진화설에서 격리설은 인정되지 않는다.
ㄴ. 개체 중심이 아닌 집단 전체의 유전자풀 변화에 초점을 맞춘다.
ㄷ. 획득 형질은 자손에게 유전되는 것을 뒷받침하는 근거를 제시하였다.

① ㄱ　② ㄴ　③ ㄱ, ㄴ
④ ㄴ, ㄷ　⑤ ㄱ, ㄴ, ㄷ

20 다음 중 현대의 진화과정에서 인정되지 않는 진화의 요인은?

① 격리　② 돌연변이
③ 자연선택　④ 적자 생존
⑤ 획득 형질

C

21 다음은 포유류의 앞다리 뼈의 구조를 나타낸 것이다. 이 그림을 보고 알 수 있는 것은?

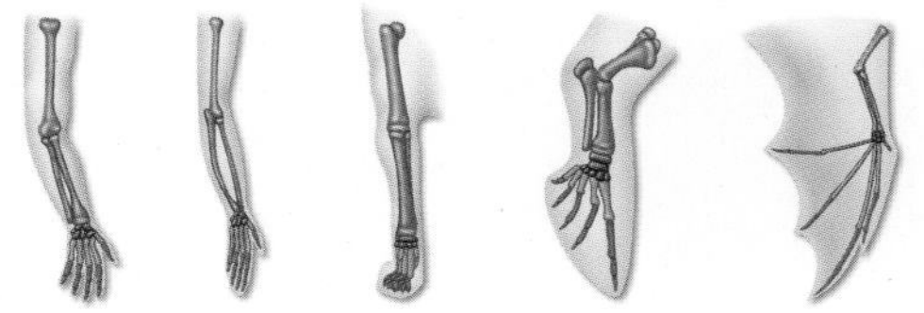

① 기능은 각각 다르지만 골격만 비슷하게 진화되었다.
② 발생 기원은 같지만 생활 환경에 맞게 각각 다른 형태로 진화하였다.
③ 서로 다른 계통에서 발생되었으나 시간이 지남에 따라 같은 기능으로 진화하였다.
④ 과거에는 자주 사용하는 기관이었으나 점차 퇴화되어 지금은 거의 사용하지 않는 기관이 되었다.
⑤ 기원은 서로 다르지만 오랜 세월 동안 비슷한 환경에 적응하면서 골격 구조가 비슷하게 진화하였다.

22 다음 그래프는 사람의 헤모글로빈 단백질을 구성하는 아미노산 서열이 다른 동물들과 얼마나 유사한지 나타낸 그래프이다.

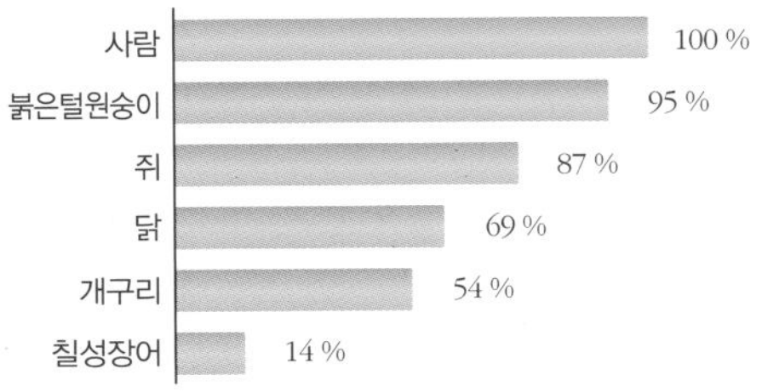

▲ 사람의 헤모글로빈의 아미노산 서열 유사도

이 그래프에 대한 설명으로 옳은 것만을 〈보기〉에서 있는 대로 고른 것은?

〈 보기 〉

ㄱ. 개구리는 사람보다 닭과 유연 관계가 더 가깝다.
ㄴ. 사람과 유연 관계가 가장 가까운 동물은 붉은털원숭이이다.
ㄷ. 사람과 쥐가 공통 조상에서 분리된데 걸린 시간보다 사람과 개구리가 공통 조상에서 분리된 데 걸린 시간이 더 길다.

① ㄱ ② ㄴ ③ ㄱ, ㄴ
④ ㄴ, ㄷ ⑤ ㄱ, ㄴ, ㄷ

[23~24] 다음은 산업 혁명 이전과 산업 혁명 이후의 영국의 맨체스터 지방의 후추나방에 대한 설명이다. 다음 물음에 답하시오.

▲ 흰색 후추나방과 검은색 후추나방

(가) 유럽의 후추나방은 대부분 흰색이며 나무줄기에 올라앉는 경향이 있다.
(나) 산업 혁명이 진행되면서 공장이 늘어나 매연이 많아졌다.
(다) 매연 물질로 인해 나무줄기의 밝은색 이끼가 죽고, 나무줄기가 검어졌다.
(라) 후추나방을 잡아먹는 새들은 검은 나무줄기에 앉은 흰색 나방을 잡아먹었다.
(마) 공업화 이후 흰색 후추나방보다 검은색 후추나방이 새들에게 덜 잡아먹혀서 생존에 유리했다.

23 후추나방의 개체수 변화를 가장 잘 설명할 수 있는 진화설이 일어나는 과정으로 옳은 것은?

① 돌연변이 - 개체 변이 - 생존 경쟁 - 자연선택
② 생존 경쟁 - 돌연변이 - 적자 생존 - 자연선택
③ 개체 변이 - 생존 경쟁 - 적자 생존 - 자연선택
④ 개체 변이 - 자연선택 - 생존 경쟁 - 적자 생존
⑤ 지리적 격리 - 생존 경쟁 - 적자 생존 - 자연선택

24 다음 〈보기〉 중 후추나방의 진화와 같은 진화설의 예에 해당하는 것을 모두 고른 것은?

〈 보기 〉

ㄱ. 고래의 조상으로 여겨지는 화석에는 뒷다리뼈가 있다.
ㄴ. 북극에서는 털가죽이 두꺼운 곰이 살아남아 자손을 남겼다.
ㄷ. 왕달맞이꽃은 달맞이꽃의 돌연변이에 의해 분화되었다.

① ㄱ ② ㄴ ③ ㄷ ④ ㄱ, ㄴ ⑤ ㄴ, ㄷ

정답 및 해설 45쪽

25 다음 그림은 한 종의 토끼가 서로 다른 종으로 진화하는 과정을 나타낸 것이다.

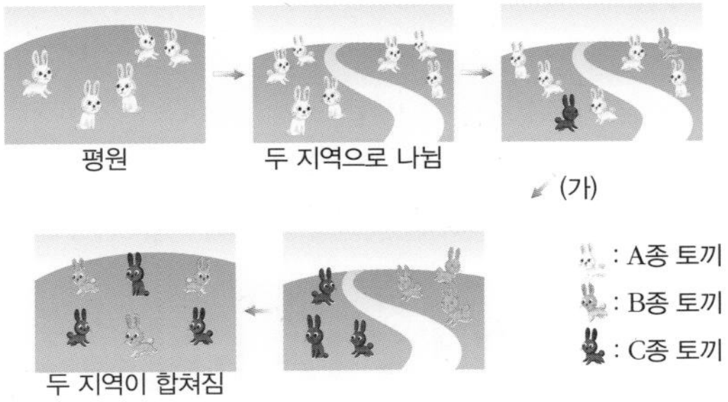

이에 대한 설명으로 옳은 것을 〈보기〉에서 모두 고른 것은?

〈 보기 〉
ㄱ. 새로 생겨난 B종 토끼와 C종 토끼는 유전자 구성이 같다.
ㄴ. 토끼의 진화는 격리 → 자연선택 → 돌연변이 순서로 일어났다.
ㄷ. (가) 과정에서 B 종의 토끼와 C종의 토끼는 A종 토끼보다 환경에 더 잘 적응하였다.

① ㄱ ② ㄷ ③ ㄱ, ㄴ
④ ㄴ, ㄷ ⑤ ㄱ, ㄴ, ㄷ

26 돌고래의 지느러미와 상어의 지느러미는 같은 모양을 하고 있지만 그 구조가 다르다. 이와 같은 기관을 무엇이라고 하는지 쓰고, 이로 인해 알 수 있는 진화의 증거를 쓰시오.

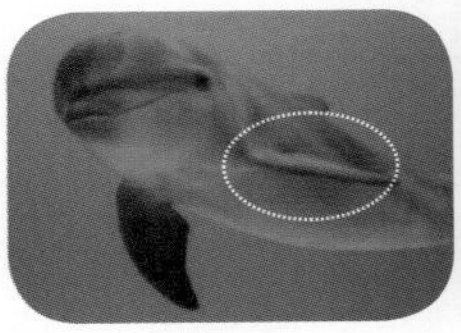
▲ 돌고래

▲ 상어

27 다음 그림은 닭의 배아와 사람의 배아를 비교한 것이다. 아가미 틈을 보고 알 수 있는 진화적 사실은 무엇인가?

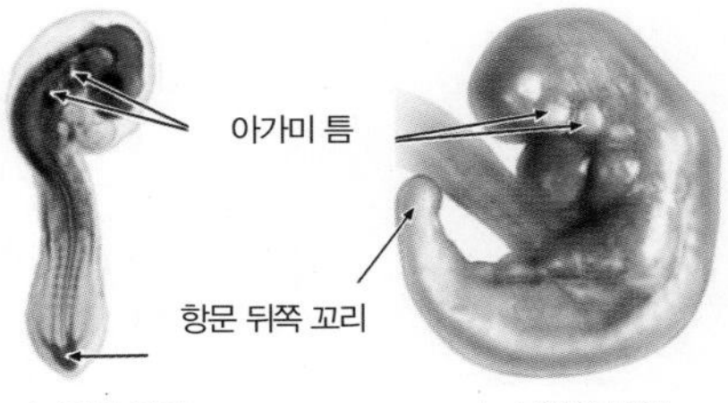

▲ 닭의 배아 ▲ 사람의 배아

28 라마르크가 주장한 용불용설이 오늘날 진화의 원인으로 인정받지 못하고 있는 이유는 무엇인가?

29 돌연변이설과 격리설을 뒷받침하는 예시를 한 가지씩 쓰시오.

30 현대의 진화설의 특징 중 두 가지를 서술하시오.

창의력 서술

31 AIDS를 일으키는 인간면역결핍 바이러스(HIV)는 돌연변이가 매우 쉽게 일어나는 바이러스로서 완벽한 백신을 만들기 매우 어려운 바이러스이다. 왜 백신을 만들기 어려울까?

32 일반적으로 유전에 대해 설명하기 위해 사용하는 멘델 집단은 집단 크기가 크고, 유전자의 외부 출입이 없으며 돌연변이가 존재하지 않고 자연선택 없이 무작위적 교배가 일어난다. 이 집단의 경우 진화가 일어날 수 있을지 이유를 들어 서술하시오.

한국인은 단일민족이 아니라, 혼혈이다?!

한국인의 뿌리는 누구인가?

TV 속 사극이나 국사 책에서 자주 등장하듯이 우리나라는 중국과 일본 그리고 몽골까지 긴밀한 연계를 가지고 있다. 우리는 이웃 나라 사람들과 어떤 점이 다를까?

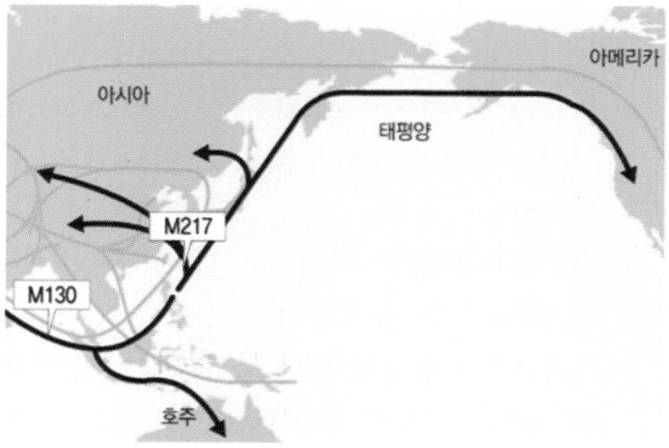

▲ DNA로 분석한 인류의 이동 경로 - DNA의 특정 부위에 돌연변이를 가진 계통(M130)이 아프리카에서 동남아시아쪽으로 이동했다. 2만 년 전 이로부터 다른 부위에 돌연변이가 생긴 자손(M217)이 분화되어 시베리아나 아메리카 대륙으로 이동하였다. (자료 : 네셔널지오그래픽)

국립 보건 연구원의 생명의학부 조인호 박사와 생명공학 벤처 회사인 DNA링크의 이종은 박사 연구팀은 2005년 8월 한국인의 SNP를 국내 최대 규모로 분석하고 이를 외국인과 비교한 SNP 지도를 완성했다고 발표했다. 이 결과에 따르면 한국인은 일본인과 유전적으로 가장 비슷하다고 한다. 이 결과는 한국인과 일본인의 비슷한 유전자 정보로 인한 특정 질병에 대한 신약을 공동개발할 가능성도 시사하고 있다.

*SNP(Single Nucleotide Polymorphism) : 단일유전자변이, 세포핵 속의 염색체가 가지고 있는 30억개의 염기 서열 중 개인 편차를 나타내는 염기 변이

한국인의 유전자 분석 결과 '한국인 = 남방계 + 북방계'

2003년 단국대 생물과학과 김욱 교수는 동아시아인 집단에서 추출한 염색체 표본을 대상으로 부계를 통해 유전되는 Y염색체의 유전적 변이를 분석했다.

한국인에게서는 주로 몽골과 동·남부 시베리아인에게서 흔히 볼 수 있는 유전자형, 그리고 동남아시아 및 중국 남·북부에서 흔히 볼 수 있는 유전자형이 모두 발견됐다. 이는 한민족이 크게 북방계와 남방계의 혼합 민족이라는 사실을 보여준다.

그룹 간 유전적 차이 비교

그룹	보통염색체 차이(%)	성염색체 차이(%)
한국-일본	5.86	4.74
한국-중국	8.39	7.8
중국-일본	8.61	9.65
아시아-유럽	16.09	20.53
아프리카-유럽	16.3	23.44
아프리카-아시아	18.82	26.07

정답 및 해설 48쪽

미토콘드리아 DNA 분석

한국인끼리 비교한 결과, 차이를 보이는 평균 염기 수가 7.3으로 나타났다. 이는 4천 쌍의 염기 서열 가운데 차이를 나타내는 염기가 7개 정도라는 의미다. DNA의 돌연변이 발생 비율은 1백만 개 가운데 하나로, 미토콘드리아 DNA의 경우 몇 백년에 하나가 변할까 말까한 미미한 확률이다. 결국 7.3의 차이는 한민족이 한명의 조상이 아니라 이미 다양한 조합을 이룬 그룹에서 분리되어 민족으로 굳어진 것으로 볼 수 있다.

▲ Y염색체로 본 동아시아 민족집단의 유전적 유사성 – 거리가 가까울수록 유전적 유사성이 높다.
(자료 : 김욱 단국대 교수 연구팀)

연구 결과에 따르면 한국인의 유전자는 북방계가 다소 우세하지만 남방계와 북방계의 유전자가 복합적으로 섞여 있다. 4000~5000년 동안 한반도와 만주 일대에서 동일한 언어와 문화를 발달시키고 역사적인 경험을 공유하면서 유전적으로 동질성을 가지는 한민족으로 발전했던 것으로 보인다는 것이 학자들의 의견이다. 우리는 흔히 스스로 '단일 민족'이라고 말하지만 단일 민족은 오랜 세월을 거치면서 유전적 동질성을 획득했다는 의미이지 한국인의 기원이 하나라는 의미는 아니다. 오히려 한국인은 동아시아 내에서 남방과 북방의 유전자가 복합적으로 이뤄져 형성된 다양성을 지닌 민족이라는 사실이다.

Y염색체는 아들을 통해서만 전달이 되기 때문에 염색체의 돌연변이를 조사하면 초기 이주자의 후손이 여러 대륙으로 흩어지게 된 이동 경로를 알 수 있다. 미토콘드리아 DNA는 어머니를 통해 아들과 딸 모두에게 전달된다. 또한 미토콘드리아 DNA는 돌연변이율이 낮고 교차가 일어나지 않는다는 장점이 있는 것으로 알려져 있다.

Q1 현생 인류의 조상을 알아보기 위해 Y 염색체를 역추적해 간다. 부계 유전이기 때문에 Y 염색체를 추적해 갔을 경우 어떤 오류를 범할 수 있을까?

Q2 난자와 정자가 수정할 때 난자의 세포질은 그대로 수정란의 세포질 성분으로 남게 된다. 이 과정에서 수정란의 핵의 DNA는 정자와 난자의 융합으로 새로운 조합에 의해 이루어지지만, 세포질은 모계 100%로 유전될 수 있다. 이 원리를 이용하여 인류의 조상을 연구할 때 조사해야 할 유전자는 무엇인가?

Project 6 - 탐구

[탐구-1] 색맹의 유전

다음은 어느 가족의 색맹 가계도를 나타낸 것이다.

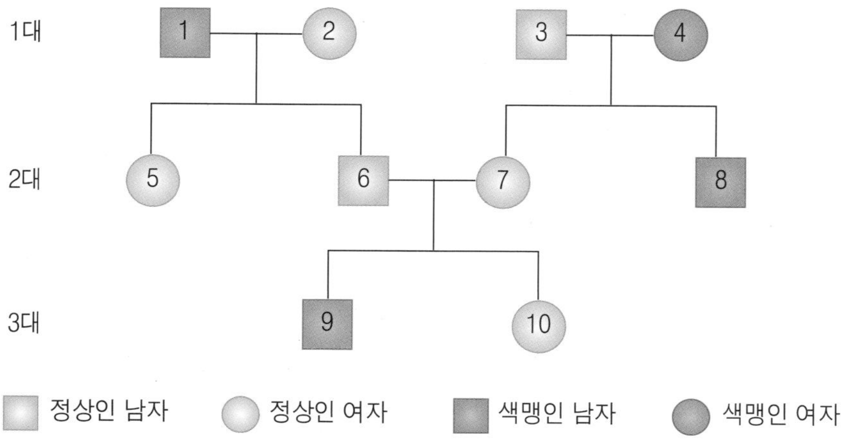

실험 과정 이해하기

1. 색맹 유전자는 어느 염색체 위에 존재하는가?

2. 색맹 유전자는 우성인가, 열성인가?

3. 색맹이 아닌 사람들 중에서도 색맹 유전자를 가지고 있는 사람들이 있는데, 이들을 무엇이라 부르는가?

정답 및 해설 48쪽

탐구 결과

1. 9번의 색맹 유전자는 가계도상 최초로 누구로부터 유전된 것인가?

2. 10번에서 나타날 수 있는 유전형을 모두 쓰면?

3. 위 가계도에서 보인자로 예상되는 사람의 번호를 쓰면?

4. 색맹의 유전 현상을 살펴 볼 때 일반적으로 남자와 여자 중 어느 쪽에서 색맹이 더 많이 나타나는가? 그 이유는?

탐구 문제

1. 특정 형질을 나타내는 유전자가 X 염색체에 있어서 남녀의 유전 형질이 나타나는 비율이 다른 현상을 무엇이라 하는가?

2. 위와 같은 유전 현상은 어떤 유전자로 결정이 되는지 이유와 함께 쓰시오.

[탐구-2] 진화의 증거

남미 대륙에서 1,000km 떨어져 있으며 19개의 섬으로 구성되어 있는 화산섬 갈라파고스 군도에서 다윈은 여러 종류의 핀치새를 관찰하였다. 그런데 이들의 부리 모양이 남미 대륙에 사는 핀치새와 다른 모습을 하고 있는 것을 발견하고 비교를 해보았다.

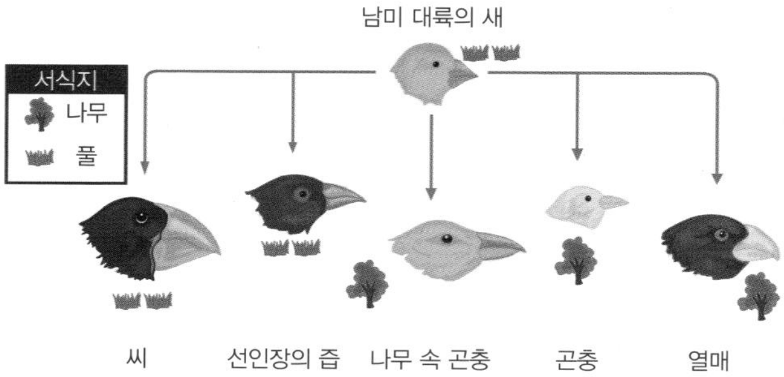

위 그림은 서식지의 먹이에 따라 각기 다른 부리 모양을 가진 핀치새의 모습이다.

실험 과정 이해하기

1. 남미 대륙과 갈라파고스 군도의 환경은 같을까 다를까?

2. 갈라파고스 군도 내 핀치새들 간에도 부리 모양이 다르다. 그 이유는 무엇인가?

3. 남미 대륙의 새와 화산 폭발로 인해 생긴 갈라파고스 군도의 새를 비교했을 때 부리 모양이 다른 것은 무엇을 의미하는가?

정답 및 해설 48쪽

탐구 결과

1. 표를 보고 부리 모양과 먹이의 상관 관계를 간단하게 서술하시오.

부리 모양	먹이
두껍고 크고 튼튼함	씨
끝이 뾰족하고 날카로움	선인장 즙
길면서 집게같은 형태	나무 속 곤충
작고 가늘다.	곤충
두껍고 짧다.	열매

2. 갈라파고스 군도의 지리적 위치를 보았을 때 외부 다른 지역과의 교류 여부가 핀치새의 부리 모양에 어떤 영향을 주었을 것이라 생각하는가?

3. 후천적인 획득 형질은 유전되지 않는다. 그렇다면 핀치새의 부리 모양의 변화는 어떤 과정으로 일어난 것인지 간단한 시나리오를 구성하시오.

탐구 문제

1. 오랜 세월이 지나는 동안 생물의 모습이 환경에 적응하여 변하면 새로운 종이 생성된다. 이런 현상을 무엇이라 하는가?

2. 갈라파고스 군도의 새 부리 모양을 설명 가능한 진화설을 아래에서 모두 고르시오.

용불용설, 자연선택설, 돌연변이설, 격리설

MEMO

세페이드

세페이드

창의력과학

세페이드

2F. 생명과학(하)

정답과 해설

개정판

윤찬섭
무한상상 영재교육 연구소

〈온라인 문제풀이〉

[스스로 실력 높이기] 는 동영상 문제풀이를 합니다.

http://cafe.naver.com/creativeini

무한상상

세페이드 I 변광성은 지구에서 은하까지의 거리를 재는 기준별이며 우주의 등대라고 불린다.

사람은 누구나 창의적이랍니다.
창의력 과학의 세계로 오심을 환영합니다!

창의력과학

세페이드

2F. 생명과학(하)

정답과 해설

무한상상

http://cafe.naver.com/creativeini

I 자극과 반응

14강. 감각기관

개념 확인 10~13쪽

1. ㉠ : 홍채 ㉡ : 조리개	2. ㄴ, ㄷ, ㄹ
3. ㉠ 기체 ㉡ 액체	4. ㄴ, ㄷ

확인+ 10~13쪽

1. 근시	2. 달팽이관
3. ㉠ 유두 ㉡ 미각 신경	4. ㄱ, ㄴ, ㄷ

2. 답 달팽이관

해설 달팽이관은 내이에 속해 있으며, 청각세포가 밀집해 있어, 청각신경과 연결되어 있다.

3. 답 ㉠ 유두 ㉡ 미각 신경

해설 미각은 액체 상태의 물질이 자극원이 되어 작용한다.

4. 답 ㄱ, ㄴ, ㄷ

해설 통점, 촉점, 압점, 냉점, 온점의 5가지 감각점이 대표적인 피부 감각의 감각점이다.

개념 다지기 14~15쪽

01. ⑤	02. ①	03. ②
04. ①	05. ⑤	06. ③

01. 답 ⑤

해설 · A (각막) : 눈의 가장 바깥쪽에 있는 투명한 막으로 안구를 보호한다. · B (홍채) : 눈으로 들어가는 빛의 양을 조절한다. · C (수정체) : 눈으로 들어오는 빛을 굴절시키는 역할을 한다. · D (맹점) : 시각 신경이 지나가는 통로로, 상이 맺혀도 보이지 않는다. · E (망막) : 시세포가 분포하고 상이 맺힌다.

02. 답 ①

해설 밝은 곳에 있다가 어두운 곳으로 이동하였기 때문에 빛을 더 많이 받기 위해 홍채가 수축하여 동공의 크기가 커졌다.

03. 답 ②

해설

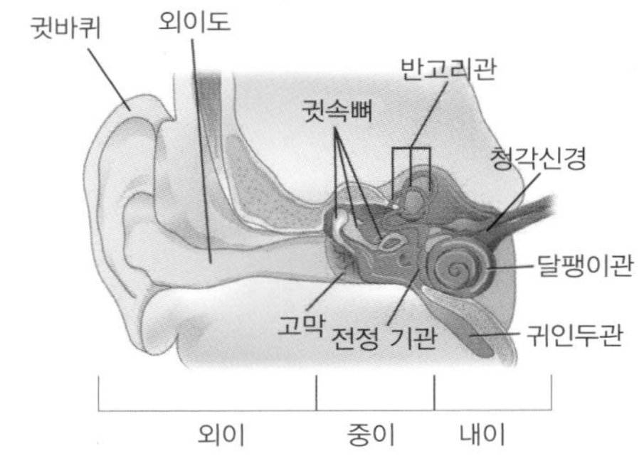

① A는 귓바퀴, B는 외이도, C는 귓속뼈이다. 귓속뼈는 중이에 속한다.
② 고막(D)은 소리의 진동을 귓속뼈(C)로 전달한다.
③ 평형 감각 기관은 반고리관(E)과 전정 기관(F)이다. 반고리관은 몸의 이동과 회전의 감각을 느끼게 하고, 전정 기관은 몸의 움직임과 기울기를 느끼게 한다. I는 귀인두관으로 외부와의 압력을 조절하는 기관이다.
④ H는 달팽이관으로 청각세포가 밀집되어 있다.
⑤ G는 청각 신경으로 달팽이관과 연결되어 대뇌로 빠져나간다.

04. 답 ①

해설 후각세포가 존재하여 냄새를 맡을 수 있는 곳은 후각상피로 A에 해당한다.

05. 답 ⑤

해설 혀에서 느껴지는 맛의 위치는 구분되지 않고 모든 맛을 전체적으로 느낄 수 있다. 또한 혀 뿐만 아니라 입 천장 등에서도 맛을 느낄 수 있으며 어린 아이들은 목 안쪽까지 맛봉오리가 있어 어른들보다 맛에 대해 더 민감하게 반응한다.

06. 답 ③

해설 따뜻함을 느끼는 것은 온점, 차가움을 느끼는 것은 냉점이다.

유형 익히기 & 하브루타 16~19쪽

[유형14-1] ⑤		
	01. ⑤	02. ④
[유형14-2] ⑤		
	03. ①	04. ④
[유형14-3] ⑤		
	05. ⑤	06. ③
[유형14-4] ④		
	07. ⑤	08. ②

[유형14-1] 답 ⑤

해설

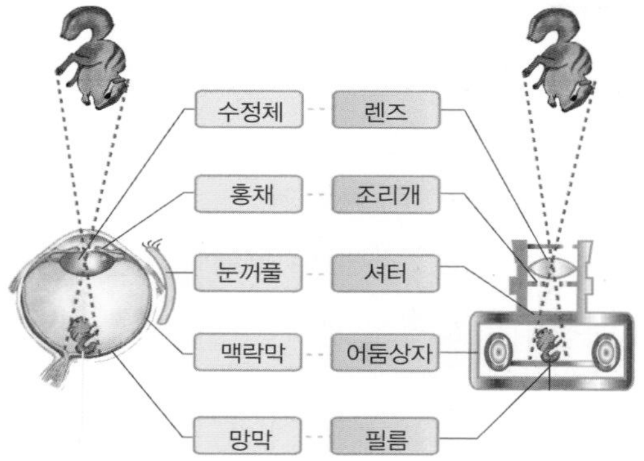

① A(수정체) : 눈으로 들어오는 빛을 굴절시킨다. ② B(홍채) : 눈으로 들어오는 빛의 양을 조절한다. ③ C(눈꺼풀) : 안구를 보호한다. ④ D(맥락막) : 빛의 산란을 막는 암실의 역할을 한다. ⑤ E(망막) : 시각세포가 밀집해 있어, 상이 맺히는 곳이다.

01. 답 ⑤

해설 섬모체는 수정체의 두께를 조절한다. 섬모체가 수축하면 수정체가 두꺼워져 빛이 망막의 앞쪽에 맺히게 된다.

02. 답 ④

해설 ㄴ. 근시는 가까운 곳이 잘보이고, 먼 곳이 잘 보이지 않는 시력 장애로, 상이 망막에 앞에 맺히기 때문에 발생한다. 따라서 오목렌즈로 교정한다.

[유형14-2] 답 ⑤

해설 ⑤ 달팽이관은 내이에 속한다. 또한 달팽이관에는 청각세포가 밀집해 있고 청각신경이 연결되어 있어 청각 신호가 대뇌로 전달된다.

03. 답 ①

해설 고막은 중이에 속하며, 외부에서 온 진동을 귓속뼈로 전달하는 역할을 한다. 고막을 통하여 전달된 진동은 귓속뼈에서 증폭되어 청각세포와 청각신경을 통하여 대뇌로 가게 된다.

04. 답 ④

해설 귓속뼈는 망치뼈, 모루뼈, 등자뼈로 이루어져 있다. 그리고 중이에 속하며 고막에서 온 진동을 증폭시키는 역할을 한다. 평형 감각 중 기울기와 위치 감각을 담당하는 것은 전정기관이다.

[유형14-3] 답 ⑤

해설

A는 후각 신경, B는 후각 세포이다. 후각은 기체 상태의 화학 물질이 자극이 되어 냄새를 느끼는 감각으로 기체 상태의 분자가 후각 상피의 후각 세포를 자극 시키고 후각 신경

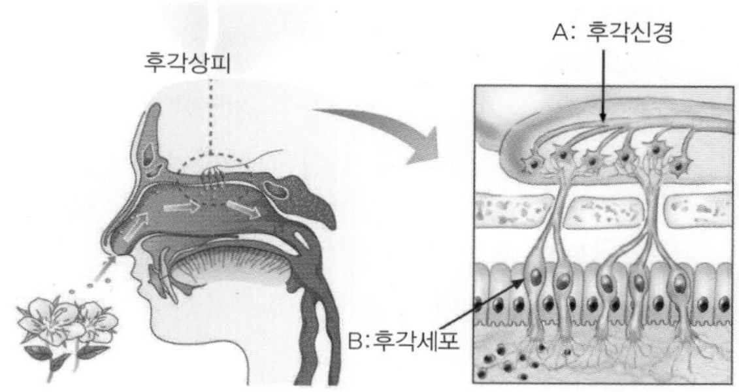

을 통하여 대뇌로 전달된다. 후각은 매우 예민하지만 같은 종류의 자극에 쉽게 피로해진다.

⑤ B는 후각 세포이다. A는 후각 신경이며 후각 신경은 콧속의 천장인 후각 상피에 분포해 있다.

05. 답 ⑤

해설 ① 후각의 자극원은 기체 물질이다. ② 사람의 감각 중 가장 예민한 감각이 후각이다. ③ 감각 기관을 통해 자극을 받아들인다. ④ 같은 자극을 계속 받으면 쉽게 피로해져 둔해진다.

06. 답 ③

해설 떫은 맛은 통각의 일종으로, 미각이 아닌 통증을 느끼는 것이다.

[유형14-4] 답 ④

해설

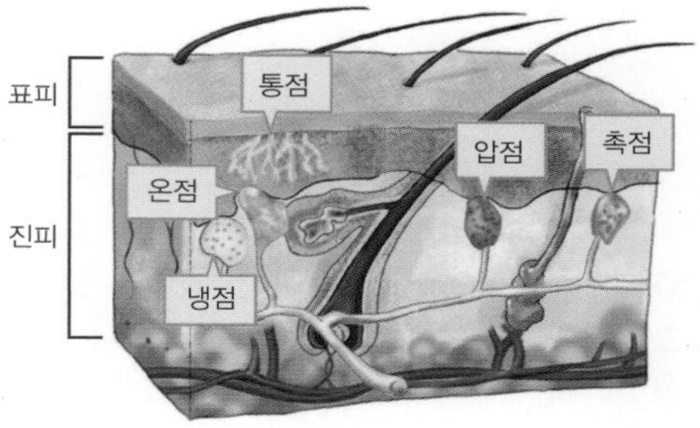

① A는 표피, B는 진피이다. ② 감각점은 피부의 진피에 분포한다. ③ 감각점의 분포는 통점, 압점, 촉점, 냉점, 온점 순으로 많다. ④ 자극이 심해지면 통증으로 느끼게 되어 통각이 느껴진다. ⑤ 몸의 부위에 따라 감각점의 분포 수가 다르다. (감각점이 많이 분포할수록 예민하다.) 또한 내장 기관에도 감각점이 분포한다.

07. 답 ⑤

해설 감각점은 내장 기관에도 분포하며, 몸의 부위에 따라 감각점의 분포 정도가 다르다. 그리고 감각들이 심해지면 통각으로 느끼게 된다.

08. 답 ②

해설 통점, 촉점, 압점, 냉점, 온점의 5가지 감각점 모두 진피에 존재한다.

창의력 & 토론마당 20~23쪽

01

자료에서 제시된 3가지의 원뿔 세포 중 식별하는 파장의 범위가 가장 넓은 것은 녹원뿔 세포이다. 따라서 녹원뿔 세포가 가장 잘 감지할 수 있는 색인 녹색을 안전에 관련된 메시지에 사용한다.

해설 시각세포 중에 하나인 원뿔세포는 색을 식별하는 역할을 한다. 그리고 그 중 가장 넓은 범위의 파장을 식별하는 것은 자료에 제시된 것처럼 녹원뿔 세포이다. 따라서 녹색을 응급 상황에서 메시지 전달에 사용한다.

02

ㄱ. 목격자에서 건물까지의 거리
이유 : 두 물체 사이의 거리를 식별하기 위해서는 두 물체를 동시에 보면서 상대적으로 비교해야 하기 때문에 양쪽 눈이 다 필요하다.

해설 우리 눈이 두 물체 사이의 거리를 비교할 때는 두 눈이 모두 작용하여 상대적인 거리를 비교하여 인식하는 것이기 때문에 두 눈의 시각이 모두 필요하다.

03

마이크로폰의 구조	진동판	코일 자석	전선
귀의 구조	고막	달팽이관	청각신경
기능	소리의 진동을 귓속뼈로 전달하는 역할을 한다.	청각세포가 분포하여 소리를 전기 신호로 바꿔 청각 신경으로 전달한다.	청각신호를 대뇌로 전달하는 역할을 한다.

해설 진동판은 음파에 의해 생긴 진동을 받는 역할을 하므로 귀에서 고막과 비슷한 역할을 한다. 그리고 코일 자석은 진동판에 붙어 있으며, 자기장 속에서 전류가 발생하여 기계적 진동을 전기적 신호로 변환한다. 마지막으로 전선은 전기적 신호를 전달하는 역할로 청각신호를 대뇌로 전달하는 청각신경과 비슷한 역할을 한다.

04

E : 맹점, 맹점은 시각신경이 지나가는 통로로 시각세포가 존재하지 않는다. 따라서 이곳에 상이 맺힐 경우 시각을 인지할 수 없게 된다.

해설 시각세포가 밀집한 곳은 망막의 황반이라는 곳이고, 시각세포는 없고 시각신경이 지나가는 통로의 역할을 하는 곳은 맹점이다. 맹점에는 시각세포가 존재하지 않기 때문에 이곳에 상이 맺히게 되면 인지할 수 없게 된다.

스스로 실력 높이기 24~29쪽

01. (1) O (2) O (3) X (4) X
02. ㄱ, ㄴ 03. 원시
04. (1) X (2) O (3) O (4) O
05. A : 반고리관 B : 전정기관 06. ㄴ, ㄷ
07. 유두 08. ㉠ 진피, ㉡ 통점
09. (1) X (2) X (3) O (4) O 10. ㄱ, ㄴ, ㄷ
11. 호먼큘러스 12. 오목렌즈
13. A : 수정체, B : 홍채, C : 망막
14. ㄴ, ㄹ, ㅁ, ㅂ 15. ② 16. ②
17. ③ 18. ③ 19. ① 20. ③
21. ④ 22. ② 23. ③ 24. ①
25. ① 26~33. 〈해설 참조〉

01. 답 (1) O (2) O (3) X (4) X
해설 (3) 수정체는 눈으로 들어온 빛을 굴절시키는 역할을 한다. 물체의 상이 맺히는 곳은 망막이다.
(4) 맥락막은 검은 색소가 있어 빛의 산란을 막는 암실의 역할을 한다.

02. 답 ㄱ, ㄴ
해설 ㄷ. 섬모체는 수정체의 두께 조절에 관여하여 원근조절을 하는 역할을 한다.

03. 답 원시
해설 근시는 수정체와 망막의 거리가 정상보다 길거나, 수정체가 두꺼울때 나타나는 눈의 이상이다. 원시는 수정체와 망막의 거리가 정상보다 짧거나, 수정체가 얇을때 나타나는 눈의 이상이다. 근시는 오목렌즈로 교정하며 원시는 볼록렌즈로 교정한다.

04. 답 (1) X (2) O (3) O (4) O
해설 (1) 고막은 중이에 속한다.

05. 답 A : 반고리관, B : 전정기관
해설 반고리관은 반고리 모양의 구조물이 3개가 겹쳐있는 모양이고 그 밑에 전정기관이 있다.

06. 답 ㄴ, ㄷ
해설 ㄱ. 고막은 중이에 속한다.

07. 답 유두
해설 유두는 볼록튀어 나온 작은 돌기로 맛봉오리와 미각신경이 분포하는 곳이다.

09. 답 (1) X (2) X (3) O (4) O
해설 (1) 감각점은 피부의 진피에 분포한다.
(2) 감각점은 통점, 촉점, 압점, 냉점, 온점의 5 종류가 있다.

10. 답 ㄱ, ㄴ, ㄷ
해설 ㄱ. 감각점이 많이 분포할수록 예민하다.
ㄴ. 우리 몸에서는 손이 가장 예민하다.
ㄷ. 일반인보다 시각 장애인들은 촉각을 통해 시각을 대신해야 하므로 촉각이 더 발달해 있다.

11. 답 호먼큘러스
해설 감각 난쟁이라고 불리며 우리 몸의 감각점의 분포에 대하여 상대적인 크기를 이용하여 나타낸 것이다.

12. 답 오목렌즈
해설 문제의 그림은 안구의 길이가 길거나 수정체가 두꺼워 상이 망막 앞에 맺히는 근시를 나타낸 것이다. 근시는 먼 곳이 잘 보이지 않으므로 오목렌즈로 교정한다.

13. 답 A : 수정체 B : 홍채 C : 망막
해설 A : 카메라의 렌즈와 같은 역할을 하는 것은 수정체로 빛을 굴절시켜 필름(망막)에 도달하도록 한다.
B : 카메라의 조리개와 같은 역할을 하는 것은 홍채로 수정체의 두께를 변화시킨다.
C : 상이 맺히는 곳은 망막으로 사진기의 필름의 역할과 같다.

14. 답 ㄴ, ㄹ, ㅁ, ㅂ
해설 미각은 액체 상태의 물질을 감지한다. 따라서 기체 상태인 수증기와 담배 연기는 혀에서 감지할 수 없다.

15. 답 ②
해설 ② 맹점은 시각 세포가 없고, 시각 신경이 지나가는 통로이므로 이곳에 상이 맺히게 되면 볼 수 없다.
⑤ 황반은 시각 세포가 밀집해 있는 부분으로 상이 가장 뚜렷하게 맺힌다.

16. 답 ②
해설 문제의 그림은 동공의 크기가 커진 상태이다. 동공의 크기가 커지기 위해서는 홍채가 수축해야 한다.

17. 답 ③
해설 ㄷ. 이석은 전정 기관에 있다. 이석에 작용하는 중력을 감지하여 전정기관에서는 몸의 기울기를 느끼게 된다.

18. 답 ③
해설 달팽이관은 청각세포가 분포하는 기관으로 진동을 자극으로 받아들여, 자극을 청각 신경을 통해 대뇌로 전달한다.
③ 몸의 평형 감각을 담당하는 기관은 반고리관과 전정 기관이다.

19. 답 ①
해설 반고리관은 회전을 인지하는 역할을 하고 전정 기관은 몸의 기울어짐을 인지하는 역할을 한다.

20. 답 ③
해설 A는 반고리관, B는 전정 기관, C는 달팽이관이다. 반고리관은 몸의 회전 자극을 받아들여 몸이 어느 방향으로 움직이는지를 느끼고, 전정 기관은 중력의 자극을 받아들여 몸의 기울어진 정도와 위치의 변화를 느낀다. 달팽이관은 진동을 자극으로 받아들여 자극을 청각 신경을 통해 대뇌로 전달한다.

21. 답 ④
해설 감각 난쟁이 호먼큘러스로 우리 몸에 분포하는 감각점을 밀도가 많은 곳을 크게 그려놓은 것이다. 손과 입술에 감각점이 가장 많이 나타나므로 가장 크게 그려놓았다.

22. 답 ②
해설 이쑤시개가 두 개로 느껴지는 최단 거리가 짧을수록 민감하며 촉점의 밀도가 높은 것이다. 가장 예민한 곳은 손바닥, 그 다음은 이마, 가장 둔한 곳은 팔뚝이다.

23. 답 ③
해설 감각점 중 가장 숫자가 많은 것은 통증을 느끼는 통각이다. 매운 음식을 먹었을 때 혀가 얼얼한 것은 혀의 통증이 가해졌기 때문이다.

24. 답 ①
해설 ㄱ. 수정체가 정상인보다 두께가 얇아서 상이 망막의 뒤에 맺히게 된다.
ㄴ. 수정체와 망막 사이의 거리가 더 짧아서 상이 망막의 뒤에 맺히기도 한다.
ㄷ. 안경으로 교정하지 않으면 물체의 상이 망막의 뒤에 맺힌다.
ㄹ. 안경으로 교정하지 않으면 가까운 곳이 잘 보이지 않지만 먼 곳의 물체는 잘 볼 수 있다.

25. 답 ①
해설 반고리관은 몸의 회전 자극을 받아들여 몸이 어느 방향으로 움직이는지 느끼게 해주는 기관이다. 반고리관의 림프가 몸의 이동 방향에 따라 움직이는 관성에 의해 회전감각을 느낄 수 있다.
ㄴ. 이석은 전정 기관에 있는것으로 몸의 기울임에 따라 이석에 작용하는 중력이 자극이 되어 기울기를 느끼게 한다. A는 감각모이다.
ㄷ. 정지하는 순간 관성에 의하여 림프는 바로 멈추지 않고 어느정도 계속 돌게 된다.

26. 답 귀인두관 - 외이와 중이의 압력을 같게하여 고막을

보호하는 역할을 한다.

27. 답 E, 시각신경이 지나가는 통로의 역할을 하는 곳이라 시각 세포가 존재하지 않기 때문이다.

28. 답 입보다 손에 감각점의 갯수가 많아서 민감하기 때문이다.

29. 답 손과 입술이 다른 부분보다 감각점의 갯수가 많아서 크게 표현되었다.

30. 답 코는 가장 예민한 감각 기관이라서 같은 자극이 계속 반복되면 쉽게 피로해지므로 나중에는 냄새를 잘 느끼지 못하게 된다.

31. 답 원뿔 세포가 모두 정상일 경우에는 550nm의 파장의 빛은 녹원뿔 세포와 적원뿔 세포가 함께 빛을 흡수해서 종합하여 색을 인식한다. 그러나 녹원뿔 세포가 이상이 생기면 550nm의 파장을 흡수하는 것은 적원뿔 세포뿐이므로 붉은색으로 인식하게 될 것이다.

32. 답 인간은 우주로 가는 동안 중력의 변화를 겪게 되며, 이는 곧 전정기관에서 발생시키는 평형감각 신호에 변화를 주게 된다. 또한 우주에서 사물들은 지구에서와는 다르게 방향을 가리지 않고 자유롭게 배치될 수 있으며 우주인은 위아래가 없는 이러한 공간을 응시하며 발생한 시각신호를 뇌에 전달하게 된다. 결국 우주인의 뇌에서 만난 이 두 신호들은 서로 다른 방향성을 나타낼 수 있으며, 이로 인해 혼란을 느낀 뇌는 어지럼증, 구토와 같은 멀미 증상을 보이게 되는 것이다. 이와 유사한 효과를 지구상에서도 관찰할 수 있는데, 공원이나 과학관에서 체험할 수 있는 '기울어진 방'이 하나의 예이다. 이 경우 중력에 의한 전정기관의 평형신호는 정상인데 반하여 기울어진 형태의 방의 모습은 비정상적인 시각적 신호를 뇌에 전달하므로 체험자가 방에 들어서는 순간 '우주 멀미'와 유사한 어지럼증을 유발하게 된다.

33. 답 인간이 맛을 느낄 때에는 혀뿐만 아니라 코도 큰 영향을 미친다. 음식의 냄새 입자가 코를 자극시켜 더 섬세한 맛과 향을 느끼게 해주는데, 코를 막고 음식을 먹으면 냄새 입자를 인식하지 못한다. 따라서 양파의 알싸한 향을 느끼지 못해 사과와 양파를 구분하기 힘들게 되는 것이다.

15강. 신경계

개념 확인 30~33쪽

1. 뉴런 2. ㄱ. 뇌, ㄷ. 척수
3. ㉠ 체성신경계, ㉡ 자율신경계 4. ㄷ

4. 답 ㄷ
해설 ㄱ. 무릎 반사는 무조건 반사이며 척수가 중추이다. ㄴ. 대뇌가 관여하는 것은 조건 반사이다.

확인+ 30~33쪽

1. ㉠ : 감각 뉴런(감각 신경), ㉡ : 운동 뉴런(운동 신경)
2. 대뇌 3. 대항 작용 4. ㄷ, ㄹ

2. 답 대뇌
해설 대뇌는 크게 감각령, 연합령, 운동령의 세부분으로 나누어져 있다.

3. 답 대항 작용
해설 교감 신경과 부교감 신경은 대항 작용을 한다.

4. 답 ㄷ, ㄹ
해설 무조건 반사는 무의식적 반응으로 연수, 척수 , 중간뇌 반사가 있다.

생각해보기 31쪽

★ 우리의 대뇌는 기억, 추리, 판단 등의 정신 활동과 기쁨, 슬픔, 분노와 같은 감정을 담당한다. 따라서 마음은 뇌에 있다고 할 수 있다.

개념 다지기 34~35쪽

01. ①	02. ④	03. ⑤
04. ⑤	05. ①	06. ⑤

01. 답 ①
해설

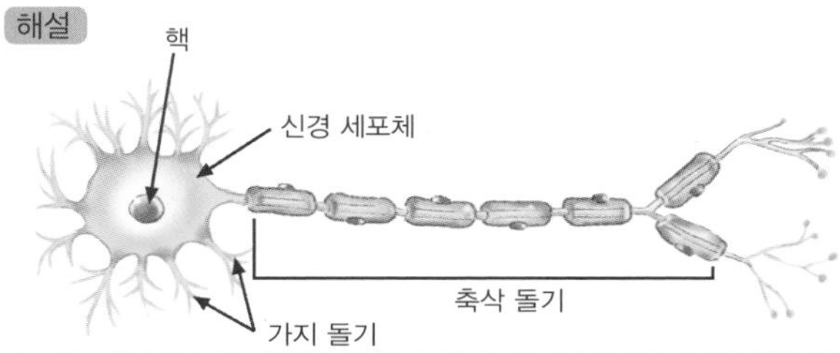

· 가지 돌기 : 다른 뉴런이나 기관으로부터 자극을 받아들인다.
· 신경 세포체 : 핵과 대부분의 세포질이 모여있다.
· 축삭 돌기 : 다른 뉴런이나 기관으로 자극을 전달한다.
· 핵 : 뉴런의 생명 활동을 담당한다.

02. 답 ④
해설

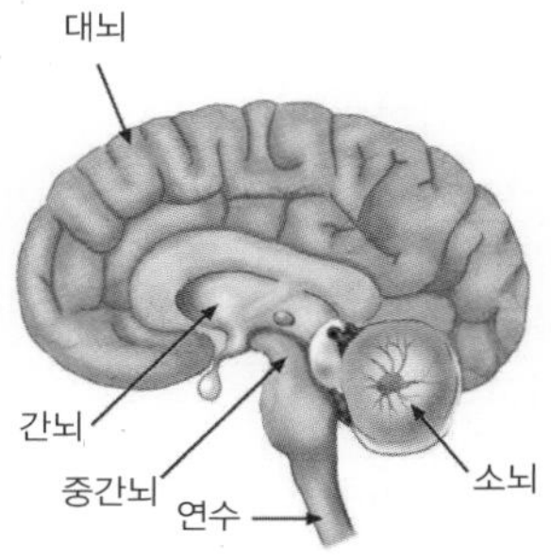

· A 대뇌 : 종합적인 사고와 판단을 한다.
· B 간뇌 : 자율 신경의 중추이다.
· C 중간뇌 : 동공의 반사와 안구의 운동을 담당한다.
· D 연수 : 무조건 반사의 중추이며 호흡에 관여한다.
· E 소뇌 : 몸의 균형을 잡는 역할을 한다.

03. 답 ⑤
해설 ⑤ B는 말초 신경계로 체성 신경계와 자율 신경계로 나뉜다. 체성 신경계는 대뇌의 지배를 받으며, 감각 신경과 운동 신경으로 구성된다. 자율 신경계는 간뇌, 연수, 척수 등의 지배를 받으며, 운동 신경으로만 구성된다.

04. 답 ⑤
해설 ①, ②, ③, ④는 모두 연수 반사이다. ⑤는 중간뇌가 중추가 되는 반사이다.

05. 답 ①
해설 자율 신경계는 말초 신경계의 일종으로 교감 신경과 부교감 신경으로 구성된다. 운동 신경으로만 구성되어 있으며 간뇌의 지배를 받는다.

06. 답 ⑤
해설 (가) 무조건 반사 중 연수 반사이다.
(나) 아직 종소리가 경험으로 인식이 되지 않았다.
(다) 종소리를 들려주는 것을 경험으로 인식시키는 과정이다.
(라) 먹이를 줄 때마다 종소리를 들려주었기 때문에 종소리를 들려주면 먹이를 준다는 것이 경험으로 입력되었다. 따라서 조건 반사가 일어나게 되고(대뇌 중추) 개는 침을 흘리게 된다.

유형 익히기 & 하브루타 36~39쪽

[유형15-1] ④
01. ④ 02. ③
[유형15-2] ④
03. ② 04. ②
[유형15-3] ①
05. ③ 06. ⑤
[유형15-4] ⑤
07. ③ 08. ⑤

[유형15-1] 답 ④
해설 한 뉴런 내에서 자극은 양방향으로 모두 전달된다. 하지만 여러 개의 뉴런이 연결되어 있는 경우, 축삭 돌기에서 다른 뉴런의 가지 돌기 쪽으로만 전달된다.

01. 답 ④
해설 감각 뉴런과 운동 뉴런을 연결하는 것은 연합 뉴런이다. 감각 뉴런을 통하여 들어온 자극은 연합 뉴런을 통하여 중추 신경계로 전달이 되고, 여기서 자극을 종합, 판단하여 운동 뉴런을 통하여 다시 명령을 내리게 된다.

02. 답 ③
해설 ㄷ. 뉴런과 뉴런 사이를 신경절(시냅스)이라고 한다. 신경절 전에 있는 뉴런과 신경절 후에 있는 뉴런 사이는 공간이 있다.

[유형15-2] 답 ④
해설

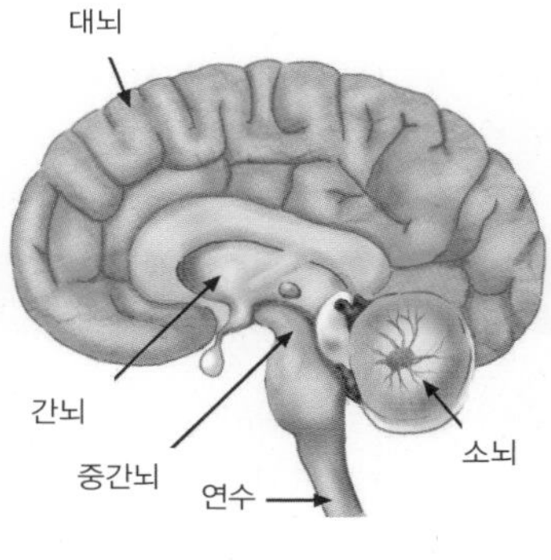

A는 대뇌, B는 간뇌, C는 중간뇌, D는 연수, E는 소뇌이다. 척추의 보호를 받는 것은 척수이며 이 문제의 그림에서는 표현되어 있지 않다.

03. 답 ②
해설 말초 신경계와 중추 신경계는 서로 연결되어 있으며 협동하여 신호를 받아들이고, 처리하고, 전달하여 자극과 반응을 매개하는 역할을 한다.

04. 답 ②

해설 A는 뇌, B는 척수, C 는 중추 신경계, D는 말초 신경계이다. 뇌와 척수를 합하여 중추 신경계라고 한다.
② C는 중추 신경계이며 뇌와 척수를 포함한다.

[유형15-3] 답 ①

해설 A는 체성 신경계이며, 이를 구성하는 B는 감각 신경, C는 운동 신경이다. F는 중추 신경계를 의미하며, D는 대뇌의 운동령으로 부터 오는 신경, E는 대뇌의 감각령으로 가는 신경이다.

05. 답 ③

해설 자율 신경계의 중추는 대뇌가 아니라 간뇌이기 때문에 무의식적인 자극과 반응에만 관여한다.

06. 답 ⑤

해설 교감 신경이 작용하면 방광은 이완하며, 부교감 신경이 작용하면 방광은 수축한다.

[유형15-4] 답 ⑤

해설 의식적 반응은 대뇌가 중추가 되는 반응으로 조건 반사의 경로와 같다. 즉, C는 A → 척수 → B의 경로를 가지고 있으며, 무조건 반사 중 척수 반사에 해당한다. D는 A → 대뇌 → B의 경로를 가지고 있으며, 조건 반사와 의식적 반응 같이 대뇌가 중추가 되는 반응의 경로이다.

07. 답 ③

해설 반사에는 조건 반사와 무조건 반사가 있다. 무조건 반사는 연수, 척수, 중간뇌가 중추가 되는 반사이며, 조건 반사는 대뇌가 중추가 되는 반사이다. 조건 반사의 자극원은 과거의 경험이다.

08. 답 ⑤

해설 ①, ②, ③, ④는 모두 연수 반사이다. ⑤는 척수가 중추가 되는 척수 반사이다.

창의력 & 토론마당 40~43쪽

01 다른 기관이나 뉴런으로부터 온 자극이 더 빨리 전달된다. 외부의 물리적인 자극으로부터 축삭 돌기를 보호한다.

해설

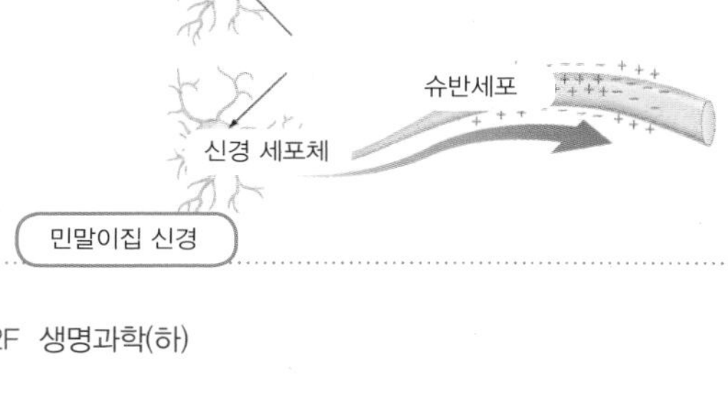

슈반 세포가 축삭 돌기를 감싸고 있는 부분은 절연되었으므로 자극이 전달되지 않고, 슈반 세포가 감싸고 있지 않은 부분을 통해서만 자극이 전달되는 '도약 전도'의 형태를 띤다. 따라서 자극의 전달 속도가 더 빨라지게 되며, 외부의 물리적인 자극으로부터 보호를 받을 수 있다.

02 정상인과 비교하여 식물인간은 대뇌만 비활성화 되어있으므로 대뇌의 기능인 종합적인 판단과 사고를 하지 못한다. 뇌사자는 정상인과 비교하여 뇌의 모든 부분이 비활성화 되어있으므로 종합적인 사고와 판단은 물론 모든 반사 및 자율 신경계의 기능 또한 불가능하다.

해설 대뇌는 종합적인 사고와 판단을 하고, 간뇌는 자율 신경계와 반사의 중추이며, 연수는 호흡 운동 및 반사를 담당하고, 소뇌는 운동 및 평형 감각, 중간뇌는 눈의 움직임을 담당한다.

03

중추	기호	이유
사고 중추	A	수학 공식을 떠올리는 세 번째 상황에서 활발하게 활동이 되는 부분이기 때문
시각 중추	D	창밖을 바라보는 네 번째 상황에서 활발하게 활동이 되는 부분이기 때문
청각 중추	C	A, D 이외에 음악을 듣는 두 번째 상황에서 활발하게 활동이 되는 부분이기 때문
언어 중추	B	A, C, D 이외에 친구와 수다를 떠는 첫 번째 상황에서 활발하게 활동이 되는 부분이기 때문이다.

해설 대뇌는 특정한 부분이 특정한 기능을 담당하고 있다. 사고를 담당하는 부분, 시각을 담당하는 부분, 청각을 담당하는 부분, 언어의 이해를 담당하는 부분 등으로 나누어져 있다. 이들은 독립적으로 작용하기도 하고, 협동해서 작용하기도 한다.

04 (1) 고양이에게 쫓기고 있는 상황이므로 교감 신경이 작용한다. 그 결과 심장의 박동은 빨라지고, 폐의 운동은 촉진되며, 위의 작용은 억제되고, 간에 저장된 글리코젠은 포도당으로 전환된다.
(2) 자율 신경계는 대뇌의 지배를 받지 않는다. 따라서 의식적으로 거짓말을 하려 해도 자율 신경계의 작용은 어느 정도 밖으로 표현된다.

해설 말초 신경계는 체성 신경계와 자율 신경계로 나누어 진다. 그 중에서 자율 신경계는 간뇌가 조절 중추이며, 교감 신경계와 부교감 신경계로 나누어져 있다. 이들은 중추가 간뇌이므로 의식적인 사고에 관여하는 대뇌의 지배를 받지 않는다.

스스로 실력 높이기 44~49쪽

01. (1) O (2) O (3) O (4) X
02. ㄱ, ㄴ, ㄷ   03. 시냅스
04. (1) O (2) X (3) O (4) X
05. A : 대뇌, B : 간뇌   06. ㄱ, ㄴ, ㄷ
07. A : 중추 신경계, B : 말초 신경계
08. ㉠ : 체성 신경계, ㉡ : 자율 신경계
09. (1) O (2) X (3) X (4) O   10. ㄱ, ㄷ
11. A : 감각 뉴런, B : 연합 뉴런, C : 운동 뉴런
12. ㄱ, ㄴ   13. ②   14. D - 연수
15. ③   16. ④   17. ①   18. ①
19. ①   20. ⑤   21. ③   22. ①
23. ④   24. ①   25. ①
26~32. 〈해설 참조〉

01. 답 (1) O (2) O (3) O (4) X
해설 (4) 뉴런내에서 자극은 양방향으로 전달된다. 하지만 여러 개의 뉴런이 연결되어 있는 경우, 축삭 돌기에서 다른 뉴런의 가지 돌기 쪽으로만 전달된다.

03. 답 시냅스
해설 시냅스는 한 뉴런의 축삭돌기 말단과 다음 뉴런의 가지돌기 사이의 연접 부위이다. 한 뉴런과 다른 뉴런은 접촉해 있지 않고, 시냅스라는 틈이 있다.

04. 답 (1) O (2) X (3) O (4) X
해설 (2) 척수는 의식 반응에 관여 하지 않고, 무의식 반응에 관여한다.
(4) 소뇌는 몸의 운동과 균형을 유지하는 역할을 담당한다. 체온과 체액의 농도를 일정하게 유지하는 것은 간뇌이다.

05. 답 A : 대뇌, B : 간뇌
해설 A는 사고를 종합하고 판단하는 역할을 하는 대뇌이고, B는 자율 신경계의 중추가 되는 간뇌이다.

06. 답 ㄱ, ㄴ, ㄷ
해설 ㄹ. 눈의 운동을 담당하는 것은 중간뇌이다.

07. 답 A : 중추 신경계, B : 말초 신경계
해설 뇌와 척수를 중추 신경계라고 하며 나머지 감각 신경들과 운동 신경들을 말초 신경계라고 한다. 이중에서 특히 대뇌의 지배를 받는 감각 신경과 운동 신경을 체성 신경계라 하고, 대뇌의 지배를 받지 않고, 간뇌의 지배를 받는 운동 신경들을 자율 신경계라고 한다.

09. 답 (1) O (2) X (3) X (4) O
해설 (2) 체성 신경계는 감각 신경과 운동 신경으로 구성되어 있다. 운동 신경만으로 구성된 것은 자율 신경계이다.
(3) 교감 신경과 부교감 신경은 자율 신경계이므로 대뇌의 지배가 아닌 간뇌의 지배를 받는다.

10. 답 10. ㄱ, ㄷ
해설 ㄴ. 무조건 반사의 중추는 간뇌, 연수, 척수, 중간뇌가 있다.

11. 답 A : 감각 뉴런, B : 연합 뉴런, C : 운동 뉴런
해설 감각 기관과 연결되어 있는 것은 감각 뉴런, 감각 뉴런과 운동 뉴런을 연결하는 것은 연합 뉴런, 반응기와 연결되어 있는 것은 운동 뉴런이다.

12. 답 ㄱ, ㄴ
해설 ㄷ. 동공 반사는 중간뇌에 의하여 일어난다.

13. 답 ②
해설 ① A는 대뇌이며 종합적인 사고와 판단을 하는 것에 관여한다.
③ C는 중간뇌이며 안구의 운동을 조절하는 역할을 한다.
④ D는 연수이며 호흡 운동과 반사를 담당하는 역할을 한다.
⑤ E는 소뇌이며 수의적인 운동과 균형을 담당하는 역할을 한다.

14. 답 D - 연수
해설 연수는 생명 활동에 필요한 호흡, 심장 박동등의 중추이며 반사의 중추이기도 하다.

15. 답 ③
해설 자율 신경계는 간뇌의 지배를 받는다. 대뇌의 지배를 받는 것은 말초 신경 중 체성 신경계이다.

16. 답 ④
해설 A는 감각 뉴런, B는 연합 뉴런, C는 운동 뉴런이다. 자극을 판단하고 종합하는 역할을 하는 것은 B 연합 뉴런이다.

17. 답 ①
해설 ㄴ. 조건 반사의 중추는 대뇌이다.
ㄷ. 무조건 반사는 척수를 통하여 정보가 전달된다.

18. 답 ①
해설 레몬을 보면 입에 침이 고이는 것은 조건 반사이다. 과거의 신 레몬을 먹은 경험이 조건이 되어 조건 반사를 일으키는 것이다.

19. 답 ①
해설 ㄴ. 감기가 걸려서 재채기를 심하게 하는 것은 연수 반사이다.
ㄷ. 레몬을 보면 자신도 모르게 입안에 침이 고이는 것은 과거의 경험이 자극원이 되는 대뇌 중추의 조건 반사이다.

20. 답 ⑤
해설 ① A는 감각 신경이다.
② B는 운동 신경이다.
③ A는 자극을 척수로 전달하고 있다.
④ B는 척수의 명령을 반응기로 전달하고 있다.

21. 답 ③
해설 ㄷ. 감각령은 감각기로부터 자극을 받아들여 감각을 감지하는 중추이다.

22. 답 ①
해설 주어진 자료에서 실험이 의미하는 것은 과거의 경험이 자극원이 되는 조건 반사이다.

23. 답 ④
해설 철수는 척수가 손상이 되었으므로 척수 반사가 일어나지 않는다.

24. 답 ①
해설 ㄷ. B와 C는 체성 신경계이므로 대뇌의 지배를 받는다.
ㄹ. F는 중추 신경계를 의미한다.

25. 답 ①
해설 E는 감각 신경이다. 감각 신경이 손상되었으므로, 감각 기관에서 오는 자극을 느낄 수 없다.

26. 답 대뇌 - 사고를 종합하고 판단하는 역할을 한다. 감각 신경을 통하여 온 자극들을 종합하고 판단하여 운동 신경을 통하여 반응기로 명령을 내린다.

27. 답 A : 중추 신경계, B : 말초 신경계
중추 신경계는 뇌와 척수로 구성되어 있고, 말초 신경계는 체성 신경계와 자율 신경계로 구성되어 있다. 중추 신경계는 연합 뉴런으로 구성되어 있고, 말초 신경계는 감각 신경과 운동 신경으로 구성되어 있다

28. 답 새는 하늘을 날아야 하므로 육지의 동물보다 운동과 몸의 균형을 담당하는 소뇌가 발달되어 있다.

29. 답 자료에 주어진 반사는 무조건 반사 중 척수 반사로 경로가 가장 짧은 반사이다. 이러한 척수 반사를 통하여 외부로부터 오는 위험한 자극으로부터 신속하게 우리 몸을 보호할 수 있다.

30. 답 체성 신경계는 감각 기관에서 받아들인 자극을 중추 신경계로 전달하고, 중추 신경계의 명령을 운동 기관으로 전달한다. 자율 신경계는 내장 기관에 분포하여 그 기관의 기능을 자율적으로 조절한다. 체성 신경계는 주로 대뇌에 의해 조절되는 몸의 운동에 관여하고, 자율 신경계는 간뇌와 연수 등의 조절을 받는다. 체성 신경계는 감각 신경과 운동 신경이 쌍으로 존재하고 의식적인 자극과 반응에 관여한다. 자율신경계는 소화, 순환, 호흡, 호르몬 분비 등의 생명 유지 기능을 한다. 등

31. 답 의식적으로 생각하고 일어나는 행동이 아니므로 대뇌가 아닌 척수에서 판단하여 일어나는 무릎 반사 작용이다. 이 반응이 일어났을 때 다리에서 척수까지의 거리가 다리에서 대뇌까지의 거리보다 짧으므로 뼈 사이 방어가 미흡한 관절을 보호하기 위해 대퇴근이 보다 빠르게 수축하게 만들 수 있다.

32. 답 식물인간은 대뇌의 기능이 정지해서 인지 기능이 소실된 상태를 뜻한다. 의식이 없어 깨어나지 못하지만 뇌간이 살아있기 때문에 스스로 호흡이 가능하고, 위장 운동, 빛을 비출 때 동공이 작아지는 동공 반사나 각막 반사 등의 무의식적 반응을 할 수 있다. 그러나 뇌사는 뇌간을 비롯한 뇌 기능이 완전히 죽어 스스로는 호흡조차 할 수 없는 상태로 빛을 비추어도 동공이 작아지지 않고 각막 반사도 일어나지 않는다. 따라서 의식이 없는 환자의 눈동자에 빛을 비추거나 눈의 각막을 건드리는 방법으로 뇌사자와 식물인간를 구분해낼 수 있다.

33. 답 식사를 할 때에는 위장에 들어간 음식물을 소화해야 하고, 따라서 에너지를 생산하고 축적하는데 중점을 두는 부교감 신경이 작용하여 침 분비가 촉진되고 심장 박동이 억제되며 소화 작용과 쓸개즙 분비가 촉진되며 방광 수축이 일어난다.

16강. 호르몬

개념 확인 50~53쪽

1. ㉠ 내분비샘, ㉡ 생리작용　2. ㄱ, ㄷ
3. ㄴ, ㄷ　4. ㄴ, ㄷ, ㄹ

확인+ 50~53쪽

1. 외분비샘　2. 당뇨병　3. 피드백　4. ㄱ

2. 답 당뇨병
해설 당뇨병은 인슐린의 결핍으로 발생하는 질병이다. 보통 갈증이 심해지고, 오줌이 많아지므로 물을 많이 마시게 된다.

3. 답 피드백
해설 피드백 원리란 결과가 원인에 영향을 미치는 원리로 호르몬의 양은 이 원리를 통하여 조절된다.

4. 답 ㄱ
해설 삼투압 조절에 관여하는 호르몬은 항이뇨 호르몬과 무기질 코르티코이드이다.
ㄷ 삼투압 조절의 중심 기관은 콩팥이다.

생각해보기 50~52쪽

★호르몬은 지속적이고 속도가 느린 반응을 매개하고, 신경은 일시적이고 속도가 빠른 반응을 매개하기 위하여 모두 필요하다.
★★ 항상성은 우리의 생명 활동을 위하여 꼭 유지되어야 한다. 항상성이 유지되지 않는다면 급격하게 체온이 변하거나, 체액의 농도가 조절되지 않아 생명에 지장이 생기게 된다.

개념 다지기 54~55쪽

01. ②	02. ④	03. ①
04. ③	05. ①	06. ①

01. 답 ②
해설 호르몬은 혈액을 통하여 분비된다. 특정한 관을 통하여 분비되는 것은 외분비샘이다.

02. 답 ④
해설

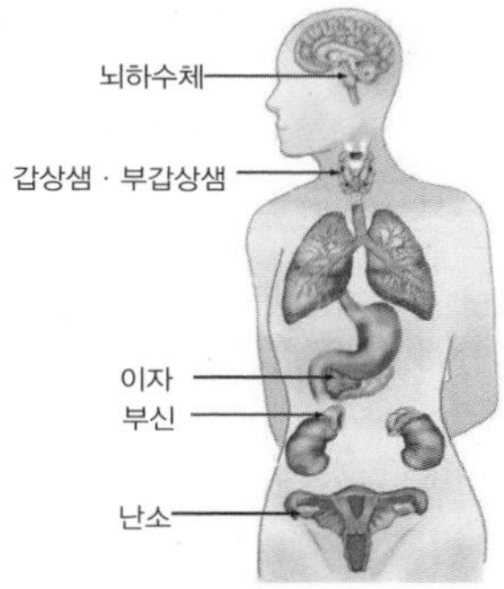

① 갑상샘 자극 호르몬은 뇌하수체 전엽에서 분비되며 갑상샘에 작용하여 갑상샘호르몬의 합성과 분비를 촉진한다. ② 티록신은 갑상샘에서 분비되며 세포 호흡 및 물질 대사를 촉진한다.
③ 부신겉질 자극 호르몬은 뇌하수체 전엽에서 분비되며 부신겉질에 작용하여 부신겉질에서 분비되는 호르몬의 합성과 분비를 촉진한다.
④ 인슐린은 이자의 β세포에서 분비되며, 혈당량을 낮추는 역할을 한다. 글루카곤과 대항작용을 하며, 식사 후에 농도가 높아진다.
⑤ 테스토스테론 정소에서 분비되는 남성호르몬으로 남성의 2차 성징을 발현시킨다. 난소에서 분비되는 여성호르몬은 에스트로젠과 프로게스테론이 있다.

03. 답 ①
해설 ② 호르몬은 신경에 비해 효과가 지속적이다.
③ 호르몬은 신경에 비해 반응 속도가 느리다.
④ 호르몬은 혈액을 통하여 분비된다.
⑤ 호르몬은 전체적이고 지속적으로 작용한다.

04. 답 ③
해설 ㄱ. 항상성 조절의 중추는 간뇌이다.
ㄴ. 호르몬은 피드백과 대항 작용을 통하여 조절된다.
ㄷ. 혈당량을 증가 시키는 호르몬은 글루카곤, 티록신, 아드레날린이 있고, 혈당량을 감소시키는 호르몬은 인슐린 뿐이다.

05. 답 ①
해설 음식을 너무 짜게 먹은 것은 우리 몸의 삼투압이 높아졌다는 것이다. 이것을 다시 정상 범위로 낮추기 위하여 뇌하수체에서 항이뇨 호르몬이 분비되고, 신장에서 수분 재흡수가 촉진되고, 오줌량이 감소하게 된다.

06. 답 ①
해설 ② 갑상샘 호르몬의 분비가 증가한다.
③ 열 발생량을 감소시켜야 한다.
④ 피부의 모세혈관 수축과 티록신은 관련이 없다. 티록신은 세포 호흡과 물질 대사를 촉진한다.
⑤ 열방출을 억제하려면 털 주변 근육이 수축되어야 한다.

유형 익히기 & 하브루타 56~59쪽

[유형16-1] ②
01. ④ 02. ①
[유형16-2] ②
03. ④ 04. ⑤
[유형16-3] ④
05. ⑤ 06. ③
[유형16-4] ⑤
07. ④ 08. ③

[유형16-1] 답 ②
해설 (가)는 내분비샘의 모습을 나타낸 것이며, A는 내분비샘에서 분비되는 호르몬이다. (나)는 신경의 모습을 나타낸 것이다.

01. 답 ④
해설 내분비샘에서 호르몬은 특정한 관을 통하여 분비되는 것이 아니라 혈관을 타고 표적 기관으로 운반된다. 외분비샘은 분비관을 통하여 분비물을 몸밖이나 소화관으로 분비한다.

02. 답 ①
해설 ㄴ. 호르몬은 작용 범위가 넓고, 신경은 작용 범위가 좁다.
ㄷ. 호르몬은 혈관을 통하여 운반되고, 신경의 자극은 뉴런의 축삭돌기를 통하여 전달이 된다.

[유형16-2] 답 ②
해설

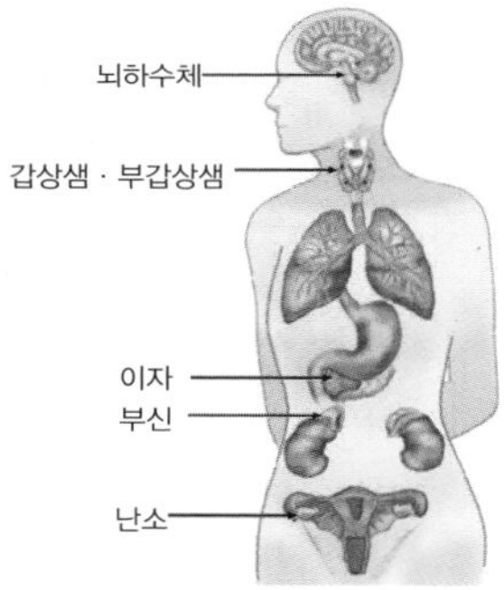

A는 뇌하수체, B는 갑상샘, C는 부신, D는 이자, E는 난소이다.
② B에서는 감상샘 호르몬인 티록신이 분비된다. 갑상샘 자극 호르몬은 A 뇌하수체에서 분비된다.

03. 답 ④
해설 옥시토신과 항이뇨 호르몬은 뇌하수체 후엽에서 분비된다.

04. 답 ⑤
해설 ① 인슐린이 결핍된 것이 당뇨병이다.
② 소인증은 생장 호르몬의 양의 결핍되었을 때 나타난다.
③ 갑상샘 기능 저하증은 티록신의 분비량이 감소한 것이다.
④ 거인증은 생장 호르몬의 과다로 발생한다.

[유형16-3] 답 ④
해설 티록신이 과다분비되면 시상 하부와 뇌하수체 전엽의 작용이 억제되고, 갑상샘 자극 호르몬의 분비도 감소하게 된다. 주어진 자료는 피드백 원리를 통한 갑상샘 호르몬의 양을 조절하는 모습이다.

05. 답 ⑤
해설 혈당량을 낮추는 호르몬은 인슐린 뿐이다. 글루카곤, 아드레날린, 티록신은 혈당량을 높이는 호르몬이다.

06. 답 ③
해설 인슐린은 포도당을 클리코젠으로 변화시켜 간과 근육에 저장한다.
① 글루카곤은 혈당량을 증가시킨다.
② 인슐린과 글루카곤은 이자에서 분비된다.
④ 식사 후 혈당량이 증가하기 때문에 글루카곤의 분비량은 감소한다.
⑤ 아드레날린은 혈당량을 증가시킨다.

[유형16-4] 답 ⑤
해설 (가)는 추운 환경으로 입모근이 수축하고, 모세 혈관 또한 수축하는 모습을 나타낸 것이다. 따라서 열 방출량을 감소된다. (나)는 더운 환경으로 입모근이 이완하고, 모세 혈관이 팽창하는 것을 나타낸 그림이다. 따라서 열 방출량이 증가하고 땀 분비량이 증가한다.

07. 답 ④
해설 ㄱ. 항이뇨 호르몬은 체온 조절과 관련이 없다. 항이뇨 호르몬은 콩팥에서 수분의 재흡수를 촉진한다.

08. 답 ③
해설 삼투압이 낮다는 것은 우리 몸에서 물이 많다는 의미이다. 따라서 오줌량이 증가하고 수분의 배출이 증가한다.
① 항이뇨 호르몬 분비가 감소하여 콩팥에서 수분 재흡수가 억제되어 오줌량이 증가한다. 따라서 체내의 수분량은 감소한다.
⑤ 무기질 코르티코이드 분비가 증가하여 콩팥에서 나트륨 이온의 재흡수가 촉진된다.

창의력 & 토론마당 60~63쪽

01

(1) 이자를 제거하여서 혈당량을 낮추는 인슐린이 분비가 되지 않았기 때문이다.
(2) 이자액은 외분비샘에서 분비되므로 특정한 관을 통하여 분비된다. 하지만 호르몬은 내분비샘에서 분비되므로 바로 혈액으로 분비된다.

해설 이자는 내분비샘과 외분비샘을 모두 가지고 있는 특이한 조직이다.

02

A - 글루카곤 : 혈당량을 높이는 역할을 한다.
B - 인슐린 : 혈당량을 낮추는 역할을 한다.

해설 인슐린과 글루카곤은 대항 작용을 통하여 서로 조절이 된다. 인슐린은 포도당을 글리코젠으로 바꾸어 혈당량을 낮추고, 글루카곤은 글리코젠을 포도당으로 바꾸어 혈당량을 높이게 된다.

03

1. 조류는 포유류와 비교하였을 때 정상 체온과 치사 체온이 모두 높다 - 조류는 털로 뒤덮혀 있기 때문에 포유류보다 열방출을 잘 못한다.
2. 정상 체온보다 6℃ 정도 높아지면 생명이 위험해진다. - 제시된 자료를 통하여 정상 체온과 치사 체온의 차이가 6 ℃ 이상이 되면 생명이 위험해지는 것을 알 수 있다.

해설 조류는 포유류와는 달리 깃털로 뒤덮힌 몸을 갖고 있다. 포유류와 비교 했을 때 깃털로 인하여 조류는 열방출을 잘하지 못하게 된다. 정상체온보다 체온이 높아지면 몸을 구성하고 있는 단백질의 변성이 일어나게 되어 생명이 위험해진다.

04

고혈압 환자는 정상인에 비하여 혈압이 높은 상태이므로 짜게 먹게되면 항이뇨 호르몬과 무기질 코르티코이드에 의하여 체액의 양이 증가하는 것 때문에 혈압이 더 높아질 수 있다. 그리고 고혈압 약에는 보통 항이뇨 호르몬의 분비를 억제하는 성분이 포함되는데, 항이뇨 호르몬의 분비가 억제되면 체액의 양이 줄어들기 때문에 혈압을 낮출 수 있다.

해설 짠 음식을 먹게되면 우리 몸의 삼투압이 높아지게 된다. 그러면 항이뇨 호르몬의 분비가 증가하여 물의 배출을 막게되고, 무기질 코르티코이드의 작용이 감소하여 나트륨의 재흡수도 억제가 된다.

스스로 실력 높이기 64~69쪽

01. (1) O (2) O (3) O (4) X
02. ㄱ, ㄴ
03. 항상성
04. (1) O (2) O (3) X (4) X
05. A : 부신, B : 갑상샘
06. ㄴ, ㄷ
07. (1) O (2) O (3) X (4) O
08. ㉠ : 시상 하부 ㉡ : 피드백
09. (1) 무 (2) 무 (3) 한 (4) 한
10. ㄴ, ㄷ
11. 대항 작용
12. 뇌하수체
13. (가) : 추울 때, (나) : 더울때
14. ㄷ, ㄹ, ㅂ
15. ②
16. ③
17. ④
18. ②
19. ⑤
20. ①
21. ②
22. ④
23. ①
24. ⑤
25. ②
26~33. 〈해설 참조〉

01. 답 (1) O (2) O (3) O (4) X
해설 (4) 신경은 뉴런을 통해 전달되고, 호르몬은 혈액을 따라 표적 기관까지 운반된다.

02. 답 ㄱ, ㄴ
해설 ㄷ. 호르몬의 작용을 통하여 우리 몸의 항상성이 유지된다.

04. 답 (1) O (2) O (3) X (4) X
해설 (3) 인슐린은 β세포에서 분비되고, 글루카곤은 α세포에서 분비가 된다.
(4) 테스토스테론은 남성의 2차 성징에 관여한다.

05. 답 A : 부신, B : 갑상샘
해설 부신은 콩팥 위에 달려있는 내분비샘이고, 갑상샘은 후두와 기관 주변 방패 연골에 달려있는 내분비샘이다.

06. 답 ㄴ, ㄷ
해설 생장 호르몬은 뇌하수체 전엽에서, 글루카곤은 이자에서 나오는 호르몬이다.

07. 답 (1) O (2) O (3) X (4) O
해설 (3) 혈당량이 높을 때는 이자에서 인슐린이 분비된다. 글루카곤은 혈당량을 높이는 호르몬이다.

09. 답 (1) 무 (2) 무 (3) 한 (4) 한
해설 날씨가 추우면 입모근이 수축하면서 모세혈관이 수축하여 열의 방출량이 감소된다. 하지만 날씨가 더우면 입모근이 이완하고 모세 혈관이 팽창하여 열의 방출량이 증가한다.

10. 답 ㄴ, ㄷ
해설 ㄱ. 삼투압 조절에는 아드레날린이 관여하지 않는다. 아드레날린은 혈당량과 심장 박동 등에 관여하는 호르몬이다.
ㄷ. 항이뇨 호르몬은 콩팥에서 수분 재흡수를 촉진하여 체액의 양을 늘린다.

12. 답 뇌하수체
해설 뇌하수체는 사람의 코 바로 뒤쪽의 시각 신경 아래쪽에 자리잡고 있는 타원형의 내분비 기관이다. 뇌하수체는 전엽, 중엽, 후엽으로 나뉘며 호르몬의 분비와 조절에 중요한 역할을 한다.

13. 답 (가) : 추울 때, (나) : 더울때
해설 날씨가 추우면 입모근이 수축하면서 모세혈관이 수축하여 열의 방출량이 감소된다. 하지만 날씨가 더우면 입모근이 이완하고 모세 혈관이 팽창하여 열의 방출량이 증가된다.

14. 답 ㄷ, ㄹ, ㅂ
해설 ㄱ 갑상샘, ㄴ 뇌하수체, ㅁ 시상하부는 내분비샘으로 호르몬이 분비된다. 특정한 관을 통하여 분비되지 않고, 바로 혈액으로 호르몬을 분비한다.

15. 답 ②
해설 호르몬은 작용 범위는 넓고, 전달 속도는 느리다. 또한 긴 지속성을 갖고 있고 특정히 분비되는 관이 없이 혈액을 통하여 전달된다.

16. 답 ③
해설 A는 뇌하수체이다. 혈당량을 조절하는 호르몬은 C 이자에서 분비되는 인슐린과 글루카곤, D 부신에서 분비되는 아드레날린과 당질 코르티코이드가 있다.

17. 답 ④
해설 ① 에스트로젠은 난소(E)에서 분비되며 여성의 2차 성징을 담당한다.
② 티록신은 갑상샘(B)에서 분비되며 세포 호흡을 촉진한다.
③ 글루카곤은 이자에서 분비되며 혈당량을 높인다.
⑤ 항이뇨 호르몬은 뇌하수체에서 분비되며 콩팥에서 수분의 재흡수를 촉진하여 오줌의 양이 증가하게 된다.

18. 답 ②
해설 2차 성징은 남성과 여성이 각자의 성별에 맞게 성장하는 것으로 항상성 유지와는 거리가 멀다.

19. 답 ⑤
해설 A는 항이뇨 호르몬으로, 뇌하수체의 후엽에서 분비된다.
④ 나트륨 이온의 재흡수는 무기질 코르티코이드와 관련있다.
⑤ 항이뇨 호르몬의 분비량이 증가하면 체액의 양이 증가하게 된다.

20. 답 ①
해설 항이뇨 호르몬의 분비가 증가하면 체액의 양이 늘어나므로 삼투압이 감소하게 된다.

21. 답 ②
해설

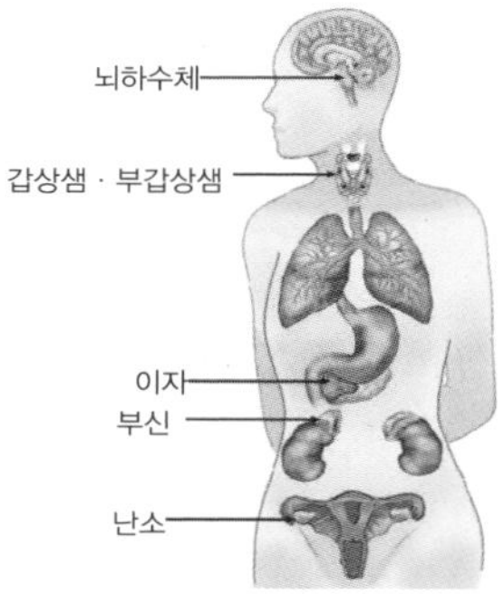

① A(뇌하수체)에서 생장 촉진의 기능을 하는 생장 호르몬이 분비된다. 거인증은 성장기에 생장 호르몬이 과다하게 분비되어 일어나는 질병이다.
② B(갑상샘)에서 분비되는 호르몬은 갑상샘 호르몬이고, 갑상샘 호르몬의 분비량이 부족하면 세포 호흡이 억제되므로 추위를 잘타게 되고, 체중이 증가한다.
③ C(부신)에서 분비되어 혈당량을 조절하는 호르몬은 당질 코르티코이드와 아드레날린으로 모두 혈당량을 증가시킨다. 삼투압을 조절하는 호르몬은 무기질 코르티코이드로 콩팥에서 나트륨 이온의 재흡수를 촉진한다.
④ D(이자)에서는 호르몬인 인슐린과 글루카곤을 만들어 내분비샘의 역할을 하고, 이자액을 분비하여 소화샘의 역할도 한다.
⑤ E(난소)에서 분비된 여성 호르몬이 과다분비가 되면 성조숙증이 나타난다.

22. 답 ④
해설 A 구간은 운동이 끝나고 열을 식히고 있는 상황이므로 열방출을 최대한으로 늘리고 있는 시기이다. 따라서 입모근이 이완되고 모세 혈관이 팽창하여 열 방출량을 늘리는 중이다.

23. 답 ①
해설 A는 인슐린, B는 글루카곤, C는 아드레날린이다.

24. 답 ⑤
해설 인슐린에 의하여 간과 근육에서는 포도당이 글리코젠으로 전환되고, 나머지 여분의 포도당이 지방 조직에서 중성지방으로 전환되어 저장되게 된다.
⑤ 단백질과 지방은 포도당으로 전환이 가능하지만, 포도당은 단백질로 전환이 될 수 없다.

25. 답 ②

해설 체중이 감소하고, 눈이 비정상적으로 튀어나오고, 심장 박동이 빨라지는 증상은 갑상샘 호르몬의 분비 과다로 인하여 발생하는 갑상샘 기능 항진증의 증상이다.

26. 답 남성의 2차 성징에는 정소에서 분비되는 테스토스테론에 의하여 매개된다.

27. 답 혈중 티록신의 양이 많아지면 뇌하수체에서 갑상샘 자극 호르몬의 분비가 줄어들게 되고, 이로 인하여 티록신의 양이 줄어들게 된다. (피드백 원리)

28. 답 A(뇌하수체)에서는 갑상샘 자극 호르몬이 분비되어 B(갑상샘)를 자극한다. 그 결과로 갑상샘 호르몬이 분비되어 표적기관에 작용하게 된다.

29. 답 D - 이자 : 이자에서는 혈당량을 높이는 글루카곤과 혈당량을 낮추는 인슐린이 분비된다. 두 호르몬은 혈당량에 대하여 대항 작용을 한다. 혈당량이 높을 때 이자에서 인슐린이 분비되어 간에서 포도당을 글리코젠으로 전환한다. 혈당량이 낮을 때 이자에서 글루카곤이 분비되어 간에서 글리코젠을 포도당으로 전환한다.

30. 답 물을 많이 마시면 체액의 양이 증가되고, 체액의 농도를 유지하기 위하여 항이뇨 호르몬의 분비가 줄어들고, 콩팥에서 수분 재흡수가 억제되어 오줌량이 증가하게 된다.

31. 답 사춘기가 되면 여성은 난소, 남성은 정소에서 성호르몬이 나와서 각각의 성에 맞게 2차 성징이 일어나는데 사춘기가 되기 전에 정소가 있는 고환을 제거하면 성호르몬이 분비되지 못해 2차 성징이 일어나지 않는다. 따라서 목소리도 낮거나 굵어지지 않고 소년의 목소리를 유지할 수 있었다.

32. 답 성장기에는 생장 호르몬이 분비되어 열려있는 성장판에 작용함으로써 신장이 커지는데 소인증의 경우에는 성장판이 열려있음에도 불구하고 생장 호르몬이 분비되는 뇌하수체 전엽에 이상이 생겨 충분한 생장 호르몬이 분비되지 않아 성장하지 못하는 경우이다. 따라서 성장기에 외부 주사 등으로 생장 호르몬을 체내에 일정하게 투입해주면 성장판이 생장 호르몬의 작용을 받아 성장할 수 있게 된다.

33. 답 짠 음식을 많이 먹으면 체액의 농도가 높아진다. 따라서 인체는 체액의 일정한 농도를 유지하려는 항상성에 의해 물을 필요로 하여 수분의 섭취를 원하게 되고 뇌하수체 후엽에서 항이뇨 호르몬을 분비하여 콩팥에서 수분의 재흡수를 촉진하므로 몸 밖으로 내보내는 오줌의 양이 줄어든다.

17강. Project 4

논/구술 70~71쪽

01 기억이 저장된 해마와 감정을 담당하는 편도체 사이의 연결을 바꾸면 기억에 대한 감정 전환이 가능하다. 같은 상황에서도 안전하다는 것을 해마가 기억하도록 반복 학습한다.

해설 트라우마와 관련된 기억은 편도체와 관련되어 트라우마를 건드릴 때는 편도체만 작동되고 해마는 얼어 붙는다. 따라서 같은 상황에서도 안전하다는 것을 학습하는 등의 방법으로 치료할 수 있다.

탐구-1 자극이 전달되는 속도 72~73쪽

탐구 결과

1. 〈예시 답안〉

실험 횟수	1 회	2 회	3 회	4 회	5 회
기준선으로부터 자를 잡은 지점까지의 거리(cm)	20	18	19	22	21

2. 0.2 초

5회 동안 자를 잡은 부분까지의 평균 거리가 20 cm 이므로, 그래프를 이용하여 구하면 자를 잡는데 걸린 시간은 0.2초이다.

3.
$$\text{자극 전달 속도} = \frac{\text{자극 전달 경로의 거리}}{\text{반응이 일어나기까지 걸린 시간}}$$
$$= \frac{\text{눈에서 손 끝까지 자극이 전달되는 거리}}{\text{자를 잡기까지 걸린 시간}}$$
$$= \frac{2\text{m}}{0.2\text{초}} = 10 \text{ m/s}$$

탐구 문제

1. 떨어지는 자를 보고 잡기까지 걸리는 시간은 매우 짧기 때문에 시간을 측정하기 어렵기 때문에

2. 감각 신경(시각 신경), 연합 신경(대뇌), 운동 신경

탐구-2 감각 지도 그리기 74~75쪽

탐구 결과

〈감각 지도의 예시〉

탐구 문제

1. 점이 2개라고 느끼는 거리가 짧을수록 감각점이 많이 분포하는 곳이다.

2. 입술

2.
해설 감각점의 분포밀도는 몸의 부위에 따라 다르다. 가장 많은 감각점은 통점으로 몸 표면 1㎠당 평균 100~200개가 분포하며, 이어서 압점이 100개, 촉각점이 25개, 냉점이 6~23개, 온점이 0~3개가 분포한다.

Ⅱ 생식과 발생

18강. 세포 분열

개념 확인 78~81쪽

1. 세포 분열 2. ㉠ 염색체 ㉡ 세포 분열
3. (1) - ㉠ (2) - ㉡ (3) - ㉢ 4. 중기

확인+ 78~81쪽

1. 간기 2. 상동 염색체 3. ④
4. ㉠ 세포질 분열 ㉡ 세포판 ㉢ 함입

1. 답 간기
해설 분열을 끝낸 세포가 자라서 다시 분열을 마치기까지의 과정을 세포 주기라고 한다. 그 중 세포 분열을 준비하며 유전 물질을 복제하는 시기를 간기, 분열하여 2개의 딸세포가 생기는 시기를 분열기라고 한다.

2. 답 상동 염색체
해설 상동 염색체는 부모로부터 하나씩 각각 물려받은 것으로 상동 염색체의 같은 위치에는 같은 형태나 성질을 결정하는 대립 유전자가 위치한다.

3. 답 ④
해설 문제의 그림은 모양과 크기가 같은 염색체 모형이 쌍을 이루고 있으므로 (상동 염색체) 2n 으로 표시한다. 그리고 염색체의 개수가 총 8개이므로 2n = 8로 나타낼 수 있다.

개념 다지기 82~83쪽

01. ⑤	02. ④	03. ①
04. ⑤	05. ③	06. ②

01. 답 ⑤
해설 생식세포 분열은 생식기관에서 생식세포가 만들어질 때 일어나는 세포 분열이다. 몸을 이루는 체세포가 둘로 나누어지는 과정을 체세포 분열이라고 한다.

02. 답 ④
해설 염색분체는 염색체를 구성하는 두 가닥 중 각각의 한 가닥을 뜻한다. 염색체는 2개의 염색분체로 이루어져 있으

므로 문제에 제시된 모식도에는 12개의 염색 분체가 있다.

03. 답 ①
해설 체세포에는 22쌍의 상염색체와 1쌍의 성염색체로 총 23쌍(46개)의 상동염색체가 있다.

04. 답 ⑤
해설 1번부터 22번까지, 같은 번호를 가진 염색체끼리가 상동 염색체이다.

05. 답 ③
해설 중기는 염색체가 세포 중앙에 배열되고, 염색체에 방추사가 붙는 시기로 염색체를 잘 관찰할 수 있다.

06. 답 ②
해설 체세포 분열은 몸을 이루는 체세포가 둘로 나누어지는 과정으로 염색체 수는 변함이 없고, 모세포와 딸세포의 유전정보도 서로 같다.

유형 익히기 & 하브루타 84~87쪽

[유형18-1] (1) A : 간기 B : 분열기 (2) ㉠, 세포질 분열
01. 물질 교환
02. (1) 체세포 (2) 생식세포
[유형18-2] A : 염색체, B : 동원체, C : 염색사, D : DNA, E : 단백질
03. (1) 염색분체 (2) 상동염색체
04. (1) X (2) X (3) O (4) O
[유형18-3] (1) 남성 (2) 2n = 44 + XY
05. (1) 46 (2) 2 (3) 44 (4) 23
06. ㉠ 2 ㉡ 8
[유형18-4] (1) (가) : 말기 (나) : 중기 (다) : 후기 (라) : 전기 (마) : 간기 (2) ① (다) ② (마)
07. (1) O (2) X (3) O
08. (1) 세포판 (2) 함입

[유형18-1] 답 (1) A : 간기 B : 분열기 (2) ㉠, 세포질 분열
해설 (1) 세포 분열에서 분열을 끝낸 세포가 자라서 다시 분열을 마치기까지의 과정을 세포 주기라고 한다. 세포 주기는 크게 간기와 분열기로 나뉜다. 세포 분열을 준비하며 세포가 생장하고 핵 속의 유전 물질이 복제되며 다음 세포 분열을 준비하는 시기로 세포 주기의 대부분을 차지하는 시기를 간기라고 한다. 그리고 세포가 분열하여 2개의 딸세포가 생기는 시기를 분열기라고 한다.
(2) 분열기는 크게 핵분열과 세포질분열로 구분할 수 있다. 핵분열은 염색체의 모양과 움직임에 따라 전기, 중기, 후기, 말기로 구분한다. 세포질 분열은 핵분열 말기에 일어나 2개의 딸세포가 형성되는 시기이다.

[유형18-2] 답 A : 염색체, B : 동원체, C : 염색사, D : DNA, E : 단백질
해설 염색체는 염색사가 세포 분열을 할 때 짧고 굵게 응축한 것이다. 염색사는 얇은 가닥의 DNA와 단백질로 이루어진 실 모양의 구조물이다. 염색체의 가운데 방추사가 붙는 부분을 동원체라고 한다. 염색체는 2개의 염색분체로 이루어져 있는데, 한 가닥의 염색분체는 다른 한 가닥의 염색분체에서 복제되어 만들어진 것으로 유전 정보는 서로 같다.

03. 답 (1) 염색분체 (2) 상동염색체
해설 (1) 염색체를 구성하는 각각의 한 가닥을 염색분체라고 한다. 사람은 1개의 염색체 안에 1쌍(2개)의 염색분체가 있다.
(2) 체세포에 들어있는 모양과 크기가 같은 염색체 쌍을 상동 염색체라고 한다. 상동 염색체의 2개의 염색체는 부모로부터 각각 하나씩 물려받은 것이다. 상동 염색체의 같은 위치에는 같은 형질을 결정하는 대립유전자가 존재한다.

04. 답 (1) X (2) X (3) O (4) O
해설 (1) 염색체는 DNA가 단백질을 감고 있는 염색사가 응축된 것이다.(2) 한 가닥의 염색분체는 다른 한 가닥의 염색분체가 복제된 것으로 유전 정보는 같다.

[유형18-3] 답 (1) 남성 (2) 2n = 22 + XY
해설 (1) 남녀 모두 22쌍의 상염색체와 1쌍의 성염색체를 가진다. 남성은 XY, 여성은 XX의 염색체를 가지고 있으므로 문제에 제시된 염색체는 남성의 염색체인 것을 알 수 있다.
(2) 이 사람은 22쌍의 상염색체와 1쌍의 성염색체를 가진 남성이므로 2n = 22 + XY로 표시할 수 있다.

06. 답 ㉠ 2 ㉡ 8
해설 모양과 크기가 같은 상동 염색체가 쌍을 이루고 있으므로 2n으로 표시한다. 염색체의 총 개수가 8개이므로 염색체의 수는 2n = 8로 표시한다.

[유형18-4] 답 (1) (가) : 말기 (나) : 중기 (다) : 후기 (라) : 전기 (마) : 간기 (2) ① (다) ② (마)
해설 (1) 체세포 분열의 과정은 다음과 같다.

(2) 체세포 분열 과정의 특징
· 간기 : 핵막과 인이 관찰되며 염색사가 염색체로 꼬이지 않고 풀어진 상태로 존재한다. 세포 분열을 준비하여 DNA량을 2배로 증가시킨다.
· 전기 : 핵막과 인이 사라지고 염색사가 염색체로 응축되며 방추사가 나타난다.
· 중기 : 염색체가 세포 중앙에 배열되어 염색체를 가장 뚜렷

하게 관찰할 수 있는 시기이다. 방추사가 동원체에 붙는다.
- 후기 : 염색분체가 분리되어 방추사에 의해 각각 세포의 양극으로 이동하고 핵막과 인이 생성된다.
- 말기 : 염색체가 염색사로 풀어진다. 방추사가 사라지고 세포질 분열이 시작된다.

07. 답 (1) O (2) X (3) O

해설 (2) 체세포 분열의 결과로 2개의 딸세포가 만들어진다. 또한 모세포와 딸세포의 염색체 수와 유전 정보는 같다.

창의력 & 토론마당 88~91쪽

01

(1) (가) : 여성 (나) : 남성
(2) 〈예시 답안〉 1. 성염색체가 일반인들과는 달리 1개가 더 많기 때문에 임신을 할 수 없다.
2. 생식세포가 분열을 할 때 각각 1개씩 분리될 수 있으므로 임신할 수 있다.

해설 (1) (가)는 성염색체가 XX이므로 여성임을 알 수 있고, (나)는 Y 염색체를 포함하고 있으므로 남성임을 알 수 있다.
(2) (나)의 남성은 Y염색체가 정상인들과 다르게 하나 더 많은 XYY 증후군의 사람이다. XYY 증후군이란 남성에게만 존재하는 Y 염색체가 한 개 더 추가된 성염색체 이상 질환으로 남아 신생아 1,000명 당 1명 정도의 비율로 나타나는 가장 흔한 염색체 이상 질환 중 하나이다. XYY 증후군의 핵형은 47, XYY이며, 아버지의 생식세포 감수분열 (19강 내용 참고) 시 염색체가 분리되지 않아서 발생한다. XYY 남성은 성장이 빨라서 대부분 키가 큰 편이다. 발달지연이나 정신지체는 없고, IQ는 80 ~ 140 정도에 정상 XY 남성보다 약간 낮은 편이나 오히려 지능이 높은 경우도 있다. 주의산만, 분노 발작이 있을 수 있고, 언어발달 장애가 있을 수 있지만 충분히 개선될 수 있다. 대부분의 47, XYY 남성은 정상적인 생식능력을 갖고 있으며 염색체상 정상인 자녀를 가질 수 있다. 그러나 유산이나 태아 사망 및 자녀 염색체 이상 등의 위험성이 증가될 수도 있다는 주장이 있다.

02

〈예시 답안〉 지푸라기를 옮길 때 볏짚으로 묶어 잘 정돈된 상태로 옮기는 것처럼, 유전 물질이 복제되고 분열될 때 염색체 상태로 응축되면 유전 물질의 손상 가능성이 줄어들기 때문이다.

해설 수많은 지푸라기를 한 가닥씩 옮기는 것보다 볏짚으로 묶어 옮기는 것이 더 간편하고 구분하기 쉬운 것처럼, 길게 풀어진 염색사를 염색체로 응축하면 세포 분열이 일어나는 동안 유전 물질이 손상되거나 분실되지 않고 안전하게 이동할 수 있다.

03

〈예시 답안〉 1. 사람과 침팬지의 배아 발달 과정에서 유전자가 발현되는 정도가 다르기 때문이다.
2. 일치하지 않는 1%의 유전자의 차이가 인간과 침팬지의 차이에 많은 기여를 했기 때문이다.

해설 사람과 침팬지의 DNA 염기서열 차이는 5%도 되지 않아 유전자 정보만을 보면 침팬지는 고릴라보다 사람과 더 가깝다. 하지만 엄청나게 다른 차이점이 있다.
첫번째로 배아 발달 과정(정자와 난자가 수정되어 수정란이 된 후, 태아로 발달하는 과정)에서 다양한 유전자들이 언제 어디서 얼마만큼 발현되는지가 다르기 때문이다. 하지만 아직 배아가 발달하는 동안 유전자가 어떻게 발현되는지를 거의 알지 못하고 어떤 차이를 유발하는지는 밝혀지지 않았다. 두 번째로, 세포 표면의 분자 구조로 인한 차이이다. '네이처' 뉴스에 따르면 분자 하나의 구조가 바뀐 것이 결정적인 원인이라고 한다. 영장류를 비롯한 포유류는 세포 표면에 Neu5Gc라는 당분자를 지니고 있는 반면 인류만 Neu5Ac라는 당분자가 있다. 셋째로 사람과 침팬지의 Y염색체의 한 부분이 30% 이상 다르다는 연구 결과가 나왔다. 사람의 Y염색체에는 침팬지의 Y염색체에 전혀 존재하지 않는 유전자들을 가지고 있다고 MIT 공과대학의 연구팀에서 발표했다. 그리고 오늘날에도 여전히 침팬지와 사람의 유전자의 차이에 대해서 많은 과학자들이 연구하고 있다.

04

〈예시 답안〉1. 세포를 직접 배양하면서 현미경으로 관찰을 하며 세포의 수가 2배가 되는 시간을 측정한다.
2. DNA에 형광 물질로 표지하고 주기적으로 형광 물질의 양을 측정하여 DNA량을 측정한다.

해설 1. 세포를 배양 접시에서 배양을 시작하면서, 일정 시간 간격으로 그 세포 수를 측정한다. 배양을 시작하여 세포의 수가 2배로 증가될 때까지 걸리는 시간을 세포 주기의 길이로 볼 수 있다. 배양 과정의 한 시점에서 현미경으로 세포들의 염색체 모양을 관찰하고, 관찰된 세포들 가운데 체세포 분열 과정에 있는 세포의 수를 측정한다. 관찰된 총 세포 수 가운데 분열 중인 세포의 비율을 계산하여 세포 주기의 총 길이와 곱하면 체세포 분열의 각 시기의 기간을 계산할 수 있다.
2. 세포 내 DNA를 형광성 색소(프로피디움 아이오딘화물 등)로 염색하고 세포를 분석하게 되면 세포 주기를 분석할 수 있다. 세포를 염색한 후 배양 중인 세포로부터 주기적으로 형광의 양을 측정하여 DNA가 2배로 늘어나는 데 걸리는 시간을 측정한다.

스스로 실력 높이기 91~97쪽

01. (1) O (2) O (3) X	02. 세포	03. ①
04. 세포 주기	05. ②, ③, ⑤	
06. ⑤ 07. ①, ③		08. ㄱ, ㄹ
09. A, 염색체	10. F 상동염색체	
11. D, DNA	12. C 염색사	
13. G 염색분체	14. ⑤	15. 2n = 6
16. ④	17. ③, ⑤	
18. (라) - (다) - (나) - (가) - (마)		
19. ② 20. (라), 간기		21. ⑤
22. ① 23. ⑤	24. ⑤	25. ④
26~32. 〈해설 참조〉		

01. 답 (1) O (2) O (3) X
해설 (3) 세포의 크기가 작을수록 세포막을 통한 물질 교환이 효율적이다.

03. 답 ①
해설 한천 조각의 크기가 작을수록 중심부까지 붉게 물든다. 이 실험을 통해 세포의 크기가 작을수록 세포막을 통한 물질교환이 더 효율적으로 이루어진다는 사실을 알 수 있다.

05. 답 ②, ③, ⑤
해설 ①, ④ 간기는 세포 분열을 준비하는 시기로 세포가 생장하고, 핵 속의 유전 물질이 복제되며 다음 세포 분열을 준비하는 시기이다. 이 시기가 세포 주기의 대부분을 차지한다.

06. 답 ⑤
해설 세포가 커지면 세포가 필요한 만큼의 물질을 충분히 흡수하지 못할 뿐만 아니라 세포 내에 생긴 노폐물도 잘 내보내지 못한다. 따라서 세포의 표면적과 부피의 균형을 맞추기 위해 세포 분열을 한다.

07. 답 ①, ③
해설 ② 체세포 분열을 할 때, 염색체 수에는 변화가 없다.
④ 염색사가 응축되면 막대 모양의 염색체가 형성된다.
⑤ 생물이 진화된 정도, 생물의 크기와 염색체 수는 관계가 없다. 그 예로 사람의 염색체 수는 46개이지만 누에의 염색체 수는 56개이다.

08. 답 ㄱ, ㄹ
해설 ㄴ. 성염색체는 성별에 따라 차이가 있어 성별을 결정하는 한 쌍의 염색체이다.
ㄷ. 상염색체는 남녀가 공통적으로 가지는 염색체이다.

14. 답 ⑤
해설 그림의 염색체는 크기와 모양이 같은 염색체가 쌍을 이루고 있어 (상동염색체) 2n으로 표시하고, 염색체의 개수가 8개이므로 2n = 8 으로 나타낼 수 있다.

15. 답 2n = 6
해설 모양과 크기가 같은 염색체가 쌍을 이루고 있어 2n으로 표시하고 염색체의 개수가 총 6개 이므로 2n = 6으로 표시한다.

16. 답 ④
해설 ① 초파리의 염색체 수는 8개이지만 문제에 제시된 식물들의 염색체 수는 모두 8개 이상이다.
② 진화된 정도와 염색체의 수는 관련이 없다.
③ 생물의 체세포 염색체 수는 상동염색체를 이루고 있으므로 모두 2의 배수이다.
⑤ 같은 종은 염색체 수가 같다.

17. 답 ③, ⑤
해설 문제의 자료는 사람의 염색체를 크기 별로 핵형 분석한 것이다.
① (가)는 XY 염색체를 가지고 있으므로 남학생, (나)는 XX 염색체를 가지고 있으므로 여학생임을 알 수 있다.
② 1번부터 22번까지 같은 번호를 가진 염색체끼리가 상동염색체이다.
④ (가)와 (나) 모두 어머니로부터 22개의 상염색체와 1개의 성염색체를 받아 총 23개의 염색체를 물려받았다.

18. 답 (라) - (다) - (나) - (가) - (마)
해설 (가) 후기, (나) 중기, (다) 전기, (라) 간기, (마) 말기이다. (다)는 염색체가 복제된 상태이다.

19. 답 ②
해설 (가) 후기, (나) 중기, (다) 전기, (라) 간기, (마) 말기
① 핵분열기 중 가장 긴 시기는 전기인 (다)이다.
③ 말기 (마)시기에 세포 중앙에 세포판이 형성되기 시작하여 세포질 분열이 일어난다.
④ 전기 (다)에서 염색체가 가장 많이 관찰된다. 중기 (나) 시기에 염색체가 중앙에 배열되어 염색체 관찰이 매우 용이하지만 그 기간이 매우 짧다. 후기 (가) 시기에 염색체가 방추사에 이끌려 양극으로 이동된다.
⑤ 세포 분열을 준비하는 시기는 간기 (라)시기이다.

20. 답 (라), 간기
해설 간기에서는 유전자의 양이 일반 세포의 2배이다. 따라서 핵의 크기가 일반 세포에 비해 큰 편이다.

21. 답 ⑤

해설 전기 때 염색사가 응축하여 형성된 염색체가 최초로 관찰이 되며, 중기 때는 염색체가 세포의 중앙에 배열된다. 후기에는 염색체가 분리되어 방추사에 의해 양극으로 이동하고 말기에는 염색체가 염색사로 풀어지며 2개의 핵이 만들어지고 세포질 분열이 일어난다. 따라서 이 모든 과정은 염색체의 모양이나 이동 모습에 의해 구분하는 것이다.
③ 세포질의 분열 방법을 통해 동물 세포와 식물 세포로 구분할 수 있다. 세포질 함입이 일어나면 동물 세포이며, 세포판이 형성되면 식물 세포이다.

22. 답 ①
해설 세포 분열 준비 시기인 간기에는 핵막과 인이 관찰되며, 염색체가 풀어진 염색사가 관찰된다. 이때 세포 분열을 준비하여 DNA량을 2배로 늘리게 된다. 간기는 세포 분열기 과정 중 가장 시간이 길다.

23. 답 ⑤
해설 체세포 분열 결과 생긴 딸세포는 모세포의 염색체 수와 같기 때문에 모세포와 동일한 염색체를 나타내는 모식도를 찾는다.

24. 답 ⑤
해설 1회 체세포 분열 결과 1개의 모세포에서 2개의 딸세포가 형성된다. 따라서 3번의 체세포 분열을 거치게 되면 총 8개의 딸세포가 형성된다. 체세포 분열은 모세포와 딸세포의 염색체 수가 같기 때문에 분열 결과 형성된 딸세포의 염색체 수 역시 모세포와 동일한 48개이다.

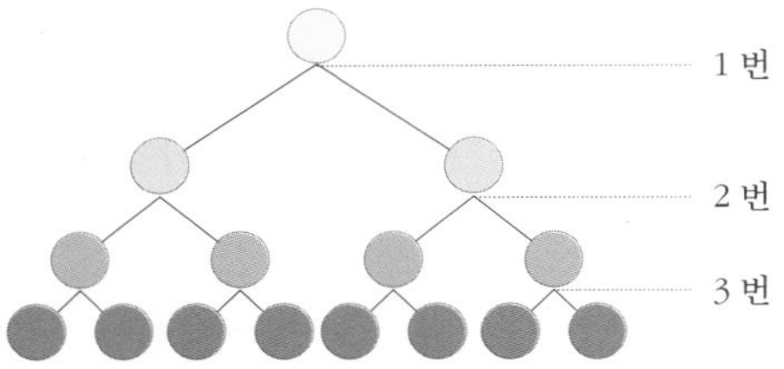

25. 답 ④
해설 (가)는 식물 세포로 세포판이 형성되어 세포질이 세포 안에서부터 바깥으로 분리가 일어나며, (나)는 동물세포로 세포의 밖에서 안으로 나누어지는 세포질 함입이 일어난다.

26. 답 세포의 크기가 커질수록 세포 부피에 대한 표면적의 비는 적어져 세포막을 통한 물질 교환이 원활하게 이루어지지 않는다. 따라서 세포 분열을 통해 표면적을 넓혀서 외부와의 물질 교환을 원활하게 한다.

27. 답 상염색체는 남녀가 공통적으로 가지는 염색체이고, 성염색체는 성별에 따라 차이가 나는 한 쌍의 염색체로 사람의 X염색체와 Y염색체가 그 예이다.

28. 답 체세포에는 부모가 각각 물려준 상동 염색체가 쌍을 이루고 있기 때문이다.

29. 답 중기, 염색체가 세포 중앙에 배열되고 염색체에 방추사가 붙는 시기로 염색체를 가장 잘 관찰할 수 있는 시기이다.

30. 답 동물 세포는 세포의 밖에서 안쪽으로 세포질이 함입되면서 세포질 분열이 일어나고, 식물 세포는 세포의 안쪽에서 밖으로 세포판이 형성되어 세포질 분열이 일어난다.

31. 답 세포는 세포 외부를 흐르는 모세혈관이나 조직액에서 세포막을 통해 영양분과 산소를 공급받고 노폐물과 이산화탄소를 내보내는 물질 교환을 한다. 그런데 세포가 커질수록 표면적이 증가하는 비율보다 부피가 증가하는 비율이 커져 세포막을 통한 물질 교환이 내부에까지 원활하게 이루어지지 못하게 된다. 따라서 세포의 크기를 작게 유지하면서 몸집을 키우기 위해 세포 분열을 한다.

32. 답 체세포는 분열하기 전 가지고 있는 유전자를 복제하여 2배로 만든다. 그리고 이것을 응축하여 두 개의 염색체 막대를 만드는데 이것을 세포 분열을 할 때 두 개의 딸세포로 각각 하나씩 나누어 줌으로써 세포 분열이 완료된 후에도 분열되기 전의 모세포와 두 개의 딸세포가 각각 동일한 개수와 양의 유전자를 유지하게 한다.

19강. 생식과 발생

개념 확인	98~101쪽
1. ㉠ 생식세포 분열 (감수 분열) ㉡ 4 2. 4 3. 분열법 4. ㉠ 꽃가루 ㉡ 꽃가루관핵 ㉢ 생식핵 ㉣ 정핵	

확인+	98~101쪽
1. ④, ⑤ 2. n 3. ㉠ 밑씨 ㉡ 꽃가루 ㉢ 난자 ㉣ 정자 4. ㉠ 정핵 ㉡ 중복수정	

1. 답 ④, ⑤
해설 생식세포 분열은 생식기관에서 생식세포가 만들어질 때 일어나는 분열로, 식물의 꽃밥과 밑씨, 동물의 정소와 난소에서 일어난다.

2. 답 n
해설 감수 1분열 때 상동 염색체가 분리되어 염색체 수가 절반으로 줄어든다.

생각해보기	98~101쪽
★ 세대를 거듭하여도 자손의 염색체 수를 일정하게 유지시키기 위해서이다. 만약 생식세포를 만들 때 염색체의 수가 줄어들지 않는다면, 자손은 부모의 두 배의 염색체를 가지게 될 것이다. ★★ 배젖이 없는 식물들은 떡잎에 양분을 저장한다.	

개념 다지기		102~103쪽
01. ②	02. ③	03. ①
04. ③	05. ③	06. ②

1. 답 ②
해설 ① 생식세포 분열의 결과로 4개의 딸세포가 생성된다. ③ 동물은 수컷의 정소에서, 암컷의 난소에서만 생식세포 분열이 일어난다. 동물의 온몸에서 일어나는 분열은 체세포 분열이다. ④ 생식세포 분열의 결과 감수 1분열 때 염색체 수가 반으로 줄어든다. ⑤ 식물의 꽃밥과 밑씨에서 일어나는 세포 분열이다.

2. 답 ③
해설 그림의 모식도는 4개의 딸세포가 생성된 생식세포 분열 과정이다. 생식세포 분열은 동물의 정소와 난소에서, 식물의 꽃밥과 밑씨에서만 일어난다.

3. 답 ①
해설 생식세포 분열은 감수 1분열에서 염색체 수가 반으로 줄어들기 때문에, 분열이 끝난 뒤 세포 1개에 들어있는 염색체의 수는 7개이다.

4. 답 ③
해설 ③ 중복수정은 속씨식물의 유성생식에 포함된다.

5. 답 ③
해설 ③ 다양한 형질을 지닌 자손이 나타나는 것은 유성생식의 결과이다. 영양 생식은 어버이의 형질이 자손에게 그대로 전달되어 우수한 품종을 이용한 농업이나 원예에 이용된다.

6. 답 ②
해설 ② 배젖은 배가 발생하는데 필요한 양분을 저장하는 부분이다.

유형 익히기 & 하브루타	104~107쪽
[유형19-1] ㄱ 01. ① 02. (가) 4 (나) 2 (다) 2 [유형19-2] ④ 03. (가) 체세포 분열 (나) 생식세포 분열 04. (1) O (2) X (3) O (4) O [유형19-3] (1) - ㉢ (2) - ㉠ (3) - ㉣ (4) - ㉡ 05. ① 06. ③, ⑤ [유형19-4] A : 정핵, B : 꽃가루관핵, C : 극핵, D : 난세포 07. A : 배젖, B : 배 08. (1) ㉠ 정핵 ㉡ 극핵 ㉢ 3n (2) ㉣ 정핵 ㉤ 난세포 ㉥ 2n	

[유형19-1] 답 ㄱ
해설 ㄴ (나)의 염색체는 2개의 상동염색체가 접합한 2가 염색체이다. 2가 염색체는 4개의 염색분체로 이루어져 있어 4분염색체라고도 한다. ㄷ (가)에서 (다)까지의 과정은 생식세포 분열 과정 중 감수 1분열 과정의 일부를 나타낸 것이다. (다)는 감수 1분열의 말기로 세포질 분열이 일어나 2개의 딸세포가 형성된 것이다. 이후 바로 간기가 없이 감수 2분열이 시작되어 최종적으로 4개의 딸세포가 형성된다. ㄹ 식물은 밑씨와 꽃밥에서만 생식세포 분열이 일어난다. 줄기의 형성층과 뿌리의 생장점에서는 체세포 분열이 활발하게 일어난다.

01. 답 ①

해설 감수 1분열 중기에는 2가 염색체가 세포 중앙에 배열되고, 방추사가 염색체의 동원체에 붙는 시기이다.

02. 답 (가) 4 (나) 2 (다) 2
해설 체세포의 염색체 수가 2n = 4이므로 2가 염색체가 나타나는 감수 1분열의 중기인 (가)시기에는 4개, 2개의 딸세포가 형성된 후 각각의 염색체가 세포 중앙에 배열된 감수 2분열의 중기인 (나)시기에 2개, 세포질 분열이 일어나 4개의 딸세포가 형성된 감수 2분열의 말기인 (다)시기에는 2개의 염색체가 있다.

[유형19-2] 답 ④
해설 (가)는 모세포에서 2개의 딸세포가 생성된 체세포 분열, (나)는 2가 염색체가 나타난 후, 상동염색체가 분리되어 4개의 딸세포가 생성된 생식세포 분열 과정을 나타낸 것이다. 체세포 분열은 식물의 생장점과, 형성층에서 일어나고, 동물의 온몸에서 일어난다. 생식세포 분열은 식물의 꽃밥과 밑씨, 동물의 정소와 난소에서 일어난다. 2번의 분열(감수 1분열과 감수 2분열)이 연속해서 일어난다.

03. 답 (가) 체세포 분열 (나) 생식세포 분열
해설 (가)는 2개의 딸세포가 생성되었고, (나)는 4개의 딸세포가 생성되었으므로 각각 체세포 분열과 생식세포 분열을 나타내는 것임을 알 수 있다.

04. 답 (1) O (2) X (3) O (4) O
해설 (2) 생식세포 분열의 결과로 4개의 딸세포가 생성된다.

[유형19-3] 답 (1) - ㉢ (2) - ㉠ (3) - ㉣ (4) - ㉡
해설 ㉠ 영양 생식은 식물의 영양 기관(뿌리, 줄기, 잎)으로 번식하는 방법이다.
㉡ 포자 생식은 포자를 만들어 번식하는 방법으로 온도와 습도 등의 조건이 적당하여 환경이 좋아지면 포자가 발아하여 새로운 개체로 자라는 방법으로, 버섯, 고사리, 곰팡이 등이 포자 번식을 한다.
㉢ 분열법은 세포가 둘로 나누어지면서 새로운 개체를 만드는 방법으로 세균, 아메바, 짚신벌레 등이 포함된다.
㉣ 출아법은 몸의 일부가 혹처럼 돋아난 후, 모체로부터 떨어져 새로운 개체가 되는 방법으로 산호, 히드라, 효모가 출아법으로 번식을 한다.

05. 답 ①
해설 그림은 버섯이 포자를 방출하는 모습이다. 포자로 번식하는 생물에는 버섯, 고사리, 곰팡이 등이 있다.

06. 답 ③, ⑤
해설 ① 적조 현상은 플랑크톤의 분열법에 의한 것으로 무성생식의 공통점이라고 할 수 없다.
② 환경의 변화에 잘 적응하는 것은 유성생식의 특징이다.
④ 모체와 자손이 구별이 되지 않는 것은 분열법의 특징이다. 출아법은 모체와 자손의 크기 차이로 구별을 할 수 있다.

[유형19-4] 답 A : 정핵, B : 꽃가루관핵, C : 극핵, D : 난세포
해설

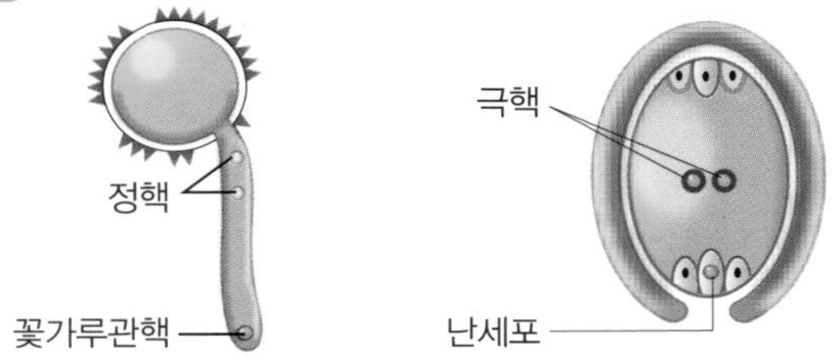

A는 정핵으로 생식핵의 핵 분열에 의해 만들어진 것이다. B 는 꽃가루관핵으로 꽃가루관을 자라게 하는 핵이다. 밑씨에 도달하면 퇴화되어 없어진다. 동물의 정자는 운동 기관이 있어 난자에 직접 다가갈 수 있지만, 식물의 경우 운동성이 없어 꽃가루관핵이 꽃가루관을 길게 자라나게 하여 난세포와 수정할 수 있게 한다. C는 극핵, D는 난세포로 배낭 모세포의 감수 분열을 통해 만들어진 1개의 핵이 3번의 핵분열을 하여 2개의 극핵과 1개의 난세포를 만든다.

07.~ 08. 답 A : 배젖, B : 배
해설 배(B)는 난세포와 정핵이 수정하여 형성된 것으로 염색체 수가 2n이며, 자라서 식물체가 되는 부분이다.
배젖(A)은 극핵 2개와 정핵이 수정하여 형성된 것으로 염색체 수가 3n이며, 배가 발생하는데 필요한 양분을 저장하는 곳이다. 배젖이 없는 식물은 양분을 떡잎에 저장한다.

창의력 & 토론마당 108~111쪽

01
(1) 1. 재해에 강하다. 2. 대량생산이 가능하다. 3. 균이 없는 상태로 식물을 키울 수 있다. 4. 우량한 품종을 모체와 똑같이 키워낼 수 있다. 등
(2) 〈예시 답안〉 1. 산삼 - 가격이 비싸므로 대량생산을 통해 가격을 내릴 수 있다. 2. 벼 - 가뭄이나 장마에 피해를 받지 않고 키워낼 수 있다. 등

해설 (1) 1. 실험실 안에서 키우기 때문에 가뭄, 태풍, 장마 등의 재해로부터 안전하게 식물을 키울 수 있다.
2. 조직을 배양해 여러 개를 한꺼번에 키워낼 수 있으므로 같은 시간에 대량으로 식물을 생산해 낼 수 있다.
3. 배지와 모체의 겉부분을 소독하면 균을 가지고 있지 않은 상태의 식물을 만들어 낼 수 있다.
4. 수정없이 모체에서 조직세포를 키워내는 것이므로 우량 품종인 모체와 똑같은 식물을 만들어 낼 수 있다.

02
(나)와 같은 꺾꽂이로 자란 식물은 유전적으로 어버이와 같지만, (가)와 같이 씨앗으로부터 자란 식물체는 유성 생식을 한 것이기 때문에 유전적으로 정핵과 난세포 유전 정보를 반씩 물려 받았으므로 유전적으로 어버이와 다르다.

해설 씨앗은 유성생식의 결과로 형성된 것이다. 수술의 꽃밥과 암술의 밑씨에서 각각의 생식 세포를 만들어 결합한 후, 암술의 밑씨에서 중복 수정이 일어나 씨가 형성된다. 따라서 정핵에 들어있는 유전정보와 난세포에 있는 유전 정보가 더해져 씨가 만들어졌기 때문에 어버이의 형질을 반반씩 물려 받은 것이다. 반면, (나)와 같은 경우는 가지를 꺾어 영양 생식을 한 것으로 어버이의 형질이 그대로 전달된다.

03 (1) 흰 꽃 + 짧은 꽃가루, 흰 꽃 + 긴 꽃가루, 붉은 꽃 + 짧은 꽃가루, 붉은 꽃 + 긴 꽃가루
(2) 교차는 생식세포에 존재하는 유전자들의 다른 조합의 수를 증가시켜 유전적 다양성을 증가시킨다.
(3) 〈예시 답안〉 정상인은 2n = 46의 염색체를 갖는데, 염색체 비분리가 일어나 염색체의 숫자가 적어지거나 많아질 수 있으므로 정상인이 될 수 없다.

해설 (2) 생식세포 분열에서 서로 짝을 이루는 상동염색체들은 특정한 구간에서 서로 유전자를 교환한 후 1차 생식 세포를 만든다. 이렇게 만들어진 1차 생식 세포는 생식세포 분열을 통하여 서로 다른 유전형질을 갖는 2차 생식세포가 된다. 유전적 교차는 대립형질을 섞어 자식 세대로 전달함으로써 유전적 다양성이 일어나는 원인이 된다. (3) 그림과 같이 생식세포 분열 시 상동염색체의 분리가 일어나지 않는 현상을 비분리라고 한다. 생식세포 분열 시 비분리 현상이 일어나면 너무 많거나 너무 적은 수의 염색체를 가져, 수정이 되고 발생이 될 때 너무 많거나 적은 유전 정보를 가지고 있기 때문에 죽는다. 그러나 어떤 경우에는 추가로 있거나 없어진 염색체가 매우 작거나, 유전정보를 매우 적게 가진 경우 살아날 수도 있다.

04 생식세포를 만드는 세포에 만들어진 돌연변이만 자손에게 전달되는데, 피부 세포(체세포)에 돌연변이가 발생하였으므로 때문에 암은 아들에게 전달되지 않는다.

해설 생식세포에 돌연변이가 생기지 않는 이상 자손들에게는 암이 전달되지 않는다. 환경에 의해 발생한 돌연변이들은 생식세포를 만드는 생식 세포에 일어나지 않는 한 어버이로부터 자손들에게 전달되지 않는다.

스스로 실력 높이기 112~117쪽

01. ④, ⑤ 02. (가), (나), (다) 03. ①, ⑤
04. ① 05. ④
06. (1) O (2) X (3) O (4) O
07. (가) 휘묻이 (나) 접붙이기 08. ㄱ, ㄷ
09. 중복수정 10. ③
11. (1) A, C (2) 3 12. (1) A, D (2) 2
13. 2가 염색체 14. 생식세포 분열 (감수분열)
15. ② 16. ③ 17. ① 18. ①, ②
19. ④ 20. ①, ②, ④ 21. ⑤
22. ④, ⑤ 23. ③ 24. ②
25. C, 정핵 26 ~ 32. 〈해설 참조〉

01. 답 ④, ⑤
해설 문제의 세포 분열은 딸세포가 4개가 만들어진 생식세포 분열(감수분열)이다.
① 분열 결과로 생식세포가 만들어진다. 생장이 일어나는 분열은 체세포 분열이다.
② 연속 2회 분열로 4개의 딸세포가 형성된다.
③ 감수 1분열 과정에서 염색체 수가 반으로 줄어든다. 감수 2분열 과정에서는 염색체 수의 변화가 없다.

02. 답 (가), (나), (다)
해설 (가), (나), (다)는 감수 1분열을, (라), (마)는 감수 2분열을 나타낸 것이다. 감수 1분열에서 2가 염색체 형성 후, 상동염색체가 분리되어 염색체 수가 절반으로 줄어든다. 따라서 2n으로 표시되는 시기는 2가 염색체의 분리 전 까지인 (가), (나), (다) 시기이다.

03. 답 ①, ⑤
해설 생식세포 분열은 식물의 꽃밥과 밑씨, 동물의 정소와 난소에서만 일어난다.

04. 답 ①
해설 생식세포는 체세포 염색체 수의 절반을 가지며, 상동염색체 중 하나만 가지고 있어야 한다.

05. 답 ④
해설 체세포 분열은 1회 분열하기 때문에 1개의 모세포에서 2개의 딸세포가 형성되며, 감수분열은 연속 2회 분열하기 때문에 1개의 모세포에서 4개의 딸세포가 형성된다.

06. 답 (1) O (2) X (3) O (4) O
해설 (2) 생식세포 분열은 식물의 꽃밥과 밑씨에서 일어난다.

07. 답 (가) 휘묻이 (나) 접붙이기
해설 (가) 뽕나무나 포도나무 등은 휘묻이를 이용하여 번식시킨다. (나) 단풍나무, 목련, 사과나무는 접붙이기로 번식시킨다.

08. 답 ㄱ, ㄷ
해설 (가)와 (나)는 식물의 영양생식을 이용한 번식 방법이다. 영양생식은 식물의 영양 기관(뿌리, 줄기, 잎)으로 번식하기 때문에 자손의 형질은 모체와 동일하므로 모체의 우수한 형질이 자손에게 전달되어 좋은 품종을 대량으로 번식시키는 데 이용된다.
ㄴ. 적조 현상은 바닷물이 붉게 보이는 현상으로 바다의 식물성 플랑크톤이 분열법으로 급격히 증가하기 때문에 발생하는 것이다.
ㄹ. 유성생식에 대한 설명이다.

10. 답 ③
해설 C는 극핵, D는 난세포이다.

11. 답 (1) A, C (2) 3
해설 E는 배젖으로 정핵(A) 1개(n)와 극핵(C) 2개(n, n)가 결합하여 이루어진 것이다.

12. 답 (1) A, D (2) 2
해설 F는 배로 정핵(A) 1개(n)와 난세포(D) 1개(n)가 결합하여 이루어진 것이다.

14. 답 생식세포 분열 (감수분열)
해설 1개의 모세포에서 4개의 딸세포가 형성된 생식세포 분열이다.

15. 답 ②
해설 생식세포 분열은 감수 1분열 때 2가 염색체가 분리되어 염색체 수가 절반으로 줄어든다. 따라서 (나)시기에서 (다)시기가 될 때 염색체 수가 반으로 줄어든다.

16. 답 ③
해설 ③ 세포 분열을 준비하며 DNA량을 2배로 증가시키는 시기는 감수 1분열의 간기이다. 간기 때에는 핵막과 인이 관찰된다. 감수 2분열은 간기 없이 바로 전기가 시작된다.

17. 답 ①
해설 생물이 종족을 유지하기 위해 자신과 닮은 새로운 개체를 만들어내는 과정을 생식이라고 한다. 이 과정을 통해 자손의 수를 늘리며 종족을 유지할 수 있다.

18. 답 ①, ②
해설 아메바와 짚신벌레는 분열법으로 생식한다. 분열법은 단세포 생물이 세포 분열을 통해 두 개의 세포로 나누어져 각각 새로운 개체가 되는 것으로, 가장 간단하고 원시적인 생식 방법이다. 모체와 자손의 구분이 되지않고, 세포 분열이 곧 생식이므로 번식 속도가 빠르다.
③ 번식 속도가 빠르고 가정 원시적인 방법으로 환경이 변화하면 적응하기 어렵다.
④, ⑤ 다양한 형질을 가진 자손이 나타나고, 암수 생식세포가 결합하는 것은 유성생식의 특징이다.

19. 답 ④
해설 제시된 그림은 버섯으로, 포자법으로 번식한다.
이와 같은 번식법을 하는 것은 곰팡이와 고사리, 이끼 등이 있다. ① 히드라 ② 짚신벌레 ③ 유글레나 ④ 푸른곰팡이 ⑤ 식물의 영양 색식 중 휘묻이

20. 답 ①, ②, ④
해설 ③ 극핵과 정핵이 수정하면 배젖이 된다.
⑤ 꽃가루가 암술머리에 달라붙는 것을 꽃가루받이(수분)라고 한다.

21. 답 ⑤
해설 ① 식물의 영양 생식은 무성생식의 한 예이다.
② 유성 생식은 암수가 각각 생식세포를 만들고, 이 생식세포가 결합하는 과정을 거쳐야 하므로 무성생식보다 번식 속도는 느리다.
③ 일반적으로 하등한 생물의 생식 방법은 무성생식법이다.
④ 어버이의 우수한 품종을 보존하는데 사용되는 번식은 영양 생식, 즉 무성생식이다.

22. 답 ④, ⑤
해설 식물의 중복수정은 속씨식물에서만 나타난다. 이끼는 선태식물, 소나무는 겉씨식물, 고사리는 양치식물이다.

23. 답 ③
해설 (다)는 B 난세포의 염색체 모양이다. 난세포의 염색체는 n으로 표시된다. ㉮는 극핵 2개(n, n)와 정핵 1개(n)가 결합하여 형성된 3n의 배젖이다. 따라서 3n을 나타내는 ③번이 ㉮의 염색체 모양이다.

24. 답 ②
해설 (다)는 B 난세포의 염색체 모양이다. 난세포의 염색체는 n으로 표시된다. ㉯는 난세포(n)와 정핵 1개(n)가 결합하여 형성된 2n의 배다. 따라서 2n을 나타내는 ②번이 ㉯의 염색체 모양이다.

25. 답 C, 정핵
해설 정자는 수컷의 생식기관에서 만들어진 생식세포이다. 따라서 식물의 수술에서 만들어진 정핵이 정자에 해당하고, 암컷의 생식기관에서 만들어진 난자는 식물의 암술의 밑씨에서 만들어진 난세포에 해당한다고 볼 수 있다.

26. 답 생식세포의 염색체 수가 체세포의 절반으로 줄어들어야만 자손의 염색체 수가 부모와 똑같이 유지될 수 있다.
해설 만약 생식세포 분열(감수 분열)이 일어나지 않고 수정된다면 어머니의 생식세포(2n = 46)와 아버지의 생식세포(2n = 46)가 수정해 아기의 염색체는 4n = 92가 된다. 같은 생물은 체세포 염색체 수가 동일해야 하므로 생식세포 분열을 통해 부모와 동일한 염색체 수를 가질 수 있다.

27. 답 1. 체세포 분열은 동물의 온몸에서 일어나지만, 생식세포 분열은 동물의 정소와 난소에서만 일어난다.
2. 체세포 분열은 식물의 생장점과 형성층에서만 일어나고, 생식세포 분열은 식물의 꽃밥과 밑씨에서만 일어난다.
3. 생식세포 분열은 연속해서 2번의 분열이 일어나지만, 체세포 분열은 한 번의 분열만 일어난다.
4. 생식세포 분열 결과 염색체의 수가 반으로 줄어들지만, 체세포 분열은 염색체 수의 변화가 없다.
5. 체세포 분열 결과 2개의 딸세포가 생성되지만, 생식세포 분열의 결과로 4개의 딸세포가 생성된다.
6. 생식세포 분열을 할 때에만 2가 염색체를 관찰할 수 있다.
7. 체세포 분열의 결과로 생장, 재생 등이 일어나고, 생식세포 분열의 결과로 생식세포를 만든다.

28. 답 암 · 수의 생식 세포가 결합하므로 다양한 형질을 가진 자손이 생성되어 급격한 환경 변화에 대한 적응이 더 유리하다.

29. 답 1. 결실이 빠르다.
2. 좋은 품종을 보존할 수 있다.
3. 생장 기간을 단축시킬 수 있다.
4. 모체의 유전자를 그대로 물려받을 수 있다.
해설 영양 생식은 무성 생식의 일종으로 모체의 유전자를 그대로 물려받을 수 있어 좋은 품종을 그대로 보존할 수 있다.

30. 답 상동염색체끼리 접합한 2가 염색체로 감수 1분열 전기에 형성되며 4개의 염색분체로 이루어져 있다.

31. 답 평소에는 무성 생식을 함으로써 빠르게 번식할 수 있지만 유전적 다양성이 떨어져 환경 변화에 취약하게 되는데 가을에 유성 생식으로 전환하여 수정함으로써 새로운 유전자 조합을 만들어 종의 다양성을 늘려 환경 변화의 적응에 유리하게 된다.

32. 답 야구 선수의 두꺼운 오른쪽 팔은 날 때부터 타고난 형질이 아닌 살아가면서 훈련하여 후천적으로 얻은 형질이다. 이것은 유전자에 각인되어있는 형질이 아니므로 자식에게 유전되지 않는다.

20강. 사람의 생식과 발생

개념 확인 118~121쪽

1. 수란관 2. (1) X (2) O (3) X
3. (1) 수정 (2) 난할 4. 발생

2. 답 (1) X (2) O (3) X
해설 (1) 정자는 운동성이 있지만, 난자는 운동성이 없다.
(3) 정자와 난자 모두 유전물질이 들어있다.

확인+ 118~121쪽

1. ㉠ 정소 ㉡ 수정관 ㉢ 요도 2. 생식 주기
3. ㉠ 배란 ㉡ 수정 ㉢ 난할 ㉣ 착상 4. 태반

2. 답 생식 주기
해설 여성은 사춘기에서 폐경기까지 약 28일을 주기로 난자가 하나씩 성숙하여 배란되는데, 이를 생식주기라고 한다. 여성의 생식 주기는 여포기 - 배란기 - 황체기 - 월경기 순으로 진행된다.

3. 답 ㉠ 배란 ㉡ 수정 ㉢ 난할 ㉣ 착상
해설 임신은 난자가 난소에서 배출되어 수란관에서 정자와 만나 수정란을 형성한 후, 난할을 하면서 자궁벽에 착상하는 과정으로 일어난다.

4. 답 태반
해설 태반은 혈관이 많이 분포되어 있어 태아와 모체와의 물질 교환이 원활하게 이루어지도록 한다.

생각해보기 119~120쪽

★ 난자는 세포질에 수정 후 발생에 필요한 양분을 저장하고 있기 때문에 난자의 크기가 훨씬 더 크다
★★ 1란성 쌍둥이의 경우 1개의 난자와 1개의 정자가 수정한 후 수정란의 난할 과정에서 분리되어 독립적으로 발생이 일어난 것이다. 2란성 쌍둥이는 2개의 난자와 2개의 정자가 동시에 각각 수정하여 독립적으로 발생한 경우이다.

개념 다지기 122~123쪽

01. ②	02. ⑤	03. ④
04. ⑤	05. ⑤	06. ②, ⑤

01. 답 ②

해설

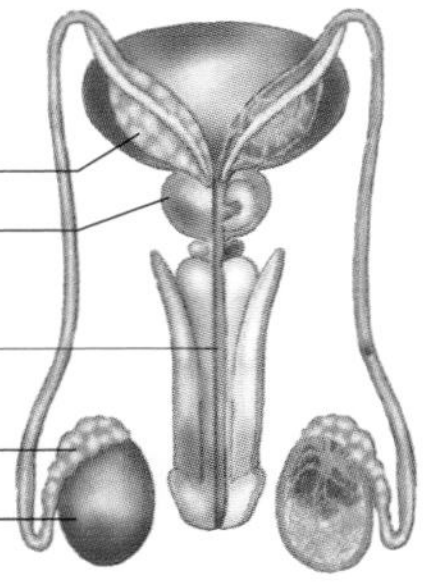

· A 정낭, B 전립샘 : 정액의 구성 물질을 만들어 분비한다.
· C 요도 : 정액과 오줌이 몸 밖으로 나가는 통로이다.
· D 부정소 : 정자가 일시적으로 저장되면서 성숙한다.
· E 정소 : 정자를 만들고 남성 호르몬을 분비한다.
② 배란은 여성의 생식기관에서 일어나는 현상이다.

03. 답 ④

해설 난자는 운동성이 없지만 발생에 필요한 양분을 저장하고 있기 때문에 크기가 크다.

04. 답 ⑤

해설 정자와 난자가 결합하여 수정란을 형성하는 과정을 수정이라고 한다. 먼저 정자가 편모 운동으로 난자의 표면에 접근한 뒤, 난자에 침입한다. 정자가 침입하면 난자의 투명대의 성분이 변해 다른 정자는 침입하지 못한다. 그 후 침입한 정자의 핵이 난자의 핵 쪽으로 이동한 뒤 서로 융합하여 수정란을 형성한다.

05. 답 ⑤

해설 발생이란 수정란이 세포 분열을 거듭하여 세포의 수가 늘어나고, 점차 조직과 기관을 형성하면서 하나의 완전한 개체로 되는 과정이다.

06. 답 ②, ⑤

해설 ① 수정 후 약 266일(약 38주)이 지나면 출산이 일어난다.
③ 태아가 완전히 나온 후 태반과 탯줄이 모체 밖으로 나온다.
④ 태아는 태반을 통해 산소와 영양소를 모체로부터 공급받고, 이산화 탄소와 노폐물을 모체로 내보낸다.

대표 유형 문제 124~127쪽

[유형20-1] ②, ⑤
01. (1) X (2) X (3) O 02. ④
[유형20-2] (1) B, 미토콘드리아 (2) A, 핵 (3) C, 꼬리
03. ⑤ 04. (1) X (2) O (3) O (4) O
[유형20-3] ㄱ, ㄴ
05. ⑤ 06. ④
[유형20-4] ㄱ, ㄷ
07. (1) 탯줄 (2) 태반 (3) 양수
08. (1) O (2) X (3) O

[유형20-1] 답 ②, ⑤

해설

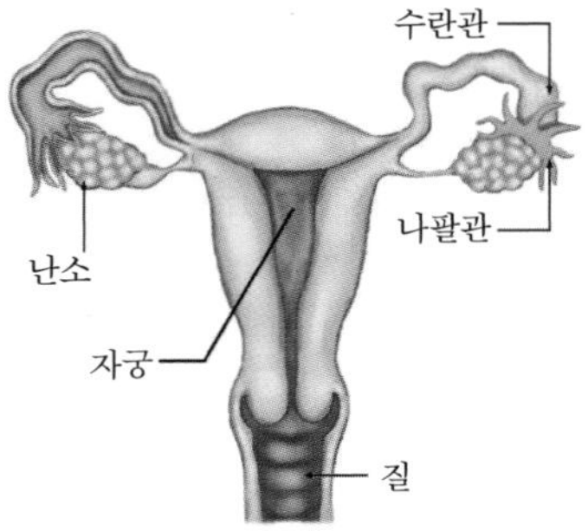

· A 난소 : 난자를 만들고 여성 호르몬을 분비한다.
· B 자궁 : 수정란이 착상하고 태아가 자라는 곳이다.
· C 수란관 : 난자가 자궁으로 이동하는 통로이며 수정이 일어나는 장소이다.
· D 나팔관 : 배란된 난자를 수란관으로 보낸다.
· E 질 : 정자가 들어오고, 출산 시 태아가 나가는 통로이다.

01. 답 (1) X (2) X (3) O

해설 (1) 수정이 일어나는 곳은 여성의 수란관이다. 수정관은 남성의 생식기관이며, 정자의 이동 통로이다.
(2) 정자를 만들고 남성 호르몬을 분비하는 곳은 정소이다. 정낭에서는 정액의 구성 물질을 만들어 분비한다.

02. 답 ④

해설 ④ 정자가 들어오고, 출산 시 태아가 나가는 통로는 질이다. 나팔관은 배란된 난자를 수란관으로 보낸다.

[유형20-2] 답 (1) B, 미토콘드리아 (2) A, 핵 (3) C, 꼬리

해설

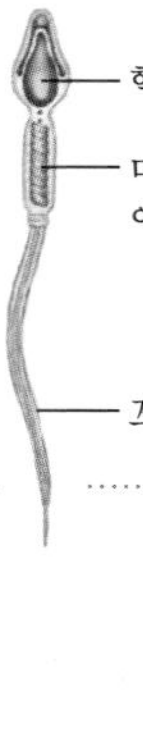

정자는 난자에 비해 매우 작으며, 꼬리를 이용해 스스로 움직인다.

03. 답 ⑤
해설 난자와 정자는 각각 생식세포 분열의 결과로 만들어진 생식세포이므로 염색체는 n으로 표현된다. 정자(n)와 난자(n)가 수정되면 수정란(2n)이 된다.

04. 답 (1) X (2) O (3) O (4) O
해설 (1) 여포가 성숙하면서 여포 속에 들어 있는 난자도 함께 성숙한다.

[유형20-3] 답 ㄱ, ㄴ
해설 수정란 초기에 일어나는 세포 분열을 난할이라고 한다. 난할은 체세포 분열의 일종이므로 염색체 수의 변화가 없다. 난할은 분열 속도가 매우 빠르고, 분열 순서와 방향이 정해져 있다.
ㄷ. 난할이 거듭될수록 할구의 수는 증가하고, 세포 1개의 크기는 작아지나 염색체 수의 변화는 없다.

05. 답 ⑤
해설 수정은 정자의 접근, 정자의 침입, 정자의 핵 이동, 정자와 난자의 핵 융합이 차례대로 일어난다. 먼저 정자가 편모 운동으로 난자의 표면에 접근한 뒤, 난자에 침입한다. 정자가 침입하면 난자의 투명대의 성분이 변해 다른 정자는 침입하지 못한다. 그 후 침입한 정자의 핵이 난자의 핵 쪽으로 이동한 뒤 서로 융합하여 수정란을 형성한다.

06. 답 ④
해설 ④ 난할이 거듭될수록 할구의 수(세포의 수)는 증가하고 세포 1개의 크기는 작아진다.

[유형20-4] 답 ㄱ, ㄷ
해설 ㄱ. 영양소와 산소는 태반을 통해 모체로부터 태아 쪽으로 확산된다. 이산화 탄소와 노폐물은 태아로부터 모체 쪽으로 확산되어 빠져나온다.
ㄴ. 모체에 침입한 세균과 혈구는 태아에 유입되지 않는다.
ㄷ. 모체 혈액에 존재하는 항체는 태반을 통하여 태아 쪽으로 이동된다. 따라서 태아가 태어나더라도 이 항체가 몸에 존재하므로 특정 병에 대해 일정 기간 면역성을 가질 수 있다.

07. 답 (1) 탯줄 (2) 태반 (3) 양수

08. 답 (1) O (2) X (3) O
해설 (2) 수정 후 약 2주 동안 난할과 착상이 일어난다. 약 3주 후 부터 중추신경계와 심장 등의 기관이 발달하기 시작한다.

창의력 & 토론마당 128~131쪽

01

(1) 일란성 쌍둥이는 하나의 수정란이 2세포기에 분리되어 독립된 개체로 발생하는 것이고, 이란성 쌍둥이는 배란 이상으로 난자 2개가 배란되어 2개의 수정란이 생겨 각각 자궁에 착상하여 발생한 것이다.

(2) 일란성 쌍둥이는 하나의 수정란에서 출발하였기 때문에 유전적 특성이 같지만, 이란성 쌍둥이는 다른 수정란에서 발생하므로 유전적 특성이 다르다.

해설 쌍둥이는 하나의 난자와 하나의 정자가 결합한 수정란이 두 개로 분리되어 성장하는 일란성과, 난자 두 개가 배란되어 각각 별도의 정자와 수정하여 발육하는 이란성이 있다. 일란성 쌍둥이는 두 명 모두 성별이 같고, 서로 많이 닮았지만 태반이 하나밖에 없는 경우 발육에는 조금 차이가 있다. (지문과 손금은 예외이다.) 이란성 쌍둥이는 성별이 다른 경우도 있으며, 태반이 따로 있어 발육의 차이는 크지 않다.

02

(1) 일란성 쌍둥이
(2) 정자와 난자가 수정되어 만들어진 수정란은 세포 분열을 하며 2개 → 4개 → 8개 → 16개의 세포로 분열되는 난할기를 거치면서 배엽이 만들어지고 신체의 각 기관이 만들어져 새 생명이 태어나게 된다. 이때 하나의 수정란에서 2개로 분열된 할구가 완전하게 분리된 채 따로따로 독자적인 발생 과정을 거쳐서 생명이 자라게 되면 일란성 쌍둥이가 발생한다. 그런데 이 발생 과정에서 하나의 수정란에서 2개의 세포로 분리될 때 할구가 불완전하게 분리된 채로 발생 과정을 거치게 되면 신체의 일부분이 붙어 있는 결합쌍둥이가 된다.

03

(1) 14일

(2) 11일 ~ 15일, 정자가 여성의 몸 안에서 3일 정도를 살 수 있고, 난자가 하루 정도 살 수 있으므로 배란 3일 전부터, 약 1일 후까지는 임신이 가능한 기간이다.

해설 배란일은 다음 월경 예정일로부터 14일 전 쯤으로, 체온을 측정했을 때 체온이 급격히 올라가기 직전에 가장 낮은 체온을 보일 때이다. 여성의 체온은 월경과 배란에 따라 조금씩 변하는데 배란 전에는 체온이 낮고 배란이 된 후에는 체온이 오른다. 보통 배란기에는 0.3 ~ 0.5℃ 정도 체온이 상승한다. 이를 응용하여 배란일을 추측하는 것이 기초 체온법이다. 방법은 아침에 눈을 뜨자마자 누운 채로 입안에 온도계를 넣고 체온을 기록한다. 월경 시작일을 월경 주기의 1일로 하고 지속적으로 체온을 기록해 보면 체온이 상승하는 시점이 있는데 체온이 상승하기 전 1~2일 사이 체온이 최하점에서 상승하는 중간 상태일 때 배란이 일어난다. 따라서 월경 시작일로부터 배란 전의 앞부분과 기초 체온이 상승한 후 3일 정도까지가 임신이 될 가능성이 높은 시기다. 그러나 온도는 환경 변화에 따라 얼마든지 달라질 수 있기 때문에 정확도가 떨어진다.

04

(1) 아내의 수란관이 막혀 있는 경우
(2) 자궁벽이 두꺼워져 있는 상태로 유지되어야 한다.

해설 나팔관이 폐쇄되면 정자가 난자를 향해 이동할 수 없어서 수정이 불가능하다. 따라서 임신을 원할 경우 체외 수정 방법을 이용해야 한다. 이 경우 체외 수정 방법은 먼저 부부의 정자와 난자를 채취하고, 이를 체외에서 인공적으로 수정시킨다. 그 다음 수정란을 4~5일 정도 배양한 후 산모의 자궁에 이식하게 된다.

스스로 실력 높이기 132~137쪽

01. (1) K, 정소 (2) A, 난소			
02. C, 수란관		03. B, 자궁	
04. E, 질		05. I, 요도	
06. K → J → F → I		07. (가), 정자	
08. (나), 난자		09. ㄹ → ㄴ → ㄱ → ㄷ	
10. ㄱ, ㄴ, ㄷ		11. ㄱ, ㄴ, ㄷ, ㅅ, ㅈ	
12. ㅁ, ㅂ, ㅇ		13. ㄹ, ㅊ	
14. 확산	15. (1) O (2) X (3) O		16. ⑤
17. ①, ④	18. ⑤	19. ④	20. ⑤
21. ㄱ, 난할		22. ⑤	23. ②
24. ⑤	25. ⑤	26~32. 〈해설 참조〉	

01 ~ 06.
해설

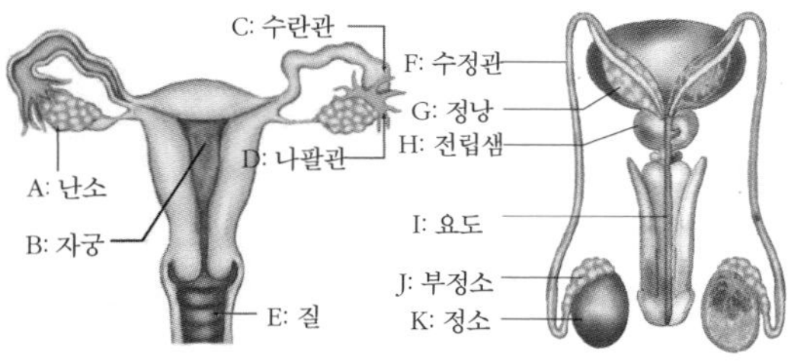

07 ~ 08.
해설

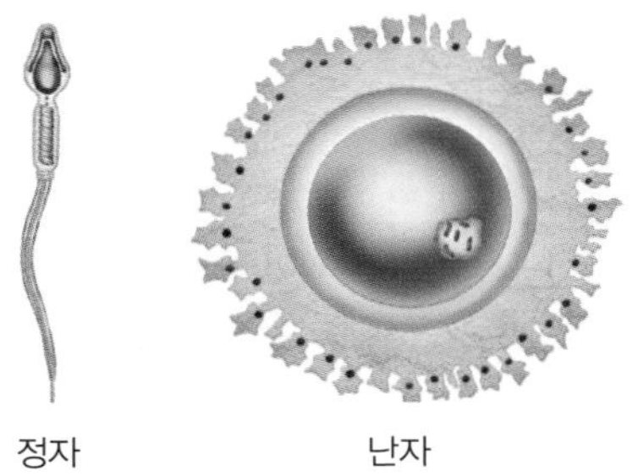

정자는 남성의 생식세포로 난자에 비해 매우 작으며, 꼬리를 이용해 스스로 움직인다. 난자는 여성의 생식세포로 운동성이 없으며, 발생에 필요한 양분을 저장하고 있다.

09. 답 ㄹ - ㄴ - ㄱ - ㄷ
해설 수정은 정자의 접근, 정자의 침입, 정자의 핵 이동, 정자와 난자의 핵 융합이 차례대로 일어난다. 먼저 정자가 편모 운동으로 난자의 표면에 접근한 뒤, 난자에 침입한다. 정자가 침입하면 난자의 투명대의 성분이 변해 다른 정자는 침입하지 못한다. 그 후 침입한 정자의 핵이 난자의 핵 쪽으로 이동 한 뒤 서로 융합하여 수정란을 형성한다.

10. 답 ㄱ, ㄴ, ㄷ
해설 수정란 초기에 일어나는 세포 분열을 난할이라고 한다. 난할은 체세포 분열의 일종이므로 염색체 수의 변화가 없다. 난할은 분열 속도가 매우 빠르고, 분열 순서와 방향이 정해져 있다. 난할이 거듭될수록 할구의 수는 증가하고, 세포 1개의 크기는 작아진다.

11 ~ 13.
해설

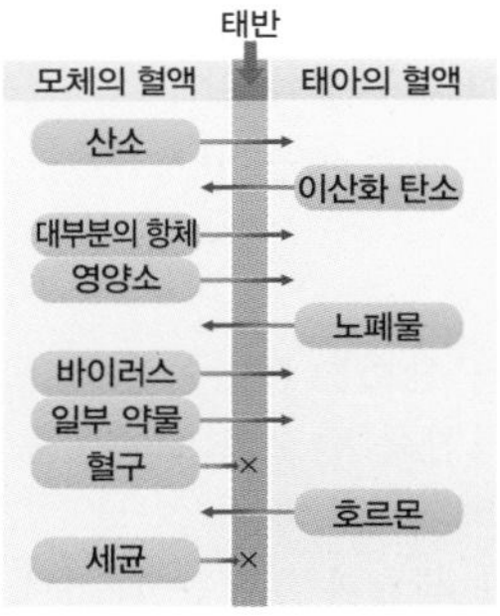

▲ 모체와 태아 사이에 이동하는 물질

15. 답 (1) O (2) X (3) O
해설 (2) 콘돔은 남자의 음경에 덮어 정자의 침입을 방지한다.

16. 답 ⑤
해설 ⑤ 투명대는 난자를 싸고 있는 투명한 막이다. 많은 양분이 저장되어 있는 곳은 세포질이다.

17. 답 ①, ④
해설 정자와 난자 모두 동물의 생식세포로 유전 물질이 들어있으며, 생식세포 분열로 만들어 진다.

② 정자는 꼬리가 있어 움직일 수 있지만, 난자는 운동성이 없다.
③ 많은 양분이 저장되어 있는곳은 난자의 세포질이다.
⑤ 정자는 남성의 생식기관인 정소에서, 난자는 여성의 생식기관인 난소에서 만들어진다.

18. 답 ⑤
해설 여성은 사춘기에서 폐경기까지 약 28일을 주기로 난자가 하나씩 성숙하여 배란되는데, 이를 생식주기라고 한다. 여성의 생식 주기는 여포기 - 배란기 - 황체기 - 월경기 순으로 진행된다. 이 여성의 생식 주기는 28일 이므로 다음 월경 시작일은 이전 월경 시작일로부터 28일 후인 7월 27일이다.

19. 답 ④
해설 A는 월경, B는 난자가 성숙하는 시기, C는 배란 시기이다.
① 월경을 할 때에는 자궁 내막이 허물어져 혈액과 함께 몸 밖으로 배출된다.
② 여포가 터지면서 성숙한 난자가 난소에서 배출되는 것은 배란(C)시기에 일어난다.
③ 월경은 A시기에 일어난다.
⑤ 수정이 일어나면 자궁 내막이 두껍게 유지된다.

20. 답 ⑤
해설 ⑤ 난할은 분열 속도가 매우 빠르고, 분열 순서와 방향은 정해져 있다.

21. 답 ㄱ, 난할
해설 수정란 초기에 일어나는 세포 분열을 난할이라고 한다. 난할은 체세포 분열의 일종으로 염색체 수의 변화가 없고 난할이 거듭될수록 할구의 수는 증가하고, 세포 1개의 크기는 작아진다.

22. 답 ⑤
해설 임신은 배란 - 수정 - 난할 - 착상의 과정으로 이루어진다. 먼저 난소에서 성숙한 난자가 배출되어 수란관으로 이동한 뒤, 수란관 앞부분에서 정자와 만나 수정란이 된다. 수정란은 난할을 거듭하여 세포 수를 늘리면서 자궁 쪽으로 이동하며 수정 후 약 1주일이 지나면 포배 상태의 배가 자궁 벽에 파묻힌다.

23. 답 ②
해설 ① 수정란은 포배 상태로 착상한다.
③ 출산시 자궁이 수축하고, 자궁 입구가 열리면 양수가 흘러나오고 태아의 머리부터 모체 밖으로 나온다.
④ 태아가 완전히 나온 후 태반과 탯줄은 모체 밖으로 나온다.
⑤ 임신이 되면 자궁 내막은 두껍게 유지가 된다.

24. 답 ⑤
해설 ① 팔과 다리는 가장 먼저 완성이 된다.
② 중추 신경계, 치아, 눈 등은 출생 후에도 계속 발달한다.
③ 가장 먼저 발달하기 시작하는 것은 중추 신경계이다.
④ 기관이 발달하는 시기와 완성되는 시기는 다르다.

25. 답 ⑤
해설 출산은 수정 후 약 266일(약 38주), 임신 전 마지막 월경 시작일로부터 약 280일 경에 일어난다.

26. 답 1. 모두 생식세포이다.
2. 염색체 수가 n=23이다.
3. 유전 물질이 들어 있다.

27. 답 1. 태아의 움직임을 쉽게 한다.
2. 태아가 건조되는 것을 막아준다.
3. 외부의 충격으로부터 태아를 보호한다.
4. 일정한 온도를 유지시켜 준다.
5. 향균 작용을 한다.
6. 출산할 때 자궁 입구가 열리는데 도움을 준다.

28. 답 이산화 탄소, 노폐물, 호르몬

29. 답 여포가 성숙하면서 여포 속에 들어있는 난자도 성숙하면서 자궁 내막은 점점 두꺼워진다. 여포가 터지면서 배란이 일어나면서 자궁 내막은 두껍게 유지가 된다. 배란된 난자가 수정되지 않으면 두꺼워진 자궁 내막이 허물어져 혈액과 함께 몸 밖으로 배출된다.

30. 답 태아와 모체와의 물질 교환이 원활하게 이루어지도록 한다.
해설 태반은 혈관이 많이 분포되어 있어 태아와 모체 사이의 물질 교환이 원활하게 이루어지도록 한다.

31. 답 쌍둥이는 1란성 쌍둥이와 2란성 쌍둥이가 있는데 2란성 쌍둥이는 난자와 정자 모두 2개씩 따로 수정되어 결합될 확률이 낮지만 1란성 쌍둥이는 하나의 수정란이 둘로 나뉘어 떨어져서 발생하는 것으로 둘로 나누어질 때에 제대로 나누어지지 않으면 그 부분이 붙은 채로 발생하여 샴쌍둥이가 된다.

32. 답 미세정자 주입술은 남성의 정자가 여성의 난자로 직접 찾아갈 수 없을 정도로 수가 적거나 운동성이 떨어지는 경우에 행하는 시술이다. 인공 수정의 과정에서 많은 수의 난자나 정자가 필요하지 않다.

21강. Project 5

서술 138~139쪽

01

1. 물벼룩 : 주변 환경이 좋을 때는 암컷이 처녀 생식으로 암컷 새끼들만 낳고, 주변 환경이 악화되면 수컷을 낳을 수 있는 암컷과 휴면란을 낳을 수 있는 암컷 두 종류로 변화한다.
2. 등푸른 청소 놀래기 : 몸의 크기가 가장 큰 개체가 수컷이 된다.
3. 일부 파충류 : 알이 놓여 있는 환경의 온도가 높으면 암컷이, 낮으면 수컷이 태어난다.

해설 1. 물벼룩은 좋은 환경에서는 암컷이 처녀 생식으로 암컷 새끼들만 낳는다. 하지만 환경이 악화되면 생식 방법을 바꾸어 수컷을 낳는 암컷과 휴면란을 낳는 암컷으로 변한다. 수컷을 낳은 암컷은 처녀 생식으로 수컷을 낳고 휴면란을 낳는 암컷은 수컷과 교미하여 휴면란을 낳는다. 휴면란은 저온 건조한 환경에서도 살아남기 때문에 환경 변화를 잘 극복할 수 있다.
2. 등푸른 청소 놀래기는 무리에서 가장 큰 개체가 수컷이 되고, 그 개체가 죽으면 다음으로 큰 암컷이 수컷으로 변한다.
3. 악어류, 거북류, 일부 도마뱀의 수정란은 주변 환경의 온도에 따라 성별이 결정된다. 바다 거북은 수정란이 저온 환경에 있으면 암컷으로 태어난다.

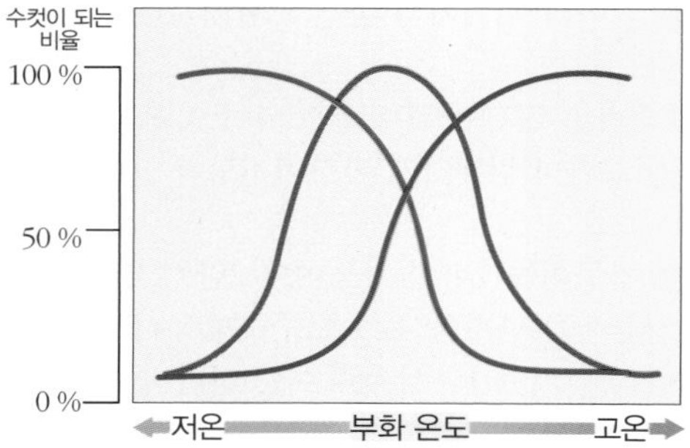

탐구-1 세포가 분열하는 이유 140~141쪽

〈실험 과정 이해하기〉

1.페놀프탈레인은 염기성인 수산화 나트륨과 반응하면 붉게 물들기 때문에 외부에서 유입되는 물질을 확인하기 위하여 넣는다.

2. 세포

3. 세포막

〈탐구 결과〉

1.

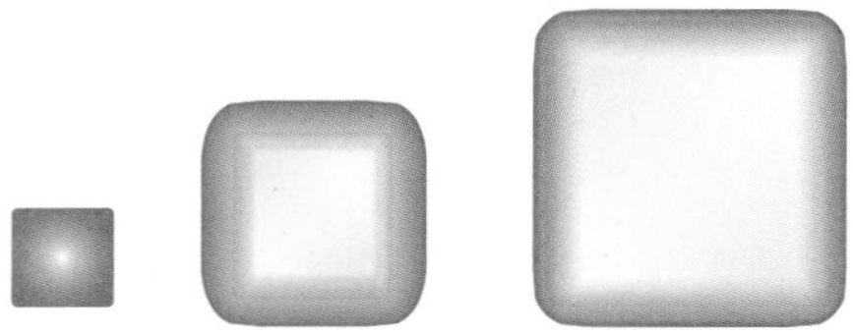

2. 세포의 크기가 작을수록 세포막을 통한 물질 교환이 더 효율적이기 때문이다.

〈탐구 문제〉

1.

구분	(A)	(B)	(C)
한변의 길이	1cm	2cm	4cm
표면적 (cm^2)	6	㉠(24)	㉡(96)
	㉢(4) 배씩 증가		
부피 (cm^3)	㉣(1)	8	㉤(64)
	㉥(8) 배씩 증가		
표면적/부피	㉦(6)	㉧(3)	1.5
	㉨(0.5) 배씩 감소		

2. 세포의 크기가 커질수록 세포 부피에 대한 표면적의 비가 작아지므로 세포막을 통한 물질 교환이 원활하게 이루어지지 않기 때문에 세포 분열을 통해 표면적을 넓혀서 외부와의 물질 교환을 원활하게 한다.

〈탐구 문제〉

2. 해설 세포가 커지면 세포가 필요한 만큼의 물질을 충분히 흡수하지 못할 뿐만 아니라 세포 내에 생긴 노폐물도 잘 내보내지 못한다. 따라서 세포의 표면적과 부피의 균형을 맞추기 위해 세포는 분열한다.

탐구-2 효모의 관찰 142~143쪽

〈실험 과정 이해하기〉

1. 막걸리에서 효모가 잘 번식하므로

2. 효모의 핵을 염색하기 위해서

〈탐구 결과〉

1. 〈예시답안〉

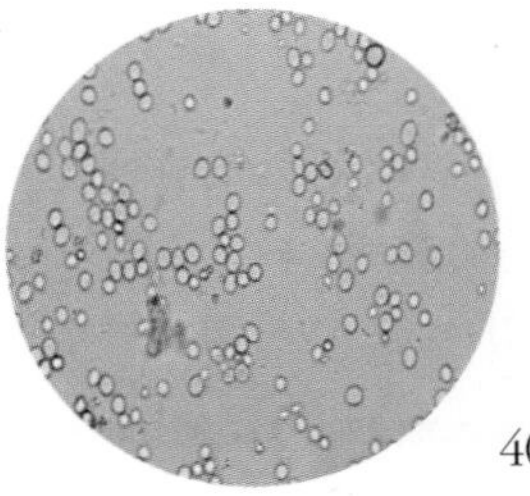

400 배

2. 타원의 모양으로 혹이 난 것과 같은 모습으로 번식하는 것을 관찰할 수 있다.

〈탐구 문제〉

1. 출아법

2. 모체 〉 자손

3. 효모와 같이 출아법으로 생성된 자손은 모체와 크기가 작아 구별되지만, 이분법은 자손과 어버이가 구별되지 않는다.

4. ㄱ, ㄹ

5. ③

〈실험 과정 이해하기〉

1. 해설 막걸리 안에 있는 효모는 술을 발효시키는 데 이용된다. 막걸리 대신 포도 열매를 찧어 거른 용액을 사용하여도 효모를 관찰할 수 있다. 효모는 꽃 안의 꿀이나 포도 껍질에도 많이 분포하고 있다.

〈탐구 문제〉

2. 해설 출아법으로 생식하는 경우에는 모체에서 몸의 일부가 자라난 후 떨어져 새로운 개체가 된다. 따라서 개체 크기는 모체가 더 크다.

5. ③

해설 출아법으로 생식하는 생물에는 효모, 히드라, 말미잘, 산호 등이 있다. ① 아메마 ② 버섯 ③ 히드라 ④ 곰팡이 ⑤ 짚신벌레

Ⅲ 유전과 진화

22강. 유전의 원리

개념 확인 146~149쪽

1. 대립 유전자 2. 검정교배
3. 둥글고 황색 4. 중간 유전

확인+ 146~149쪽

1. ㉠ 순종 ㉡ 잡종 2. ㄱ, ㄷ
3. ㉠ 유전 인자 ㉡ 생식세포 4. 복대립 유전

2. 답 ㄱ, ㄷ

해설 완두 실험의 장점 : ① 구하기 쉽고 기르기 쉽다. ② 한 세대의 길이가 짧다. ③ 자손의 수가 많다. ④ 대립 형질이 뚜렷하다. ⑤ 자가 수분이 잘 된다.

생각해보기 146~149쪽

★ 우성은 대립 유전자가 서로 다를 때 겉으로 나타나는 형질을 말한다. 우성과 열성은 잡종 1대에서 나타나는가, 나타나지 않는가의 차이로 우수하거나 열등한 형질이 아니다.

★★ 멘델의 가설에서 말한 유전 인자는 염색체에 있는 유전자이며, 대립 유전자는 상동 염색체의 동일한 위치에 있다는 것이 밝혀졌다. 멘델은 유전 인자가 어떤 물질이며, 어느 곳에 존재하는지는 알지 못했다.

★★★ 분꽃의 꽃 색깔 유전은 꽃 색깔을 결정하는 유전자 R과 W에 의해 결정된다. R은 붉은 색소를 합성하는 효소를 만들 수 있고, W는 붉은 색소를 합성하는 효소를 제대로 만들 수 없다. 따라서 RR은 붉은 색소를 많이 합성할 수 있어 붉은 꽃이 나타나고, WW는 흰색을 띠게 된다. RW는 RR보다는 붉은 색소를 적게 만들지만, WW보다는 붉은 색소를 더 만들 수 있기 때문에 중간 색깔인 분홍색을 띠게 된다.

개념 다지기 150~151쪽

01. ②	02. ④	03. ③
04. ⑤	05. ③	06. ⑤

01. 답 ②
해설 ② 대립 형질이란 하나의 형질에서 서로 대립(비교) 관계에 있는 형질을 뜻한다. 완두의 키가 큰 것의 대립 형질은 키가 작은 것이고, 주름진 것의 대립 형질은 둥근 것이다.

02. 답 ④
해설 완두를 이용한 유전 연구의 장점은 1. 구하기 쉽고 기르기 쉽다. 2. 한 세대의 길이가 짧다. 3. 자손의 수가 많다. 4. 대립 형질이 뚜렷하다. 5. 자가 수분이 잘 된다.

03. 답 ③
해설 멘델이 유전 법칙을 설명하기 위해 세운 가설은 다음과 같다. ① 생물은 형질을 결정하는 한 쌍의 유전 인자가 있으며, 유전 인자는 부모에서 자손으로 전달된다. ② 한 쌍을 이루는 유전 인자가 서로 다를 경우 하나의 유전 인자만 형질로 표현되며, 다른 인자는 표현되지 않는다. ③ 한 쌍의 유전 인자는 생식 세포가 만들어질 때 분리되어 각각 다른 생식 세포로 들어가고, 자손에게 전달되어 다시 쌍을 이룬다.

04. 답 ⑤
해설 분꽃의 꽃 색깔은 대립 유전자 사이의 우열 관계가 불완전하여 잡종의 표현형은 부모 표현형의 중간을 갖는 중간 유전을 따른다.

05. 답 ③
해설 ㄱ. 우열 관계가 불완전하기 때문에 우열의 원리는 성립하지 않는다. ㄴ. 한 쌍의 대립 형질만 있으므로 독립의 법칙을 확인할 수 없다.

06. 답 ⑤
해설 어버이의 형질이 모두 순종일 경우 자손은 모두 같은 표현형이 나타난다. 퍼넷 사각형*으로 나타낸 교배의 결과는 다음과 같다.

	r	r
R	Rr	Rr
R	Rr	Rr

위와 같이 순종의 둥근 완두와 순종의 주름진 완두를 교배시키면 모두 둥근 완두가 나타난다. 따라서 주름진 완두가 나올 확률은 0이다.

*퍼넷 사각형 : 교배 결과 생길 수 있는 자손의 유전자 조합을 손쉽게 알아 볼 수 있는 도표

유형 익히기 & 하브루타 152~155쪽

[유형22-1] ③
01. ㄱ, ㄴ, ㄷ, ㄹ, ㅅ, ㅇ 02. (1) 표현형 (2) 순종 (3) 대립형질 (4) 유전자형
[유형22-2] (1) O (2) X (3) O (4) X (5) X
03. (가) RR (나) Rr (다) rr 04. 80
[유형22-3] (1) (가) RrYy (나) RRYY (다) RRyy (라) rrYY (마) rryy (2) 3: 1 (3) 3 : 1 (4) 9 : 3 : 3 : 1
05.1500 06. 독립의 법칙
[유형22-4] (1) X (2) X (3) O (4) O
07. 중간 유전 08. 복대립 유전

[유형22-1] 답 ③
해설 ㄱ. 유전이란 부모의 형질이 자손에게 전해지는 현상을 말한다.
ㄴ. 유전 현상을 연구한 초기 연구자에는 히포크라테스와 멘델이 있다. 히포크라테스는 고대 그리스의 의학의 아버지라 불리우며, 체액에 대한 연구를 하며 체액이 섞이는 비율에 따라 자손이 부모를 닮을 것인지 결정된다고 주장하였다. 멘델은 오스트리아 수도회의 수사로 멘델의 법칙을 발표하여 유전학 연구에 많은 공을 기여하였다.
ㄷ. 대립 유전자는 상동 염색체의 같은 위치에 존재하는 유전자로 같은 종류의 형질을 나타내는 데 관여한다.

▲ 꽃의 색깔을 결정하는 대립 유전자의 위치

ㄹ. 일반적으로 우성 유전자는 알파벳 대문자로 나타내고, 열성 유전자는 우성 유전자로 나타낸 알파벳의 소문자로 나타내며, 잡종의 경우 대문자를 먼저 표시한다. 예를 들어 키가 큰 완두는 T로, 키가 작은 완두는 t로, 잡종은 Tt로 나타낸다.

01. 답 ㄱ, ㄴ, ㄷ, ㄹ, ㅅ, ㅇ
해설 순종이란 형질을 나타내는 유전자의 구성이 서로 같은 개체를 뜻한다. 따라서 동형접합인 것을 찾으면 된다. ㅁ은 Bb가 이형접합이며, ㅂ은 Aa와 Bb가 이형접합이다.

02. 답 (1) 표현형 (2) 순종 (3) 대립형질 (4) 유전자형
해설 (1) 유전자 구성에 따라 겉으로 드러나는 유전 형질을 표현형이라고 한다.
(2) 형질을 나타내는 유전자의 구성이 서로 같은 개체로 RR이나, rr 등으로 나타낸다. 형질을 나타내는 유전자가 서

로 다른 개체는 잡종이라고 하며 Rr이나 Yy로 이형접합으로 나타낸다.
(3) 하나의 형질에서 서로 명확하게 구분되어 대립되는 형질을 대립형질이라고 한다. 이는 서로 대립 관계에 있으며, 상동 염색체의 같은 위치에 있는 대립 유전자에 의해 나타나는 형질이다. 완두 씨의 색깔(황색과 녹색), 완두 씨의 모양(둥근 것과 주름진 것) 등이 대립 형질의 예이다.
(4) 형질을 유전자 기호로 나타낸것을 유전자형이라고 하며 우성 형질은 대문자, 열성 형질은 우성 형질에 쓰였던 알파벳의 소문자로 나타낸다.

[유형22-2] 답 (1) O (2) X (3) O (4) X (5) X
해설 (1) 이형접합(잡종)인 잡종 1대를 자가 수분하여 잡종 2대에서 우성 형질과 열성 형질이 일정한 비율로 나타나는 것을 확인할 수 있다.
(2) 대립 형질을 가진 순종의 개체끼리 교배를 하였을 때, 잡종 1대에서는 우성의 형질만이 나타나며, 이것을 우열의 원리라고 표현한다.
(4) 주름진 모양의 형질은 열성이고, 둥근 모양의 형질이 우성이다. 우성 형질은 순종의 대립 형질끼리 교배하였을 때 잡종 1대에서 겉으로 표현되는 형질이고, 잡종 1대에서 겉으로 표현되지 않는 형질을 열성이라고 한다.
(5) 잡종 1대를 자가 수분하여 얻은 잡종 2대에서 우성 형질과 열성 형질이 일정한 비율로 나타나는 것을 분리의 법칙이라고 한다. 독립의 법칙은 두 쌍의 대립 형질이 함께 유전될 때, 각각의 대립 형질이 서로 다른 형질의 영향을 받지 않고 독립적으로 유전되는 현상을 뜻한다.

03. 답 (가) RR (나) Rr (다) rr
해설 어버이는 모두 순종의 완두이므로 둥근 완두인 (가)는 RR, 주름진 완두는 rr로 나타낼 수 있다. 이 때 나타나는 잡종 1대인 (나)는 Rr이 된다. (나)를 자가 수분하면 RR, Rr, rr의유전자형이 나타난다. RR과 Rr은 모두 둥근 완두이며, 주름진 완두인 (다)는 rr로 나타낸다.

04. 답 80
해설 잡종 2대에서는 분리의 법칙에 따라 우성 형질과 열성 형질이 3 : 1의 비율로 나타난다. 따라서 320개의 완두 중에서 열성인 주름진 완두는 이론적으로
$300 \times \frac{1}{4} = 80$개를 얻을 수 있다.

[유형22-3] 답 (1) (가) RrYy (나) RRYY (다) RRyy (라) rrYY (마) rryy (2) 3 : 1 (3) 3 : 1 (4) 9 : 3 : 3 : 1
해설 (2) 둥근 완두는 모두 12개이고, 주름진 완두는 모두 4개이다. 따라서, 둥근 완두 : 주름진 완두 = 12 : 4 = 3 : 1 (3) 황색 완두는 모두 12개이고, 녹색 완두는 모두 4개이다. 따라서, 황색 완두 : 녹색 완두 = 12 : 4 = 3 : 1 (4) 둥글고 황색 : 둥글고 녹색 : 주름지고 황색 : 주름지고 녹색 =9:3:3:1

05. 답 1500
해설 순종의 둥글고 황색인 완두(RRYY)와 주름지고 녹색인 완두(rryy)를 교배하면 잡종 1대는 둥글고 황색인 완두(RrYy)로 나타난다. 이를 자가 수분하여 얻은 잡종 2대는 독립의 법칙에 따라 유전되어 다음과 같은 비율이 나타난다.
둥글고 황색 : 둥글고 녹색 : 주름지고 황색 : 주름지고 녹색
(R_Y_) (R_y_) (r_Y_) (r_y_)
= 9 : 3 : 3 : 1
따라서, 잡종 2대에서 총 8000개의 완두를 얻었다면, 주름지고 황색인 완두는 $8000 \times \frac{3}{16} = 1500$(개) 얻을 수 있다.

06. 답 독립의 법칙
해설 두 쌍 이상의 대립 형질이 동시에 유전될 때, 각각의 형질은 서로 다른 형질에 영향을 주지 않고 독립적으로 유전되는 현상을 독립의 법칙이라고 한다. 독립의 법칙은 형질을 결정하는 대립 유전자가 서로 다른 염색체에 독립적으로 존재할 때에만 해당된다. 각각의 대립형질은 우성과 열성의 표현형 비가 3 : 1로 나온다.

[유형22-4] 답 (1) X (2) X (3) O (4) O
해설 대립 유전자 사이의 우열 관계가 불완전한 경우 잡종 1대의 표현형이 부모 표현형의 중간을 갖는 중간 유전을 따른다.
(1) 잡종 1대인 분홍 꽃의 유전자형은 RW이다.
(2) 분꽃의 꽃잎 색깔을 우성과 열성에 대해 설명한 우열의 원리가 성립하지 않고, 분리의 법칙을 따른다.

07. 답 중간 유전
해설 대립 유전자 사이의 우열관계가 뚜렷하지 않아 어버이의 중간 형질이 나타나는 유전 현상을 중간 유전이라고 한다. 중간 유전의 예에는 분꽃, 나팔꽃, 카네이션의 꽃 색깔 등이 있다.

08. 답 복대립 유전
해설 3개 이상의 대립 유전자가 하나의 특징을 결정하는 유전 현상을 복대립 유전이라고 하며 사람의 ABO식 혈액형 유전이 복대립 유전에 해당된다.

창의력 & 토론마당 156~159쪽

01 (1) 색소 침착 유전자가 색을 나타내는 유전자(B, b)보다 상위에 있어서 색소 침착 유전자에 따라 털의 색깔이 결정된다.
(2) 독립의 법칙 (3) 모두 회갈색인 쥐가 나온다.

해설 (1) 상위는 비대립 유전자 사이에 나타나는 유전자의 상호작용으로, 하나의 유전자가 다른 유전자의 활동을 억제하는 것이다. 쥐의 털 색깔 유전에서 cc를 포함하면 어떠한 유전자형이라도 흰색이 나타나며 B유전자의 작용을 막아버린다. 하지만 CC나 Cc로 나타나는 경우에는 흰색의 표현형이 나타나지 않는다. (2) 두 쌍의 대립 형질이 함께 유전될 때, 각각의 대립 형질이 서로 영향을 받지않고 각각 우열의 원리와 분리의 법칙에 의해 독립적으로 유전된다는 독립의 법칙에 맞지 않는다. (3) 순종의 흰색 쥐의 유전자형은 BBcc 또는 bbcc이고, 순종의 회갈색 쥐는 BBCC로 나타내므로 두 쥐를 교배한 결과는 다음과 같다.
BBcc (또는 bbcc) × BBCC → BbCc (또는 BBCc)
따라서, 색소 침착 유전자가 cc로 나타나지 않으므로 알비노인 흰색 쥐는 나타나지 않고, 열성 형질인 bb가 나타나지 않아 모두 회갈색을 가지게 된다.

02 (1) 1/3 (약 33%) (2) 0 %

해설 (1) 고른 두개의 콩은 둥근 우성 형질을 나타내기 때문에 유전자형은 RR 또는 Rr이다. 이것은 어버이 둥근 콩의 교배로 인해 주름진 콩이 나온다는 힌트로 추정할 수 있다.

어버이 : Rr × Rr

자손 : RR, Rr, Rr, rr

위 자손에서 둥근 콩 두개를 골랐을 때 하나가 순종일 때 나머지 하나도 순종일 확률은 전체 둥근 콩 3개 중에 1개를 고르는 것이므로 1/3 이다.
(2) 둥근 콩끼리 교배하였는데 그 중 한 개가 순종이므로 RR × Rr , 또는 RR × RR 관계에서 나온 자손은 주름진 콩이 나타날 수 없다.

03 (나)의 염색체에 R이 존재하므로 둥근 유전자가 겉으로 표현된다. 또한 유전자형은 R로 나타낸다.

해설 완두는 광합성으로 포도당 등의 당을 합성하여 녹말로 전환하여 저장한다. 이 과정에서 유전자 rr인 완두는 당을 녹말로 전환하는 효소를 합성하지 못하기 때문에 당을 많이 가지게 되어 삼투압이 높아져 많은 양의 수분을 흡수하게 된다. 많은 수분을 가진 이 완두는 건조하면 수분을 잃게 되어 주름진 모양으로 나타나게 된다. (나)의 염색체에 R이 존재하므로 정상 둥근 유전자만큼은 아니지만 적은 양의 효소는 합성이 가능하므로 둥근 유전자가 겉으로 표현된다.

04 (1) 독립의 법칙 (2) 교차가 일어났기 때문이다.

해설 (1) 독립의 법칙에 따른 유전을 했다면 결과가 9 : 3 : 3 : 1 의 비율로 나와야 한다. 하지만 실제로 보라색의 긴 화분(B_L_), 붉은색 둥근 화분(bbll)의 개체가 더 많이 나와서 독립의 법칙에 어긋난다.
(2) 일단, 한 유전자에 B와 L이 위치하고, 대립 유전자에 b와 l이 위치하여 감수 분열 시 B와 L, b와 l이 같이 움직여 같은 생식 세포로 들어갔다(연관). 그렇다면 생식 세포에서 Bl, bL의 형태는 나올 수가 없다. 하지만 Bl, bL의 형태의 개체가 나온 것으로 보아 두 유전자 사이에 교차가 일어난 것으로 볼 수 있다. 교차는 일부 생식 세포에서만 일어나므로 교차에 의해 생긴 개체의 수는 원래 연관된 유전자의 형질을 가지는 개체수보다 적다.

스스로 실력 높이기 160~165쪽

01. 대립 형질		02. 표현형	
03. 유전자형		04. 잡종	
05. 우성		06. 우열의 원리	
07. 분리의 법칙		08. 중간 유전	
09. ②	10. ㄱ, ㄴ	11. ⑤	12. ④
13. ②	14. ①	15. ④	16. 60
17. Yy, yy	18. ⑤	19. ①	20. ③
21. ③	22. 9 : 3 : 1 : 3		23. ①
24. ③, ⑤	25. 1200	26 ~ 32. 해설 참고	

09. 답 ②
해설 우성의 형질은 알파벳 대문자로 표현하고, 열성의 형질은 우성 형질에 쓰인 알파벳의 소문자로 표현한다.

10. 답 ㄱ, ㄴ
해설 완두를 이용한 유전 연구의 장점은
1. 구하기 쉽고 기르기 쉽다. 2. 한 세대의 길이가 짧다.
3. 자손의 수가 많다. 4. 대립 형질이 뚜렷하다.
5. 자가 수분이 잘 된다.

11. 답 ⑤

해설 ② 대립 유전자는 상동 염색체의 같은 자리에 한쌍이 존재한다.
③ 서로 같은 형질을 가진 경우, 예를 들어 둥근 모양의 표현형을 가진 완두는 유전자형이 RR 또는 Rr을 가질 수 있다.
④ 염색체 속에 있는 DNA 염기서열을 해독하면 유전자를 알 수 있다.
⑤ 중간 유전, 복대립 유전, 반성 유전 등은 멘델의 유전 법칙에 따르지 않는다.

12. 답 ④
해설 유전자형이 Ttyy 일 때 yy는 열성 동형 접합이지만 Tt는 우성과 열성이 만난 이형 접합이므로 Ttyy는 T 유전자의 잡종으로 인해 순종이 될 수 없다.

13. 답 ②
해설 완두는 염색체의 수가 14개로 적은 편이고 대립형질이 7가지로 뚜렷하게 나타난다. 그리고 재배하기 쉽고 한 세대가 짧아서 많은 자손을 얻어 통계적 연구가 가능한 재료이다.

14. 답 ①
해설 ㄴ. 한 쌍의 대립 형질 중 우열 관계에 따라서 우성 유전자만 표현된다.
ㄷ. 부모의 유전 인자의 절반으로 구성된 생식 세포를 형성하여 생식 세포의 결합으로 자손의 유전 인자가 나타난다.

15. 답 ④
해설 ① 완두의 씨 색깔은 황색과 녹색 두 가지가 있다.
② 줄기의 키는 큰 것이 더 많이 나타나는 것으로 보아 큰 것이 우성이다.
③ 다른 형질은 각각 독립적으로 유전된다.
④ 환경 적응력과 꽃 색깔의 우성과 열성 형질은 상관이 없다.
⑤ 분리의 법칙에 의해 우성과 열성 형질은 3 : 1로 분리되어 나타난다.

16. 답 60개
해설 잡종 2대의 자손은 RR : Rr : rr = 1 : 2 : 1 로 나타난다. 이 중 RR이 순종의 둥근 완두이므로 전체의 $\frac{1}{4}$ 이다.
전체 240개의 $\frac{1}{4}$ 은 60개이다.

17. 답 Yy, yy
해설 어버이의 유전자형 Yy × yy 하여 교배하면 자손에게서 황색과 녹색이 1 : 1의 비율로 나타난다.

18. 답 ⑤
해설 ① 분꽃은 우열이 불완전하다. ②, ③ 분꽃의 꽃 색은 유전자에 의해 결정된다. ④ 분꽃의 꽃 색을 결정하는 유전자는 붉은색이 불완전 우성이라서 흰색 유전자와 섞이면 중간 형질을 나타낸다.

19. 답 ①
해설 어버이에게 없던 형질인 중간색의 꽃이 나왔기 때문에 멘델의 우열의 원리에 어긋난다.

20. 답 ③
해설 우열의 원리에 의하면 우성 형질이 잡종 1대에서 나타나고, 열성 형질은 표현되지 않는다.

21. 답 ③
해설 교차가 일어나지 않았으므로, R과 Y(둥글과 황색), r과 y(주름지고 녹색)인 생식 세포가 형성되어야 하므로 모양과 색깔 유전자는 다른 염색체에 존재하여 독립의 법칙이 성립하게 된다.

22. 답 9 : 3 : 1 : 3
해설 퍼넷 사각형을 그려보면 다음과 같다.

	RY	Ry	rY	ry
RY	RRYY	RRYy	RrYY	RrYy
Ry	RRYy	RRyy	RrYy	Rryy
rY	RrYY	RrYy	rrYY	rrYy
ry	RrYy	Rryy	rrYy	rryy

따라서 A(둥글고 황색) : B(주름지고 황색) : C(주름지고 녹색) : D(둥글고 녹색)은 9 : 3 : 1 : 3의 비율로 표현형이 나타난다.

23. 답 ①
해설 가. 순종에 해당하는 개체는 4개로 25%이다. (▬)

	RY	Ry	rY	ry
RY	RRYY	RRYy	RrYY	RrYy
Ry	RRYy	RRyy	RrYy	Rryy
rY	RrYY	RrYy	rrYY	rrYy
ry	RrYy	Rryy	rrYy	rryy

나. 둥근 완두가 나타날 확률은 $\frac{3}{4}$ = 75%
다. 씨 색과 모양 모두 열성 유전자(rryy)가 나타날 확률 $\frac{1}{16}$
라. 잡종 1대와 유전자형이 같은 것(RrYy)이 나타날 확률 $\frac{1}{4}$ = 25% (▭)

24. 답 ③, ⑤
해설 ① (나)는 Yy와 YY로 구성되어 있다. 따라서 (나)의 일부와 (YY) (다) yy는 순종이다. ② (나)의 완두의 표현형은 모두 동일하다. 하지만 유전자형은 YY와 Yy로 모두 두 종류이다. ③ 어버이가 순종이므로 (가)는 이형 접합(잡종)이다. 이때 표현되는 유전자가 우성이므로 표현형과 유전자형을 비교하면 알 수 있다. ④ (가)와 (다)를 교배하면 황색과 녹색 완두의 비가 1 : 1로 나타난다. ⑤ (나)와 (다)가 우성 : 열성 = 3 : 1로 나타나는 것은 멘델의 분리의 법칙을 따르기 때문이다.

25. 답 1200개
해설 (나)는 유전형이 YY, Yy 두 종류이고, YY 개체수 : Yy 개체수 = 1 : 2이므로 (가)와 같은 유전형 Yy는 (나) 개체수의 $\frac{2}{3}$ 이다.

26. 답 우성은 순종의 대립 형질끼리 교배하였을 때 잡종 1대에서 겉으로 표현되는 형질이고, 열성은 표현되지 않는 형질이다. 완두의 콩깍지가 녹색인 것은 우성이고, 황색인 것은 열성이다.

27. 답 ① 구하기 쉽고 기르기 쉽다. ② 한 세대의 길이가 짧다. ③ 자손의 수가 많다. ④ 대립 형질이 뚜렷하다. ⑤ 자가 수분이 잘 된다.

28. 답 우열의 원리 : 순종인 한 쌍의 대립 형질을 교배하였을 때 잡종 1대에서는 우성의 형질만 나타난다.
분리의 법칙 : 잡종 1대를 자가 수분하면 잡종 2대에서는 우성 형질과 열성 형질이 일정한 비율(3:1)로 나타난다.

29. 답 검정 교배, 열성 형질만 가진 개체와 교배시켜 보면 순종인 경우에는 자손은 모두 같은 표현형을 나타내고, 잡종인 경우에는 자손의 표현형이 1 : 1로 나타난다.

30. 답 대립 유전자 사이의 우열 관계가 불완전하기 때문에 표현형이 부모 표현형의 중간을 가진다.

31. 답 검정 교배를 하려는 개체는 표현형이 우성이므로 유전자형에 Y는 반드시 하나가 들어가 있을 것이다. 따라서 있을 수 있는 경우는 YY와 Yy인데, 이를 열성 형질만 가진 개체 yy와 교배시키면 YY는 반드시 Yy의 유전자형, 따라서 우성 형질만 표현형으로 드러난 자손들이 나타날 것이지만 Yy의 경우에는 yy와 교배했을 때 yy 유전자형을 가진 열성 형질을 가진 자손이 나타날 수 있다. 따라서 교배하여 열성 형질을 표현형으로 가진 자손이 있는지를 확인하여 기존 개체가 순종인지 잡종인지 알아볼 수 있다.

32. 답 원래 한 염색체 안에 함께 들어있는 유전자는 연관되어있다고 하여 함께 움직이기 쉽다. 그러나 교차가 일어나면 염색체의 일부 유전자들이 교환되므로 연관되어있던 유전자들의 조합이 달라지고 멘델 법칙을 따르지 않아 더 다양한 형질을 가진 개체들이 만들어져 환경의 변화에 따른 종의 생존에 유리하게 된다.

23강. 사람의 유전

개념 확인 166~169쪽

1. 가계도 조사	2. ㄱ, ㄴ, ㄷ
3. 다인자 유전	4. ㄱ, ㄴ

2. 답 ㄱ, ㄴ, ㄷ
해설 ㄱ. 색맹은 성염색체에 의한 유전이다.

4. 답 ㄱ, ㄴ
해설 혀말기, ABO식 혈액형은 상염색체에 의한 유전이다.

확인+ 166~169쪽

1. ㄱ, ㄷ	2. 열성	3. BO	4. $\frac{1}{4}$

1. 답 ㄱ, ㄷ
해설 ㄴ. 쌍둥이 연구를 하면 유전과 환경이 특정 형질에 미치는 영향을 알아볼 수 있다. 1란성 쌍둥이를 연구하여 환경의 영향으로 나타나는 형질 차이를 알 수 있고, 2란성 쌍둥이를 연구하여 유전과 환경의 영향에 의한 형질 차이를 알 수 있다.

2. 답 열성
해설 부모에서 없던 형질이 나타나면 부모의 형질이 우성, 자녀의 형질은 열성이다. 부모는 이형 잡종으로 우성의 형질이 표현되었고, 자녀는 부모의 열성 형질을 각각 물려 받아 표현형으로 나타난 것이다.

3. 답 BO
해설 B형의 유전자형은 BO와 BB가 될 수 있다. 아버지의 유전자형이 BB라면 AB인 어머니 사이에서 나올 수 있는 자녀의 혈액형 유전자형은 BB형과 AB뿐이다. 유전자형이 BO인 아버지와 AB인 어머니 사이에서 나올 수 있는 자녀의 혈액형 유전자형은 AB, AO, BO, BB 이다.

4. 답 $\frac{1}{4}$
해설

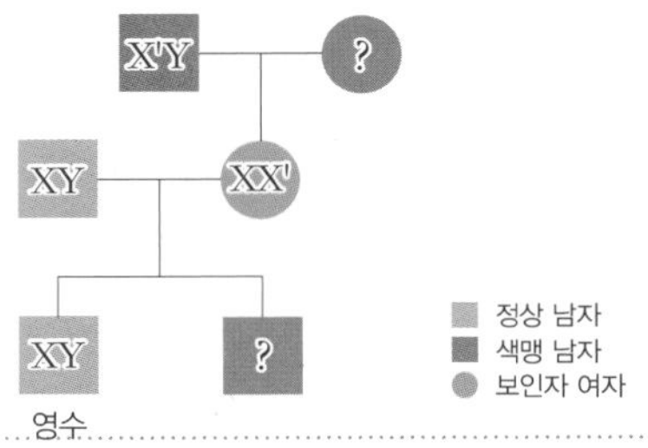

영수네 집안의 색맹 가계도를 나타내면 아래와 같다.
색맹 유전자는 X염색체에 있는 반성 유전을 한다. 영수의 외할아버지가 색맹이므로 영수의 어머니는 외할아버지로 부터 색맹 유전자 X'를 물려받은 보인자이다. 영수의 부모님으로부터 나올 수 있는 색맹 유전자형은 XX, XX', XY, X'Y이다. 따라서 남자이면서 색맹(X'Y)인 확률은 $\frac{1}{4}$ 이다.

생각해보기 167~169쪽

★ 미맹은 특정한 물질에만 작용하므로 일반 음식물에 존재하는 맛에 대해서는 정상이다. 미맹은 신체적 결함에 의한 것이 아니며, PTC용액도 몸에 해로운 것이 아니기 때문에 문제가 되는 것은 없다.

★★ ABO식 혈액형이 일치하지 않는 골수를 이식받은 경우에는 바뀔 수 있다. 적혈구는 골수에서 만들어지므로, 골수이식을 받은 후 공여자 골수로 생착이 되면 골수 공여자의 혈액형으로 바뀐다. 하지만 혈액형이 바뀐다고 하는 대부분의 다른 경우는 혈액형을 잘못 알고 있었거나, 드물게 cis-AB형, weak A형, weak B형인 경우에 해당한다.

★★★ 대머리는 탈모증으로, 유전적 요인과 남성 호르몬으로 인해 발생한다. 대머리는 상염색체 유전이지만, 남성 호르몬의 영향을 받기 때문에 상대적으로 남성에게 많이 나타나는 것으로, 성 염색체 의한 유전 현상이 아니다.

개념 다지기 170~171쪽

01. ①	02. ④	03. ③
04. ④	05. ⑤	06. ①

01. 답 ①
해설 사람의 유전 연구가 어려운 이유
1. 한 세대가 길며 자녀 수가 적다. 2. 대립형질이 복잡하며, 유전자수가 많다. 3. 환경의 영향을 많이 받는다. 4. 순종을 얻기 어려우며, 자유로운 교배가 불가능하다.

02. 답 ④
해설 ③, ⑤ 1란성 쌍둥이는 하나의 수정란이 발생 초기에 둘로 나뉘어 각각 태아로 발생한 것으로, 유전자 구성이 서로 같다. ①, ②, ④ 2란성 쌍둥이는 각각 다른 두개의 수정란이 동시에 태아로 발생한 것으로, 유전자 구성이 서로 다르다. ⑤ 난자 1개에 정자 2개가 수정된다면 수정란은 발생하지 않는다.

03. 답 ③
해설 미맹 유전자는 상염색체에 있으므로 남녀에 따라 형질이 나타나는 차이가 없으며, 미맹 유전자(t)는 정상 유전자(T)에 대해 열성이다. 따라서 B의 미맹 유전자형은 tt로 나타낼 수 있다. A와 B의 자녀 중 미맹인 남자가 있으므로 A는 열성인자를 가진 이형 접합이다. 따라서 A의 미맹 유전자형은 Tt로 나타낸다. C의 경우 정상이지만 B에게서 미맹 유전자를 받았으므로 유전자형을 Tt로 나타낸다.

04. 답 ④
해설 부모의 혈액형 유전자형이 각각 AO와 BO일 때, 자녀에게서 모든 경우의 혈액형이 나올 수 있다.

05. 답 ⑤
해설 반성 유전은 형질을 결정하는 유전자가 X염색체에 있어 남녀에 따라 형질이 나타나는 비율이 다른 유전 현상을 뜻한다.

06. 답 ①
해설 ① 색맹은 남자가 여자보다 더 많이 나타난다. 남자는 어머니로부터 색맹 유전자가 있는 X염색체를 하나만 물려받아도 색맹이 되지만, 여자는 어머니와 아버지로부터 각각 색맹 유전자를 물려받아야지만 색맹이 되기 때문이다. 색맹 남자는 X'Y, 정상 남자는 XY, 정상 여자는 XX 또는 X'X, 색맹 여자는 X'X' 로 나타낸다.

유형 익히기 & 하브루타 172~175쪽

[유형23-1] (1) 쌍둥이 연구 (2) 가계도 조사
(3) 통계 조사 (4) 염색체와 유전자 조사
01. ㄴ, ㄷ 02. ①
[유형23-2] (1) O (2) X (3) X (4) O (5) O
03. ① 04. (1) O (2) X (3) O
[유형23-3] (1) AO, AB (2) AB, AA, AO, BB, BO
(3) A = B > O (4) 복대립 유전
05. AO, BO, AB, OO 06. (1) X (2) X (3) O
[유형23-4] (1) 4번이 부모 세대에서 없던 색맹이 나타난 것을 보고 알 수 있다. (2) X염색체
(3) XX' (4) 7번이 정상이면 0, 보인자면 $\frac{1}{4}$
07. 3 08. (1) X (2) O (3) O

[유형23-1] 답 (1) 쌍둥이 연구 (2) 가계도 조사
(3) 통계 조사 (4) 염색체와 유전자 조사
해설 · 가계도 조사 : 특정 형질을 가진 가계에서 형질이 어떻게 유전되는지 알아본다. → 형질의 우열 관계와 가족 구성원의 유전자형을 알 수 있고, 태어날 자손의 형질을 예측할 수 있다.
· 쌍둥이 연구 : 유전과 환경이 특정 형질에 미치는 영향을 알아보는 데 이용된다.

1란성 쌍둥이	2란성 쌍둥이
주로 환경의 영향에 의해 형질 차이가 나타난다.	유전과 환경의 영향에 의해 형질 차이가 나타난다.

· 통계 조사 : 어떤 형질에 대해 가능한 많은 사람들을 대상으로 조사하여 얻은 자료를 통계적으로 분석하여 그 유전 형질의 특징, 유전자의 분포 등을 밝힌다.
· 염색체와 유전자 조사 : 염색체와 DNA를 직접 조사하여 염색체 이상에 의한 유전병을 진단하거나 특정 형질에 관여하는 유전자 등에 대해 알아낸다.

01. 답 ㄴ, ㄷ
해설 사람의 유전 연구가 어려운 이유
1. 한 세대가 길며 자녀 수가 적다. 2. 대립형질이 복잡하며, 유전자수가 많다. 3. 환경의 영향을 많이 받는다. 4. 순종을 얻기 어려우며, 자유로운 교배가 불가능하다.

02. 답 ①
해설 1란성 쌍둥이는 주로 환경에 의한 형질차이가 나타나고, 2란성 쌍둥이는 유전과 환경 모두의 영향을 받아 형질 차이가 나타난다. ②, ④ 1란성 쌍둥이는 유전자 구성이 같다. ③ 1란성 쌍둥이는 하나의 수정란이 발생 초기에 둘로 나눠진 것이다.

[유형23-2] 답 (1) O (2) X (3) X (4) O (5) O
해설 문제의 가계도에서 유전자형을 알 수 있는 사람을 나타내면 다음과 같다.

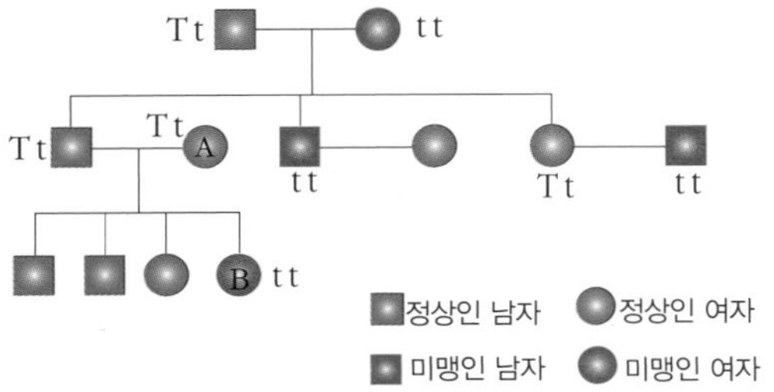

(1) A의 자녀인 B가 미맹이므로, A와 A의 남편은 모두 미맹 유전자를 가지고 있다는 것을 알 수 있다.
(2) 미맹은 한 쌍의 대립 유전자에 의해 결정되며, 멘델의 법칙에 따라 유전된다.
(3) B는 미맹으로 미맹 유전자 2개(tt)를 가지고 있다.
(4) B는 부모에 없는 미맹이 나타났기 때문에 부모의 형질은 우성, B의 형질은 열성인 것을 알 수 있다.
(5) 위의 가계도에 유전자형이 표시되지 않은 사람들은 유전자형을 확실히 알 수 없는 경우이다.

03. 답 ①
해설 무한이의 외삼촌의 정확한 유전자형을 알 수 없기 때문에 자녀의 미맹 유전자형을 알 수 없다. 하지만 정상 동형 접합인 여자와(TT) 결혼하여 자녀를 낳으면 미맹인 확률은 0이다. 무한이의 어머니가 미맹이므로 외할아버지와 외할머니는 모두 미맹 유전자형이 Tt이다. 따라서 삼촌이 TT인 경우 미맹 자녀가 나올 확률은 0이고, 삼촌이 Tt인 경우에는 보인자 자녀가 나올 확률이 50%이고, 정상인 자녀가 나올 확률이 50%로 미맹인 자녀는 태어나지 않는다.

04. 답 (1) O (2) X (3) O
해설 (1) 혀말기는 상염색체에 의한 유전으로, 남녀에 따라 형질이 나타나는 빈도의 차이가 없다.
(2) 혀말기가 가능한 것은 우성형이고, 불가능한 것은 열성형이다. 우성은 우월하다는 의미가 아니라 순종의 대립 형질끼리 교배하였을 때 잡종 1대에서 겉으로 표현되는 성질을 뜻하고, 열성은 표현되지 않는 형질을 뜻한다.

[유형23-3] 답 (1) AO, AB (2) AB, AA, AO, BB, BO
(3) A = B > O (4) 복대립 유전
해설 (1) (가)의 자녀가 A형, AB형, B형이 있으므로 (가)의 혈액형 유전자형은 AO, AB가 될 수 있다.
(2) (나)의 자녀가 모두 AB형 이고 배우자가 AB형이므로 (가)는 AB, AA, AO, BB, BO가 될 수 있다. OO인 경우에는 AB형이 나올 수 없다.
(3) 유전자 A와 B사이에는 우열 관계가 없고, 유전자 A와 유전자 B는 유전자 O에 대해 우성이다.
(4) 한 형질을 결정하는 대립 유전자가 세 가지 이상 존재하여 유전되는 경우를 복대립 유전이라고 한다.

05. 답 AO, BO, AB, OO
해설 유전자 조합을 퍼넷 사각형으로 나타내면 아래와 같다.

아버지 / 어머니	B	O
A	AB	AO
O	BO	OO

06. 답 (1) X (2) X (3) O
해설 (1) ABO식 혈액형의 유전자형은 AA, AO, BB, BO, AB, OO 모두 6가지이다.
(2) ABO식 혈액형은 하나의 형질을 결정하는 대립 유전자가 세 가지 이상인 복대립 유전이고, 미맹은 형질을 결정하는 유전자가 상염색체에 있는 유전이다. 다인자 유전이란 하나의 형질을 결정하는데 여러 쌍의 대립 유전자가 관여하는 유전으로 대립 형질이 뚜렷하게 구분되지 않는다.

[유형23-4] 답 (1) 4번이 부모 세대에서 없던 색맹이 나타난 것을 보고 알 수 있다. (2) X염색체 (3) XX'
(4) 7번이 정상이면 0, 보인자면 $\frac{1}{4}$

해설 (1) 4번은 색맹인 남자로 부모에게 없던 형질이 나타났다. 부모에게서 나타나지 않는 형질이 자녀에게서 나타나면, 자녀가 가지고 있는 유전자가 열성 유전자이다. 색맹은 형질을 결정하는 유전자가 X염색체 위에 있는 반성 유전으로, 4번의 유전자형은 X'Y가 된다. Y염색체는 아버지에게서 물려 받은것이므로 아버지(1번)의 유전자형은 XY이다. 4번의 색맹 유전자는 어머니에게 받은것이므로 어머니(2번)는 색맹 유전자를 가지고 있지만 정상 여자이므로 XX'의 보인자이다.
(2) 색맹 유전자는 X염색체에 있어 남녀에 따라 형질이 나타나는 비율이 다른 반성 유전을 따른다.
(3) (1)번의 해설을 통해 2번의 유전자 형이 XX'임을 알 수 있다. 5번은 여성으로 아버지와 어머니 모두에게서 각각 X 유전자를 물려 받았다. 아버지는 미맹 유전자가 없으므로 정상 유전자를 물려받았다. 또한 5번의 첫째 아들(9번)이 색맹인 것으로 보아 5번도 색맹 유전자를 가지고 있다는 것을 알 수 있으므로 5번의 유전자 형은 XX'이다.
(4) 8번은 정상 남자로 색맹 유전자형은 XY로 나타낼 수 있다. 하지만 7번의 정확한 유전자형을 알 수 없으므로 두 가지의 경우를 생각해야 한다.
1) 7번이 정상 동형접합 (XX)인 경우에는 부모 모두가 미맹 유전자가 없으므로 자녀가 색맹일 경우는 0이다.
2) 7번이 보인자(XX')인 경우에 아들은 아버지에게서 Y염색체를 물려 받고, 어머니에게 X염색체를 받으므로, 아들이면서 색맹일 확률은 $\frac{1}{4}$ 이다.

07. 답 3
해설 가계도를 보고 알 수 있는 혈우병 유전자형을 나타내면 아래와 같다.

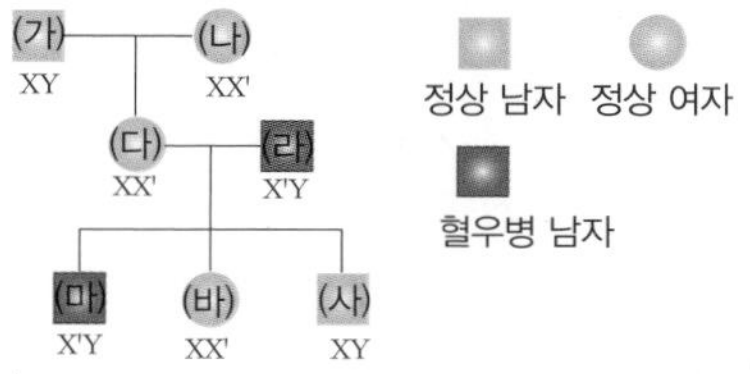

(마)는 아버지에게서 Y염색체를 받고, 어머니에게서 X'유전자를 받았으므로 어머니(다)가 보인자인 것을 알 수 있다. (바)는 아버지에게서 X'염색체를 받았지만 정상 여자인 것으로 보아 어머니에게서 X염색체를 받은 보인자이다.
(다)의 아버지 (가)가 정상 남자이므로 (다)의 혈우병 유전자는 (나)에게서 물려 받은것을 알 수 있다. 따라서 보인자는 (나), (다), (바) 모두 3명이다.

08. 답 (1) X (2) O (3) O
해설 (1) 혈우병은 남자가 여자보다 더 많이 나타난다. 남자는 어머니로부터 혈우병 유전자가 있는 X염색체를 하나만 물려받아도 혈우병이 되기 때문에 보인자가 존재하지 않고, 여자는 어머니와 아버지로부터 각각 혈우병 유전자를 물려받아야 혈우병이 되지만, 이 경우 대부분 태아 때 사망한다.
(2) 형질을 결정하는 유전자가 X염색체에 있는 경우 반성유전, Y염색체에 있는 경우 한성유전이라고 한다.
(3) 색맹인 아버지(X'Y)와 보인자 어머니(XX') 사이에서 태어난 딸은 아버지로부터 X'염색체를 받으므로 어머니로부터 물려받은 X염색체로 색맹 여부가 결정된다. 따라서 이 딸이 색맹일 확률은 $\frac{1}{2}$ 이다.

창의력 & 토론마당 176~179쪽

01

(1) 모계의 표현형 (2) $\frac{1}{2}$ (3) 해설 참고

해설 (1) 달팽이 등껍질과 같이 모계의 표현형에 각인을 받아 유전형에 상관없이 모계 표현형으로 자손이 모두 나오는 것을 유전자 각인이라고 한다.
(2) EF(오 - 수컷) × FF(왼 - 암컷)인 경우 자손은 모두 왼쪽 꼬임으로 나타날 것이고, EF(오 - 암컷) × FF(왼 - 수컷)인 경우 자손은 모두 오른쪽 꼬임으로 나타나므로 왼쪽 꼬임이 나타날 확률은 $\frac{1}{2}$ 이다.
(3) 모계가 FF(왼쪽 꼬임) 유전자형일 때 부계 유전자형에 관계없이 자손은 모두 왼쪽 꼬임을 가지게 된다.

02

(1) 빅토리아 여왕 (2), (3) 해설 참고

해설 (2) 혈우병은 X염색체 위에 존재하는 열성 유전이다. 그 결과 여성의 경우 이형접합(XX')이면 보인자로 표현형은 정상으로 나타난다. 그러나 남성의 경우 혈우병 유전자를 가진 X'가 하나만 있어도 표현형으로 나타나게 된다. 그리고 여성의 경우 동형접합(X'X')이면 태아 때 사산되는 경우가 많아 태어난 사람들 중에는 남성의 혈우병 빈도가 높게 나타난다.
(3) 근친 결혼은 열성 유전자의 동형 접합 빈도를 증가시킨다. 따라서 근친 결혼이 빈번하게 일어났다면 혈우병 표현형이 훨씬 증가할 것이다.

03

(1) 상염색체 (2) 열성 (3) 약 67%

해설 (1) 남자 아이와 여자 아이 모두에게 나타나는 것으로 보아 상염색체 위에 있을 것이다.
(2) 부모에게 없는 형질이 나타났기 때문에 열성이다.
(3) 백색증 유전자가 열성이고, 자녀에게 나타났으며, 정상의 부모이므로, 두 부모 모두 백색증 보인자이다. 두 부모로부터 태어난 자녀는 정상 : 보인자 : 백색증 = 1 : 2 : 1로 정상인 형제들(정상+보인자) 중에서 알비노 유전자를 가지고 있는 경우는 $\frac{2}{3}$ 이다.

04 (1) 해설 참고 (2) X^BX^bY

해설 (1) 퍼넷 사각형에 표시하면 아래와 같다.

암컷 \ 수컷	X^B	Y
X^b	X^BX^b	X^bY
X^b	X^BX^b	X^bY

암컷은 모두 거북무늬(X^BX^b)가 나타나고, 수컷은 모두 주황색(X^bY)이 나타난다.
(2) 거북무늬는 유전자형이 X^BX^b인 경우에만 나타나므로, 수컷의 유전자형은 X^BX^bY가 될 것이다. 이렇게 X 염색체가 2개인 수컷의 경우 클라인펠터 증후군이라고 한다.

스스로 실력 높이기 180~185쪽

01. 쌍둥이 연구		02. 가계도 조사	
03. 통계 조사		04. (1) O (2) O (3) X	
05. (가) Tt (나) Tt (다) tt (라) Tt			06. ⑤
07. 복대립		08. 반성유전	
09. XX', XY, X'X', X'Y		10. (1) O (2) X (3) X	
11. ②	12. ③	13. ④	
14. (나), (라)		15. ②	16. 우성
17. 4	18. $\frac{1}{2}$	19. ⑤	20. ⑤
21. ②	22. ①	23. ④	24. ④
25. ⑤	26.~32. 〈해설 참조〉		

04. 답 (1) O (2) O (3) X
해설 쌍둥이 연구 : 유전과 환경이 특정 형질에 미치는 영향을 알아보는 데 이용된다.

1란성 쌍둥이	2란성 쌍둥이
주로 환경의 영향에 의해 형질 차이가 나타난다.	유전과 환경의 영향에 의해 형질 차이가 나타난다.

05. 답 (가) Tt (나) Tt (다) tt (라) Tt
해설 (가)와 (나)의 자녀가 미맹이므로 (가)와 (나)는 각각 미맹 유전자를 포함하는 이형접합임을 알 수 있다.
(다)는미맹이므로 미맹 유전자형이 tt임을 알 수 있고, (다)와 (라)의 자녀가 미맹임을 보아 (라) 또한 미맹 유전자를 가지고 있다는 것을 알 수 있다.

06. 답 ⑤
해설 ㄱ. 미맹 유전자는 상염색체에 있다.
ㄴ. 미맹은 한 쌍의 대립 유전자에 의해 결정되며, 멘델의 법칙에 따라 유전된다.
ㄷ. 미맹 유전자(t)는 정상 유전자(T)에 대해 열성이다.

10. 답 (1) O (2) X (3) X
해설 (2) 특정 형질을 결정하는 유전자가 X염색체 위에 있어 남녀에 따라 형질이 나타나는 비율이 다른 유전 현상을 반성유전이라고하며, Y염색체 위에 있어 남자에게만 그 형질이 나타나는 것을 한성유전이라고 한다.
(3) 성염색체에 의한 유전에는 색맹, 혈우병 등이 있으며 미맹은 상염색체에 의한 유전이다.

11. 답 ②
해설 사람의 경우 유전자가 3만개 이상 되고 이들 유전자 사이에 대립형질이 뚜렷하지 않아서 연구 대상으로 적절하지 못하다. 또한, 환경의 영향을 많이 받고 자유로운 교배가 불가능하며 한 세대가 길어 결과를 분석하는데 시간이 많이 걸리고, 자손의 수가 적어 통계를 하기 어렵다.

12. 답 ③
해설 일란성 쌍둥이는 유전적으로 동일하므로 후천적 환경 영향을 알아볼 수 있고, 이란성 쌍생아는 유전적 요인의 영향을 알아볼 수 있다.

13. 답 ④
해설 ㄱ. A는 귓볼이 부착형이지만, A의 부모님은 모두 분리형이다. 따라서 A의 귓볼 부착형은 열성형질임을 알 수 있고, 부모님은 모두 분리형의 이형 접합 유전자형을 가진다.
ㄴ. 가족 (나)에서 자녀 B는 주근깨가 없지만 부모님들은 모두 주근깨가 있는것으로 보아 주근깨가 없는 것이 열성인 것을 알 수 있다.
ㄷ. 귓볼 모양과 주근깨의 우열을 나타내면 아래와 같다.

	우성	열성
귓볼 모양	분리형 (EE, Ee)	부착형 (ee)
주근깨	있음 (LL, Ll)	없음 (ll)

A와 B는 모두 귓볼이 부착형이므로, 자녀의 귓볼 모양은 100% 부착형이다. A의 주근깨 유전자형은 Ll이고, B의 주근깨 유전자형은 ll이므로, A와 B의 자녀가 주근깨가 있을 확률이 50%이다. 따라서 귓볼 모양이 부착형이고 주근깨가 있을 확률은 50%이다.

14. 답 (나), (라)
해설 (나) : (다)와 (마)가 혀를 말 수 없기 때문에 (나)는 혀를 말 수 없는 유전자 r을 가지고 있으면서 표현형으로 나타나는 우성형질인 R을 가지고 있어야 하므로 유전자형이 Rr이다.
(라) : (라)의 자녀에서 혀를 말 수 없는 사람이 나오기 때문에 (라)는 열성인자인 r을 가지고 있어야 하므로 유전자형이 Rr이다.

15. 답 ②
해설 혈액형은 대립 유전자로 상동염색체의 같은 자리에 마주보고 위치한다.

16. 답 우성
해설 부모가 모두 특정 형질을 나타내는데 그들의 자손 중 일부는 특정 형질을 나타내지 않았다. 또 초록색 형질 부모 사이의 자녀 중 노란색 형질의 자녀가 태어났다. 따라서 초록색 유전자는 우성임을 알 수 있다.

17. 답 4
해설 9번은 X'Y, 10번은 XY, 11번은 X'X'이고, 6번은 X'Y이므로 자손에 X와 X'이 모두 나타나기 위해서 7번은 보인자 XX'임을 알 수 있다.
따라서 3대의 9번의 X'Y중 X'는 어머니(7번)로부터 물려받은 것이다. 마찬가지로 7번은 4번에게서 색맹 유전자를 물려받았다.

18. 답 $\frac{1}{2}$
해설 6번(X'Y)과 7번(XX')의 자손 중 여자의 경우는 색맹(X'X') 또는 보인자 (XX')가 나타난다. 따라서 색맹일 확률은 $\frac{1}{2}$ 이다.

19. 답 ⑤
해설 ① 색맹과 혈우병은 정상에 대하여 열성유전자이다.
② 색맹과 혈우병 모두 유전자가 성염색체 X에 존재하므로 반성 유전이다.
③ 색맹과 혈우병 유전자는 X염색체에 존재하기 때문에 여성은 유전자(X')가 두개 있어야하고, 남성은 하나만 있어도 특정 형질이 발현된다. 따라서 남성의 경우에 색맹과 혈우병이 더 많이 나타난다.
④ 형질을 결정하는 유전자는 X염색체 위에 있다.
⑤ 여성이 보인자인 경우 혈우병과 색맹은 모두 나타나지 않는다.

20. 답 ⑤
해설 ① 규석이의 누나는 엄마로부터 미맹 유전자를 물려받았지만, 아버지로부터 정상유전자를 받아 보인자이다.
② 엄마를 보면 외할머니와 외할아버지에 없던 미맹 형질이 나타났으므로 미맹은 열성인자인 것을 알 수 있다.
③ 규석이는 엄마로부터 미맹유전자를 물려받았다.
④ 엄마가 미맹인것으로 보아 외할머니와 외할아버지는 모두 미맹유전자를 가지고 있다.
⑤ 규석이의 엄마는 미맹이므로 유전자형은 tt이다. 규석이의 외할머니와 외할아버지는 모두 정상이므로 미맹은 열성인 것을 알 수 있고, 외할머니와 외할아버지는 모두 미맹 유전자를 가지고 있다는 것을 알 수 있다.

21. 답 ②
해설 규석이의 누나의 미맹 유전자형은 Tt로 나타낼 수 있다. 규석이 누나가 미맹인 남자(tt)와 결혼을 하여 자녀를 낳을 때 나타날 수 있는 미맹 유전자형을 퍼넷 사각형으로 나타내면 아래와 같다.

남편 \ 누나	T	t
t	Tt	tt
t	Tt	tt

자녀가 미맹일 확률 $\frac{1}{2}$, 딸일 확률 $\frac{1}{2}$ 이므로 미맹인 딸이 태어날 확률은 $\frac{1}{4}$ 이다.

22. 답 ①
해설 보조개의 유전자형을 A로 나타낸다면, 남자는 보조개 유전자를 하나씩 물려받았으므로 보조개 유전자형이 AA이고, 보조개가 없는것은 열성 형질이므로 여자의 보조개 유전자형은 aa이다.
따라서 남자와 여자는 각각 우성과 열성의 순종의 동형접합 유전자를 가지고 있으므로 자녀는 모두 보조개가 나타난다. 따라서 보조개가 없을 확률은 0이다.

23. 답 ④
해설 (가)와 (나)의 자녀의 혈액형 유전자형이 A형, B형, AB형, O형이 모두 나왔으므로 네 가지의 표현형이 모두 나타날 수 있는 경우는 AO와 BO일 때이다.

24. 답 ④
해설 (다)의 자녀가 모두 B형이고 배우자가 O형이므로 (다)는 혈액형 유전자형에 B를 포함한 BB, BO, AB 3가지가 모두 가능하다.
OO형일 경우 자녀는 모두 O형이 나타나고, AO나 AA인 경우에는 B형이 나타날 수 없다.

25. 답 ⑤
해설 (가)와 (나)가 AO와 BO이기 때문에 (라)의 어머니의 혈액형 유전자형은 BO이다.
(라)의 친할머니가 O형이기 때문에 (라)의 아버지는 친할머니로부터 O를 받아 혈액형 유전자형이 BO임을 알 수 있다.
(라)의 어머니 아버지가 모두 BO형이기 때문에 (라)의 혈액형 유전자형은 BB, BO, OO로 나올수 있다.

26. 답 · 쌍둥이 연구 : 유전과 환경이 특정 형질에 미치는 영향을 알아보는 데 이용된다.

1란성 쌍둥이	2란성 쌍둥이
주로 환경의 영향에 의해 형질 차이가 나타난다.	유전과 환경의 영향에 의해 형질 차이가 나타난다.

27. 답 상염색체에 있는 경우 남녀에 따라 형질이 나타나는 빈도의 차이가 없지만, 성염색체에 있는 경우 남녀에 따라 형질이 나타나는 비율이 다르다. 상염색체에 의한 유전의 예에는 미맹, 귓볼의 부착여부, 혀말기의 가능 여부 등이 있고 상염색체에 의한 유전의 예에는 색맹, 혈우병, 귓속 털과다증 등이 있다.

28. 답 (가) Ee (나) EE 또는 Ee
(가)의 자녀들은 부모에게서 없는 형질이 나타났으므로 귓볼 부착형은 열성임을 알 수 있고, (가)와 (가)의 배우자는 열성 인자를 가지고 있음을 알 수 있다.
따라서 (가)는 이형접합 유전자인 Ee로 표시한다.
(나)의 부모는 귓볼 유전자형이 Ee로 나타나므로 (나)는 유전자형이 EE, Ee 두 가지로 나타날 수 있다.

29. 답 유전자 A와 유전자 B 사이에는 우열 관계가 없고, 유전자 A와 유전자 B는 유전자 O에 대해 각각 우성이다.

30. 답 (가)의 아버지는 X'Y이고 어머니는 X'X'로 모두 색맹이다. 부모 모두가 X염색체에 색맹 유전자를 가지고 있으므로 성별에 상관없이 모든 자녀들은 색맹이 된다.

31. 답 귓속털 과다증 형질을 유발하는 유전자가 남자에게만 존재하는 Y 염색체 위에 있기 때문이다.

32. 답 1란성 쌍둥이는 유전 정보를 담고 있는 DNA가 완전히 같다. 이것은 둘 사이의 유전적인 요인은 완전히 동일하다는 것을 뜻한다.
따라서 한 명이 당뇨병을 가지고 있고 다른 한 명이 건강했다면 이 쌍둥이의 당뇨병 발현 원인은 유전적 특질이 아니라 후천적 성장 환경의 차이에 의한 것이라는 것을 알 수 있다. 다만 이것은 예외적 이야기이고 일반적으로 당뇨병은 유전 질환으로 분류되어 있다.

24강. 생물의 진화

개념 확인 186~189쪽

1. 진화 2. ㉠ 수중 ㉡ 육상 3. 용불용설
4. (1) - ㉢ (2) - ㉡ (3) - ㉣ (4) - ㉠

확인+ 186~189쪽

1. (1) 상동 기관 (2) 상사 기관 2. 침팬지
3. 과잉 생산, 개체 변이, 생존 경쟁, 적자 생존, 자연선택
4. ㉠ 돌연변이 ㉡ 자연 선택 ㉢ 격리

1. 답 (1) 상동 기관 (2) 상사 기관
해설 (1) 겉모양과 기능이 다르지만, 해부학적인 구조와 발생이 같은 기관을 상동 기관이라고 한다.
(2) 구조와 발생 기원은 다르지만, 형태와 기능이 같은 기관을 상사 기관이라고 한다. 상사 기관을 비교함으로써 같은 환경에서 생활이 비슷하면 비슷한 모습으로 진화한다는 것을 알 수 있다. 상사 기관의 예에는 곤충의 날개와 새의 날개, 장미의 가시와 선인장의 가시, 상어와 돌고래의 지느러미 등이 있다.

2. 답 침팬지
해설 사람과 DNA의 일치율이 가장 높은 영장류는 침팬지로 약 99 %의 유사성이 나타난다. 이것으로 침팬지와 사람은 공유하는 유전자가 많고, 유연관계가 가까우며, 최근에 공통 조상으로부터 분리되었다는 것을 알 수 있다.

4. 답 ㉠ 돌연변이 ㉡ 자연 선택 ㉢ 격리
해설 현대의 진화설은 자연선택, 돌연변이, 격리 등의 과정을 종합하여 진화의 과정을 설명한다.

개념 다지기 190~191쪽

01. ③	02. ⑤	03. ③
04. ④	05. ④	06. ①

01. 답 ③
해설 ③ 진화는 매우 오랜 시간에 걸쳐서 일어나는 것으로 화석이나 해부학상, 발생학상, 분자생물학상 등의 증거들로 진화의 흐름을 알 수 있다.

02. 답 ⑤
해설 ㄴ. 오늘날의 고래는 뒷다리가 없고 몸속에 뒷다리뼈의 흔적만이 남아있다. 따라서 수중 생활에 적응하면서 뒷

다리는 퇴화되고 앞다리는 지느러미 형태로 변하였다는 것을 알 수 있다.

03. 답 ③

해설 구조와 발생 기원은 다르지만, 형태와 기능이 같은 기관을 상사 기관이라고 한다.

③ 잠자리의 날개는 표피이고, 새의 날개는 앞다리이다. 따라서 기능은 같지만 해부학적 구조가 다르므로 상사 기관이다. 박쥐의 날개, 새의 날개, 사람의 팔, 고양이의 앞다리, 침팬지의 팔, 바다사자의 앞다리는 모두 해부학적 구조가 같고 기능이 다른 상동기관이다.

04. 답 ④

해설 ㄷ. 발생이 진행될수록 모습이 달라지며, 발생이 끝나면 각각 고유의 모습을 나타낸다.

05. 답 ④

해설 ①, ② 격리설 (바그너, 로마네스) ③ 돌연변이설 (더 프리스) ⑤ 자연선택설 (다윈)

06. 답 ①

해설 용불용설은 자주 사용하는 기관은 발달하고, 사용하지 않는 기관은 퇴화하는 과정이 반복되어 진화가 일어난다는 것이다. 하지만 후천적으로 획득한 형질은 자손에게 유전되지 않으므로 오늘날 잘못된 학설인 것으로 판명되었다. 하지만 진화에 대해 최초로 체계적인 이론을 제시한 것에 큰 의의를 두고 있다.

유형 익히기 & 하브루타 192~195쪽

[유형24-1] (1) (나) - (라) - (가) - (다)
(2) ① X ② O ③ O ④ O
01. (1) 상동 (2) 상동 (3) 상사 (4) 상사
02. ㄴ, ㄹ, ㅂ

[유형24-2] (1) 침팬지 (2) 붉은털원숭이 (3) DNA 일치율이 높을수록, 아미노산 서열이 유사할수록 유연관계가 가깝다.
03. ㉠ 척추, ㉡ 아가미 틈, ㉢ 항문 뒤쪽 꼬리, ㉣ 육상 04. ④

[유형24-3] (1) 라마르크 (2) ② (3) 획득형질은 유전되지 않는다.
05. ㄷ-ㅁ-ㄴ-ㄱ-ㄹ 06. 자연 선택설

[유형24-4] (1) (가) 지리적 격리 (나) 돌연변이 (다) 자연 선택 (2) ① O ② O ③ X
07. 돌연변이설 08. (1) 용불용설 (2) 돌연변이설 (3) 격리설

[유형24-1] 답 (1) (나) - (라) - (가) - (다)
(2) ① X ② O ③ O ④ O

해설

(1) 고래의 조상으로 여겨지는 화석에는 뒷다리뼈가 있다. 이를 통해 고래의 조상이 육상 생활을 하였음을 알 수 있다. 또한 오늘날의 고래는 뒷다리가 없고 몸속에 뒷다리뼈의 흔적만 남아있다. 이로 수중 생활에 적응하면서 뒷다리는 퇴화되고 앞다리는 지느러미 형태로 변한 것을 알 수 있다. 고래의 진화 과정을 화석을 통해 비교 분석한 결과로 수중 생활을 하는 포유류는 육상 생활을 하는 포유류에서 진화한 것임을 알 수 있다.

(2) ① 고래의 조상은 뒷다리뼈가 발달한 것으로 보아 육상 생활을 하는 생물인 것을 알 수 있다.

01. 답 (1) 상동 (2) 상동 (3) 상사 (4) 상사

해설 상동기관은 겉모양과 기능이 다르지만, 해부학적인 구조와 발생이 같은 기관으로 환경에 따라 공통 조상에서 각각 다른 모습으로 진화된 것을 알 수 있다. 상동 기관의 예로 척추 동물의 앞다리는 해부학적 구조가 같지만 기능이 서로 다르다. (1), (2) 사람의 팔, 침팬지의 팔, 고양이의 앞다리, 박쥐의 날개는 모두 해부학적 구조가 같다. 상사기관은 구조와 발생 기원은 다르지만 형태와 기능이 같은 기관으로 같은 환경에서 생활이 비슷하면 비슷한 모습으로 진화한다는 것을 알 수 있다. (3) 잠자리의 날개는 표피의 일부분이고 독수리의 날개는 앞다리의 변형이다. (4) 포도의 덩굴손은 줄기이고 완두의 덩굴손은 잎이다.

02. 답 ㄴ, ㄹ, ㅂ

해설 흔적 기관은 환경과 생활이 달라지면서 퇴화하여 흔적만 남은 기관으로 사용하지 않는 기관은 퇴화한다는 것을 알 수 있다.

[유형24-2] 답 (1) 침팬지 (2) 붉은털원숭이
(3) DNA 일치율이 높거나, 단백질의 아미노산 서열이 유사할수록 유연 관계가 가깝다.

해설 (1) 침팬지와 사람의 염기 서열은 99% 일치한다.

(2) 사람은 붉은털원숭이와 이미노산 서열이 가장 유사하며, 칠성장어와 가장 관계가 멀다.

(3) DNA에 담긴 유전 정보에 따라 단백질이 만들어지므로, 단백질을 이루는 아미노산 서열이 유사할수록 DNA 염기 서열의 차이가 적다. DNA의 염기 서열이나 단백질의 아미노산 서열이 비슷할수록 유연관계가 가까우며, 진화 과정에서 비교적 가까운 시기에 공통 조상으로부터 분리된 것이다. 즉, 유전자 구성이 비슷하면 공통 조상으로부터 진화하였다고 할 수 있으므로 유전자 일치율이 높을수록 계통수가 가깝다고 볼 수 있다.

03. 답 ㉠ 척추, ㉡ 아가미 틈, ㉢ 항문 뒤쪽 꼬리, ㉣ 육상
해설 척추 동물의 발생 과정을 비교해 보면 척추, 아가미 틈, 항문 뒤쪽 꼬리가 공통적으로 나타난다. 이렇게 발생 과정을 통해 발견한 진화의 증거를 발생학상의 증거라고 한다. 발생 초기 단계에 모두 아가미 틈과 꼬리가 있는 모습을 보아 공통 조상이 아가미를 사용하는 동물이었다는 것을 알 수 있다. 이로써 척추 동물이 공통 조상에서 갈라져 나왔으며 수중 동물에서 육상 동물로 진화하였음을 알 수 있다.

04. 답 ④
해설 윌리스는 인도네시아의 발리 섬과 롬복 섬 사이를 경계로 동쪽의 오스트레일리아구에는 태반이 발달하지 않은 포유류(캥거루, 코알라 등)가 분포하고, 서쪽의 동남아시아구에는 태반이 발달한 포유류가 분포한다는 것을 발견하였다. 이는 태반이 발달한 포유류가 나타나기 전 오스트레일리아가 아시아 대륙에서 분리되면서 각각의 환경에 적응하여 독자적으로 진화한 결과이다.

[유형24-3] 답 (1) 라마르크 (2) ②
(3) 획득 형질은 자손에게 유전되지 않는다.
해설 그림은 자주 사용하는 기관은 발달하고, 사용하지 않는 기관은 퇴화하는 과정이 반복되어 진화가 일어난다는 용불용설을 나타낸 것이다.

05. 답 ㄷ - ㅁ - ㄴ - ㄱ - ㄹ
해설 다윈이 주장한 자연선택설이 일어나는 과정은 다음과 같다.
① 자손의 과잉 생산으로 집단 내 개체수가 많아진다.
② 개체 변이 : 같은 종 사이에서 환경의 영향으로 형태나 기능이 조금씩 다른 변이가 존재한다.
③ 생존 경쟁 : 먹이나 서식지를 두고 경쟁이 일어난다.
④ 적자 생존 : 환경에 더 잘 적응하는 변이를 가진 개체가 살아남는다.
⑤ 자연선택 : 살아남은 개체들이 자손을 많이 남겨 변이의 누적으로 종의 진화가 일어난다.

06. 답 자연선택설
해설 다윈은 5년 동안 비글호를 타고 항해를 하면서 여러 대륙과 바다 생물의 생태를 관찰하였다. 이때 수집한 자료를 정리하여 1859년 "종의 기원"을 출판하고, 이 책에서 생물이 진화하는 원리로 자연 선택설을 제시하였다.

[유형24-4] 답 (1) (가) : 지리적 격리 (나) : 돌연변이
(다) : 자연선택 (2) ① O ② O ③ X
해설 (1) (가)는 강이라는 지리적 장벽으로 인해 토끼 집단이 두 무리로 격리된 것을 나타낸다.
(나)는 각각의 환경에 적응하여 조상에 없던 새로운 형질이 출현한 돌연변이를 나타낸다.
(다)는 환경에 적응한 형질을 가진 개체만이 살아남아 자신을 남기는 과정이 반복되는 자연선택을 나타낸 것이다.
(2) ③ (다) 이후 강이 사라져 두 무리가 다시 합쳐졌지만, 다른 환경에 격리되면서 교배가 일어나지 못하게 되고, 두 집단은 각각 다른 진화 경로를 거쳐 다른 종으로 분화되었기 때문에 서로 다른 종이 되었다.

07. 답 돌연변이설
해설 더프리스는 생식세포에서 일어나는 돌연변이에 의해 진화가 일어난다는 돌연변이설을 주장하였다. 더프리스는 달맞이꽃을 재배할 때 조상에게 없던 새로운 형질이 무작위로 나타나서 유전되는 것을 발견하여 이런 현상을 돌연변이라고 하며, 이를 진화의 요인으로 생각하였다.

08. 답 (1) 용불용설 (2) 돌연변이설 (3) 격리설
해설 (1) 라마르크가 주장한 용불용설은 자주 사용하는 기관은 발달하고, 사용하지 않는 기관은 퇴화하는 과정이 반복되어 진화가 일어난다는 학설이다.
(2) 부모에게 없던 형질이 자손에게 나타나고, 이 형질이 자손에게 유전되는 현상을 돌연변이라고 하며, 돌연변이가 진화의 요인이라고 주장한 학자는 더프리스이다.
(3) 지리적 또는 생식적으로 격리되어 새로운 종의 진화가 일어난다고 주장한 진화설은 격리설이다. 갈라파고스 군도의 각 섬에 서식하는 핀치새는 각각 다른 환경의 섬에 적응하면서 부리 모양과 크기가 다르게 진화하였다.

창의력 & 토론마당 196~199쪽

01 (1) [가]의 슈거글라이더와 날다람쥐는 비슷한 환경에서 생활이 비슷해지면서 비슷한 모습으로 진화하였다. [나]의 핀치새는 각기 다른 먹이와 서식지에 적응하여 종이 분화된 것이다.
(2) 다른, 비슷한, 같은, 다른

해설 (1) 슈거글라이더와 날다람쥐는 서로 다른 종이지만 비슷한 환경에 적응하여 활강을 할 수 있는 공통점을 가지게 되었다. 갈라파고스 군도는 남미대륙과 떨어진 화산섬이 무리를 이루고 있는 것이다. 생태 환경이 주변의 다른 대륙과 교류없이 독자적으로 구성되어 있어 먹이 환경에 따라 부리의 모양과 크기가 다르게 진화되었다.

02 (1) 말라리아 병원충으로부터 살아남기 유리하기 때문이다.
(2) 개체변이(겸형적혈구) 등장 → 말라리아 병원충에 대한 생존 경쟁에서 적자 생존 → 겸형적혈구 유전자가 계속해서 자손으로 전달 → 개체수가 많아짐
(3) 말라리아 병원충이 적고, 겸형적혈구 유전자가 생활 속에서 불리하게 작용하기 때문이다.

해설 (1) 아프리카에서 자주 발생하는 말라리아를 일으키는 말라리아 병원충은 겸형적혈구에서는 살지 못하기 때문에 치사율이 높은 말라리아보다 겸형적혈구 빈혈증의 보인자가 생존하는데 더 유리하다.
(3) 겸형적혈구를 가진 사람은 비정상적인 헤모글로빈을 가지므로 말라리아 병원충이 적은 다른 지역에서는 살아남기가 불리하다.

03 (1) 항-HIV는 약물에 저항성을 가진 개체가 생존에 유리하여 자연선택된 것이다.
(2) 해설 참고

해설 (1) 약물과 같은 하나의 환경적 요인이 약물 저항성이라는 새로운 형질을 창조하는 것이 아니라 그 집단 안에 이미 존재하던 형질들 가운데서 약물 저항성을 가진 개체가 선택되는 것이다.
(2) 바이러스의 과잉 생산으로 집단 내 개체변이가 나타난다. 개체변이 중 일부는 약물에 대한 저항성을 가지고 있다. → 저항성을 가진 개체가 생존 경쟁에서 살아남는다(적자생존). → 이 개체의 자손 증가로 집단 내 개체가 전체적으로 약물에 대한 내성을 가지게 되는 진화가 일어난다(자연선택).

04 (1) 방향성 선택, 흑곰의 경우 몸집이 클수록 체적 대비 표면적 비율이 작기 때문에 빙하기에 체온을 보존하여 생존하기가 더 유리하다.
(2) 분단성 선택 : 중간 크기의 부리는 부드러운 씨앗 또는 딱딱한 씨앗을 먹을 때 모두 비효율적이어서 상대적으로 적응도가 낮다.
(3) 안정화 선택 : 양 극단의 표현형을 제거하는 쪽으로 작용하고 중간형을 선호한다.
(4) 분단성 선택, 양극단의 표현형을 갖기 때문에 유전적 변이가 가장 높은 편이다.

해설 (1) 한 집단의 환경이 변할 때나 집단의 구성원들이 다른 환경 조건들을 가진 새로운 서식지로 이주하는 경우 나타난다.
(2) 환경 조건들이 표현형 분포의 양 극단에 해당하는 개체들을 중간형 개체들에 비해서 더 선호하는 경우 나타난다.
(3) 안정화 선택은 변이를 줄이고 특정 표현형의 현재 상태를 그대로 유지하는 경향이 있다.
(4) 방향성 선택과 안정화 선택은 유전적 변이가 줄어든다.

스스로 실력 높이기 200~205쪽

01. 진화	02. ㄱ, ㅁ		03. ㄱ
04. ㄷ, ㄹ, ㅂ		05. (1) O (2) O (3) X	
06. ⑤		07. 지리학상	
08. 획득형질		09. 용불용설	
10. 유전자풀		11. ④	12. ①
13. ①	14. ④	15. ⑤	16. ①, ⑤
17. ⑤	18. ④	19. ②	20. ⑤
21. ②	22. ④	23. ③	24. ②
25. ②	26~32. 〈해설 참조〉		

02. 답 ㄱ, ㅁ
해설 상동 기관은 겉모양과 기능이 다르지만, 해부학적인 구조와 발생이 같은 기관을 말한다. 사람의 팔과 상동 기관인 것은 침팬지의 팔, 고양이의 앞다리, 바다사자의 앞다리, 박쥐와 새의 날개 등이 있다.

03. 답 ㄱ
해설 상사 기관은 구조와 발생 기원은 다르지만, 형태와 기능이 같은 기관이다. 잠자리의 날개는 비행을 하기 위한 기관으로 참새의 날개와 그 기능과 모습이 같다. 하지만 잠자리의 날개는 표피이고 새의 날개는 앞다리이다.

04. 답 ㄷ, ㄹ, ㅂ
해설 흔적 기관은 환경과 생활이 달라지면서 퇴화하여 흔적만 남은 기관이다.

05. 답 (1) O (2) O (3) X
해설 (3) 척추 동물의 발생 과정을 비교하여 것을 발생학상의 증거라고 한다. 분자 생물학적 증거는 DNA와 단백질 등을 분석하여 생물 사이의 유연 관계를 조사하여 진화의 계통을 알아보는 것이다.

06. 답 ⑤
해설 DNA와 단백질 등을 분석하여 생물 사이의 유연 관계를 조사하여 진화의 계통을 알아보는 것을 분자생물학상의 증거라고 한다.
① 화석상의 증거 : 각 지층에서 발견되는 화석을 비교하여 생물이 시간의 흐름에 따라 어떻게 변하였는지 알 수 있다.
② 해부학상의 증거 : 생물의 해부학적 구조를 비교하여 생물의 기관의 진화 과정을 알 수 있다.
③ 발생학상의 증거 : 척추 동물의 발생 과정을 비교하여 공통 조상의 특징을 알 수 있다.
④ 지리학상의 증거 : 생물이 지리적으로 격리된 후 오랜 기간 동안 환경에 적응하여 진화한 것을 알 수 있다.

11. 답 ④

해설 ④ 같은 환경에서 생활이 비슷하여 비슷한 모습으로 진화한 것은 상사 기관이라고 한다. 고래 조상의 앞다리가 진화하여 현생 고래의 지느러미가 되었다. 이것은 척추 동물의 앞다리와 해부학적 구조가 같은 상동기관이며, 상어의 지느러미와는 형태와 기능이 같은 상사 기관이다. 고래의 진화 과정은 화석상의 증거의 예이며, 현생 고래의 뒷다리뼈의 흔적은 흔적 기관의 예가 된다.

12. 답 ①

해설 ① 바다사자의 앞다리와 박쥐의 날개 모두 척추동물의 앞다리에 해당하는 상동 기관이다.
② 생활이 비슷하여 비슷한 모습으로 진화한 기관을 상사 기관이라고 한다. 바다사자의 앞다리와 박쥐의 날개는 상동 기관이다.
③ 타조의 날개와 뱀의 뒷다리 뼈 흔적은 흔적 기관이다.
④ 잠자리의 날개와 새의 날개는 상사 기관이다.
⑤ 환경에 따라 공통 조상에서 각각 다른 모습으로 진화한 기관을 상동 기관이라고 한다.

13. 답 ①

해설 ① 사람과 영장류의 DNA를 분석하여 유연 관계가 얼마나 가까운지 알 수 있다. 유연 관계가 가까울수록 비교적 최근에 공통 조상으로부터 분리된 것이다. 하지만 영장류와 사람은 같은 종이 아니다.

14. 답 ④

해설 (가)는 라마르크가 주장한 용불용설을 나타낸 것으로 자주 사용하는 기관은 발달하고, 사용하지 않는 기관은 퇴화하는 과정이 반복되어 진화가 일어난다는 내용이다.
(나)는 다윈이 주장한 자연선택설을 나타낸 것으로 생존 경쟁을 하여 환경에 잘 적응하는 형질을 가진 개체가 살아남아 자손을 남기는 과정이 반복되어 진화가 일어난다는 내용이다.
④ 획득 형질이 유전된다는 진화설은 (가) 용불용설이다. 하지만 획득 형질은 자손에게 유전되지 않으므로 현대의 진화설에서는 인정되지 않는다.

15. 답 ⑤

해설 생식세포의 돌연변이에 의해 조상에 없던 새로운 형질이 출현해 진화가 일어난다는 학설은 돌연변이설로 더프리스가 주장하였다. 더프리스는 우연히 또는 인공적으로 유전적 변이가 일어나면 그 변이가 자손 대대로 전해질 수 있고 그 과정에서 진화가 일어났다는 주장이다.

16. 답 ①, ⑤

해설 ② 현대의 진화설에서 인정받지 못하는 진화설은 라마르크의 용불용설이다.
③ 생식적 격리에 의해 새로운 종의 진화가 일어나는 것은 격리설에 대한 설명이다.
④ 돌연변이는 매우 드물게 일어나고, 대부분 생존에 불리한 방향으로 일어난다.

17. 답 ⑤

해설

갈라파고스 군도는 남미 대륙과 떨어져 있는 화산섬으로 된 곳이다. 생태환경이 주변 다른 대륙과 교류가 없이 독자적으로 구성이 되어있고 그 속에서 핀치새는 먹이와 서식지에 적응하여 부리의 모양이 진화하게 되었다. 그 결과 남미 대륙과 같은 종이지만, 부리의 모양이 전혀 다르게 나타나게 되었다.

18. 답 ④

해설 핀치새는 지리적 격리로 각각의 환경에 적응하여 새로운 종으로 분화한 것이다. 다른 환경에 살면서 그에 맞게 변이가 일어난 예를 찾으면 된다.
① 미모사의 잎이 오므라드는 것은 미모사의 반사신경에 의한 것이다.
② 발아하는 강낭콩의 온도가 높은 이유는 호흡을 하기 때문이다.

19. 답 ②

해설 ㄱ. 현대의 진화설은 돌연변이, 자연선택, 격리설을 모두 적용하고 있다.
ㄷ. 획득형질은 유전되지 않는다.

20. 답 ⑤

해설 현대의 진화설에서는 돌연변이, 자연선택, 격리 등의 과정을 종합하여 진화의 과정을 설명한다. 적자 생존은 자연선택의 한 과정이다.

21. 답 ②

해설 발생 기원은 같지만 모양과 기능이 다른 기관으로, 상동 기관이라고한다. 이 기관은 다른 환경에 적응하면서 각각 다른 방향으로 진화되었음을 보여준다.

22. 답 ④

해설 ㄱ. 문제에 제시된 그래프는 사람의 헤모글로빈 단백질의 아미노산의 서열과 다른 동물들의 헤모글로빈의 아미노산 서열이 얼마나 비슷한지를 나타낸 것이다. 따라서 사람은 개구리보다 닭과 유연 관계가 더 가까운 것을 알 수 있지만, 다른 동물들 사이의 유연관계는 비교하여 알 수 없다.
ㄴ. 사람과 유연관계가 가장 가까운 동물은 아미노산 서열의 유사도가 가장 높은 붉은털원숭이이다.
ㄷ. 사람과 개구리의 유연관계보다 사람과 쥐의 유연관계가 더 가깝다. 즉, 사람, 쥐, 개구리를 비교하였을 때 사람을 기준으로 공통 조상으로부터 가장 먼저 분리된 것은 개구리이며, 비교적 최근에 분리된 것이 쥐이다. 따라서 사람과 쥐가 공통 조상에서 분리되는데 걸리는 시간보다 사람과 개구리가 공통 조상에서 분리되는데 걸린 시간보다 더 길다.

23. 답 ③
해설 검은색 후추나방은 흰색 후추나방보다 생존에 더 유리하였기 때문에 산업 혁명 이후에 개체수가 더 많아졌다. 이것은 자연선택설의 예이다. 다윈이 주장한 자연선택설이 일어나는 과정은 다음과 같다.
① 자손의 과잉 생산으로 집단 내 개체수가 많아진다.
② 개체 변이 : 같은 종 사이에서 환경의 영향으로 형태나 기능이 조금씩 다른 변이가 존재한다.
③ 생존 경쟁 : 먹이나 서식지를 두고 경쟁이 일어난다.
④ 적자 생존 : 환경에 더 잘 적응하는 변이를 가진 개체가 살아남는다.
⑤ 자연선택 : 살아남은 개체들이 자손을 많이 남겨 변이의 누적으로 종의 진화가 일어난다.

24. 답 ②
해설 ㄱ. 고래의 조상으로 여겨지는 화석을 통해 알 수 있는 것은 진화의 증거의 예이다.
ㄴ. 북극이라는 추운 환경에서 생존 경쟁을 하여 털가죽이 두꺼운 변이를 가진 개체만이 살아남는 것으로 자연선택설의 예시이다.
ㄷ. 왕달맞이꽃은 생식 세포의 돌연변이에 의해 조상에 없던 새로운 형질이 출현한 돌연변이설의 예이다.

25. 답 ②
해설 ㄱ. 새로 생겨난 B종 토끼와 C종 토끼는 종 분화로 인해 유전자 구성이 일부가 다르다.
ㄴ. 토끼의 진화는 격리 → 돌연변이 → 자연선택 순서로 일어났다.
ㄷ. B종 토끼와 C종 토끼는 자연선택되었다.

26. 답 상사 기관, 같은 환경에서 생활이 비슷하면 비슷한 모습으로 진화한다.
해설 구조와 발생 기원은 다르지만, 형태와 기능이 같은 기관을 상사 기관이라고 한다. 돌고래의 지느러미는 앞다리이지만 물속에서 생활하면서 지느러미의 형태로 진화한 것이다.

27. 답 척추동물의 공통 조상이 아가미를 사용하는 수중 동물이다.
해설 척추동물은 발생 초기 단계에서 모두 아가미 틈과 꼬리가 있는 모습이 나타난다. 이것으로 공통 조상이 아가미를 사용하는 동물이며, 수중 동물이었음을 알 수 있고, 수중 동물에서 육상 동물로 진화하였음을 알 수 있다.

28. 답 획득 형질은 자손에게 유전되지 않는다.
해설 용불용설은 자주 사용하는 기관은 발달하고, 사용하지 않는 기관은 퇴화하는 과정이 반복되어 진화가 일어난다는 가설이다. 획득형질이란 후천적으로 환경이나 생활 습관에 의해 얻어지는 형질로 유전되지 않는다.

29. 답 돌연변이설 : 왕달맞이꽃은 달맞이꽃의 돌연변이에 의해 분화되었다.
격리설 : 그랜드캐니언 협곡의 영양다람쥐는 협곡에 의해 지리적으로 격리가 되어 서로 다른 환경에 적응하여 두 종으로 분화되었다.

30. 답 1. 자연선택, 돌연변이, 격리 등의 과정을 종합하여 진화의 과정을 설명한다.
2. 개체 중심이 아닌 집단 전체의 유전자풀 변화에 초점을 맞춘다.

31. 답 돌연변이는 바이러스의 형질을 변화시키는 역할을 한다. HIV 바이러스는 돌연변이가 매우 쉽게 일어나므로 새로운 형질을 가진 바이러스 종류가 많이 생겨나고, 이것은 기존의 바이러스 형질에 맞추어 만든 백신에서 살아남을 확률을 높여준다. 따라서 백신을 만들어도 통하지 않는 변이가 자주 발생하여 완벽히 치료할 수 있는 백신을 만들기가 어렵다.

32. 답 진화가 일어나지 않는다.
새로운 유전자가 유입되지도 않고, 돌연변이도 일어나지 않으며, 특정한 유전자가 살아남아 다수를 차지하는 자연선택도 존재하지 않기 때문에 집단의 유전자풀이 전혀 변하지 않으므로 진화가 일어나지 않는다.

25강. Project 6

서술 206~207쪽

01 인류의 조상 추적 과정에서 여성은 XX이기 때문에 제외 대상이 될 수 있다.

해설 Y 염색체는 아들을 통해서만 전달된다. 여성들은 Y 염색체가 없기 때문에 Y 염색체는 대립 유전자로서의 역할을 하지 못한다.

02 미토콘드리아의 DNA

해설 DNA의 돌연변이 발생 비율은 매우 작은 확률이며 교차가 일어나지 않는다. 또한 세포질의 미토콘드리아 DNA은 어머니를 통해 아들과 딸 모두에게 전달된다.

탐구-1 색맹의 유전 208~209쪽

〈실험 과정 이해하기〉

1. X 염색체 2. 열성 3. 보인자

〈탐구 결과〉

1. 4번 2. XX, XX' 3. 5번, 7번

4. 남자, 색맹은 반성 유전으로 여자는 보인자가 나타나지만 남자는 보인자가 나타나지 않으므로

〈탐구 문제〉

1. 반성 유전

2. X 염색체, Y 염색체는 대립 유전자로서 역할을 하지 못하기 때문

〈실험 과정 이해하기〉
2.
해설 부모가 모두 정상인데도 색맹인 자식이 태어난다는 것은 색맹 유전자가 열성임을 알려주는 것이다.

〈탐구 결과〉
1.
해설 3번 6번은 정상 남자이므로 XY, 7번은 후대에 색맹이 출현하므로 보인자(XX')이다. 따라서 4번 여자로부터 유전된 것이다.

3.
해설 보인자는 XX'의 유전자형을 갖는 여자이다. 5번의 경우 아버지가 X'Y, 어머니가 XX' 또는 XX이므로 여자 정상 자녀 5번의 유전자형은 X'X이다.

〈탐구 문제〉
2.
해설 여성은 Y 염색체가 없기 때문에 Y 염색체는 대립 유전자로서 역할을 하지 못한다.

탐구-2 진화의 증거 210~211쪽

〈실험 과정 이해하기〉

1. 갈라파고스 군도는 대륙과 멀리 떨어져있는 고립된 화산섬 지역이다. 그 결과 대륙과 섬의 생태 환경은 매우 다르게 나타난다.

2. 먹이가 다르기 때문에 각자 환경에 맞게 진화하였다.

3. 생태 환경에 따라 적응한 결과 독립적으로 진화하였다.

〈탐구 결과〉

1. 단단한 씨를 먹는 핀치새의 부리는 잘 씹을 수 있도록 부리가 두껍고 크다. 따라서 먹이를 잘 잡고, 씹기 좋도록 부리의 모양이 진화한 것을 알 수 있다.

2. 외부 다른 지역 핀치 새와 생식적으로 격리되어 있었기 때문에 부리의 모양이 갈라파고스 군도 생태 환경에 맞게 적응될 수 있었다.

3. ① 한 종의 핀치새 안에서 부리 모양이 다른 돌연 변이가 출현하였다. ② 부리가 다른 모양의 핀치새가 먹이를 차지하기 위한 생존 경쟁을 펼쳤다. ③ 생존 경쟁에서 유리한 개체들이 살아남았다. (적자생존) ④ 환경에 적응한 새로운 개체들간의 생식이 일어난다. ⑤ 부리 모양의 변화가 일어났다.

〈탐구 문제〉

1. 진화

2. 자연선택설, 돌연 변이설, 격리설

탐구 문제
2.
해설 획득형질은 유전되지 않기 때문에 용불용설은 인정되지 않는다.

창의력과학

세페이드

시리즈

세페이드

무한상상 교재 활용법

무한상상은 상상이 현실이 되는 차별화된 창의교육을 만들어갑니다.

아이앤아이 시리즈

특목고, 영재교육원 대비서

	아이앤아이 영재들의 수학여행		아이앤아이 꾸러미	아이앤아이 꾸러미 120제	아이앤아이 꾸러미 48제	아이앤아이 꾸러미 과학대회	창의력과학 아이앤아이 I&I
	수학 (단계별 영재교육)		수학, 과학	수학, 과학	수학, 과학	과학	과학
6세~초1	출시 예정	수, 연산, 도형, 측정, 규칙, 문제해결력, 워크북 (7권)					
초 1~3		수와 연산, 도형, 측정, 규칙, 자료와 가능성, 문제해결력, 워크북 (7권)		 수학, 과학 (2권)	 수학, 과학 (2권)		
초 3~5		수와 연산, 도형, 측정, 규칙, 자료와 가능성, 문제해결력 (6권)				 과학토론 대회, 과학산출물 대회, 발명품 대회 등 대회 출전 노하우	
초 4~6	출시 예정	수와 연산, 도형, 측정, 규칙, 자료와 가능성, 문제해결력 (6권)					
초 6	출시 예정	수와 연산, 도형, 측정, 규칙, 자료와 가능성, 문제해결력 (6권)		 수학, 과학 (2권)	 수학, 과학 (2권)		
중등						 과학토론 대회, 과학산출물 대회, 발명품 대회 등 대회 출전 노하우	 물리(상,하), 화학(상,하), 생명과학(상,하), 지구과학(상,하) (8권)
고등							